高等职业教育新质型人才培养规划教材

高职应用数学

GAOZHI YINGYONG SHUXUE

主 审　吕　慧　张群力　石红芳
主 编　谢卫军　李　博
副主编　周林林　李　蒙

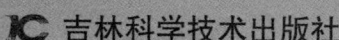

吉林科学技术出版社

图书在版编目（CIP）数据

高职应用数学：含习题册 / 谢卫军，李博主编 . -- 长春：吉林科学技术出版社，2024.7. -- ISBN 978-7-5744-1785-4

I. O29

中国国家版本馆 CIP 数据核字第 2024R1X474 号

高职应用数学

主　　编	谢卫军　李　博
出 版 人	宛　霞
责任编辑	袁　芳
封面设计	牧野春晖
制　　版	牧野春晖
开　　本	889mm × 1194mm　1/16
字　　数	454 千字
印　　张	17
版　　次	2024 年 7 月第 1 版
印　　次	2024 年 7 月第 1 次印刷
出　　版	吉林出版集团 吉林科学技术出版社
发　　行	吉林科学技术出版社
地　　址	长春市人民大街 4646 号
邮　　编	130021
网　　址	www.jlstp.net
印　　刷	三河市悦鑫印务有限公司
书　　号	ISBN 978-7-5744-1785-4
定　　价	59.80 元

版权所有　翻印必究

前言
FOREWORD

在二十大报告的指引下，我们国家正迎来一个崭新的发展阶段。在这个充满挑战与机遇的时代，高等数学作为理工科专业的重要基础学科，其地位和作用愈发凸显。作为一门研究现实世界数量关系和空间形式的科学，高等数学不仅为我们提供了解决复杂问题的强大工具，还为我们探索未知领域、推动科技进步奠定了坚实基础。

随着科技的飞速发展，人工智能、大数据、云计算等先进技术不断涌现，高等数学在这些领域的运用也日益广泛。从机器学习算法的设计到金融风险的量化分析，从生物医学信号的处理到环境保护的科学决策，都离不开高等数学的深厚功底和精准计算。因此，学习和掌握高等数学，对于我们适应新时代的发展需求，提升科技创新能力和解决实际问题的能力具有重要意义。同时，我们也要清醒地认识到，高等数学的学习并非一蹴而就的过程。它需要我们具备扎实的数学基础、严谨的逻辑思维和创新的实践能力。在这个过程中，我们不仅要学习数学知识本身，更要培养一种科学的思维方式和解决问题的方法论。只有这样，我们才能更好地应对未来工作中的各种挑战和问题。

鉴于此，本教材旨在帮助学生系统掌握高等数学的基本概念和方法，培养其解决实际问题的能力。我们将结合实例和实际应用，深入浅出地讲解数学概念，并通过设置随堂练习题和实践环节来巩固所学知识。希望学生在学习的过程中能够感受到数学的魅力所在，激发其对数学学习的兴趣和热情。

本书是面向高职院校的高等数学教材，其内容涵盖了高等数学的各个领域，包括极限、导数、微分、积分、微分方程等，内容全面且系统。同时，我们注重教材结构的清晰性和逻辑性，使各个章节之间联系紧密，形成完整的数学知识体系。学生可以通过本教材的学习，逐步建立起对高等数学的整体认识和理解。

另外，本教材的编写，在继承传统数学教材严谨性的同时，还融入了一系列创新元素，旨在为学生提供更为丰富、多元的学习体验，主要体现在以下几个方面：

1. 数学与生活的紧密结合

为了让学生更好地感受到数学的实用性和趣味性，我们在教材中特别设置了"数学与生活"的案例。这些案例将抽象的数学概念与日常生活紧密相连，通过生动的实例，引导学生发现数学在解决实际问题中的强大功能。这不仅有助于激发学生的学习兴趣，还能帮助他们更好地理解数学的本质。

2. 数字化应用教学内容的融入

随着科技的发展，计算工具在数学领域的应用越来越广泛。为了让学生更好地掌握现代计算技术，我们在教材中设置了 MATLAB 教学的内容。将 MATLAB 内容融入每一章，学生可以更加直观地理解数学概念和算法，在数学建模中培养数学思维提高计算能力和数据处理能力。此外，我们还提供了

MATLAB 实践案例，让学生在实践中加深对数学知识的理解。

3. 思政元素的融入

为了培养学生的爱国情怀和社会责任感，我们在教材中特别设置了思政小课堂，将数学知识与国家发展、社会进步相结合，引导学生思考数学在推动社会进步中的重要作用。通过思政小课堂，学生不仅能够加深对数学知识的理解，还能增强他们的民族自豪感和使命感。

本书由谢卫军、李博担任主编，由周林林、李蒙担任副主编，由吕慧、张群力、石红芳担任主审。

由于时间仓促加之编者水平有限，书中不足之处在所难免，敬请广大读者批评指正。

编者

2024 年 6 月

目录
CONTENTS

第 1 章　函数、极限与连续 ... 001
　1.1　集合与函数 ... 002
　1.2　极限与连续 ... 015
　1.3　数字化应用——认识 MATLAB 软件 ... 060
　思政小课堂 ... 066

第 2 章　导数与微分 ... 068
　2.1　导数 ... 069
　2.2　函数的微分 ... 087
　2.3　数字化应用——利用 MATLAB 软件求导 ... 094
　思政小课堂 ... 095

第 3 章　微分中值定理与导数的应用 ... 097
　3.1　微分中值定理 ... 098
　3.2　洛必达法则 ... 105
　3.3　泰勒公式 ... 111
　3.4　函数的极值与最值 ... 118
　3.5　函数的单调性与曲线的凹凸性 ... 127
　3.6　函数图形的描绘 ... 133
　3.7　曲率 ... 139
　3.8　导数在经济学中的应用 ... 144
　3.9　数字化应用——利用 MATLAB 软件求函数的极值 ... 147
　思政小课堂 ... 151

第 4 章　不定积分 ... 152
　4.1　不定积分的概念与性质 ... 153

4.2 换元积分法 ········ 161
4.3 数字化应用——利用 MATLAB 求不定积分 ········ 178
思政小课堂 ········ 179

第 5 章 定积分 ········ 181

5.1 定积分的概念与性质 ········ 182
5.2 微积分基本定理 ········ 190
5.3 定积分的换元法和分部积分法 ········ 197
5.4 反常积分 ········ 201
5.5 定积分的应用 ········ 205
5.6 数字化应用——利用 MATLAB 求定积分 ········ 220
思政小课堂 ········ 222

第 6 章 微分方程 ········ 223

6.1 微分方程的基本概念 ········ 224
6.2 一阶微分方程 ········ 229
6.3 可降阶的高阶微分方程 ········ 239
6.4 二阶微分方程 ········ 243
6.5 数字化应用——利用 MATLAB 求解微分方程（组） ········ 247
思政小课堂 ········ 249

附录 I 常用公式 ········ 251

附录 II 几种常用的曲线及其方程 ········ 260

参考文献 ········ 265

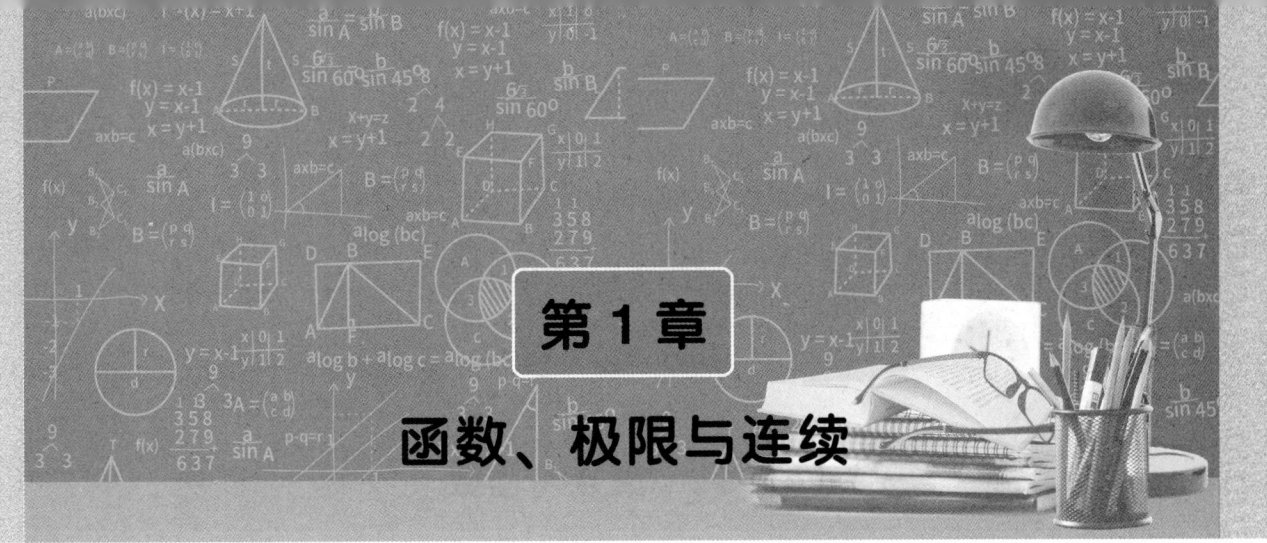

第1章 函数、极限与连续

学习目标

1. 简单了解集合与邻域的相关概念；理解函数的概念，了解反函数的概念，掌握函数的性质；掌握基本初等函数的性质及图形，理解复合函数的概念，了解初等函数的概念．

2. 学会建立函数模型解决实际问题，并能够运用数学软件对函数模型进行计算．

3. 理解数列极限的概念和基本性质；理解函数极限的概念，了解极限的性质．

4. 掌握极限的四则运算法则，会运用两个重要极限计算函数的极限．

5. 理解无穷小、无穷大的概念，掌握无穷小的比较方法，会用等价无穷小代换求极限．

6. 理解函数在一点连续和区间上连续的概念；了解连续函数的性质和初等函数的连续性，了解闭区间上连续函数的有界性、最大值和最小值定理、零点定理及介值定理．

7. 能够运用数学软件求解极限问题．

案例导入

"白马非马"与集合的关系

战国时期，赵国的公孙龙擅长辩论．有一天，他骑着一匹白马要过函谷关，被守城的士兵拦住了．士兵按照规定告知他，人可以过关，但马不能．公孙龙随即争辩说："我骑的是白马，白马不是马，所以可以过关．"士兵自然不同意，但公孙龙进一步辩称道："如果白马是马，那黑马也是马，那岂非白马就是黑马了？这样白就是黑了，所以白马不是马．"士兵被公孙龙说得无言以对，只好让他和白马一起过关了．

利用数学中的集合论可以破解"白马非马"的诡辩．

我们定义"马"为一个集合A，而"白马"作为"马"集合中的一个子集，我们称其为集合B．在集合论中，我们使用符号"$\subset$"来表示一个集合是另一个集合的子集，即它包含于另一个集合中．同时，"$\neq$"表示两个集合不相等．基于这些定义和符号，我们可以得出以下结论：

$B \subset A$，这意味着集合B（白马）是集合A（马）的一个子集，翻译成汉语就是"白马"属于"马"，也就是说"白马是马"这个结论成立．因为汉语中，集合间的包含（即"属于"关系）、相等关系（即"等同"关系）都可以用"是"来表达．

$B \neq A$，这表示集合B（白马）与集合A（马）不相等，因为白马只是马的一个子集，而不是所有马的集合，翻译成汉语就是"白马非马"，这个结论也成立．因为汉语中"不相等"用"非"来进行表达．这样的用法在集合论中是合理且明确的．

其他人难以辩驳公孙龙的原因，在于他们没有明确要求公孙龙明确"是"与"非"的具体集合含义．如果士兵明确要求 A 集合（马）里的所有子集都不能过关，那公孙龙怎么辩都无法过关的．

1.1 集合与函数

1.1.1 集合

1. 集合的概念

定义 1-1　一般来说，集合是具有某种性质的对象的全体，或者说是一些确定对象的汇总．构成集合的对象或事物，称为集合的元素．

构成集合的元素具有 3 个性质：确定性、互异性、无序性．

(1)确定性．对任意对象都能确定它是不是某一集合的元素，这是集合的最基本特征．

(2)互异性．集合中的任何两个元素都不相同，即在同一集合里不能出现相同元素．

(3)无序性．集合中的元素是平等的，没有先后顺序．因此，判定两个集合是否相同，只需比较它们的元素是否一样，不需要考察排列顺序是否一样．

集合通常用大写英文字母 A、B、C、X、Y 等表示，集合的元素用小写英文字母 a、b、c、x、y 等表示．如果元素 a 是集合 A 的元素，则记为 $a \in A$，读作 a 属于 A；如果元素 a 不是集合 A 的元素，则记为 $a \notin A$，读作 a 不属于 A．

下面是几个高等数学中常见的集合例子．

例 1-1　全体实数集：记作 **R**，包括所有有理数和无理数．

例 1-2　全体整数集：记作 **Z**，包括所有正整数、负整数和零．

例 1-3　全体有理数集：记作 **Q**，包括所有可以表示为两个整数之比的数（分母不为 0）．

(4)有限集与无限集

由有限个元素构成的集合称为有限集合，由无限个元素构成的集合称为无限集合．

例 1-4　所有小于 10 000 的质数所组成的集合是有限集合．

例 1-5　全体自然数构成的集合 **N** 是一个典型的无限集合．

(5)全集与空集．由所研究的所有事物构成的集合称为全集，记为 U．全集是相对的，一个集合在某一条件下是全集，在另一条件下可能就不是全集．因此，在给出全集的定义时，通常需要明确指出我们正在考虑的上下文或领域．例如，讨论的问题仅限于正整数，则全体正整数的集合为全集；讨论的问题包括正整数和负整数，则全体正整数的集合就不是全集．不含任何元素的集合称为空集，记作 $\varnothing$．

例 1-6　集合 $\{1, 2, 3\}$ 和集合 $\{4, 5, 6\}$ 的交集是空集．

例 1-7　方程 $x^2+x+1=0$ 在实数范围内的解集为空集．

(6)子集．**定义 1-2**　设 A、B 是两个集合，如果集合 A 的元素都是集合 B 的元素，则称 A 是 B 的子集，记作 $A \subseteq B$（读作 A 包含于 B）或 $B \supseteq A$（读作 B 包含 A）．如果 $A \subseteq B$ 成立，并且 B 中确有元素不

属于 A,则称 A 为 B 的真子集,并记作 $A\subset B$ 且 $B\supset A$. 如果 $A\subseteq B$ 且 $B\subseteq A$,则称 A 与 B 相等,记作 $A=B$.

关于子集有下列结论:

1) $A\subseteq A$,即"集合 A 是其自己的子集".

2) 对任意集合 A,有 $\varnothing\subseteq A$,即"空集是任意集合的子集".

3) 若 $A\subseteq B$,$B\subseteq C$,则 $A\subseteq C$,即"集合的包含关系具有传递性".

例 1-8 设集合 $C=\{$苹果,香蕉,橙子$\}$,集合 $D=\{$苹果,橙子$\}$,则 $D\subset C$.

例 1-9 设集合 $A=\{1,2,3\}$,集合 $B=\{3,2,1\}$,虽然 A、B 中的元素顺序不同,但它们包含相同的元素,所以 $A=B$.

2. 集合的表示法

(1) 列举法. 就是按任意顺序把集合的所有元素一一列出来,写在一个大括号内,并用逗号分隔.

例 1-10 集合 A 包含的元素是 1,2,3,则 A 可以表示为:$A=\{1,2,3\}$.

例 1-11 一个包含几个二维坐标点的集合可以表示为:

$H=\{(0,0),(1,2),(3,4),(-1,-2)\}$,$G=\{(0,0),(1,2),(3,4),(-1,-2)\}$.

(2) 描述法. 设 $P(x)$ 为某个与 x 有关的条件或法则,X 为满足 $P(x)$ 的一切 x 构成的集合,则记为 $X=\{x\mid P(x)\}$.

例 1-12 设 A 为小于 π 的正实数组成的集合,可表示为 $A=\{x\mid 0<x<\pi\}$.

例 1-13 所有满足不等式 $2x-3>0$ 的实数 x 的集合,可表示为 $F=\{x\mid 2x-3>0\}$.

(3) 符号法. 有些集合可以用一些特殊符号表示. 例如,用 Q 表示有理数集合,用 C 表示复数集合.

(4) 文氏图. 集合与集合之间的关系可以用文氏图来表示. 文氏图由十九世纪英国的哲学家和数学家约翰·维恩(John Venn)在 1881 年发明,剑桥大学的 CAius 学院的彩色玻璃窗上有对他的这个发明的纪念. 文氏图用一个平面区域(如方形、圆形或椭圆形)表示一个集合,如图 1-1 所示. 集合内的元素以区域内的点表示,而集合之间的交集则用平面区域重叠的部分来表示.

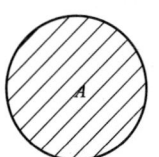 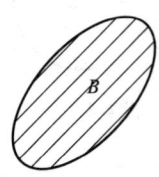 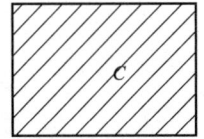

图 1-1

3. 集合的运算

(1) 并集. **定义 1-3** 设 A、B 是两个集合,由所有属于 A 或者属于 B 的元素组成的集合,称为 A 与 B 的并集(简称并),记作 $A\cup B$,文氏图如图 1-2 所示,即 $A\cup B=\{x\mid x\in A \text{ 或 } x\in B\}$.

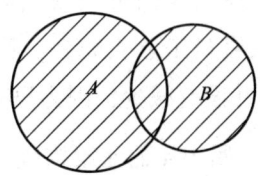

图 1-2

集合的并有下列性质：

1) $A \subseteq A \cup B$, $B \subseteq A \cup B$.

2) 对任何集合 A，有 $A \cup \varnothing = A$，$A \cup U = U$，$A \cup A = A$.

例 1-14 设 $A = \{a, b, c\}$，$B = \{c, d, e\}$，则 $A \cup B = \{a, b, c, d, e\}$.

例 1-15 设集 $G = \{x \mid x 是小于 3 的正整数\} = \{1, 2\}$，集合 $H = \{x \mid x 是大于 1 且小于 4 的整数\} = \{2, 3\}$. 则 $G \cup H = \{1, 2, 3\}$.

(2) 交集. **定义 1-4** 设有集合 A 和 B，由 A 和 B 的所有公共元素构成的集合，称为 A 与 B 的交集（简称交），记为 $A \cap B$，如文氏图 1-3 阴影部分所示，即 $A \cap B = \{x \mid x \in A 且 x \in B\}$.

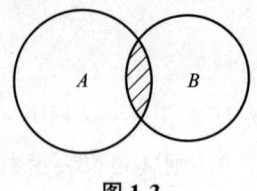

图 1-3

集合的交有下列性质：

1) $A \cap B \subseteq A$，$A \cap B \subseteq B$.

2) 对任何集合 A，有 $A \cap \varnothing = \varnothing$，$A \cap U = A$，$A \cap A = A$.

例 1-16 设 $A = \{1, 2, 3, 4, 5\}$，$B = \{4, 5, 6, 7, 8\}$，则 $A \cap B = \{4, 5\}$.

例 1-17 设集合 $H = \{x \mid x 是小于 6 的正偶数\} = \{2, 4\}$，集合 $I = \{x \mid x 是大于 2 且小于 6 的质数\} = \{3, 5\}$，则 $H \cap I = \varnothing$.

(3) 差集. **定义 1-5** 设 A、B 是两个集合，由所有属于 A 又不属于 B 的元素组成的集合，称为 A 与 B 的差集（简称差），如文氏图 1-4 阴影部分所示，记作 $A - B$，即 $A - B = \{x \mid x \in A 且 x \notin B\}$.

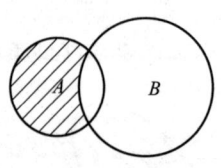

图 1-4

例 1-18 设 $A = \{红色，蓝色，绿色，黄色\}$，$B = \{蓝色，黄色，紫色\}$，则 $A - B = \{红色，绿色\}$.

例 1-19 设集合 $E = \{员工 A：[编程，设计，销售]，员工 B：[设计，营销]，员工 C：[编程，数据分析]，员工 D：[销售，数据分析]\}$，集合 $F = \{员工技能：[编程，营销]\}$. 假设我们想要找出会编程但不会营销的员工 H，可以通过计算差集来实现. 但在这个例子中，集合 F 并不是一个直接的"员工与技能"的映射，所以我们可能需要稍微改变一下方法. 假设我们有一个集合 G，它直接列出了会编程的员工：$G = \{员工 A，员工 C\}$，现在我们可以找出既在 G 中但又不具备 F 中技能的员工，即 $H = G - (G \cap \{会营销的员工\})$. 假设只有员工 B 会营销，则差集为 $\{员工 A，员工 C\} - \{员工 B\} = \{员工 A，员工 C\}$（在这个例子中，差集并没有减少，因为没有一个员工同时会编程和营销）.

(4) 补集. **定义 1-6** 全集 U 中所有不属于 A 的元素构成的集合，称为 A 的补集，记为 $\overline{A}$，如文氏图 1-5 所示，即 $\overline{A} = \{x \mid x \in U 且 x \notin A\}$. 补集有下列性质：$A \cup \overline{A} = U$，$A \cap \overline{A} = \varnothing$.

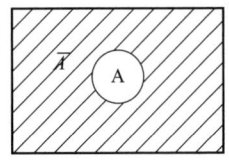

图 1-5

例 1-20 设 $U=\{1,2,3,4,5,6,7,8,9\}$,$A=\{1,3,5,7,9\}$,则集合 A 的补集 $\bar{A}=U-A=\{2,4,6,8\}$.

4. 集合运算律

(1) 交换律:$A\cup B=B\cup A$,$A\cap B=B\cap A$.

(2) 结合律:$(A\cup B)\cup C=A\cup(B\cup C)$,$(A\cap B)\cap C=A\cap(B\cap C)$.

(3) 分配律:$(A\cup B)\cap C=(A\cap C)\cup(B\cap C)$,$(A\cap B)\cup C=(A\cup C)\cap(B\cup C)$.

(4) 摩根律:$\overline{A\cup B}=\bar{A}\cap\bar{B}$,$\overline{A\cap B}=\bar{A}\cup\bar{B}$.

(5) 吸收律:$A\cup(A\cap B)=A$,$A\cap(A\cup B)=A$.

数 学 与 生 活

集合运算的日常生活诠释

★ **交集:两个朋友圈的交集**

小明有两个朋友圈:一个是来自学校的朋友,另一个是来自工作的朋友.有时候,这两个圈子会重叠,也就是说,有些朋友既在学校认识,也在工作中认识.这些共同的朋友就是小明的两个朋友圈的"交集".在数学上,交集表示两个集合中共有的元素.

★ **并集:生日派对的嘉宾**

小明正在为生日派对准备邀请名单.他邀请了学校的朋友和工作的朋友.在这个情况下,他的邀请名单就是这两个朋友名单的"并集".也就是说,他邀请了所有学校的朋友和所有工作的朋友,无论他们是否重叠.在数学上,并集表示两个集合中所有的元素,不论是否重复.

★ **补集:缺失的拼图块**

小明有一个完整的拼图,但是不小心丢失了几块.这些丢失的拼图块就是整个拼图集合的"补集".在数学上,补集表示在一个全集(如所有的拼图块)中,但不在某个特定集合(如小明现有的拼图)中的元素.

★ **子集:团队中的小组**

小明是一支足球队的一部分,而小明的球队中还有一个特别的小队——前锋组.这个前锋组就是小明球队这个集合的一个"子集".换句话说,前锋组的每一个成员都是球队的成员,但并非所有的球队成员都是前锋.在数学上,若集合 A 被视为集合 B 的子集,则意味着集合 A 内的每一个元素都必然属于集合 B,即 A 的所有元素都是 B 的元素.

★差集：从购物清单中移除的物品

小明原本有一个购物清单，但到超市后发现有些东西其实并不需要．于是，小明从清单中划掉了这些物品．这些被划掉的物品就是小明原始购物清单集合与小明最终购买物品集合之间的“差集”．在数学上，差集表示两个集合之间的差异部分，即一个集合中有而另一个集合中没有的元素集合．

5. 区间与邻域

(1)区间．区间分为3种：开区间，闭区间，半开半闭区间．

设a，b为实数，且$a<b$.

1)开区间．满足不等式$a<x<b$的所有实数x的集合，称为以a，b为端点的开区间，即$(a, b)=\{x \mid a<x<b\}$.

2)闭区间．满足不等式$a \leqslant x \leqslant b$的所有实数$x$的集合，称为以$a$，$b$为端点的闭区间，即$[a, b]=\{x \mid a \leqslant x \leqslant b\}$.

3)半开半闭区间．满足不等式$a<x \leqslant b$或$a \leqslant x<b$的所有实数x的集合，均称为以a，b为端点的半开半闭区间，$a<x \leqslant b$记作$(a, b]$，$a \leqslant x<b$记作$[a, b)$.

以上3类区间为有限区间．有限区间右端点b与左端点a之间的差$b-a$称为区间的长度．还有下面3类无限区间：

1)$[a, +\infty)=\{x \geqslant a\}$，$[a, +\infty)=\{x \mid x \geqslant a\}$.

2)$(-\infty, b]=\{x \mid x \leqslant b\}$，$(-\infty, b]=\{x \mid x \leqslant b\}$.

3)$(-\infty, +\infty)=\{x \mid -\infty<x<+\infty\}$.

(2)邻域．当讨论函数在一点附近的局部性质时，还需要引入邻域的概念．

设x_0，δ为实数，$\delta>0$，称开区间$(x_0-\delta, x_0+\delta)$为点x_0的δ邻域，记作$U(x_0, \delta)$．点x_0称为该邻域的中心，δ称为邻域的半径，如图1-6所示．

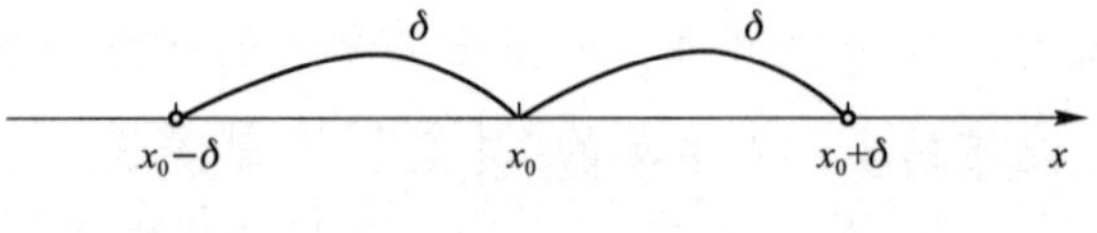

图1-6

在点x_0的邻域$(x_0-\delta, x_0+\delta)$内去掉中心x_0后所组成的集合称为点x_0的空心邻域，记作$\mathring{U}(x_0, \delta)$，并称开区间$(x_0-\delta, x_0)$为点$x_0$的左邻域，开区间$(x_0, x_0+\delta)$为点的右邻域．

1.1.2 函数

1. 函数的概念

(1)**定义1-7** 设x，y是两个变量，D是实数集合的一个非空子集合，如果对D中每一个数值x，按照某种对应法则f，都有唯一确定的一个数值y和它对应，则称变量y是变量x的函数，记作

$$y=f(x).$$

其中x为自变量，y为因变量，x的取值范围D叫作函数$f(x)$的定义域．因变量y与自变量x之间的这种依赖关系，通常称为函数关系．

说明:

1) 定义域 D 是自变量 x 的取值范围,也就是使函数 $y=f(x)$ 有意义的一个数集.

2) 当 x 的取值 $x_0 \in D$ 时,与 x_0 相对应的 y 的数值称为函数在点 x_0 的函数值,记作
$$f(x_0) \text{ 或 } y|_{x=x_0}$$
当 x 遍取数集 D 中的所有数值时,对应的函数值全体所构成的集合称为函数 $f(x)$ 的值域.

3) 决定一个函数的两个因素是定义域 D 和对应法则 f. 每一个函数值都可由一个 $x \in D$ 通过 f 而唯一确定,所以只要给定定义域 D 和对应法则 f,函数值域也就相应地被确定了.

4) 如果两个函数的定义域 D 和对应法则 f 完全相同,那么这两个函数相同.

5) 表示函数的记号是可以任意选取的,除了常用的 f 外,还可用其他的英文字母或希腊字母. 有时还直接用因变量的记号来表示函数,即把函数记作 $y=y(x)$. 但在同一个问题中,讨论到几个不同的函数时,为了表示区别,常用不同的记号来表示它们.

(2) 函数定义域的求解. 求解函数定义域的过程需要注意:

1) 分式的分母不能为 0.

2) 偶次根式中被开方式不能小于 0.

3) 对数的真数位置必须大于 0.

4) 同时包含以上情况时需要求交集.

例 1-21 求函数 $f(x)=\dfrac{\sqrt{x^2-1}}{\ln(x-1)}$ 的定义域.

解: 首先考虑根号下的表达式 $x^2-1 \geq 0$,解得 $x \leq -1$ 或 $x \geq 1$. 然后考虑对数函数的真数 $x-1>0$,解得 $x>1$. 综合以上两个条件,取交集得 $x>1$. 因此,函数 $f(x)$ 的定义域为 $(1, +\infty)$.

例 1-22 试确定函数 $y=\dfrac{x-1}{x+3}+\sqrt{16-x^2}$ 的定义域.

解: 要使 $y=\dfrac{x-1}{x+3}+\sqrt{16-x^2}$ 有意义,只需 $x+3 \neq 0$ 且 $16-x^2 \geq 0$,即 $x \neq -3$ 且 $-4 \leq x \leq 4$,所以函数的定义域为 $[-4, -3) \cup (-3, 4]$.

(3) 函数的表示方法. 函数的表示方法主要有三种:

1) 表格法. 把自变量 x 的一系列值和函数 y 的对应值列成一个表格来表示函数关系. 通过列出输入变量和对应的输出变量,可以更清楚地看到函数的变化规律. 函数表格也可以用来记录函数在一段特定范围内的输入和输出,方便我们对函数的行为进行分析和比较. 如函数 $y=2x+3$ 可用表 1-1 表示.

表 1-1

x	1	2	3	4	5
y	5	7	9	11	13

2) 解析法. 解析法又称为公式法,是通过数学表达式(公式)来表示函数的方法. 具体来说,解析法是用一个或多个数学公式来明确描述输入变量(自变量)与输出变量(因变量)之间的依赖关系. 如 $y=ax^2+bx+c$.

3) 图形法. 图形法是一种直观的表示方式,函数的图形由一组点组成,这些点可以构成连续曲线,但也可能只是离散的点集. 其中每个点的横坐标表示自变量的值,纵坐标表示因变量的值. 通过

绘制函数的形,可以更好地理解函数的性质和规律.正弦函数的图形如图 1-7 所示.

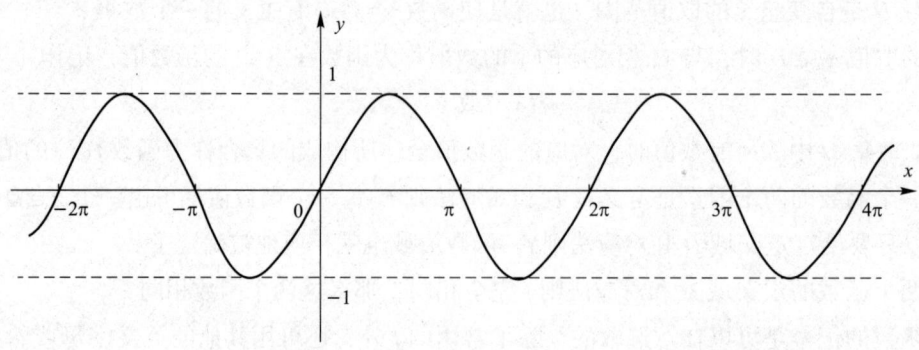

图 1-7

2. 函数的特性

(1)有界性.函数的有界性是函数的一个重要性质,它描述了函数值在某个范围内"不会无限增长或无限减小"的特性.具体来说,一个函数如果被称为在某个区间(或整个定义域)上有界,那么它的函数值必须被限制在某个有限的范围内.

1)设函数 $f(x)$ 的定义域为 D,数集 $X \subset D$,如果存在数 K_1,使得 $f(x) \leq K_1$,对任一 $x \in X$ 都成立,那么称函数 $f(x)$ 在 X 上有上界,K_1 称为函数 $f(x)$ 在 X 上的一个上界.如果存在数 K_2,使得 $f(x) \geq K_2$,对任一 $x \in X$ 都成立,那么称函数 $f(x)$ 在 X 上有下界,K_2 称为函数 $f(x)$ 在 X 上的一个下界.

例 1-23 函数 $f(x) = 3$ 是一个常数函数,它在整个实数集 R 上都是有界的.因为对于所有的 $x \in R$,都有 $f(x) = 3$,所以它的上界和下界都是 3.

2)设函数 $f(x)$ 的定义域为 D,数集 $X \subset D$,如果存在正数 M,使得 $f(x) | \leq M$,对任一 $x \in X$ 都成立,那么称函数 $f(x)$ 在 X 上有界.如果这样的 M 不存在,就称函数 $f(x)$ 在 X 上无界;这就是说,如果对于任何正数 M,总存在 $x_1 \in X$,使 $|f(x_1)| > M$,那么函数 $f(x)$ 在 X 上无界.

例 1-24 函数 $f(x) = e^x$ 在整个实数集 R 上也是无界的.因为当 x 趋于正无穷时,e^x 趋于正无穷;而当 x 趋于负无穷时,e^x 趋于 0,但整体来说这个函数没有上界.

(2)奇偶性.设函数 $f(x)$ 的定义域 D 关于原点对称,如果对于任一 $x \in D$,$f(-x) = f(x)$ 恒成立,那么称 $f(x)$ 为偶函数,如图 1-8 所示.如果对于任一 $x_1 \in D$.如果对于任一 $x \in D$,$f(-x) = -f(x)$ 恒成立,那么称 $f(x)$ 为奇函数,如图 1-9 所示.

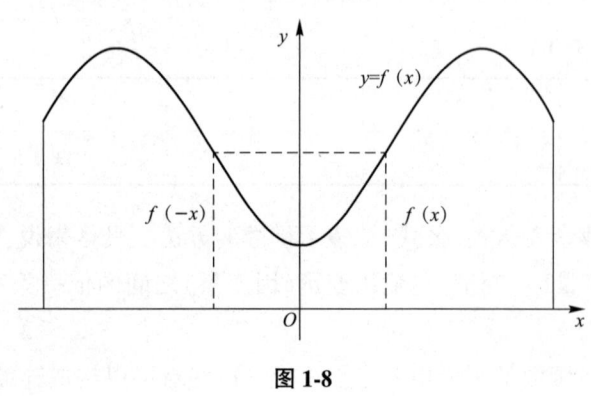

图 1-8

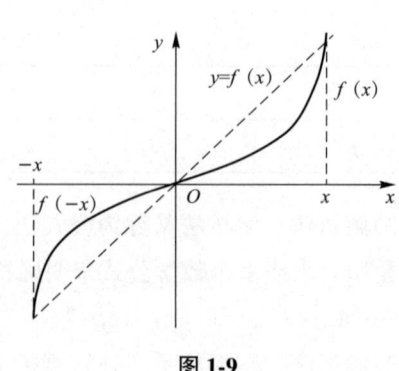

图 1-9

例 1-25 函数 $f(x)=\sin(x)$ 是奇函数,因为对于所有 $x\in R$,都有 $f(-x)=\sin(-x)=-\sin(x)=-f(x)$.

例 1-26 函数 $f(x)=\cos(x)$ 是偶函数,因为对于所有 $x\in R$,都有 $f(-x)=\cos(-x)=\cos(x)=f(x)$.

(3)单调性.设函数 $y=f(x)$ 的定义域为 D,区间 $I\subset D$,如果对于区间 I 上任意两点 x_1 及 x_2,当 $x_1<x_2$,恒有 $f(x_1)<f(x_2)$,那么称函数 $y=f(x)$ 在区间 I 上是单调增加的,如图 1-10 所示;如果对于区间 I 上任意两点 x_1 和 x_2,当 $x_1<x_2$,时,恒有 $f(x_1)>f(x_2)$,那么称函数 $y=f(x)$ 在区间 I 上是单调减少的,如图 1-11 所示.单调增加和单调减少的函数统称为单调函数.

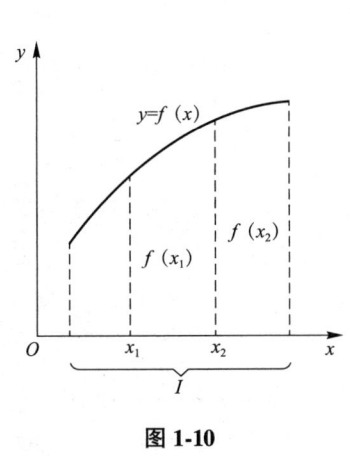

图 1-10

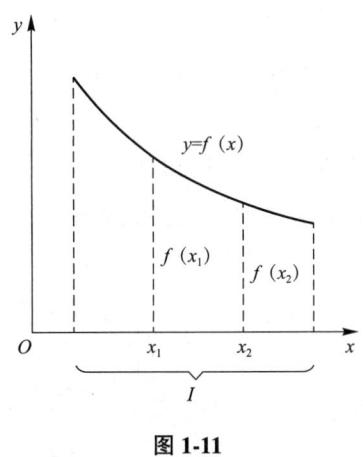

图 1-11

例 1-27 $f(x)=x^3$ 在 $(-\infty,+\infty)$ 上单调增加,$f(x)=a^x(0<a<1)$ 在 $(-\infty,+\infty)$ 上单调减少,而 $f(x)=x^2$ 在 $(-\infty,0)$ 上单调减少,在 $(0,+\infty)$ 上单调增加.

(4)周期性.设函数 $f(x)$ 的定义域为 D,如果存在一个正数 l,使得对于任一 $x\in D$ 有 $(x\pm l)\in D$,且 $f(x+l)=f(x)$ 恒成立,那么称 $f(x)$ 为周期函数,l 称为 $f(x)$ 的周期,通常我们说周期函数的周期是指最小正周期.

例 1-28 函数 $y=\sin x$ 和 $y=\cos x$ 都是以 $T=2\pi$ 为周期的周期函数;函数 $y=\tan x$ 是以 $T=\pi$ 为周期的周期函数.

数 学 与 生 活

函数的魔法地图

小明正在探索一个神秘的数学森林,而函数就是这个森林里的魔法地图.这张地图有着一些非常有趣和独特的特性,让我们一起来揭开它们的神秘面纱吧!

★**特性一:输入与输出的奇幻链接**

在函数的魔法地图上,有一个特别的传送门——输入门.当小明把一些东西(我们称之为"输入值"或"自变量")放入这个传送门时,它就像被施了魔法一样,通过一系列神秘的变换(这就是"对应法则"),最终从另一个传送门——输出门中出来,变成了完全不同的东西(我们称之为"输出值"或"因变量").这就像是一个奇妙的变形术,让人不禁惊叹于函数的神奇力量.

★**特性二:定义域的魔法边界**

在函数的魔法地图上,有一个明确的区域范围,我们称之为"定义域".这个区域就像是一个魔法圈，它限定了小明可以放入传送门的"魔法原料"的种类和数量．只有在这个魔法圈内的"原料"才能被函数接受并进行变换．这就像是在制作魔法药水时，小明必须按照特定的配方和比例来准备原料，否则就无法成功制作出小明想要的药水．

★特性三：值域的无限可能

而当小明把"原料"放入传送门后，经过函数的变换，它可能会变成各种各样的"魔法产物"．这些"产物"的集合就构成了函数的"值域"．值域就像是一个宝藏库，里面装满了无数种可能的"魔法产物"．每一个不同的输入值都可能会对应一个独一无二的输出值，这就像是小明在制作魔法药水时，即使使用了相同的原料和比例，但每次制作出来的药水都可能会有所不同．

★特性四：一一对应的秘密

在函数的魔法地图上，还有一个非常有趣的特性———一对应．这意味着在定义域中的每一个输入值都只能对应一个唯一的输出值．这就像是在制作魔法药水时，每一个特定的配方和比例都只能制作出一种特定的药水，不会有第二种可能．这种一一对应的关系让函数的魔法更加精确和可靠．

通过这四个特性的趣味讲解，我们可以看到函数其实并不枯燥和抽象．它就像是一个充满奇幻和神秘的魔法地图，让我们在探索数学世界的过程中不断发现新的乐趣和惊喜．无论是在制作咖啡、规划旅行还是解决数学问题时，我们都可以运用函数的思想和特性来更好地理解和解决问题．

3. 常用函数

(1) 反函数．**定义 1-8** 设 $y=f(x)$ 是定义在 $D(f)$ 上的一个函数，值域为 $Z(f)$，如果对每一个 $y\in Z(f)$ 有一个确定的且满足 $y=f(x)$ 的 $x\in D(f)$ 与之对应，其对应规则记作 f^{-1}，这个定义在 $Z(f)$ 上的函数 $x=f^{-1}(y)$ 称为 $y=f(x)$ 的反函数，或称它们互为反函数．

函数 $y=f(x)$，x 为自变量，y 为因变量，定义域为 $D(f)$，值域为 $Z(f)$．函数 $x=f^{-1}(y)$，y 为自变量，x 为因变量，定义域为 $Z(f)$，值域为 $D(f)$．习惯上用 x 表示自变量，用 y 表示因变量．因此我们将 $x=f^{-1}(y)$ 改写为以 x 为自变量、以 y 为因变量的函数关系 $y=f^{-1}(x)$，这时我们说 $y=f^{-1}(x)$ 是 $y=f(x)$ 的反函数．

定理 1-1 单调函数必有反函数，且单调增加（减少）函数的反函数也是单调增加（减少）的．

例 1-29 函数 $y=x^2$ 在定义域 $(-\infty, +\infty)$ 上没有反函数，但在 $[0, +\infty)$ 上存在反函数．由 $y=x^2$，$x\in[0, +\infty)$，可求得 $x=\sqrt{y}$，$y\in[0, +\infty)$，再对调 x，y，得反函数为 $y=\sqrt{x}$，$x\in[0, +\infty)$．它们的图形关于直线 $y=x$ 对称，如图 1-12 所示．

(2) 复合函数．**定义 1-9** 设函数 $y=f(u)$ 的定义域为 $D(f)$，若函数 $u=\varphi(x)$ 的值域为 $Z(\varphi)$，$Z(\varphi)\cap D(f)$ 非空，则称 $y=f[\varphi(x)]$ 为复合函数，x 为

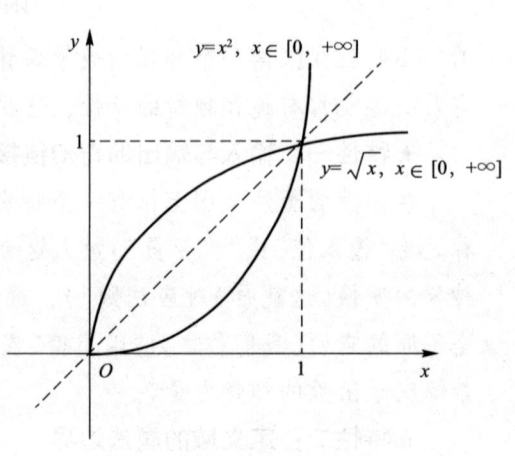

图 1-12

自变量，y 为因变量，u 称为中间变量．

例 1-30　假设在银行存了一笔钱，银行每年支付一定的利息．如果每年都将利息和本金一起再存入银行，那么每年的本金就会增加．这种情况下，可以使用复合函数来计算未来的存款总额．

设初始存款为 P_0，年利率为 r(以小数形式表示，如 5%为 0.05)，那么 n 年后的存款总额 P_n 可以用复合函数表示为：$P_n=P_0\times(1+r)^n$．这里，$f(x)=(1+r)^x$ 是一个指数函数，而 $g(n)=n$ 是一个恒等函数．复合函数 $h(n)=f(g(n))=(1+r)^n$ 描述了存款总额随时间的变化．

例 1-31　求复合函数 $y=\arcsin\dfrac{2x-1}{3}$ 的定义域．

解：$y=\arcsin u$，$u=\dfrac{2x-1}{3}$

要求 $|u|\leqslant1$，即 $\left|\dfrac{2x-1}{3}\right|\leqslant1$，因此有 $-1\leqslant x\leqslant2$，于是得出 $y=\arcsin\dfrac{2x-1}{3}$ 的定义域为 $[-1,2]$．

(3)基本初等函数．常函数、幂函数、指数函数、对数函数、三角函数、反三角函数统称为基本初等函数．

1)常函数 $y=C$(C 是常数)．

2)幂函数 $y=x^a$($a\in R$ 是常数)．

3)指数函数 $y=a^x$($a>0$ 且 $a\neq1$)

4)对数函数 $y=\log_a x$($a>0$ 且 $a\neq1$)．

5)三角函数 $y=\sin x$，$y=\cos x$，$y=\tan x$，$y=\cot x$.

6)反三角函数 $y=\arcsin x$，$y=\arccos x$，$y=\arctan x$，$y=\operatorname{arccot} x$.

有关基本初等函数的图像及主要性质如表 1-2 所示．

表 1-2

名称	函数	定义域和值域	图像	特性
常函数	$y=C$	$x\in(-\infty,+\infty)$ $y\in\{C\}$	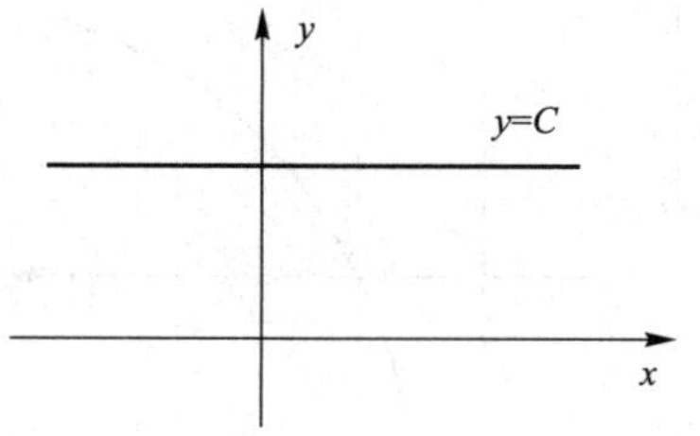	偶函数，有界．
幂函数	$y=x$	$x\in(-\infty,+\infty)$ $y\in(-\infty,+\infty)$	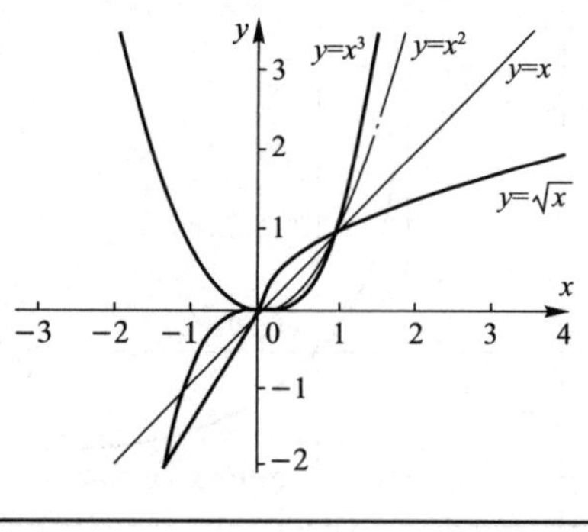	奇函数，单调增加．
	$y=x^2$	$x\in(-\infty,+\infty)$ $y\in[0,+\infty)$		偶函数，在 $(-\infty,0)$ 内单调减少，在 $(0,+\infty)$ 内单调增加．
	$y=x^3$	$x\in(-\infty,+\infty)$ $y\in(-\infty,+\infty)$		奇函数，单调增加．
	$y=\sqrt{x}$	$x\in[0,+\infty)$ $y\in[0,+\infty)$		非奇非偶函数，单调增加．

续表

名称	函数	定义域和值域	图像	特性
幂函数	$y=x^{-1}$	$x\in(-\infty,+0)\cup(0,+\infty)$ $y\in(-\infty,0)\cup(0,+\infty)$		奇函数，在$(-\infty,0)$和$(0,+\infty)$内都是单调减少．
	$y=x^{-2}$	$x\in(-\infty,+0)\cup(0,+\infty)$ $y\in(0,+\infty)$		偶函数，在$(-\infty,0)$内单调增加，在$(0,+\infty)$内单调减少．
指数函数	$y=a^x$ $(a>1)$	$x\in(-\infty,+\infty)$ $y\in(0,+\infty)$		非奇非偶函数，单调增加．
	$y=a^x$ $(0<a<1)$	$x\in(-\infty,+\infty)$ $y\in(0,+\infty)$		非奇非偶函数，单调减少．
对数函数	$y=\log_a x$ $(a>1)$	$x\in(0,+\infty)$ $y\in(-\infty,+\infty)$		非奇非偶函数，单调增加．
	$y=\log_a x$ $(0<a<1)$	$x\in(0,+\infty)$ $y\in(-\infty,+\infty)$		非奇非偶函数，单调减少．

续表

名称	函数	定义域和值域	图像	特性
三角函数	$y=\sin x$	$x\in(-\infty,+\infty)$ $y\in[1,-1]$		奇函数，周期2π，$\left(2k\pi-\dfrac{\pi}{2},2k\pi+\dfrac{\pi}{2}\right)$内单调增加，$\left(2k\pi+\dfrac{\pi}{2},2k\pi+\dfrac{3\pi}{2}\right)$内单调减少，$k\in Z$.
	$y=\cos x$	$x\in(-\infty,+\infty)$ $y\in[1,-1]$		偶函数，周期2π，$(2k\pi,2k\pi+\pi)$内单调减少，$(2k\pi+\pi,2k\pi+2\pi)$内单调增加，$k\in Z$.
	$y=\tan x$	$x\neq k\pi+\dfrac{\pi}{2}(k\in Z)$ $y\in(-\infty,+\infty)$		奇函数，周期π，$\left(k\pi-\dfrac{\pi}{2},k\pi+\dfrac{\pi}{2}\right)$内单调增加，$k\in Z$.
	$y=\cot x$	$x\neq k\pi(k\in Z)$ $y\in(-\infty,+\infty)$		奇函数，周期π，$(k\pi,k\pi+\pi)$内单调减少，$k\in Z$.
反三角函数	$y=\arcsin x$	$x\in[1,-1]$ $y\in\left(-\dfrac{\pi}{2},\dfrac{\pi}{2}\right)$		奇函数，单调增加，有界.
	$y=\arccos x$	$x\in[1,-1]$ $y=(0,\pi)$		非奇非偶函数，单调减少，有界.

名称	函数	定义域和值域	图像	特性
反三角函数	$y=\arctan x$	$x\in(-\infty,+\infty)$ $y\in\left(-\dfrac{\pi}{2},\dfrac{\pi}{2}\right)$		奇函数，单调增加，有界．
	$y=\text{arccot}\,x$	$x\in(-\infty,+\infty)$ $y\in(0,\pi)$		非奇非偶函数，单调减少，有界．

(4) 初等函数．由常数和基本初等函数经过有限次四则运算及有限次复合运算所构成的并能用一个式子表示的函数，称为初等函数．

例如，函数 $y=\sin^2 x$，$y=\sqrt{\cot\dfrac{x}{2}}$，$f(x)=3^{\sqrt{x}}\ln(3x+2)$，$g(x)=\sqrt{\sin 3x}+e^{\arctan 2x}$ 都是初等函数．

课 堂 练 习

1. 写出 $A=\{0,1,2\}$ 的一切子集．

2. 设 $A=\{1,2,3\}$，$B=\{1,3,5\}$，$C=\{2,4,6\}$，求：
(1) $A\cup B$ (2) $A\cap B$ (3) $A\cup B\cup C$
(4) $A\cap B\cap C$ (5) $A-B$

3. 用区间表示满足下列不等式的所有 x 的集合
(1) $|x|\leqslant 3$ (2) $|x-2|\leqslant 1$
(3) $|x-a|<\varepsilon$ (a 为常数，$\varepsilon>0$)   (4) $|x+1|>2$

4. 用区间表示下列实数集合
(1) $I_1=\{x\mid x+3<2\}$
(2) $I_2=\{x\mid 1\leqslant |x-2|<3\}$
(3) $I_3=\{x\mid x-2<x+3\}$

5. 确定下列函数定义域
(1) $y=\sqrt{9-x^2}$ (2) $y=\dfrac{1}{1-x^2}+\sqrt{x+2}$

(3) $y=\dfrac{-5}{x^2+4}$ (4) $y=\arcsin\dfrac{x-1}{2}$

(5) $y=1-2^{1-x^2}$ (6) $y=\dfrac{\lg(3-x)}{\sqrt{|x|-1}}$

(7) $y = \sqrt{\lg \dfrac{5x-x^2}{4}}$ (8) $y = \dfrac{\arccos \dfrac{2x-1}{7}}{\sqrt{x^2-x-6}}$

(9) $y = \lg[\lg(\lg x)]$

6. 讨论函数 $f(x) = e^{-x^2}$ 的奇偶性、有界性、单调性、周期性 ($e \approx 2.71828$).

7. 证明函数 $y = \dfrac{x^2}{1+x^2}$ 是有界函数.

8. 求函数 $y = 1 + 2\sin \dfrac{x-1}{x+1}$ 的反函数.

9. 设 $f(x)$ 是以 T 为周期的函数，求函数 $f(x) + f(2x) + f(3x) + f(4x)$ 的周期.

1.2 极限与连续

极限这一概念在日常生活中和数学领域中都扮演着重要的角色. 在日常生活中，我们可能会因为长时间纠结于一个问题而无法找到答案，感到心力交瘁，仿佛达到了心理极限；或者在长跑时，随着体力的逐渐消耗，我们会感到疲惫不堪，仿佛身体即将达到生理极限. 这些经历都让我们对"极限"有了直观的感受.

而在数学领域，极限思想的出现则是为了解决某些实际问题的精确解. 通过深入研究变量如何随着其他变量的变化而趋近于某个固定值，数学家们发展出了极限理论. 极限方法在研究变量变化趋势方面非常有用，它为我们提供了一种有效的工具来分析和预测各种自然现象和社会现象.

1.2.1 数列极限

1. 数列极限的概念

我们知道，按照一定顺序排成的无穷多个数

$$x_1, x_2, x_3, \cdots, x_n, \cdots$$

称为无穷数列，记为 $\{x_n\}$. 数列中每一个数叫做为数列的项，第 n 项 x_n 叫做数列的一般项或通项. 例如：

$$\dfrac{2}{3}, \dfrac{3}{4}, \dfrac{4}{5}, \cdots, \dfrac{n}{n+1}, \cdots$$

$$1, -1, 1, \cdots, (-1)^{n+1}, \cdots$$

$$2, 4, 8, \cdots, 2^n, \cdots$$

$$2, \dfrac{1}{2}, \dfrac{4}{3}, \cdots, \dfrac{n+(-1)^{n-1}}{n}, \cdots$$

以上都是数列的例子，它们的一般项依次为

$$\dfrac{n}{n+1}, (-1)^{n+1}, 2^n, \dfrac{n+(-1)^{n-1}}{n}.$$

若存在正数 M，使得对所有的 n，都满足 $|a_n|\leq M$，则称数列 $\{a_n\}$ 为有界数列，否则为无界数列.

若存在实数 M，对于一切 n 都满足 $a_n\leq M$，则称为数列 $\{a_n\}$ 有上界，M 为 $\{a_n\}$ 的一个上界；若存在实数 m，对于一切 n 都满足 $a_n\geq m$，则称为数列 $\{a_n\}$ 有下界，m 为 $\{a_n\}$ 的一个下界. 由此可见，既有上界又有下界的数列必为有界数列.

例 1-34 设有一圆，如图 1-13 所示，作内接六边形，面积记为 A_1；再作内接正十二边形，面积记为 A_2；依次循环，每次边数加倍，$\cdots$，内接正 $6\times 2^{n-1}$ 边型的面积为 A_n，当 n 无限增大时，得 A_1，A_2，A_3，$\cdots$，$A_n\to S_{圆}$. 当 n 无限增大时，A_n 如何变化？

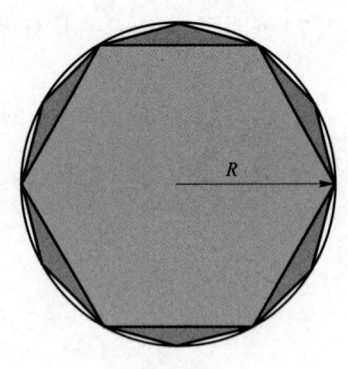

图 1-13

答：当 n 越大，内接正多边形与圆的差别越小. 但是无论 n 取得如何大，A_n 终究只是多边形的面积，还不是圆的面积. 而 n 无限增大时（记为 $n\to\infty$），即内接正多边形的边数无限增加，这时内接正多边形就无限接近于圆，A_n 也就无限接近于某一确定的数值，这个确定数值可视为圆的面积.

定义 1-10 对于数列 $\{x_n\}$，如果存在常数 a，对于任意给定的正数 ε（不论它多么小），总存在正整数 N，使得当 $n>N$ 时，不等式 $|x_n-a|<\varepsilon$ 都成立，那么就称常数 a 为数列 $\{x_n\}$ 的极限，或者称数列 $\{x_n\}$ 收敛于 a，记作

$$\lim_{n\to\infty}x_n=a \text{ 或 } x_n\to a(n\to\infty).$$

如果不存在这样的常数 a，就说数列 $\{x_n\}$ 没有极限，或者说数列 $\{x_n\}$ 是发散的，习惯上也说 $\lim\limits_{n\to\infty}x_n$ 不存在.

上面定义中正数 ε 可以任意给定是很重要的，因为只有这样，不等式 $|x_n-a|<\varepsilon$ 才能表达出 $\{x_n\}$ 与 a 无限接近的意思. 另外还要注意到定义中的正整数 N 是与任意给定的正数 ε 有关的，它随着 ε 的给定而选定.

下面是关于"数列 $\{x_n\}$ 的极限为 a"的几何解释：

将常数 a 及数列 x_1，x_2，x_3，$\cdots$，x_n，$\cdots$在数轴上用它们的对应点表示出来，再在数轴上作点 a 的 ε 邻域，即开区间 $(a-\varepsilon, a+\varepsilon)$，如图 1-14 所示.

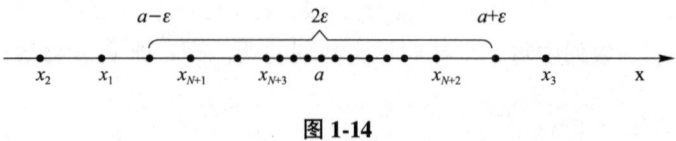

图 1-14

因不等式 $|x_n-a|<\varepsilon$ 与不等式 $a-\varepsilon<x_n<a+\varepsilon$ 等价，所以当 $n>N$ 时，所有的点 x_n 都落在开区间 $(a-\varepsilon, a+\varepsilon)$ 内，而只有有限个（至多只有 N 个）在这区间以外.

为了表达方便，引入记号"$\forall$"表示"对于任意给定的"或"对于每一个"，记号"$\exists$"表示"存在". 于是，"对于任意给定的 $\varepsilon>0$"写成"$\forall \varepsilon>0$"，"存在正整数 N"写成"$\exists$ 正整数 N"，数列极限 $\lim\limits_{n\to\infty}x_n=a$ 的定义可表达为

$$\lim_{n\to\infty}x_n=a \Leftrightarrow \forall \varepsilon>0,\ \exists \text{正整数 } N,\ \text{当 } n>N \text{ 时，有 } |x_n-a|<\varepsilon.$$

例 1-35 观察以下数列的变化趋势，并写出它们的极限.

(1) $a_n = c$ (c 为常数); (2) $a_n = \dfrac{1}{n}$;

(3) $a_n = \dfrac{n-1}{n+1}$; (4) $a_n = 2 - \dfrac{1}{n^2}$.

解：通过列出数列的有限项，分析各项随 n 增大而变化的特点，进一步考察当 $n \to \infty$ 时各项的变化趋势. 如表 1-3 所示.

表 1-3

n	1	2	3	4	5	...	$\to \infty$
$a_n = c$	c	c	c	c	c	...	$\to c$
$a_n = \dfrac{1}{n}$	1	$\dfrac{1}{2}$	$\dfrac{1}{3}$	$\dfrac{1}{4}$	$\dfrac{1}{5}$	...	$\to 0$
$a_n = \dfrac{n-1}{n+1}$	0	$\dfrac{1}{3}$	$\dfrac{1}{2}$	$\dfrac{3}{5}$	$\dfrac{2}{3}$	...	$\to 1$
$a_n = 2 - \dfrac{1}{n^2}$	1	$\dfrac{7}{4}$	$\dfrac{17}{9}$	$\dfrac{31}{16}$	$\dfrac{49}{25}$	...	$\to 2$

由表 1-6 可以看出：(1) $\lim\limits_{n \to \infty} c = c$；(2) $\lim\limits_{n \to \infty} \dfrac{1}{n} = 0$；

(3) $\lim\limits_{n \to \infty} \dfrac{n-1}{n+1} = 1$；(4) $\lim\limits_{n \to \infty} \left(2 - \dfrac{1}{n^2}\right) = 2$.

例 1-36 证明数列

$$2, \dfrac{1}{2}, \dfrac{4}{3}, \dfrac{3}{4}, \cdots, \dfrac{n+(-1)^{n-1}}{n}, \cdots$$

的极限是 1.

证明：$|x_n - a| = \left| \dfrac{n+(-1)^{n-1}}{n} - 1 \right| = \dfrac{1}{n}$.

$\forall \varepsilon > 0$，为了使 $|x_n - a| < \varepsilon$，只要

$$\dfrac{1}{n} < \varepsilon \text{ 或 } n > \dfrac{1}{\varepsilon}.$$

这个 $\dfrac{1}{\varepsilon}$ 是一个确定的实数，而对于任何一个实数都有无穷多个大于它的正整数存在，所以，任取一个大于 $\dfrac{1}{\varepsilon}$ 的正整数作为 N，例如，取 $N = \left[\dfrac{1}{\varepsilon}\right] + 1$，则当 $n > N$ 时，就有

$$\left| \dfrac{n+(-1)^{n-1}}{n} - 1 \right| < \varepsilon,$$

即

$$\lim\limits_{n \to \infty} \dfrac{n+(-1)^{n-1}}{n} = 1.$$

例 1-37 设 $|q| < 1$，证明等比数列

$$1, q, q^2, \cdots, q^{n-1}, \cdots$$

的极限是0.

证明：$\forall \varepsilon>0$（设 $\varepsilon<1$），因为
$$|x_n-0|=|q^{n-1}-0|=|q|^{n-1},$$
要使 $|x_n-0|<\varepsilon$，只要
$$|q|^{n-1}<\varepsilon.$$
取自然对数，得 $(n-1)\ln|q|<\ln\varepsilon$. 因 $|q|<1$，$\ln|q|<0$，故
$$n>1+\frac{\ln\varepsilon}{\ln|q|}.$$
取 $N=\left[1+\dfrac{\ln\varepsilon}{\ln|q|}\right]$，则当 $n>N$ 时，就有
$$|q^{n-1}-0|<\varepsilon,$$
即
$$\lim_{n\to\infty}q^{n-1}=0.$$

2. 收敛数列的性质

定理 1-2（极限的唯一性）　若数列 $\{a_n\}$ 收敛，则极限唯一.

证：用反证法. 假设同时有 $x_n\to a$ 及 $x_n\to b$，且 $a<b$. 取 $\varepsilon=\dfrac{b-a}{2}$. 因为 $\lim\limits_{n\to\infty}x_n=a$，故 $\exists$ 正整数 N_1，当 $n>N_1$ 时，不等式
$$|x_n-a|<\frac{b-a}{2} \tag{1-1}$$
成立. 同理，因为 $\lim\limits_{n\to\infty}x_n=b$，故 $\exists$ 正整数 N_2，当 $n>N_2$ 时，不等式
$$|x_n-b|<\frac{b-a}{2} \tag{1-2}$$
成立. 取 $N=\max\{N_1, N_2\}$（这式子表示 N 是 N_1 和 N_2 中较大的那个数），则当 $n>N$ 时，式(1-1)及式(1-2)会同时成立，但由式(1-1)有 $x_n<\dfrac{a+b}{2}$，由式(1-2)有 $x_n>\dfrac{a+b}{2}$，这是不可能的. 这矛盾证明了本定理的结论.

例 1-38　求下面数列的极限 $\lim\limits_{n\to\infty}a_n$.
$$\{a_n\}: -10, \sqrt{2}, \pi, \frac{-7}{4}, \frac{-9}{5}, \frac{-11}{6}, \frac{-13}{7}, \cdots$$

解：此数列从第 4 项开始满足下述规律：
$$a_n=\frac{1-2n}{n}(n\geqslant 4),$$
$$\lim_{n\to\infty}a_n=\lim_{n\to\infty}\frac{1-2n}{n}=\lim_{n\to\infty}\left(\frac{1}{n}-2\right)=-2.$$

一般地，在数列中，加上或减去有限项，不改变其敛散性.

例 1-39　证明数列 $x_n=(-1)^{n+1}(n=1, 2, \cdots)$ 是发散的.

证：如果这数列收敛，根据定理 1 它有唯一的极限，设极限为 a，即 $\lim\limits_{n\to\infty}x_n=a$. 按数列极限的定

义,对于 $\varepsilon=\dfrac{1}{2}$,∃正整数 N,当 $n>N$ 时,$|x_n-a|<\dfrac{1}{2}$ 成立;即当 $n>N$ 时,x_n 都在开区间 $\left(a-\dfrac{1}{2},a+\dfrac{1}{2}\right)$ 内. 但这是不可能的,因为 $n\to\infty$ 时,x_n 无休止地一再重复取得 1 和 -1 这两个数,而这两个数不可能同时属于长度为 1 的开区间 $\left(a-\dfrac{1}{2},a+\dfrac{1}{2}\right)$ 内. 因此这数列发散.

定理 1-3(收敛数列的有界性) 如果数列 $\{x_n\}$ 收敛,那么数列 $\{x_n\}$ 一定有界.

此定理也可说成:无界数列一定是发散的. 它为判定数列的敛散性提供了一个有效的方法. 例如,数列 n^2 与 $1-2n$ 都是无界的,因此都是发散的. 而数列 $\{(-1)^{n+1}\}$ 有界,但数列 $\{(-1)^{n+1}\}$ 不收敛(即发散). 这说明数列有界是数列收敛的必要条件,而不是充分条件.

证:因为数列 $\{x_n\}$ 收敛,设 $\lim\limits_{n\to\infty}x_n=a$. 根据数列极限的定义,对于 $\varepsilon=1$,∃正整数 N,当 $n>N$ 时,不等式
$$|x_n-a|<1$$
都成立. 于是,当 $n>N$ 时,
$$|x_n|=|(x_n-a)+a|\leq|x_n-a|+|a|<1+|a|.$$
取 $M=\max\{|x_1|,|x_2|,\cdots,|x_N|,1+|a|\}$,那么数列 $\{x_n\}$ 中的一切 x_n 都满足不等式
$$|x_n|\leq M.$$
这就证明了数列 $\{x_n\}$ 是有界的.

根据上述定理,如果数列 $\{x_n\}$ 无界,那么数列 $\{x_n\}$ 一定发散. 但是,如果数列 $\{x_n\}$ 有界. 却不能判定数列 $\{x_n\}$ 一定收敛,例如数列
$$1,-1,1,\cdots,(-1)^{n+1},\cdots$$
有界,但例 1-39 证明了这数列是发散的. 所以数列有界是数列收敛的必要条件,但不是充分条件.

例 1-40 考察数列 $a_n=\dfrac{100-n^3}{n+n^3}$ 是否收敛.

解:$a_n=\dfrac{100-n^3}{n+n^3}=\dfrac{\dfrac{100}{n^3}-1}{\dfrac{1}{n^2}+1}=-1\,(n\to\infty)$

即数列 $\{a_n\}$ 以 -1 为极限,即 $\lim\limits_{n\to\infty}\dfrac{100-n^3}{n+n^3}=-1$,故数列收敛.

极限是个有效的分析工具,但当数列 $\{a_n\}$ 的极限不存在时,难道 $\{a_n\}$ 没有一点规律吗?当然不是!出现这种情况的原因是:我们是从"整个"数列的特征角度对数列进行研究. 那么,如果"整体无序","部分"是否也无序呢?如果"部分"有序,可否从"部分"来推断整体的性质呢?简而言之,能否从"部分"来把握"整体"呢?这个"部分数列"就是下面要讲的"子列".

定理 1-4(收敛数列的保号性) 如果 $\lim\limits_{n\to\infty}x_n=a$,且 $a>0$(或 $a<0$),那么存在正整数 N,当 $n>N$ 时,都有 $x_n>0$(或 $x_n<0$).

证:就 $a>0$ 的情形证明. 由数列极限的定义,对 $\varepsilon=\dfrac{a}{2}>0$,∃正整数 N,当 $n>N$ 时,有

$$|x_n-a|<\frac{a}{2},$$

从而

$$x_n>a-\frac{a}{2}=\frac{a}{2}>0.$$

推理 如果数列 $\{x_n\}$ 从某项起有 $x_n \geq 0$（或 $x_n \leq 0$），且 $\lim\limits_{n\to\infty} x_n = a$，那么 $a \geq 0$（或 $a \leq 0$）.

证：设数列 $\{x_n\}$ 从第 N_1 项起，即当 $n>N_1$ 时有 $x_n \geq 0$. 现在用反证法证明. 若 $\lim\limits_{n\to\infty} x_n = a < 0$，则由定理 3 知，$\exists$ 正整数 N_2，当 $n>N_2$ 时，有 $x_n<0$. 取 $N=\max\{N_1, N_2\}$，当 $n>N$ 时，按假定有 $x_n \geq 0$，按定理 3 有 $x_n<0$. 这引起矛盾. 所以必有 $a \geq 0$.

数列 $\{x_n\}$ 从某项起有 $x_n \leq 0$ 的情形，可以类似地证明.

最后，介绍子数列的概念以及关于收敛数列与其子数列间关系的一个定理.

在数列 $\{x_n\}$ 中任意抽取无限多项并保持这些项在原数列 $\{x_n\}$ 中的先后次序，这样得到的一个数列称为原数列 $\{x_n\}$ 的子数列（或子列）.

设在数列 $\{x_n\}$ 中，第一次 x_{n1} 抽取，第二次在 x_{n1} 后抽取，第三次在 x_{n2} 后抽取 x_{n3}……这样无休止地抽取下去，得到一个数列

$$x_{n1}, x_{n2}, \cdots, x_{nk}, \cdots,$$

这个数列 $\{x_{nk}\}$ 就是数列 $\{x_n\}$ 的一个子数列.

注意：在子数列 $\{x_{nk}\}$ 中，一般项 x_{nk} 是第 k 项，而 x_{nk} 在原数列 $\{x_n\}$ 中却是第 n_k 项. 显然，$n_k \geq k$.

定理 1-5（收敛数列与其子数列间的关系） 若数列 $\{x_n\}$ 收敛于 a，则其任意子数列也收敛于 a.

定理 1-5 的逆否命题常用来证明数列 $\{x_n\}$ 发散，常见情形如下：

1) 若数列 $\{x_n\}$ 有两个子数列分别收敛于不同的极限值，则数列 $\{x_n\}$ 发散；

2) 若数列 $\{x_n\}$ 有一个发散的子数列，则数列 $\{x_n\}$ 发散.

证：设数列 $\{x_{nk}\}$ 是数列 $\{x_n\}$ 的任一子数列.

由于 $\lim\limits_{n\to\infty} x_n = a$，故 $\forall \varepsilon>0$，$\exists$ 正整数 N，当 $n>N$ 时，$|x_n-a|<\varepsilon$ 成立.

取 $K=N$，则当 $k \geq K$ 时，$n_k>n_K=n_N \geq N$. 于是 $|x_{nk}-a|<\varepsilon$. 这就证明了 $\lim\limits_{n\to\infty} x_{nk} = a$. 证毕.

由定理 1-5 可知，如果数列 $\{x_n\}$ 有两个子数列收敛于不同的极限，那么数列 $\{x_n\}$ 是发散的. 例如

$$1, -1, 1, \cdots, (-1)^{n+1}, \cdots$$

的子数列 $\{x_{2k-1}\}$ 收敛于 1，而子数列 $\{x_{2k}\}$ 收敛于 -1，因此数列 $x_n=(-1)^{n+1}$（$n=1, 2, \cdots$）是发散的. 同时这个例子也说明，一个发散的数列也可能有收敛的子数列.

例 1-41 证明数列 $\{(-1)^n\}$ 发散

解：$x_n=(-1)^n$，则 $\lim\limits_{n\to\infty} x_{2n}=1$，$\lim\limits_{n\to\infty} x_{2n-1}=-1$，所以 $\{x_n\}$ 发散.

3. 数列极限的计算

(1) 设数列 $\{x_n\}$ 的一般项 $x_n = \frac{1}{n}\cos\frac{n\pi}{2}$. 问 $\lim\limits_{n\to\infty} x_n = ?$ 求出 N，使当 $n>N$ 时，x_n 与其极限之差的绝对值小于正数 ε. 当 $\varepsilon=0.001$ 时，求出数 N.

解：$\lim\limits_{n\to\infty} x_n = 0$.

$$|x_n-0|=\left|\frac{1}{n}\cos\frac{n\pi}{2}\right|\leqslant\frac{1}{n},$$

要使$|x_n-0|=\varepsilon$，只要$\frac{1}{n}<\varepsilon$，即$n>\frac{1}{\varepsilon}$. 所以$\forall\varepsilon>0$（不妨设$\varepsilon<1$），取$N=\left[\frac{1}{\varepsilon}\right]$，则当$n>N$时，就有$|x_n-0|<0.001$.

(2) 根据数列极限的定义证明：

1) $\lim\limits_{n\to\infty}\frac{1}{n^2}=0$；　　　　2) $\lim\limits_{n\to\infty}\frac{3n+1}{2n+1}=\frac{3}{2}$；

3) $\lim\limits_{n\to\infty}\frac{\sqrt{n^2+a^2}}{n}=1$；　　　4) $\lim\limits_{n\to\infty}0.\underbrace{999\cdots9}_{n\text{个}}=1$.

证：1) 因为要使$\left|\frac{1}{n^2}-0\right|=\frac{1}{n^2}<\varepsilon$，只要$n>\frac{1}{\sqrt{\varepsilon}}$，所以$\forall\varepsilon>0$（不妨设$\varepsilon<1$），取$N=\left[\frac{1}{\sqrt{\varepsilon}}\right]$，则当$n>N$时，就有$\left|\frac{1}{n^2}-0\right|<\varepsilon$，即$\lim\limits_{n\to\infty}\frac{1}{n^2}=0$.

2) 因为$\left|\frac{3n+1}{2n+1}-\frac{3}{2}\right|=\frac{1}{2(2n+1)}<\frac{1}{4n}$，要使$\left|\frac{3n+1}{2n+1}-\frac{3}{2}\right|<\varepsilon$，只要$\frac{1}{4n}<\varepsilon$，即$n>\frac{1}{4\varepsilon}$，所以$\forall\varepsilon>0$（不妨设$\varepsilon<\frac{1}{4}$），取$N=\left[\frac{1}{4\varepsilon}\right]$，则当$n>N$时，就有$\left|\frac{3n+1}{2n+1}-\frac{3}{2}\right|<\varepsilon$，即$\lim\limits_{n\to\infty}\frac{3n+1}{2n+1}=\frac{3}{2}$.

注意：本题中采用的证明方法是先将$|x_n-a|$等价变形，然后适当放大，使N容易由放大后的量小于ε的不等式中求出. 这在按定义证明极限的问题中是经常采用的.

3) 当$a=0$时，所给数列为常数列，显然有此结论. 以下设$a\neq0$. 因为

$$\left|\frac{\sqrt{n^2+a^2}}{n}-1\right|=\frac{\sqrt{n^2+a^2}-n}{n}=\frac{a^2}{n(\sqrt{n^2+a^2}+n)}<\frac{a^2}{2n^2},$$

要使$\left|\frac{\sqrt{n^2+a^2}}{n}-1\right|<\varepsilon$，只要$\frac{a^2}{2n^2}<\varepsilon$，即$n>\frac{|a|}{\sqrt{2\varepsilon}}$. 所以$\forall\varepsilon>0$（不妨设$\varepsilon<\frac{1}{2}a^2$），取$N=\left[\frac{|a|}{\sqrt{2\varepsilon}}\right]$，则当$n>N$时，就有$\left|\frac{\sqrt{n^2+a^2}}{n}-1\right|<\varepsilon$，即$\lim\limits_{n\to\infty}\frac{\sqrt{n^2+a^2}}{n}=1$.

4) 因为$\left|0.\underbrace{999\cdots9}_{n\text{个}}-1\right|=\frac{1}{10^n}$，要使$\left|0.\underbrace{999\cdots9}_{n\text{个}}-1\right|=\varepsilon$，只要$\frac{1}{10^n}<\varepsilon$，即$n>\lg\frac{1}{\varepsilon}$，所以$\forall\varepsilon>0$（不妨设$\varepsilon<1$），取$N=\left[\lg\frac{1}{\varepsilon}\right]$，则当$n>N$时，就有$\left|0.\underbrace{999\cdots9}_{n\text{个}}-1\right|<\varepsilon$，即$\lim\limits_{n\to\infty}0.\underbrace{999\cdots9}_{n\text{个}}=1$.

(3) 数列极限的计算：

1) $\lim\limits_{n\to\infty}\frac{n^2-1}{2n^2+3n}$；　　　　2) $\lim\limits_{n\to\infty}\frac{2^n+1}{3^n-1}$；

3) $\lim\limits_{n\to\infty}\frac{(n+1)(n+2)(n+3)}{2n^3}$；　　4) $\lim\limits_{n\to\infty}\frac{1^2+2^2+\cdots+n^2}{n^3}$.

解：1) 分子、分母同除以n^2：

$$\lim_{n\to\infty} \frac{n^2-1}{2n^2+3n} = \lim_{n\to\infty} \frac{\frac{n^2-1}{n^2}}{\frac{2n^2+3n}{n^2}} = \lim_{n\to\infty} \frac{1-\frac{1}{n^2}}{2+\frac{3}{n}} = \frac{1}{2}.$$

2) 分子、分母同除以 3^n：

$$\lim_{n\to\infty} \frac{2^n+1}{3^n-1} = \lim_{n\to\infty} \frac{\frac{2^n+1}{3^n}}{\frac{3^n-1}{3^n}} = \lim_{n\to\infty} \frac{\frac{2^n}{3^n}+\frac{1}{3^n}}{1-\frac{1}{3^n}} = 0.$$

3) $\displaystyle\lim_{n\to\infty} \frac{(n+1)(n+2)(n+3)}{2n^3} = \frac{1}{2}\lim_{n\to\infty}\left(\frac{n+1}{n}\cdot\frac{n+2}{n}\cdot\frac{n+3}{n}\right)$

$\displaystyle\qquad = \frac{1}{2}\lim_{n\to\infty}\left(1+\frac{1}{n}\right)\left(1+\frac{2}{n}\right)\left(1+\frac{3}{n}\right) = \frac{1}{2}.$

4) $\displaystyle\lim_{n\to\infty} \frac{1^2+2^2+\cdots+n^2}{n^3} = \lim_{n\to\infty} \frac{\frac{1}{6}n(n+1)(2n+1)}{n^3} = \lim_{n\to\infty} \frac{(n+1)(2n+1)}{6n^2} = \frac{1}{3}.$

为了便于计算和应用，以下列出了一些在数学分析中常用且重要的数列极限，它们可以作为求解更复杂数列极限问题的基础或参考．

(1) $\displaystyle\lim_{n\to\infty} C = C$；

(2) $\displaystyle\lim_{n\to\infty} q^n = 0$，其中 $|q|<1$；

(3) $\displaystyle\lim_{n\to\infty} \frac{1}{n} = 0$；

(4) $\displaystyle\lim_{n\to\infty} \frac{1}{n^a} = 0\,(a>0)$；

(5) $\displaystyle\lim_{n\to\infty} \sqrt[n]{a} = 1\,(a>0)$；

(6) $\displaystyle\lim_{n\to\infty} \sqrt[n]{n} = 1.$

1. $\displaystyle\lim_{n\to\infty}(-1)^{n+1} = (\quad)$．

A. 1   B. 不存在   C. -1   D. 0

2. $\displaystyle\lim_{n\to\infty}(-1)^n\left(\frac{2}{3}\right)^n = (\quad)$．

A. 0   B. 1   C. -1   D. 不存在

3. 下列说法正确的是（　）．

A. 有界数列必定收敛   B. 单调数列必定收敛

C. 收敛数列必定有界   D. 收敛数列必定单调

4. 计算下列数列的极限

(1) $\displaystyle\lim_{n\to\infty}\left(2+\frac{1}{n}\right)$ (2) $\displaystyle\lim_{n\to\infty}\frac{2n-1}{n+2}$

(3) $\lim\limits_{n\to\infty}\dfrac{2n^2+3}{3n^2+2n+1}$ (4) $\lim\limits_{n\to\infty}\dfrac{1+2+\cdots+n}{n^2}$

数学与生活

生活中的数列极限

★ 房贷篇

消费贷款的还款（即按揭）大多为年金方式，故存在一些年金计算问题．下面主要对购房分期付款的基本计算问题做一些简单分析．

设 P 表示总的房款金额，k 表示首次付款比例，i 表示年利率，n 表示分期付款（贷款）的总年数，R 表示每月底的还款金额，则有如下的价值方程：

$$(1-k)P = 12Ra_n^{(12)}$$

进一步有：

$$R = \frac{(1-k)P}{12a_n^{(12)}} = \frac{(1-k)i^{(12)}P}{12ia_n} \tag{1-3}$$

其中 $a_{ni} = a_n = v + v^2 + \cdots + v^n = \dfrac{1-v^n}{i}$．

上述是针对有限期限付清的情况，如果考虑永久期末年金：在每个付款期末付款 $\dfrac{1}{m}$ 上货币单位，直到永远．若将该年金的现值记为 $a_\infty^{(m)}$，则有计算公式：

$$a_\infty^{(m)} = \frac{1}{m}\left(v^{\frac{1}{m}} + v^{\frac{2}{m}} + \cdots\right) = \lim_{n\to\infty} a_n^{(m)} = \frac{1}{i^{(m)}}$$

代入 (1-3) 式即可

通过上述公式即可求出按不同还款方式每月底应还金额．

★ 趣味篇

大自然中的雪花形状展现了数学之美，其中一个著名的数学模型就是科赫雪花．科赫雪花的构造起始于一个正三角形．其生长规则是，首先将这个三角形的每条边三等分，然后以每条边的中间部分的 1/3 长度为底边，向外绘制三个新的正三角形，并移除原先的底边线段．这个过程称为一次迭代，结果得到一个类似"六角星"的形状．随后，重复这个过程，对新的每一条边再次进行三等分和绘制三角形，并移除底边线段．通过反复迭代这一步骤，图形将逐渐展现出类似于真实雪花那种复杂的、无限细分的结构．我们称这种通过迭代生成的雪花形状为"科赫雪花"．

雪花的面积计算

假设初始正三角形的周长为 L_1，则可以对雪花的周长进行推导（如图 1-15）：

$L_2 = \dfrac{4}{3}L_1$ 在 L_1 的基础上增加了 3 条边，每条边是原有 L_1 边长的 1/3

$L_3 = \dfrac{4}{3}L_2$ 在 L_2 的基础上增加了 9 条边，每条边是原有 L_2 边长的 1/3

......

$$L_n = \frac{4}{3}L_n - 1$$

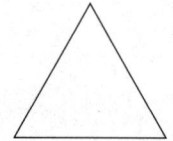 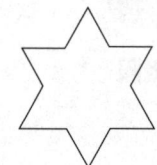 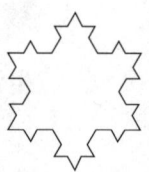 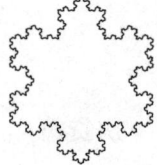

图 1-15　雪花周长推导过程

科赫雪花的周长数列为：

$$L_n = \frac{4}{3}L_n - 1$$

那么 n 增加，趋于无穷，雪花的周长是否有极限呢？即：

$$\lim_{n\to\infty} L_n \left(\frac{4}{3}\right)^{n-1} L_1 = \infty$$

1.2.2　函数的极限

数列可以看成自变量为正整数 n 的函数 $x_n = f(n)$，所以数列的极限其实是一个特殊类型的函数极限．下面我们可以把数列极限推广到一般函数的极限，即在自变量的某个变化过程中，讨论函数的变化趋势．

1. 自变量趋于无穷大时的极限

（1）**定义 1-10（描述性定义）**　设函数 $f(x)$ 在 $|x|>a>0$ 时有定义，当 x 的绝对值无限增大（$x\to\infty$）时，若函数 $f(x)$ 的值无限趋近于一个确定的常数 A，则称 A 为 $x\to\infty$ 时函数 $f(x)$ 的极限，记作

$$\lim_{x\to\infty} f(x) = A \text{ 或 } f(x)\to A(x\to\infty).$$

此时也称极限 $\lim_{x\to\infty} f(x)$ 存在，否则称极限 $\lim_{x\to\infty} f(x)$ 不存在．

说明：

这里的 $x\to\infty$，指的是自变量 x 沿 x 轴向正、负两个方向趋于无穷大．x 取正值且无限增大，记为 $x\to+\infty$，读作 x 趋于正无穷大；x 取负值且绝对值无限增大，$x\to-\infty$ 记作，读作 x 趋于负无穷大．即 $x\to\infty$ 同时包含 $x\to+\infty$ 和 $x\to-\infty$．

根据描述性定义，可以得出以下极限：

1) $\lim\limits_{x\to\infty} \dfrac{1}{x} = 0$；

2) $\lim\limits_{x\to\infty} c = c$（$c$ 为常数）．

（2）**定义 1-11（ε-X 定义）**　设函数 $f(x)$ 在 $|x|$ 大于某一正数时有定义，如果存在常数 A，对于任意给定的正数 ε（不论它有多小），总存在正数 X，使当 $|x|>X$ 时，有

$$|f(x) - A| < \varepsilon,$$

则称 A 为 $x\to\infty$ 时函数 $f(x)$ 的极限，记作
$$\lim_{x\to\infty}f(x)=A \text{ 或 } f(x)\to A(x\to\infty).$$

例如，函数 $y=f(x)=\dfrac{1}{x}+1$，当 $x\to\infty$ 时，$f(x)$ 无限趋近于常数 1，如图 1-16 所示，故 $\lim\limits_{x\to\infty}\left(\dfrac{1}{x}+1\right)=1$.

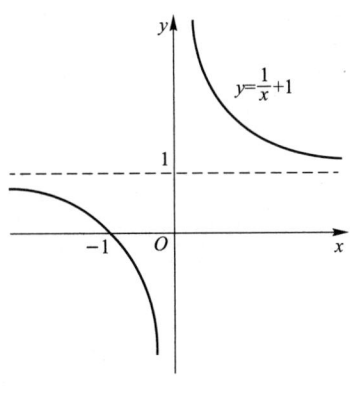

图 1-16

极限 $\lim\limits_{x\to\infty}f(x)=A$ 的几何解释如图 1-17 所示，任意给定正数 ε，作直线 $y=A+\varepsilon$ 与 $y=A-\varepsilon$，总能找到一个 $X>0$，当 $|x|>X$ 时，函数 $y=f(x)$ 的图形全部落在这两条直线之间.

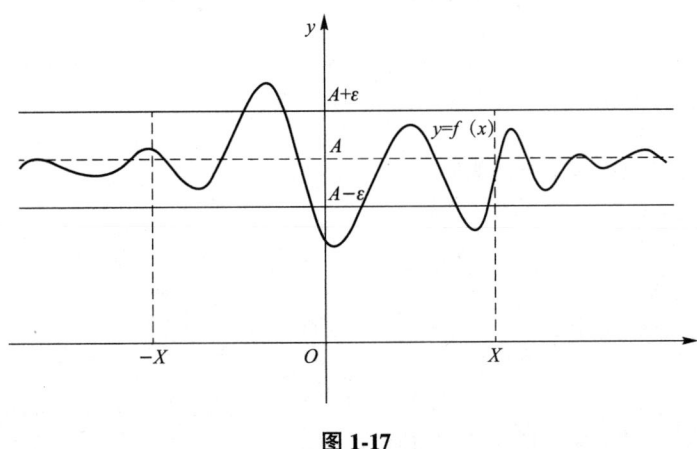

图 1-17

在研究实际问题的过程中，有时只需要考察 $x\to+\infty$ 或 $x\to-\infty$ 时函数 $f(x)$ 的极限，因此，只需要将 ε-X 定义中的 $(x\to\infty)$ 换成 $x\to+\infty$ 或 $x\to-\infty$，即可得到 $x\to+\infty$ 或 $x\to-\infty$ 时函数 $f(x)$ 的极限定义，分别记作
$$\lim_{x\to+\infty}f(x)=A \text{ 或 } \lim_{x\to-\infty}f(x)=A.$$

定理 1-6 极限 $\lim\limits_{x\to\infty}f(x)$ 存在的充分必要条件是 $\lim\limits_{x\to+\infty}f(x)$ 与 $\lim\limits_{x\to-\infty}f(x)$ 都存在且相等，即
$$\lim_{x\to\infty}f(x)=A \Leftrightarrow \lim_{x\to+\infty}f(x)=\lim_{x\to-\infty}f(x)=A.$$

例 1-42 判断极限 $\lim\limits_{x\to\infty}\arctan x$ 与 $\lim\limits_{x\to\infty}e^x$ 是否存在.

解：$\lim\limits_{x\to+\infty}\arctan x=\dfrac{\pi}{2}$，$\lim\limits_{x\to-\infty}\arctan x=-\dfrac{\pi}{2}$，因为 $\lim\limits_{x\to+\infty}\arctan x\ne\lim\limits_{x\to-\infty}\arctan x$，所以 $\lim\limits_{x\to\infty}\arctan x$ 不存在.

同理,因为 $\lim\limits_{x\to-\infty}e^x=0$,$\lim\limits_{x\to+\infty}e^x=+\infty$,所以 $\lim\limits_{x\to\infty}e^x$ 不存在.

2. 自变量趋于有限值时的极限

(1)**定义 1-12(描述性定义)** 设函数 $f(x)$ 在点 x_0 的某一去心邻域内有定义,当 x 无限地趋近于 x_0(但 $x\neq x_0$)时,若函数 $f(x)$ 无限地趋近于一个确定的常数 A,则称 A 为当 $x\to x_0$ 时函数 $f(x)$ 的极限,记作

$$\lim_{x\to x_0}f(x)=A \text{ 或 } f(x)\to A(x\to x_0).$$

这时也称极限 $\lim\limits_{x\to x_0}f(x)$ 存在,否则称极限 $\lim\limits_{x\to x_0}f(x)$ 不存在.

(2)**定义 1-13(ε-δ 定义)** 设函数 $f(x)$ 在点 x_0 的某一去心邻域内有定义,如果存在常数 A,对于任意给定的正数 ε(不论它有多小),总存在正数 δ,使当 $0<|x-x_0|<\delta$ 时,有

$$|f(x)-A|<\varepsilon,$$

则称常数 A 为当 $x\to x_0$ 时函数 $f(x)$ 的极限,记作

$$\lim_{x\to x_0}f(x)=A \text{ 或 } f(x)\to A(x\to x_0).$$

由上述定义可得下列函数的极限:

1) $\lim\limits_{x\to x_0}x=x_0$;   2) $\lim\limits_{x\to x_0}c=c$($c$ 为常数).

极限 $\lim\limits_{x\to x_0}f(x)=A$ 的几何解释如图 1-17 所示,任意给定正数 ε,作直线 $y=A+\varepsilon$ 与 $y=A-\varepsilon$,总能找到点 x_0 的一个去心 δ 邻域 $\overset{\circ}{U}(x_0,\delta)$,使当 $x\in\overset{\circ}{U}(x_0,\delta)$ 时,函数 $y=f(x)$ 的图形全部落在这两条直线之间.

例 1-43 证明 $\lim\limits_{x\to 1}\dfrac{x^2-1}{x-1}=2$.

证:对于 $\forall\varepsilon>0$,由于当 $x\neq 1$ 时,有

$$\left|\frac{x^2-1}{x-1}-2\right|=|x-1|,$$

取 $\delta=\varepsilon$,则当 $0<|x-1|<\delta$ 时,有 $\left|\dfrac{x^2-1}{x-1}-2\right|<\varepsilon$,所以 $\lim\limits_{x\to 1}\dfrac{x^2-1}{x-1}=2$.

由于 $x\to x_0$ 同时包含了 $\begin{cases}x\to x_0^-(\text{从 }x_0\text{ 的左侧趋近于 }x_0)\\ x\to x_0^+(\text{从 }x_0\text{ 的右侧趋近于 }x_0)\end{cases}$,两种情况,我们把 $\lim\limits_{x\to x_0^-}f(x)$ 称为 $x\to x_0$ 时函数 $f(x)$ 的左极限,把 $\lim\limits_{x\to x_0^+}f(x)$ 称为 $x\to x_0$ 时函数的右极限.下面给出函数左、右极限的定义.

(3)**定义 1-14** 1)函数 $f(x)$ 的左极限.设函数 $f(x)$ 在点 x_0 的左邻域内有定义,如果自变量 x 从小于 x_0 的一侧趋近于 x_0 时,函数 $f(x)$ 无限趋近于一个确定的常数 A,则称 A 为当 $x\to x_0$ 时函数 $f(x)$ 的左极限,记作

$$\lim_{x\to x_0^-}f(x)=A \text{ 或 } f(x_0-0)=A \text{ 或 } f(x_0^-)=A.$$

2)ε-δ 定义.设函数 $f(x)$ 在点 x_0 的左邻域 $(x_0-\delta_1,x_0)$ 内有定义,如果存在常数 A,对于任意给定的正数 ε(不论它有多小),总存在正数 $\delta(0<\delta<\delta_1)$,使当 $x_0-\delta_1<x<x_0$ 时,有 $|f(x)-A|<\varepsilon$ 成立,则 $\lim\limits_{x\to x_0^-}f(x)=A$.

3)函数 $f(x)$ 的右极限.设函数 $f(x)$ 在点 x_0 的右邻域内有定义,如果自变量 x 从大于 x_0 的一侧趋

近于 x_0 时，函数 $f(x)$ 无限趋近于一个确定的常数 A，则称 A 为当 $x \to x_0$ 时函数 $f(x)$ 的右极限，记作

$$\lim_{x \to x_0^+} f(x) = A \text{ 或 } f(x_0+0) = A \text{ 或 } f(x_0^+) = A.$$

4) ε-δ 定义．设函数 $f(x)$ 在点 x_0 的右邻域 $(x_0, x_0+\delta_2)$ 内有定义，如果存在常数 A，对于任意给定的正数 ε（不论它有多小），总存在正数 $\delta(0<\delta<\delta_2)$，使当 $x<x_0<x_0+\delta_2$ 时，有 $|f(x)-A|<\varepsilon$ 成立，则 $\lim_{x \to x_0^+} f(x) = A$.

根据以上定义有以下定理．

定理 1-7 极限 $\lim_{x \to x_0} f(x) = A$ 的充分必要条件是左极限 $\lim_{x \to x_0^-} f(x)$ 与右极限 $\lim_{x \to x_0^+} f(x)$ 都存在且相等，即

$$\lim_{x \to x_0} f(x) = A \Leftrightarrow \lim_{x \to x_0^-} f(x) = \lim_{x \to x_0^+} f(x) = A.$$

一般把 $\lim_{x \to x_0^+} f(x)$，$\lim_{x \to x_0^-} f(x)$，$\lim_{x \to +\infty} f(x)$，$\lim_{x \to -\infty} f(x)$ 称为单侧极限，把 $\lim_{x \to x_0} f(x)$，$\lim_{x \to \infty} f(x)$ 称为双侧极限．单侧极限与双侧极限的关系由定理 1-6 和定理 1-7 给出．

例 1-44 判断下列函数当 $x \to 1$ 时极限 $\lim_{x \to 1} f(x)$ 是否存在．

1) $f(x)=\begin{cases} 2x, & x<1, \\ 0, & x=1, \\ x^2, & x>1. \end{cases}$ 2) $f(x)=\begin{cases} x, & x \leq 1, \\ 2x-1, & x>1. \end{cases}$

解：1) 该函数为段函数，$x=1$ 是分段点．

因为 $\lim_{x \to 1^-} f(x) = \lim_{x \to 1^-} 2x = 2$，$\lim_{x \to 1^+} f(x) = \lim_{x \to 1^+} x^2 = 1$，左、右极限都存在但不相等，即 $\lim_{x \to 1^-} f(x) \neq \lim_{x \to 1^+} f(x)$，所以极限 $\lim_{x \to 1} f(x)$ 不存在．

2) 该函数为分段函数，$x=1$ 为分段点，因为在 $x=1$ 的两侧函数的解析式不一样，所以讨论 $\lim_{x \to 1} f(x)$ 时，必须分别考察它的左、右极限．

$\lim_{x \to 1^-} f(x) = \lim_{x \to 1^-} x = 1$，

$\lim_{x \to 1^+} f(x) = \lim_{x \to 1^+} (2x-1) = 1$，

因为 $\lim_{x \to 1^-} f(x) = \lim_{x \to 1^+} f(x) = 1$，所以 $\lim_{x \to 1} f(x) = 1$.

注意：1) 函数 $f(x)$ 在点 x_0 的左、右两侧解析式不相同时，考察极限 $\lim_{x \to x_0} f(x)$，必须先考察它的左、右极限．如分段函数在分段点处的极限问题，就属于这种情况．

2) 极限 $\lim_{x \to x_0} f(x)$ 是否存在，与函数 $f(x)$ 在 $x=x_0$ 处是否有定义无关．

例 1-45 讨论当 $x \to 0$ 时，函数 $f(x) = \sin \dfrac{1}{x}$ 的变化趋势．

解：函数 $f(x) = \sin \dfrac{1}{x}$ 的值见表 1-4 所示．

表 1-4

x	$-\dfrac{2}{\pi}$	$-\dfrac{1}{\pi}$	$-\dfrac{2}{3\pi}$	$-\dfrac{1}{2\pi}$	$-\dfrac{2}{5\pi}$	...	$\dfrac{2}{5\pi}$	$\dfrac{1}{2\pi}$	$\dfrac{2}{3\pi}$	$\dfrac{1}{\pi}$	$\dfrac{2}{\pi}$
$\sin \dfrac{1}{x}$	-1	0	1	0	-1	...	1	0	-1	0	1

该函数的图形如图1-18所示.

从图1-18可看出,当 x 无限趋近于0时,$f(x)=\sin\dfrac{1}{x}$ 的图形在-1与1之间无限次振荡,即 $f(x)$ 不趋近于某一个常数. 所以当 $x\to 0$ 时,$f(x)=\sin\dfrac{1}{x}$ 不与一个常数无限接近.

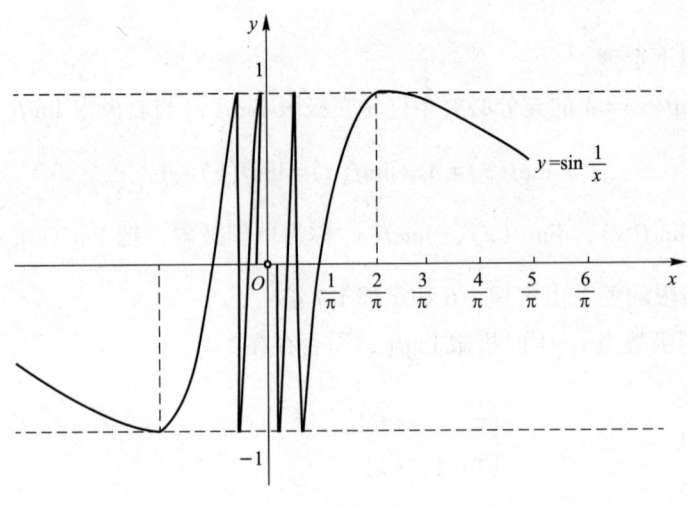

图 1-18

3. 函数极限的性质

与收敛数列的性质相比较,可得函数极限的一些相应的性质. 它们都可以根据函数极限的定义,运用类似于证明收敛数列性质的方法加以证明. 由于函数极限的定义按自变量的变化过程不同有多种形式,下面仅以"$\lim\limits_{x\to x_0}f(x)$"这种形式为代表给出关于函数极限性质的一些定理,并就其中的几个给出证明. 至于其他形式极限的性质及其证明,只要相应的作一些修改即可得出.

定理1-8(函数极限的唯一性) 如果 $\lim\limits_{x\to x_0}f(x)$ 存在,那么这极限唯一.

定理1-9(函数极限的局部有界性) 如果 $\lim\limits_{x\to x_0}f(x)=A$,那么存在常数 $M>0$ 和 $\delta>0$,使得当 $0<|x\to x_0|<\delta$ 时,$|f(x)|\leq M$ 有

$$|f(x)-A|<1\Leftrightarrow |f(x)-A|+|A|<|A|+1,$$

记 $M=|A|+1$,则定理1-9就获得证明.

定理1-10(函数极限的局部保号性) 如果 $\lim\limits_{x\to x_0}f(x)=A$,且 $A>0$(或 A 小于0),那么存在常数 $\delta>0$,使得当 $0<|x-x_0|<\delta$ 时,有 $f(x)>0$(或 $f(x)<0$).

证: 就 $A>0$ 的情形证明.

因为 $\lim\limits_{x\to x_0}f(x)=A>0$,所以,取 $\varepsilon=\dfrac{A}{2}>0$,则 $\exists\delta>0$,当 $0<|x-x_0|<\delta$ 时,有

$$|f(x)-A|<\dfrac{A}{2}\Rightarrow f(x)>A-\dfrac{A}{2}=\dfrac{A}{2}>0.$$

类似地,可以证明 $A<0$ 的情形.

从定理9的证明中可知,在定理9的条件下,可得出更强的结论:

如果 $\lim\limits_{x \to x_0} f(x) = A (A \neq 0)$，那么就存在着 x_0 的某一去心邻域 $\overset{\circ}{U}(x_0)$，当 $x \in \overset{\circ}{U}(x_0)$ 时，就有 $|f(x)| > \dfrac{|A|}{2}$.

由定理 9，易得以下推论：

推论 如果在 x_0 的某去心邻域内 $f(x) \geq 0$（或 $f(x) \leq 0$），而且 $\lim\limits_{x \to x_0} f(x) = A$，那么 $A \geq 0$（或 $A \leq 0$）.

定理 1-11（函数极限与数列极限的关系） 如果极限 $\lim\limits_{x \to x_0} f(x)$ 存在，$\{x_n\}$ 为函数 $f(x)$ 的定义域内任一收敛于 x_0 的数列，且满足 $x_n \neq x_0 (n \in N_+)$，那么相应的函数值数列 $\{f(x_n)\}$ 必收敛，且 $\lim\limits_{x \to \infty} f(x_n) = \lim\limits_{x \to x_0} f(x_n)$.

证：设 $\lim\limits_{x \to x_0} f(x) = A$，则 $\forall \varepsilon > 0$，$\exists \delta > 0$，当 $0 < |x - x_0| < \delta$ 时，有 $|f(x) - A| < \varepsilon$.

又因 $\lim\limits_{x \to \infty} f(x_n) = x_0$，故对 $\delta > 0$，$\exists$ 正整数 N，当 $n > N$ 时，有 $|x_n - x_0| < \delta$.

由假设，$x_n \neq x_0 (n \in N_+)$，故当 $n > N$ 时，$0 < |x - x_0| < \delta$，从而 $|f(x_n) - A| < \varepsilon$. 即 $\lim\limits_{x \to \infty} f(x_n) = A$.

4. 函数极限的计算方法

(1) 若 $f(x) = \begin{cases} x-1, & x \leq 0 \\ x^2, & x > 0 \end{cases}$，求 $\lim\limits_{x \to 0} f(x)$.

解：$\lim\limits_{x \to 0^-} f(x) = \lim\limits_{x \to 0^-}(x-1) = -1$

$\lim\limits_{x \to 0^+} f(x) = \lim\limits_{x \to 0^+} x^2 = 0$

所以 $\lim\limits_{x \to 0} f(x)$ 不存在.

(2) 根据函数极限的定义证明：

1) $\lim\limits_{x \to \infty} \dfrac{1+x^3}{2x^3} = \dfrac{1}{2}$；　　　　2) $\lim\limits_{x \to +\infty} \dfrac{\sin x}{\sqrt{x}} = 0$.

证：1) 因为 $\left|\dfrac{1+x^3}{2x^3} - \dfrac{1}{2}\right| = \dfrac{1}{2|x|^3}$，要使 $\left|\dfrac{1+x^3}{2x^3} - \dfrac{1}{2}\right| < \varepsilon$，只要 $\dfrac{1}{2|x|^3} < \varepsilon$，即 $|x| > \dfrac{1}{\sqrt[3]{2\varepsilon}}$，所以 $\forall \varepsilon > 0$，取 $X = \dfrac{1}{\sqrt[3]{2\varepsilon}}$，则当 $|x| > X$ 时，就有 $\left|\dfrac{1+x^3}{2x^3} - \dfrac{1}{2}\right| < \varepsilon$，即 $\lim\limits_{x \to \infty} \dfrac{1+x^3}{2x^3} = \dfrac{1}{2}$.

2) 因为 $\left|\dfrac{\sin x}{\sqrt{x}} - 0\right| \leq \dfrac{1}{\sqrt{x}}$，要使 $\left|\dfrac{\sin x}{\sqrt{x}} - 0\right| < \varepsilon$，只要 $\dfrac{1}{\sqrt{x}} < \varepsilon$，即 $x > \dfrac{1}{\varepsilon^2}$，所以 $\forall \varepsilon > 0$，取 $X = \dfrac{1}{\varepsilon^2}$，则当 $x > X$ 时，就有 $\left|\dfrac{\sin x}{\sqrt{x}} - 0\right| < \varepsilon$，即 $\lim\limits_{x \to +\infty} \dfrac{\sin x}{\sqrt{x}} = 0$.

随堂练习

1. 函数 $y = f(x)$ 在点 x_0 处左、右极限都存在且相等是它在该点处有极限的（　　）.

A. 必要条件　　　　B. 充分条件　　　　C. 充要条件　　　　D. 无关条件

2. 设 $f(x) = \begin{cases} 2, & x \leq 0 \\ \sin x - 2, & x > 0 \end{cases}$，则 $\lim\limits_{x \to 0^-} f(x) = ($　　$)$.

A. -2　　　　　　B. 2　　　　　　　C. -1　　　　　　D. 0

3. 已知函数 $f(x)=\begin{cases}e^x-1, & x\leq 0 \\ x^2+1, & x>0\end{cases}$，则 $\lim_{x\to 0}f(x)=($).

A. 0　　　　　　B. 1　　　　　　C. -1　　　　　　D. 不存在

4. 设函数 $f(x)=\begin{cases}x^2-1, & x<0 \\ 0, & x=0 \\ 2x+1, & x>0\end{cases}$，试讨论当 $x\to 0$ 时，$f(x)$ 的极限是否存在.

5. 已知 $f(x)=\begin{cases}3x+2, & x\leq 0 \\ x^2+1, & 0<x<1 \\ \dfrac{2}{x}, & 1\leq x\end{cases}$，求：

1) $\lim_{x\to 0}f(x)$　　　2) $\lim_{x\to 1}f(x)$　　　3) $\lim_{x\to +\infty}f(x)$

如何正确纳税？

根据中华人民共和国个人所得税法规定：个体工商户的生产、经营所得和对企事业单位的承包经营、承租经营所得超过 2 000 元的部分，具体税率见表 1-5 所示.

表 1-5

级数	全月应纳税所得额(含税所得额)	税率%
一	不超过 5 000 元的	5
二	超过 5 000 元至 10 000 元的部分	10
三	超过 10 000 元至 30 000 元的部分	20
四	超过 30 000 元至 50 000 元的部分	30
五	超过 50 000 元的部分	35

试写出某个体户月应缴纳所得额 x 与应缴纳税款 y 之间的函数关系，并指明定义域.

解：按税法规定当 $x\leq 2\,000$ 元时，这时税款额 $y=0$.

当 $2\,000<x\leq 7\,000$ 元时，纳税部分是 $x-2\,000$，应纳 5% 的税，税款额为

$$y=\frac{5(x-2\,000)}{100}=\frac{1}{20}(x-2000).$$

当 $7\,000<x\leq 12\,000$ 元时，其中 2 000 元不纳税，5 000 元应纳 5% 的税，剩余的部分 $x-7\,000$ 按 10% 纳税，此时税款额为：

$$y=250+\frac{10(x-7\,000)}{100}=250+\frac{1}{10}(x-7\,000).$$

类似地，当 $12\,000<x\leq 32\,000$ 时，税款额为：

$$y=750+\frac{1}{5}(x-12\,000).$$

当 $32\,000<x\leq 52\,000$ 时，税款额为：

$$y = 4\,750 + \frac{3}{10}(x - 32\,000).$$

当 $52\,000 < x$ 时，税款额为：

$$y = 10\,750 + \frac{7}{20}(x - 52\,000).$$

于是求函数关系为：

$$y = \begin{cases} 0, & x \leq 2\,000, \\ \dfrac{1}{20}(x - 2\,000), & 2\,000 < x \leq 7\,000, \\ 250 + \dfrac{1}{10}(x - 7\,000), & 7\,000 < x \leq 12\,000, \\ 750 + \dfrac{1}{5}(x - 12\,000), & 12\,000 < x \leq 32\,000, \\ 4\,750 + \dfrac{3}{10}(x - 32\,000), & 32\,000 < x \leq 52\,000, \\ 10\,750 + \dfrac{7}{20}(x - 52\,000), & 52\,000 < x. \end{cases}$$

其定义域为 $[0, +\infty)$。

1.2.3 极限运算法则

1. 极限的四则运算法则

定理1-12（四则运算法则） 在某变化过程中，若 $\lim f(x) = A$，$\lim g(x) = B$，则

(1) $\lim[f(x) \pm g(x)] = A \pm B$；

推论 当 $\lim f_i(x) = A_i$ 时，$\lim \sum\limits_{i=1}^{n} f_i(x) = \sum\limits_{i=1}^{n} A_i$.

(2) $\lim[f(x) g(x)] = A \cdot B$；

推论 若 $\lim f(x)$ 存在，而 c 为常数，则极限 $\lim[cf(x)] = c\lim f(x)$.

例1-46 求 $\lim\limits_{x \to 2}(x^2 - 3x + 5)$.

解：$\lim\limits_{x \to 2}(x^2 - 3x + 5) = \lim\limits_{x \to 2} x^2 - \lim\limits_{x \to 2} 3x + \lim\limits_{x \to 2} 5$

$$= (\lim\limits_{x \to 2} x)^2 - 3\lim\limits_{x \to 2} x + \lim\limits_{x \to 2} 5$$

$$= 2^2 - 3 \times 2 + 5 = 3$$

一般的，当 $f(x) = a_0 x^n + a_1 x^{n-1} + \cdots + a_n$ 时，极限

$$\lim\limits_{x \to x_0} f(x) = a_0 (\lim\limits_{x \to x_0} x)^n + a_1 (\lim\limits_{x \to x_0} x)^{n-1} + \cdots + a_n$$

$$= a_0 x_0^n + a_1 x_0^{n-1} + \cdots + a_n$$

$$= f(x_0)$$

例1-47 $\lim\limits_{x \to 1} 3x = 3\lim\limits_{x \to 1} x = 3 \times 1 = 3$.

推论 若 $\lim f(x)$ 存在，则 $\lim[f(x)]^n = [\lim f(x)]^n$.

例 1-48 $\lim\limits_{x\to 2}x^{10}=(\lim\limits_{x\to 2}x)^{10}=2^{10}=1\,024.$

例 1-49 $\lim\limits_{x\to 2}(x^3+x)=\lim\limits_{x\to 2}x^3+\lim\limits_{x\to 2}x=2^3+2=10.$

(3) $\lim\dfrac{f(x)}{g(x)}=\dfrac{A}{B}$，且 $B\neq 0.$

例 1-50 求 $\lim\limits_{x\to 3}\dfrac{x^2+1}{x-4}.$

解：$\lim\limits_{x\to 3}\dfrac{x^2+1}{x-4}=\dfrac{\lim\limits_{x\to 3}(x^2+1)}{\lim\limits_{x\to 3}(x-4)}=\dfrac{\lim\limits_{x\to 3}x^2+\lim\limits_{x\to 3}1}{\lim\limits_{x\to 3}x-\lim\limits_{x\to 3}4}=\dfrac{3^2+1}{3-4}=-10.$

一般的，当 $g(x_0)\neq 0$ 时，$\lim\limits_{x\to x_0}\dfrac{f(x)}{g(x)}=\dfrac{\lim\limits_{x\to x_0}f(x)}{\lim\limits_{x\to x_0}g(x)}=\dfrac{f(x_0)}{g(x_0)}.$

注意：用上述定理要把握前提条件 $\lim f(x)=A$ 与 $\lim g(x)=B$ 极限存在，而且变化过程是同一的.

例如 $\lim\limits_{x\to 0}x\sin\dfrac{1}{x}=\lim\limits_{x\to 0}x\cdot\lim\limits_{x\to 0}\sin\dfrac{1}{x}$ 是错误的，这是因为 $\lim\limits_{x\to 0}\sin\dfrac{1}{x}$ 不存在，上述定理不适用.

2. 复合函数的极限运算法则

定理 1-13 设 $\lim\limits_{x\to x_0}\varphi(x)=u_0$，$\lim\limits_{u\to a}f(u)=f(a)$，且在点 x_0 的某去心邻域内 $\varphi(x)\neq u_0$，则

$$\lim\limits_{x\to x_0}f[\varphi(x)]=\lim\limits_{x\to x_0}f(x)=f(a).$$

本定理中，将 $x\to x_0$ 换成 $x\to\infty$，结论仍然成立.

例如求极限 $\lim\limits_{x\to 1}(x^3+5x-1)^{10}$，代换 $u=x^3+5x-1$，则 $x\to 1$ 时，$u\to 1=5$，所以

$$\lim\limits_{x\to 1}(x^3+5x-1)^{10}=\lim\limits_{u\to 5}u^{10}=5^{10}.$$

再如求极限 $\lim\limits_{n\to\infty}(\sqrt{n^2+n}-\sqrt{n^2-2n})$，此时不能直接用极限的四则运算法则，求解方法是先进行恒等变换，如将分子有理化，再进行求解.

$$\lim\limits_{n\to\infty}(\sqrt{n^2+n}-\sqrt{n^2-2n})=\lim\limits_{n\to\infty}\dfrac{(\sqrt{n^2+n}-\sqrt{n^2-2n})(\sqrt{n^2+n}+\sqrt{n^2-2n})}{(\sqrt{n^2+n}+\sqrt{n^2-2n})}$$

$$=\lim\limits_{n\to\infty}\dfrac{(n^2+n)-(n^2-2n)}{(\sqrt{n^2+n}+\sqrt{n^2-2n})}=\lim\limits_{n\to\infty}\dfrac{3n}{(\sqrt{n^2+n}+\sqrt{n^2-2n})}$$

$$=\lim\limits_{n\to\infty}\dfrac{3}{\sqrt{1+\dfrac{1}{n}}+\sqrt{1-\dfrac{2}{n}}}=\dfrac{3}{2}.$$

例 1-51 求 $\lim\limits_{x\to 1}(x^2+6x-4).$

解：$\lim\limits_{x\to 1}(x^2+6x-4)=\lim\limits_{x\to 1}x^2+\lim\limits_{x\to 1}6x-\lim\limits_{x\to 1}4=1+6-4=3.$

一般的，当

$$\lim\limits_{x\to x_0}(a_nx^n+a_{n-1}x^{n-1}+\cdots+a_1x+a_0)=a_nx_0^n+a_{n-1}x_0^{n-1}+\cdots+a_1x_0+a_0,$$

即多项式函数在 $x\to x_0$ 处的极限等于该函数在 x_0 处的函数值.

例 1-52 求 $\lim\limits_{x\to -1}\dfrac{4x^2-x+1}{2x^2-4x+3}.$

解：由上例可知，当 $x \to -1$ 时，分子、分母都有极限且分母极限不为零，依据除法法则可得

$$\lim_{x \to -1} \frac{4x^2-x+1}{2x^2-4x+3} = \frac{\lim_{x \to -1}(4x^2-x+1)}{\lim_{x \to -1}(2x^2-4x+3)} = \frac{2}{3}.$$

例 1-53 计算极限 $\lim\limits_{x \to 3} \frac{x^2+1}{x-4}$.

解：$\lim\limits_{x \to 3} \frac{x^2+1}{x-4} = \frac{\lim\limits_{x \to 3}(x^2+1)}{\lim\limits_{x \to 3}(x-4)} = \frac{\lim\limits_{x \to 3} x^2 + \lim\limits_{x \to 3} 1}{\lim\limits_{x \to 3} x - \lim\limits_{x \to 3} 4} = \frac{9+1}{3-4} = -10.$

例 1-54 求 $\lim\limits_{x \to 2} \frac{x^2-3x+2}{x^2-x-2}$.

此函数分子、分母的极限同时为零，称为"$\frac{0}{0}$"型．它们趋于零的原因是都含有公因式 $(x-2)$，当 $x \to 2$ 时，$x-2 \to 0$，但 $x-2 \neq 0$，故可约去公因式进行计算．

解：$\lim\limits_{x \to 2} \frac{x^2-3x+2}{x^2-x-2} = \lim\limits_{x \to 2} \frac{(x-1)(x-2)}{(x+1)(x-2)} = \lim\limits_{x \to 2} \frac{x-1}{x+1} = \frac{\lim\limits_{x \to 2}(x-1)}{\lim\limits_{x \to 2}(x+1)} = \frac{1}{3}.$

例 1-55 计算极限 $\lim\limits_{x \to 4} \frac{\sqrt{x+5}-3}{x-4}$.

解：$\lim\limits_{x \to 4} \frac{\sqrt{x+5}-3}{x-4} = \lim\limits_{x \to 4} \frac{(\sqrt{x+5}-3)(\sqrt{x+5}+3)}{(x-4)(\sqrt{x+5}+3)}$

$$= \lim\limits_{x \to 4} \frac{x-4}{(x-4)(\sqrt{x+5}+3)} = \lim\limits_{x \to 4} \frac{1}{\sqrt{x+5}+3} = \frac{1}{6}.$$

例 1-56 计算极限 $\lim\limits_{x \to 1} \frac{1-\sqrt[4]{x^3}}{1-\sqrt[3]{x^2}}$.

解：令 $x = t^{12}$，当 $x \to 1$ 时，$t \to 1$．故

$$\lim_{x \to 1} \frac{1-\sqrt[4]{x^3}}{1-\sqrt[3]{x^2}} = \lim_{t \to 1} \frac{1-t^9}{1-t^8} = \lim_{t \to 1} \frac{(1-t)(1+t+t^2+\cdots+t^8)}{(1-t)(1+t+t^2+\cdots+t^7)} = \frac{9}{8}.$$

例 1-57 求 $\lim\limits_{x \to 2} \left(\frac{x^2}{x^2-4} - \frac{1}{x-2}\right)$.

括号内两项的极限都是无穷大，称为"$\infty - \infty$"型．不能直接用定理，一般处理方法是先通分，再利用前面的方法求解．

解：$\lim\limits_{x \to 2} \left(\frac{x^2}{x^2-4} - \frac{1}{x-2}\right) = \lim\limits_{x \to 2} \frac{x^2-x-2}{x^2-4} = \lim\limits_{x \to 2} \frac{(x+1)(x-2)}{(x+2)(x-2)} = \lim\limits_{x \to 2} \frac{x+1}{x+2} = \frac{3}{4}.$

例 1-58 若 $a_n \neq 0$，$b_m \neq 0$，m，n 为正整数，试证：

$$\lim_{x \to \infty} \frac{a_n x^n + a_{n-1} x^{n-1} + \cdots + a_1 x + a_0}{b_m x^m + b_{m-1} x^{m-1} + \cdots + b_1 x + b_0} = \begin{cases} \dfrac{a_n}{b_m}, & m = n, \\ 0, & m > n, \\ \infty, & m < n. \end{cases}$$

证：当 $x \to \infty$ 时，所给函数的分子、分母都趋于无穷大，将原式变形为：

$$\lim_{x\to\infty}\frac{a_n x^n+a_{n-1}x^{n-1}+\cdots+a_1 x+a_0}{b_m x^m+b_{m-1}x^{m-1}+\cdots+b_1 x+b_0}=\lim_{x\to\infty}\left(\frac{x^n}{x^m}\cdot\frac{a_n+a_{n-1}\frac{1}{x}+\cdots+a_1\frac{1}{x^{n-1}}+a_0\frac{1}{x^n}}{b_m+b_{m-1}\frac{1}{x}+\cdots+b_1\frac{1}{x^{m-1}}+b_0\frac{1}{x^m}}\right).$$

(1) 当 $m=n$ 时，$\frac{x^n}{x^m}=1$，括号内除 a_n，b_m 外，当 $x\to\infty$ 时各项的极限都为零，因此可得：

$$\lim_{x\to\infty}f(x)=\frac{a_n}{b_m}.$$

(2) 当 $m>n$ 时，括号中第一个分式的极限为零，第二个分式的极限为 $\frac{a_n}{b_m}$，于是

$$\lim_{x\to\infty}f(x)=0.$$

(3) 当 $m<n$ 时，括号中第一个分式的极限为 ∞，第二个分式的极限为 $\frac{a_n}{b_m}$，于是

$$\lim_{x\to\infty}f(x)=\infty.$$

于是命题得证.

例 1-59 计算极限 $\lim\limits_{x\to\infty}2^{\frac{1}{x}}$.

解：令 $u=\frac{1}{x}$，因 $\lim\limits_{x\to\infty}\frac{1}{x}=0$，且 $\lim\limits_{u\to 0}2^u=1$，所以 $\lim\limits_{x\to\infty}2^{\frac{1}{x}}=1$.

例 1-60 计算极限 $\lim\limits_{x\to 0^+}2^{-\frac{1}{x}}$.

解：因为 $\lim\limits_{x\to 0^+}\frac{1}{x}=+\infty$，得 $\lim\limits_{x\to 0^+}2^{\frac{1}{x}}=+\infty$，而 $2^{-\frac{1}{x}}=1/2^{\frac{1}{x}}$，所以由无穷大量和无穷小量的关系可知

$$\lim_{x\to 0^+}2^{-\frac{1}{x}}=0.$$

例 1-61 计算极限 .

解：函数 $y=\sin 3x$ 可分解为 $y=\sin u$，$u=3x$，当 $x\to 0$ 时，$u=3x\to 0$；且 $u\to 0$ 时，$\sin u\to 0$. 由复合函数极限的运算法则可得 $\lim\limits_{x\to 0}\sin 3x=0$.

课 堂 练 习

计算下列函数的极限.

1. $\lim\limits_{x\to 1}\dfrac{x^2+x-2}{2x^2+x-3}$;

2. $\lim\limits_{x\to 1}\dfrac{\sqrt{3x+1}-2}{x-1}$;

3. $\lim\limits_{x\to\infty}\dfrac{2x^2-x+2}{5x^2+2x+2}$;

4. $\lim\limits_{x\to\infty}\dfrac{2x^2+3}{x^3+3x^2+1}$

5. $\lim\limits_{x \to 3} \dfrac{x^2-9}{x-3}$

6. $\lim\limits_{x \to 0} \dfrac{\sqrt{x+1}-1}{x}$

7. $\lim\limits_{n \to \infty} \dfrac{2n^4+2x^3-1}{5n^4+n-1}$

1.2.4 极限存在的准则与两个重要极限

1. 极限存在的准则

准则 I 如果数列 $\{x_n\}$，$\{y_n\}$ 及 $\{z_n\}$ 满足下列条件：

(1) 从某项起，即 $\exists n_0 \in N_+$，当 $n > n_0$ 时，有
$$y_n \leqslant x_n \leqslant z_n;$$

(2) $\lim\limits_{n \to \infty} y_n = a$，$\lim\limits_{n \to \infty} z_n = a$，

那么数列 $\{x_n\}$ 的极限存在，且 $\lim\limits_{n \to \infty} x_n = a$.

证：因 $y_n \to a$，$z_n \to a$，所以根据数列极限的定义，$\forall \varepsilon > 0$，$\exists$ 正整数 N_1，当 $n > N_1$ 时，有 $|y_n - a| < \varepsilon$；又 $\exists$ 正整数 N_2，当 $n > N_2$ 时，有 $|z_n - a| < \varepsilon$. 现在取 $N = \max\{n_0, N_1, N_2\}$，则当 $n > N$ 时，有
$$|y_n - a| < \varepsilon, \quad |z_n - a| < \varepsilon.$$

同时成立，即
$$a - \varepsilon < y_n < a + \varepsilon, \quad a - \varepsilon < z_n < a + \varepsilon.$$

同时成立. 又因当 $n > N$ 时，x_n 介于 y_n 和 z_n 之间，从而有
$$a - \varepsilon < y_n \leqslant x_n \leqslant z_n < a + \varepsilon,$$

即
$$|x_n - a| < \varepsilon$$

成立. 这就证明了 $\lim\limits_{n \to \infty} x_n = a$.

准则 I′ 如果

(1) 当 $x \in \overset{\circ}{U}(x_0, r)$（或 $|x| > M$）时，
$$g(x) \leqslant f(x) \leqslant h(x);$$

(2) $\lim\limits_{\substack{x \to x_0 \\ (x \to \infty)}} g(x) = A$，$\lim\limits_{\substack{x \to x_0 \\ (x \to \infty)}} h(x) = A$，

那么 $\lim\limits_{\substack{x \to x_0 \\ (x \to \infty)}} f(x)$ 存在，且等于 A.

上述所讲的准则 I 以及准则 I′ 称为夹逼准则.

准则 II 单调有界数列必有极限.

如果数列 $\{x_n\}$ 满足条件
$$x_1 \leqslant x_2 \leqslant x_3 \leqslant \cdots \leqslant x_n \leqslant x_{n+1} \leqslant \cdots,$$

就称数列 $\{x_n\}$ 是单调增加的；如果数列 $\{x_n\}$ 满足条件
$$x_1 \geqslant x_2 \geqslant x_3 \geqslant \cdots \geqslant x_n \geqslant x_{n+1} \geqslant \cdots,$$

就称数列是单调减少的. 单调增加和单调减少的数列统称为单调数列. 这里的单调数列是广义

的,就是说,在条件中也包括相等的情形,以后称单调数列都是指这种广义的单调数列.

收敛的数列一定有界,有界的数列不一定收敛.现在准则Ⅱ表明:如果数列不仅有界,并且是单调的,那么这个数列的极限必定存在,也就是这数列一定收敛.

对准则Ⅱ我们不作证明,而给出如下的几何解释:

从数轴上看,对应于单调数列的点 x_n 只可能向一个方向移动,所以只有两种可能情形:或者点 x_n 沿数轴移向无穷远($x_n \to +\infty$ 或 $x_n \to -\infty$),或者点 x_n 无限趋于某一个定点 A(如图 1-19 所示),也就是数列 $\{x_n\}$ 趋于一个极限.但现在假定数列是有界的,而有界数列的点 x_n 都落在数轴上某一个区间 $[-M, M]$ 内,那么上述第一种情形就不可能发生了.这就表示这个数列趋于一个极限,并且这个极限的绝对值不超过 M.

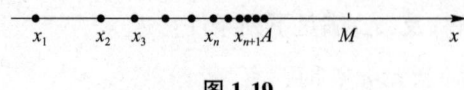

图 1-19

准则Ⅱ′ 设函数 $f(x)$ 在点 x_0 的某个左邻域内单调并且有界,则 $f(x)$ 在 x_0 的左极限 $f(x_0^-)$ 必定存在.

2. 柯西(Cauchy)极限存在准则

通过前面所学的知识,我们看到收敛数列不一定是单调的.因此,准则Ⅱ所给出的单调有界这条件,是数列收敛的充分条件,而不是必要的.当然,其中有界这一条件对数列的收敛性来说是必要的,下面叙述的柯西极限存在准则,它给出了数列收敛的充分必要条件.

柯西极限存在准则 数列 $\{x_n\}$ 收敛的充分必要条件是:对于任意给定的正数 ε,存在正整数 N,使得当 $m>N$,$n>N$ 时,有
$$|x_n - x_m| < \varepsilon.$$

证:必要性 设 $\lim_{n\to\infty} x_n = a$. $\forall \varepsilon > 0$,由数列极限的定义,$\exists$ 正整数 N,当 $n>N$ 时,有
$$|x_n - a| < \frac{\varepsilon}{2};$$

同样,当 $m>N$ 时,也有
$$|x_m - a| < \frac{\varepsilon}{2}.$$

因此,当 $m>N$,$n>N$ 时,有
$$|x_n - x_m| = |(x_n - a) - (x_m - a)| \leq |x_n - a| + |x_m - a| < \frac{\varepsilon}{2} + \frac{\varepsilon}{2} = \varepsilon,$$

所以条件是必要的.

充分性这里不予证明.

这准则的几何意义表示,数列 $\{x_n\}$ 收敛的充分必要条件是:对于任意给定的正数 ε,在数轴上一切具有足够大序号的点 x_n 中,任意两点间的距离小于 ε.

柯西极限存在准则有时也称柯西审敛原理.

3. 两个重要极限

(1)第一个重要极限 $\lim\limits_{x\to 0} \dfrac{\sin x}{x} = 1$

首先观察在计算机上进行的数值计算结果，见表 1-6 所示．

表 1-6

$x \to 0$	$\dfrac{\sin x}{x} \to 1$
0.1	0.998334166468281547501 80
0.01	0.9999833334166664533527
0.001	0.9999998333333416367097
0.0001	0.9999999983333334174773
0.00001	0.9999999999833332209320
0.000001	0.9999999999998333555240
0.0000001	1.0000000000000000000000
0.00000001	1

然后观察函数 $y = \dfrac{\sin x}{x}$ 的图像（如图 1-20），从表 1-6 和图 1-20 中可以看出：

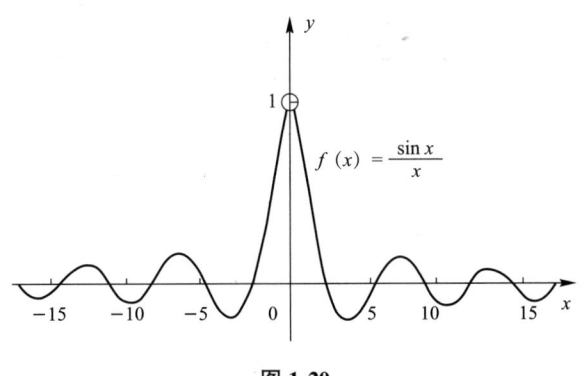

图 1-20

当 $x \to 0$ 时，$\dfrac{\sin x}{x} \to 1$，即 $\lim\limits_{x \to 0} \dfrac{\sin x}{x} = 1$．

极限 $\lim\limits_{x \to 0} \dfrac{\sin x}{x} = 1$ 的特点如下．

1) 它是关于三角函数 $\dfrac{0}{0}$ 型的极限．

2) 其结构为 $\lim\limits_{\mathrm{x} \to 0} \dfrac{\sin \mathrm{x}}{\mathrm{x}} = 1$，其中 x 表示自变量 x 或 x 的函数．

3) 其极限值为 1．

例 1-62 求 $\lim\limits_{x \to 0} \dfrac{x}{\sin x}$（$\dfrac{0}{0}$ 型）．

解：原式 $= \lim\limits_{x \to 0} \dfrac{1}{\dfrac{\sin x}{x}} = \dfrac{1}{\lim\limits_{x \to 0} \dfrac{\sin x}{x}} = 1$．

例 1-63 求 $\lim\limits_{x \to 0} \dfrac{\sin 5x}{x}$（$\dfrac{0}{0}$ 型）．

解：原式 $= \lim\limits_{x \to 0} \dfrac{\sin 5x}{5x} \cdot 5 = 5 \cdot \lim\limits_{x \to 0} \dfrac{\sin 5x}{5x} = 5.$

例 1-64 求 $\lim\limits_{x \to 0} \dfrac{\sin 2x}{3x} (\dfrac{0}{0} 型).$

解：原式 $= \lim\limits_{x \to 0} \dfrac{\sin 2x}{3x} \cdot \dfrac{2}{2} = \dfrac{2}{3} \cdot \lim\limits_{x \to 0} \dfrac{\sin 2x}{2x} = \dfrac{2}{3}.$

例 1-65 求 $\lim\limits_{x \to 0} \dfrac{\tan x}{x} (\dfrac{0}{0} 型).$

解：原式 $= \lim\limits_{x \to 0} \dfrac{\sin x}{\cos x} \cdot \dfrac{1}{x} = \lim\limits_{x \to 0} \dfrac{\sin x}{x} \cdot \dfrac{1}{\cos x} = \lim\limits_{x \to 0} \dfrac{1}{\cos x} \cdot \lim\limits_{x \to 0} \dfrac{\sin x}{x} = 1.$

例 1-66 求 $\lim\limits_{x \to 0} \dfrac{1-\cos x}{x^2} (\dfrac{0}{0} 型).$

解法 1：原式 $= \lim\limits_{x \to 0} \dfrac{2\sin^2 \dfrac{x}{2}}{x^2} = \lim\limits_{x \to 0} \dfrac{\sin \dfrac{x}{2}}{\dfrac{x}{2}} \cdot \lim\limits_{x \to 0} \dfrac{\sin \dfrac{x}{2}}{\dfrac{x}{2}} \cdot \dfrac{1}{2} = \dfrac{1}{2}.$

解法 2：原式 $= \lim\limits_{x \to 0} \dfrac{1-\cos x}{x^2} = \lim\limits_{x \to 0} \dfrac{(1-\cos x)(1+\cos x)}{x^2(1+\cos x)} = \lim\limits_{x \to 0} \dfrac{1-\cos^2 x}{x^2(1+\cos x)} = \lim\limits_{x \to 0} \dfrac{\sin^2 x}{x^2(1+\cos x)} = \dfrac{1}{2}.$

例 1-67 求 $\lim\limits_{x \to \infty} x \sin \dfrac{1}{x} (0 \cdot \infty 型).$

解：原式 $= \lim\limits_{x \to \infty} \dfrac{\sin \dfrac{1}{x}}{\dfrac{1}{x}} = 1.$

(2) 第二个重要极限 $\lim\limits_{x \to \infty} \left(1+\dfrac{1}{x}\right)^x = e.$

实际上，$\lim\limits_{x \to \infty} \left(1+\dfrac{1}{x}\right)^x$ 是幂的极限，属于 1^∞ 型，当 $x \to -\infty$ 和 $x \to +\infty$ 时，函数 $y = \left(1+\dfrac{1}{x}\right)^x$ 的对应值的变化见表 1-7 所示.

表 1-7

x	...	-100 000	-1 000	-100	100	1 000	100 000	...
$\left(1+\dfrac{1}{x}\right)^x$	...	2.718	2.720	2.732	2.705	2.717	2.718	...

从表 1-6 中可以看出，当 $x \to \pm\infty$ 时，函数 $y = \left(1+\dfrac{1}{x}\right)^x$ 的变化趋势是稳定的，并可以证明当 $x \to \infty$ 时，$\lim\limits_{x \to \infty} \left(1+\dfrac{1}{x}\right)^x$ 存在，且等于 e.

极限 $\lim\limits_{x \to \infty} \left(1+\dfrac{1}{x}\right)^x = e$ 的特点如下.

1) 极限中的底数一定是数 1 加上一个无穷小量，属于 1^∞ 型极限.

2）指数与底数中无穷小量具有互为倒数的关系.

3）当所求极限满足上述两个特征时，所求极限值为 e.

例 1-68 求 $\lim\limits_{x\to\infty}\left(1+\dfrac{1}{x}\right)^{2x}$ （1^∞ 型）.

解：原式 $=\lim\limits_{x\to\infty}\left[\left(1+\dfrac{1}{x}\right)^x\right]^2 = \left[\lim\limits_{x\to\infty}\left(1+\dfrac{1}{x}\right)^x\right]^2 = e^2$

例 1-69 求 $\lim\limits_{x\to\infty}\left(1+\dfrac{1}{x}\right)^{x+2}$ （1^∞ 型）.

解：原式 $=\lim\limits_{x\to\infty}\left(1+\dfrac{1}{x}\right)^x \cdot \left(1+\dfrac{1}{x}\right)^2 = \lim\limits_{x\to\infty}\left(1+\dfrac{1}{x}\right)^x \cdot \lim\limits_{x\to\infty}\left(1+\dfrac{1}{x}\right)^2 = e$

例 1-70 求 $\lim\limits_{x\to\infty}\left(1+\dfrac{2}{x}\right)^x$ （1^∞ 型）.

解：原式 $=\lim\limits_{x\to\infty}\left(1+\dfrac{2}{x}\right)^{\frac{x}{2}\cdot 2} = \left[\lim\limits_{x\to\infty}\left(1+\dfrac{2}{x}\right)^{\frac{x}{2}}\right]^2 = e^2$

例 1-71 求 $\lim\limits_{x\to\infty}\left(1-\dfrac{1}{x}\right)^{x+1}$ （1^∞ 型）.

解：原式 $=\lim\limits_{x\to\infty}\left(1-\dfrac{1}{x}\right)^x \cdot \left(1-\dfrac{1}{x}\right) = \lim\limits_{x\to\infty}\left(1-\dfrac{1}{x}\right)^x \cdot \lim\limits_{x\to\infty}\left(1-\dfrac{1}{x}\right) = \lim\limits_{x\to\infty}\left[1+\dfrac{1}{(-x)}\right]^{(-x)(-1)}$

$= \lim\limits_{x\to\infty}\left\{\left[1+\dfrac{1}{(-x)}\right]^{(-x)}\right\}^{(-1)} = \dfrac{1}{e}$

例 1-72 求 $\lim\limits_{x\to\infty}\left(1+\dfrac{x}{3}\right)^{\frac{2}{x}}$ （1^∞ 型）.

解：原式 $=\lim\limits_{x\to\infty}\left(1+\dfrac{x}{3}\right)^{\frac{2}{x}\cdot\frac{3}{3}} = \left[\lim\limits_{x\to\infty}\left(1+\dfrac{x}{3}\right)^{\frac{3}{x}}\right]^{\frac{2}{3}} = e^{\frac{2}{3}}$

例 1-73 求 $\lim\limits_{x\to\infty}\left(\dfrac{x}{x+1}\right)^{2x+3}$ （1^∞ 型）.

解：原式 $=\lim\limits_{x\to\infty}\left(\dfrac{x}{x+1}\right)^{2x} \cdot \lim\limits_{x\to\infty}\left(\dfrac{x}{x+1}\right)^3 = \lim\limits_{x\to\infty}\dfrac{1}{\left(1+\dfrac{1}{x}\right)^{2x}} = e^{-2}$

例 1-74 求 $\lim\limits_{x\to\infty}\left(\dfrac{x-1}{x+1}\right)^{x+2}$ （1^∞ 型）.

解：原式 $=\lim\limits_{x\to\infty}\left(\dfrac{x-1}{x+1}\right)^x \cdot \left(\dfrac{x-1}{x+1}\right)^2 = \lim\limits_{x\to\infty}\left(\dfrac{x-1}{x+1}\right)^x \cdot \lim\limits_{x\to\infty}\left(\dfrac{x-1}{x+1}\right)^2 = \lim\limits_{x\to\infty}\left(\dfrac{1-\dfrac{1}{x}}{1+\dfrac{1}{x}}\right)^x$

$=\lim\limits_{x\to\infty}\dfrac{\left(1-\dfrac{1}{x}\right)^x}{\left(1+\dfrac{1}{x}\right)^x} = \dfrac{\lim\limits_{x\to\infty}\left(1-\dfrac{1}{x}\right)^x}{\lim\limits_{x\to\infty}\left(1+\dfrac{1}{x}\right)^x} = \dfrac{e^{-1}}{e} = e^{-2}$

课 堂 练 习

1. 计算下列极限

(1) $\lim\limits_{x\to 1}\dfrac{x^2-2x+1}{x^2-1}$;

(2) $\lim\limits_{x\to 2}\dfrac{x^2+5}{x-3}$;

(3) $\lim\limits_{n\to\infty}\dfrac{1+2+3+\cdots+(n-1)}{n^2}$;

(4) $\lim\limits_{x\to 0}\dfrac{4x^3-2x^2+x}{3x^2+2x}$;

(5) $\lim\limits_{x\to\infty}\left(2-\dfrac{1}{x}+\dfrac{1}{x^2}\right)$;

(6) $\lim\limits_{x\to\infty}\dfrac{x^2-1}{2x^2-x-1}$;

(7) $\lim\limits_{x\to 4}\dfrac{x^2-6x+8}{x^2-5x+4}$;

(8) $\lim\limits_{n\to\infty}\left(1+\dfrac{1}{2}+\dfrac{1}{4}+\cdots+\dfrac{1}{2^n}\right)$.

2. 计算下列极限

(1) $\lim\limits_{x\to 0}(2x^3-x+1)$;

(2) $\lim\limits_{x\to 2}\dfrac{x^3+2x^2}{(x-2)^2}$;

(3) $\lim\limits_{x\to 0}x^2\sin\dfrac{1}{x}$;

(4) $\lim\limits_{x\to\infty}\dfrac{\arctan x}{x}$.

3. 设 $\{a_n\}$, $\{b_n\}$, $\{c_n\}$ 均为非负数列,且 $\lim\limits_{n\to\infty}a_n=0$, $\lim\limits_{n\to\infty}b_n=1$, $\lim\limits_{n\to\infty}c_n=\infty$. 下列陈述中哪些是对的,哪些是错的? 如果是对的,说明理由;如果是错的,试给出一个反例.

(1) $a_n<b_n$, $n\in N_+$;

(2) $b_n<c_n$, $n\in N_+$;

(3) $\lim\limits_{n\to\infty}a_nc_n$ 不存在;

(4) $\lim\limits_{n\to\infty}b_nc_n$ 不存在.

4. 设有收敛数列 $\{x_n\}$ 和 $\{y_n\}$,若从某项起,有

$$x_n\geq y_n(n\geq N,\ N\in N_+),$$

且 $\lim\limits_{n\to\infty}x_n=A$, $\lim\limits_{n\to\infty}y_n=B$,证明:$A\geq B$.

数 学 与 生 活

探索银行储蓄的计算问题与实战技巧

★ **单利**

单利总利息的计算公式为:

$$I=PV\times i\times n$$

单利终值的计算公式为:

$$FV_n=PV+PV\times i\times n=PV\times(1+i\times n)$$

单利与复利
知识普及

例 假如 A 用 10 000 元去银行储蓄投资,每年产生的收益为 5%,约定以单利方式计算,3 年内 A 的收益是?

解:以单利方式计算的话,每年 A 都能获取

$$FV_n=PV+PV\times i\times n=PV\times(1+i\times n)=10\ 000\times 5\%=500(元)$$

的利息,则 3 年可获取 1 500 元的利益.

★ **复利**

复利终值的计算公式为：

$$FV_n = PV \times (1+i)^n$$

复利总利息(I)的计算公式为：

$$I = FV_n - PV$$

例 假如 A 用 10 000 元去银行储蓄投资，每年产生的收益为 5%，但是约定以复利方式计算，3 年内 A 的收益为多少？

解：以复利方式计算的话，第一年 A 能获取的利息为：$10\,000 \times 5\% = 500(元)$

第二年 A 能获取的利息为：$(10\,000+500) \times 5\% = 525(元)$

第三年 A 能获取的利息为：$(10\,000+500+525) \times 5\% = 551.25(元)$

三年期末终值为：

$$FV_n = PV \times (1+i)^n.$$

$$FV_3 = 10\,000 \times (1+5\%)^3 = 11\,576.25(元)$$

小练习：一项 50 000 元的投资，年利率为 8%，分别按单利和复利的方式计算，在 5 年后的终值．

1.2.5 无穷小与无穷大

早在古希腊时期人类就已经对无穷小有了一定的认知，阿基米德曾经用无穷小得到许多重要的数学结论．下面我们将学习无穷小与无穷大的定义及性质，并将其应用于求极限．

1. 无穷小

(1) **定义 1-15** 如果 $\lim\limits_{x \to x_0} f(x) = 0$，则称函数 $f(x)$ 为当 $x \to x_0$ 时的无穷小．

在上述定义中，可将 $x \to x_0$ 换成 $x \to +\infty$，$x \to -\infty$，$x \to \infty$，$x \to x_0^+$，$x \to x_0^-$，从而可定义不同变化过程中的无穷小．例如，当 $x \to 0$ 时，函数 x^2，$\sin x$，$\tan x$ 均为无穷小；当 $x \to \infty$ 时，函数 $\frac{1}{x^2}$，$\frac{1}{1+x^2}$ 均为无穷小；当 $x \to -\infty$ 时，函数 2^x 为无穷小；数列 $\left\{\frac{(-1)^{n+1}}{n}\right\}$ 和 $\left\{\frac{1}{2^n}\right\}$ 均为无穷小数列．

例 1-75 在用洗衣机清洗衣物时，清洗次数越多，衣物上残留的污渍就越少．当清洗次数无限增大时，衣物上的污渍趋于零．在对许多事物进行研究时，我们常会遇到事物数量的变化趋势为趋于零．

注意：1) 一个变量是否为无穷小量，除了与变量本身有关，还与自变量的变化趋势有关．例如，$\lim\limits_{x \to \infty} \frac{1}{x} = 0$，即当 $x \to \infty$ 时，$\frac{1}{x}$ 为无穷小；但因为 $\lim\limits_{x \to 1} \frac{1}{x} = 1 \neq 0$，所以 $x \to 1$ 时，$\frac{1}{x}$ 不是穷小．

2) 无穷小不是绝对值很小的常数，而是在自变量的某种变化趋势下，函数的绝对值趋近于 0 的变量．特别地，常数 0 可以看成任何一个极限过程中的无穷小量．

以下定理可以说明极限与无穷小之间的关系．

定理 1-14 $\lim\limits_{x \to x_0} f(x) = A$ 的充分必要条件是 $f(x) = A + \alpha$，其中 $\lim\limits_{x \to x_0} \alpha(x) = 0.$

对于自变量的其他变化过程，上述结论均成立．

例 1-76 因为 $\dfrac{1+x^3}{2x^3}=\dfrac{1}{2}+\dfrac{1}{2x^3}$，而 $\lim\limits_{x\to\infty}\dfrac{1}{2x^3}=0$，所以 $\lim\limits_{x\to\infty}\dfrac{1+x^3}{2x^3}=\dfrac{1}{2}$．

从另一个角度来看，如果 $\lim\limits_{x\to 1}f(x)=4$，则 $f(x)=4+\alpha$，其中 $\lim\limits_{x\to 1}\alpha=0$．这就把函数的极限运算问题化为了常数与无穷小的代数运算．

(2)对于自变量的同一变化过程中的无穷小，有下列性质．

1)有限个无穷小的代数和是无穷小．

2)有限个无穷小的乘积是无穷小．

3)有界函数与无穷小的乘积是无穷小．

推论：常数与无穷小的乘积是无穷小．

注意：无穷多个无穷小量的代数和不一定是无穷小量．比如，$\dfrac{1}{n^2+n+1}+\dfrac{2}{n^2+n+2}+\cdots+\dfrac{n}{n^2+n+n}$ 中每一项均为无穷小量，但

$$\lim_{n\to\infty}\left(\dfrac{1}{n^2+n+1}+\dfrac{2}{n^2+n+2}+\cdots+\dfrac{n}{n^2+n+n}\right)=\dfrac{1}{2}.$$

例 1-77 求极限 $\lim\limits_{x\to 0}x^2\sin\dfrac{1}{x}$．

解：当 $x\to 0$ 时，$\sin\dfrac{1}{x}$ 的极限不存在．但是由于 $\left|\sin\dfrac{1}{x}\right|\leq 1$，即函数 $\sin\dfrac{1}{x}$ 为有界函数，而当 $x\to 0$ 时，x^2 是无穷小量，故根据无穷小量的性质知 $\lim\limits_{x\to 0}x^2\sin\dfrac{1}{x}=0$．

2. 无穷大

在实际问题中，我们会遇到函数值的绝对值无限增大的情况，从而有了无穷大的概念下面给出无穷大的定义．

(1)**定义 1-16（无穷大定义一）** 当 $x\to x_0$ 时，如果函数 $f(x)$ 的绝对值无限增大，则称当 $x\to x_0$ 时 $f(x)$ 为无穷大，记作 $\lim\limits_{x\to x_0}f(x)=\infty$．

(2)**定义 1-17（无穷大定义二）** 设函数 $f(x)$ 在某 $\mathring{U}(x_0)$ 内有定义．若对任给的 $G>0$，存在 $\delta>0$，使当 $x\in\mathring{U}(x_0,\delta)[\subset\mathring{U}(x_0)]$ 时有 $|f(x)|>G$，则称函数 $f(x)$ 当 $x\to x_0$ 时为无穷大，记作 $\lim\limits_{x\to x_0}f(x)=\infty$．

在定义 1-16 和定义 1-17 中，将 $x\to x_0$ 换成 $x\to+\infty$，$x\to-\infty$，$x\to\infty$，$x\to x_0^+$，$x\to x_0^-$，可定义不同变化过程中的无穷大．

例如，由于 $\lim\limits_{x\to\frac{\pi}{2}}\tan x=\infty$，$\lim\limits_{x\to 0^+}\log_a x=\infty$，故在相应的变化过程中，$\tan x$ 和 $\log x$ 是无穷大．同样，当 $x\to+\infty$ 时，$a^x(a>1)$ 是无穷大；当 $x\to-\infty$ 时，$a^x(0<a<1)$ 是无穷大．

注意 1)无穷大是变量，它不是很大的数，不要将无穷大与很大的数(如 10^{1000})混淆．

2)无穷大是没有极限的变量，但无极限的变量不一定是无穷大，比如 $\lim\limits_{x\to 0}\sin\dfrac{1}{x}$ 不存在，但当 $x\to 0$ 时，$\sin\dfrac{1}{x}$ 不是无穷大．

3)无穷大一定无界,但无界函数不一定是无穷大.

4)无穷大分为正无穷大与负无穷大,分别记为$+\infty$和$-\infty$. 例如 $\lim\limits_{x\to\frac{\pi}{2}^-}\tan x=+\infty$,$\lim\limits_{x\to\infty}(-x^2+1)=-\infty$.

3. 无穷小与无穷大的关系

无穷小与无穷大具有密切的关系,如以下定理所示.

定理 1-15 设函数$f(x)$在点x_0的某一去心邻域内有定义,当$x\to x_0$时,

(1)若$f(x)$是无穷大,则$\dfrac{1}{f(x)}$是无穷小;

(2)若$f(x)$是无穷小,且$f(x)\neq 0$,则$\dfrac{1}{f(x)}$是无穷大.

例如,当$x\to 1$时,$\dfrac{1}{x-1}$为无穷大,则$x-1$为无穷小;当$x\to +\infty$时,$\dfrac{1}{2^x}$为无穷小,则2^x为无穷大.

对于定理1-15,将$x\to x_0$换成自变量的其他变化趋势,结论仍成立. 另外,根据此定理,我们可将对无穷大量的研究转化为对无穷小的研究,而无穷小则是微积分学中的精髓.

例 1-78 求 $\lim\limits_{x\to 1}\dfrac{2x-3}{x^2-5x+4}$.

解:因为分母的极限$\lim\limits_{x\to 1}(x^2-5x+4)=1^2-5\times 1+4=0$,而分子的极限$\lim\limits_{x\to 1}(2x-3)=2\times 1-3=-1$,所以不能应用极限商的运算法则. 但因

$$\lim_{x\to 1}\frac{x^2-5x+4}{2x-3}=\frac{1^2-5\times 1+4}{2\times 1-3}=0,$$

故由无穷小与无穷大的关系可得

$$\lim_{x\to 1}\frac{2x-3}{x^2-5x+4}=\infty.$$

4. 无穷小的比较

用无穷小的阶来刻画无穷小趋于零的速度,具体定义如下.

定义 1-18 已知α,β都是无穷小,以无穷小β作为比较标准,那么

(1)若$\lim\dfrac{\alpha}{\beta}=0$,则无穷小$\alpha$是比$\beta$较高阶的无穷小.

(2)若$\lim\dfrac{\alpha}{\beta}=\infty$,则无穷小$\alpha$是比$\beta$较低阶的无穷小.

(3)若$\lim\dfrac{\alpha}{\beta}=c\neq 0$,则无穷小$\alpha$与$\beta$是同阶无穷小.

(4)若$\lim\dfrac{\alpha}{\beta}=1$,特别地,当$c=1$,即$\lim\dfrac{\alpha}{\beta}=1$时,则无穷小$\alpha$与$\beta$是等价无穷小,记作:$\alpha\sim\beta$.

例如,变量x,x^2,$\sqrt{x}$,$2x$及x^2+x都是$x\to 0^+$的无穷小,见表1-8中数据并思考,它们趋于零的速度相同吗?

表 1-8

x	0.1	0.01	0.001	0.0001	⋯
x^2	0.01	0.0001	0.000001	0.00000001	⋯
$\sqrt{x}$	0.32	0.1	0.032	0.01	⋯
$2x$	0.2	0.02	0.002	0.0002	⋯
x^2+x	0.11	0.0101	0.001001	0.00010001	⋯

从上表中可以看出：以无穷小 x 作为比较标准，无穷小 x^2 趋于零的速度比 x 要快，其比值的极限 $\lim\limits_{x\to 0^+}\dfrac{x^2}{x}=\lim\limits_{x\to 0^+}x=0$；无穷小 $\sqrt{x}$ 趋于零的速度比 x 要慢，其比值的极限 $\lim\limits_{x\to 0^+}\dfrac{\sqrt{x}}{x}=\lim\limits_{x\to 0^+}\dfrac{1}{\sqrt{x}}=\infty$；无穷小 $2x$ 趋于零的速度与 x 属于同一档次，其比值的极限 $\lim\limits_{x\to 0^+}\dfrac{2x}{x}=\lim\limits_{x\to 0^+}2=2\neq 0$；无穷小 x^2+x 趋于零的速度与 x 几乎一样，其比值的极限 $\lim\limits_{x\to 0^+}\dfrac{x^2+x}{x}=\lim\limits_{x\to 0^+}(x+1)=1$.

例 1-79 证明：当 $x\to 0$ 时，$1-\cos \sim \dfrac{1}{2}x^2$.

证 因为 $(1-\cos x)(1+\cos x)=1-\cos^2 x=\sin^2 x$，于是

$$\lim_{x\to 0}\dfrac{1-\cos x}{\dfrac{1}{2}x^2}=2\lim_{x\to 0}\dfrac{1-\cos^2 x}{x^2(1+\cos x)}=2\lim_{x\to 0}\left(\dfrac{\sin x}{x}\right)^2\dfrac{1}{1+\cos x}=2\cdot 1^2\cdot\dfrac{1}{2}=1.$$

由等价无穷小的定义可知，$1-\cos\sim\dfrac{1}{2}x^2$.

注意：几个常用的等价无穷小 $(x\to 0)$：$\sin x\sim x$；$\tan x\sim x$；$\arcsin x\sim x$；$\arctan x\sim x$；$\ln(1+x)\sim x$；$(e^x-1)\sim x$；$(1-\cos x)\sim\dfrac{1}{2}x^2$.

5. 等价无穷小的应用

关于等价无穷小，有以下两个定理：

定理 1-16 β 与 α 是等价无穷小的充分必要条件，为：

$$\beta=\alpha+o(\alpha).$$

证：必要性 设 $\alpha\sim\beta$，则

$$\lim\dfrac{\beta-\alpha}{\alpha}=\lim\left(\dfrac{\beta}{\alpha}-1\right)=\lim\dfrac{\beta}{\alpha}-1=0,$$

因此 $\beta-\alpha=o(\alpha)$，即 $\beta=\alpha+o(\alpha)$.

充分性 设 $\beta=\alpha+o(\alpha)$，则

$$\lim\dfrac{\beta}{\alpha}=\lim\dfrac{\alpha+o(\alpha)}{\alpha}=\lim\left(1+\dfrac{o(\alpha)}{\alpha}\right)=1,$$

因此 $\alpha\sim\beta$.

例 1-80 因为当 $x\to 0$ 时，$\sin x\sim x$，$\tan x\sim x$，$\arcsin x\sim x$，$1-\cos x\sim\dfrac{1}{2}x^2$，所以当 $x\to 0$ 时有

$$\sin x = x + o(x), \quad \tan x = x + o(x),$$
$$\arcsin x = x + o(x), \quad 1 - \cos x = \frac{1}{2}x^2 + o(x^2).$$

定理 1-17 设 $\alpha \sim \tilde{\alpha}$，$\beta \sim \tilde{\beta}$，且 $\lim \dfrac{\tilde{\beta}}{\tilde{\alpha}}$ 存在，则

$$\lim \frac{\beta}{\alpha} = \lim \frac{\tilde{\beta}}{\tilde{\alpha}}.$$

证：$\lim \dfrac{\beta}{\alpha} = \lim \left(\dfrac{\beta}{\tilde{\beta}} \cdot \dfrac{\tilde{\beta}}{\tilde{\alpha}} \cdot \dfrac{\tilde{\alpha}}{\alpha} \right) = \lim \dfrac{\beta}{\tilde{\beta}} \cdot \lim \dfrac{\tilde{\beta}}{\tilde{\alpha}} \cdot \lim \dfrac{\tilde{\alpha}}{\alpha} = \lim \dfrac{\tilde{\beta}}{\tilde{\alpha}}.$

定理 1-17 表明，求两个无穷小之比的极限时，分子及分母都可用等价无穷小来代替．因此，如果用来代替的无穷小选得适当的话，就可以使计算简化．

例 1-81 求 $\lim\limits_{x \to 0} \dfrac{\tan 2x}{\sin 5x}$．

解：当 $x \to 0$ 时，$\tan 2x \sim 2x$，$\sin 5x \sim 5x$，所以

$$\lim_{x \to 0} \frac{\tan 2x}{\sin 5x} = \lim_{x \to 0} \frac{2x}{5x} = \frac{2}{5}.$$

例 1-82 求 $\lim\limits_{x \to 0} \dfrac{\sin x}{x^3 + 3x}$．

解：当 $x \to 0$ 时，$\sin x \sim x$，无穷小 $x^3 + 3x$ 与它本身显然是等价的，所以

$$\lim_{x \to 0} \frac{\sin x}{x^3 + 3x} = \lim_{x \to 0} \frac{x}{x(x^2 + 3)} = \lim_{x \to 0} \frac{1}{x^2 + 3} = \frac{1}{3}.$$

例 1-83 求 $\lim\limits_{x \to 0} \dfrac{(1 + x^2)^{\frac{1}{3}} - 1}{\cos x - 1}$．

解：当 $x \to 0$ 时，$(1 + x^2)^{\frac{1}{3}} - 1 \sim \dfrac{1}{3}x^2$，$\cos x - 1 \sim -\dfrac{1}{2}x^2$，所以

$$\lim_{x \to 0} \frac{(1 + x^2)^{\frac{1}{3}} - 1}{\cos x - 1} = \lim_{x \to 0} \frac{\frac{1}{3}x^2}{-\frac{1}{2}x^2} = -\frac{2}{3}.$$

例 1-84 求 $\lim\limits_{x \to 0} \dfrac{\sin^2 x}{x^2 (1 + \cos x)}$．

解：当 $x \to 0$ 时，$\sin x \sim x$，所以

$$\lim_{x \to 0} \frac{\sin^2 x}{x^2(1 + \cos x)} = \lim_{x \to 0} \frac{x^2}{x^2(1 + \cos x)} = \lim_{x \to 0} \frac{1}{1 + \cos x} = \frac{1}{2}.$$

1. 下列变量在 $x \to 0$ 时是无穷小还是无穷大？

(1) 0.000 000 001　　　　　　(2) $\sqrt{x}$

(3) $100x^2$ (4) $\sqrt[3]{x}$

(5) $x^2+0.1x$ (6) $\dfrac{x^2}{x}$

(7) $\dfrac{x}{0.01}$ (8) $\dfrac{x}{x^2}$

2. 在下列变量中，当 $x\to$? 时，是无穷小；当 $x\to$? 时，是无穷大．

(1) $y=x^2-1$ (2) $y=\ln x$

(3) $y=\dfrac{1}{x-1}$ (4) $y=\dfrac{x+1}{x-1}$

3. 利用等价无穷小代换求下列极限：

(1) $\lim\limits_{x\to 0}\dfrac{\sin 3x}{\tan 5x}$ (2) $\lim\limits_{x\to 0}\dfrac{\arctan 2x}{\sin 2x}$

(3) $\lim\limits_{x\to 1}\dfrac{\arcsin(x-1)^2}{(x-1)\ln x}$ (4) $\lim\limits_{x\to 0}\dfrac{\tan x-\sin x}{\sin x^3}$

(5) $\lim\limits_{x\to 0}\dfrac{\ln(1-3x)}{\arctan 2x}$ (6) $\lim\limits_{x\to 0}\dfrac{e^{\sin 2x}-1}{\tan x}$

4. 证明：$\left\{\sqrt{n+1}-\sqrt{n}\right\}$ 与 $\left\{\dfrac{1}{\sqrt{n}}\right\}$ 是同阶无穷小．

5. 当 $x\to 0$ 时，证明函数 $\dfrac{1}{x^2}\sin\dfrac{1}{x}$ 是无界的，但不是无穷大．

6. 思考若 $f(x)$ 是无穷大，则 $kf(x)$ 是无穷大吗？

趣味常识

★亚基里斯赛跑

在亚基里斯赛跑中，亚基里斯每次都会离乌龟更近一点，但永远不会赶上它．然而，如果我们用极限的观点来看待这个过程，我们会发现每次迭代，亚基里斯离乌龟的距离会趋向于无穷小，但他永远不会达到乌龟的位置．

★阿喀琉斯之舟

在阿喀琉斯之舟中，船总是在阿喀琉斯射箭之前移动到箭射到的位置．尽管看起来这种情况下箭无法射中目标，然而通过极限的思考，我们可以认识到，船的移动速度趋近于零、而箭射出的速度是有限的所以当阿喀琉斯射箭的瞬间到来时，箭射中目标成为可能．

1.2.6 连续的定义及性质

1. 函数的改变量

定义 1-19 设函数 $y=f(x)$，则

(1) 当自变量 x 由初始值 x_0 改变到终值 x_1 时，称自变量的差 x_1-x_0 为自变量 x 的改变量（或增

量),记作 Δx,即

$$\Delta x = x_1 - x_0$$

(2)相应地,当函数值由初始值 $f(x_0)$ 改变到终值 $f(x_1)=f(x_0+\Delta x)$ 时,称函数值的差 $f(x_0+\Delta x)-f(x_0)$ 为函数 $f(x)$ 的改变量(或增量),记作 Δy(或 Δf),即

$$\Delta y = f(x_0+\Delta x) - f(x_0)$$

例 1-85 设 $f(x)=2x+1$,分别求出满足下列条件的 Δx 与 Δy.

(1)x 由 2 变到 2.1 (2)x 由 2 变到 1.8

解:(1)由于 x 由 2 变到 2.1,因此

$$\Delta x = 2.1 - 2 = 0.1$$
$$\Delta y = f(2.1) - f(2) = (2 \times 2.1 + 1) - (2 \times 2 + 1) = 5.2 - 5 = 0.2$$

(2)由于 x 由 2 变到 1.8,因此

$$\Delta x = 1.8 - 2 = -0.2$$
$$\Delta y = f(1.8) - f(2) = (2 \times 1.8 + 1) - (2 \times 2 + 1) = 4.6 - 5 = -0.4$$

2. 函数连续的定义

观察图 1-21 和图 1-22 中两条函数曲线在 $x=x_0$ 处的情况.

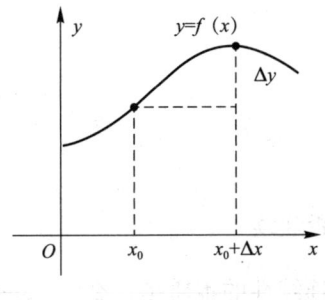

图 1-21

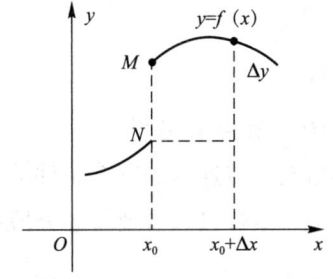

图 1-22

在图 1-21 中,当自变量的改变量 Δx 很小时,对应的函数的改变量 Δy 很小,而在图 1-22 中,当自变量的改变量 Δx 很小时,对应的函数的改变量 Δy 也很小.由此得出函数连续特征的刻画如下.

定义 1-20 设 $y=f(x)$ 在 x_0 的某一邻域 $(x_0-\delta, x_0+\delta)$ 内有定义,如果当自变量 x 在 x_0 处的改变量 Δx 趋近于零时,相应的函数 $f(x)$ 的改变量 Δy 也趋近于零,即

$$\lim_{\Delta x \to 0} \Delta y = 0$$

则称函数 $y=f(x)$ 在点 x_0 连续,称 x_0 为函数的连续点.函数不连续的点称为间断点.如果函数在定义域中逐点连续,则称函数为定义域上的连续函数.

说明:函数 $y=f(x)$ 在点 x_0 连续,则必在点 x_0 有定义.

3. 证明函数在一点连续

证明函数在一点连续的一般步骤如下.

(1)求 Δy 的表达式.

(2)验证 $\lim_{\Delta x \to 0} \Delta y = 0$.

例 1-86 证明函数 $f(x)=3x^2-1$ 在点 $x=1$ 处连续.

证明：因为 $f(x)=3x^2-1$ 的定义域为 $(-\infty,+\infty)$，所以函数在 $x=1$ 的某一领域内有定义．

设自变量在 $x=1$ 处有 Δx 变量，则函数的相应改变量为

$$\begin{aligned}\Delta y &= f(x+\Delta x)-f(x)\\ &= 3(1+\Delta x)^2-3\times 1^2\\ &= 3+6\Delta x+3(\Delta x)^2-3\\ &= 6\Delta x+3(\Delta x)^2\end{aligned}$$

所以
$$\lim_{\Delta x\to 0}\Delta y=\lim_{\Delta x\to 0}[6\Delta x+3(\Delta x)^2]=0$$

由连续的定义，函数 $y=3x^2-1$ 在点 $x=1$ 处连续．

1.2.7　函数的连续性与间断点

1. 函数 $f(x)$ 在点 x_0 处的连续性

在函数连续的定义中，将 $\Delta x=x-x_0$ 改写为 $x=x_0+\Delta x$，则函数的改变量 $\Delta y=f(x)-f(x_0)$，以及 $\Delta x\to 0$ 意味着 $x\to x_0$，从而 $\lim\limits_{\Delta x\to 0}\Delta y=0\Leftrightarrow\lim\limits_{x\to x_0}f(x)=f(x_0)$．这就是函数在点 x_0 处连续的另一种表述形式．

（1）**定义 1-21（函数 $f(x)$ 在点 x_0 处的连续性定义 1）**　如果函数 $y=f(x)$ 满足下列三个条件：

1) $y=f(x)$ 在 x_0 的某一邻域内有定义；

2) $\lim\limits_{x\to x_0}f(x)$ 存在；

3) $\lim\limits_{x\to x_0}f(x)=f(x_0)$，

则称函数 $y=f(x)$ 在点 x_0 连续．

注意：1) 函数在一点连续的三个条件缺一不可．

2) 利用以上三个条件可以有效验证分段函数在一点是否连续．

例 1-87　观察函数 $y=x^2$ 与 $y=\dfrac{1}{x}$ 的图形，并思考函数连续性的本质是什么？（如图 1-23 所示）

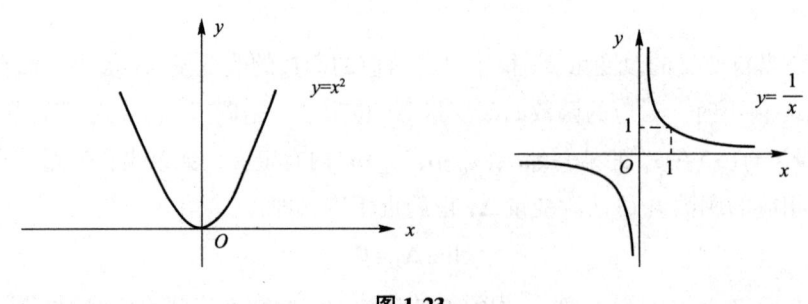

图 1-23

容易看出：在原点处函数曲线 $y=x^2$ 不断开，则称函数 $y=x^2$ 在 $x=0$ 处连续；而函数曲线 $y=\dfrac{1}{x}$ 却断开了，则称函数 $y=\dfrac{1}{x}$ 在 $x=0$ 处不连续或间断．还可观察到函数 $y=x^2$ 在 $x=0$ 处的极限为 $\lim\limits_{x\to 0}x^2=0=f(0)$，这是函数在这一点处连续的本质．

例 1-88　用定义证明函数 $y=\sqrt{x}$ 在 $x=2$ 处连续．

证：由于函数 $y=\sqrt{x}$ 的定义域为 $[0,+\infty)$，所以函数在 $x=2$ 有定义．且 $f(2)=\sqrt{2}$，

又 $\lim\limits_{x\to 2}f(x)=\lim\limits_{x\to 2}\sqrt{x}=\sqrt{2}=f(2)$,

所以函数 $y=\sqrt{x}$ 在 $x=2$ 处连续.

例 1-89 用定义证明函数 $f(x)=\begin{cases}x\sin\dfrac{1}{x}, & x\neq 0\\ 0, & x=0\end{cases}$ 在 $x=0$ 处连续.

证：因为函数 $f(x)$ 在 $x=0$ 处有定义且 $f(0)=0$,

又 $\lim\limits_{x\to 0}x\sin\dfrac{1}{x}=0$，所以 $\lim\limits_{x\to 0}f(x)=f(0)$，由定义1知，函数 $f(x)$ 在 $x=0$ 处连续.

例 1-90 讨论 $f(x)=\begin{cases}2x+1, & x\leq 1\\ x^3+2, & x>1\end{cases}$，在 $x=1$ 处的连续性.

解：$f(1)=2\times 1+2=3$，又 $\lim\limits_{x\to 1^-}f(x)=\lim\limits_{x\to 1^-}(2x+1)=3$，$\lim\limits_{x\to 1^+}f(x)=\lim\limits_{x\to 1^+}(x^3+2)=3$，因 $\lim\limits_{x\to 1}f(x)=f(1)=3$，故 $f(x)$ 在 $x=1$ 处连续.

(2) **定义 1-22（函数 $f(x)$ 在点 x_0 处的连续性定义 2）** 设函数 $f(x)$ 在闭区间 $[a,b]$ 上有定义，并且满足：

1) 如果函数 $f(x)$ 在区间 (a,b) 内的每一点都连续，则称函数 $y=f(x)$ 在开区间 (a,b) 内连续，区间 (a,b) 称为函数 $f(x)$ 的连续区间.

2) 对于闭区间 $[a,b]$ 的左、右端点，满足

$$\lim_{x\to a^+}f(x)=f(a) \quad (f(x) \text{在点} a \text{右连续})$$
$$\lim_{x\to b^-}f(x)=f(b) \quad (f(x) \text{在点} a \text{左连续})$$

则称函数 $f(x)$ 为闭区间 $[a,b]$ 上的连续函数.

例 1-91 验证 $f(x)=\begin{cases}1-x, & x<0\\ x^2+1, & x\geq 0\end{cases}$ 在 $x=0$ 处连续.

证：因为 $f(x)$ 在 $x=0$ 处有定义，且 $f(0)=1$. 又因为

$$\lim_{x\to 0^-}f(x)=\lim_{x\to 0^-}(1-x)=1$$
$$\lim_{x\to 0^+}f(x)=\lim_{x\to 0^+}(x^2+1)=1$$

即左、右极限存在且相等，所以 $\lim\limits_{x\to 0}f(x)=1$，即 $\lim\limits_{x\to 0}f(x)=f(0)$.

由函数在一点连续的定义可知，$y=f(x)$ 在 $x=0$ 处连续，如图 1-24 所示.

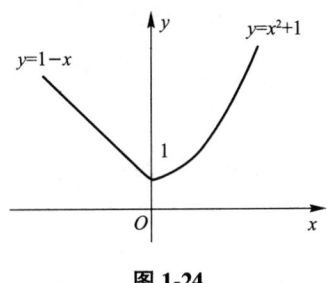

图 1-24

由上述所学内容，可以类似地引入函数在一点左、右连续的概念. 这样函数 $f(x)$ 在点 x_0 连续也就等价于函数 $f(x)$ 既在点 x_0 左连续，也在点 x_0 右连续.

2. 函数的间断

如果函数$f(x)$在点x_0处不满足连续性定义,称x_0是函数$f(x)$的不连续点或间断点.

注意:函数$f(x)$在点x_0处满足下列三个条件之一:

(1)函数$f(x)$在点x_0处无定义;

(2)$\lim\limits_{x\to x_0}f(x)$不存在;

(3)$\lim\limits_{x\to x_0}f(x)$存在但不等于$f(x_0)$. 则点$x_0$就是函数的间断点.

例1-92 考察如图1-25的图形,理解函数在一点处的连续性与间断.

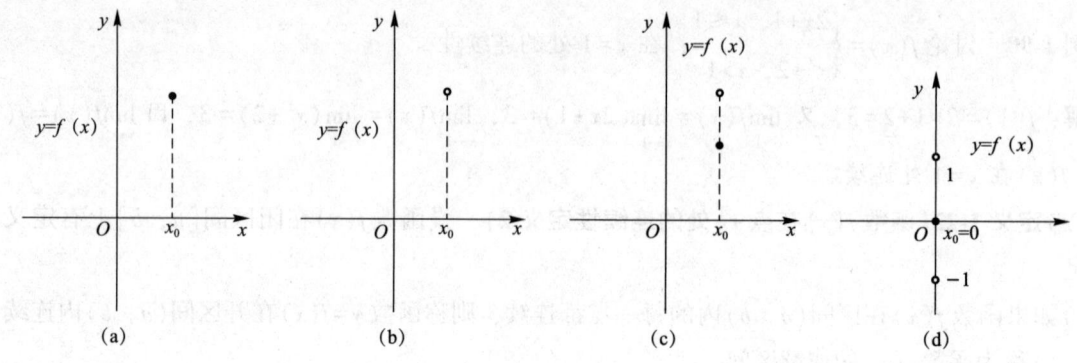

图 1-25

不难判断,只有(a)中函数$f(x)$满足$\lim\limits_{x\to x_0}f(x)=f(x_0)$,即极限值等于函数值,而(b)、(c)、(d)中函数均不满足如上关系.故(a)中函数$f(x)$在点x_0处连续,其余函数均在点x_0处"断开",即不连续.

例1-93 判断函数$f(x)=\dfrac{x^2-25}{x-5}$在点$x=5$处的连续性.

解:由于函数$f(x)=\dfrac{x^2-25}{x-5}$在点$x=5$处没有定义,所以函数在点$x=5$处间断.

例1-94 讨论$f(x)=\begin{cases}x-1,&x<0\\0,&x=0\\x+1,&x>0\end{cases}$在点$x=0$处的连续性.

解:由$\lim\limits_{x\to 0^-}f(x)=\lim\limits_{x\to 0^-}(x-1)=-1$,$\lim\limits_{x\to 0^+}f(x)=\lim\limits_{x\to 0^+}(x+1)=1$,可得函数在点$x=0$处的左极限不等于右极限,故$\lim\limits_{x\to 0}f(x)$不存在,因此函数在点$x=0$处间断.

(2)讨论函数$f(x)=\dfrac{1}{x-1}$在$x_0=1$处的连续性.

解:由于函数$f(x)=\dfrac{1}{x-1}$在$x_0=1$处没有定义,所以$x_0=1$为函数的间断点.又因为$\lim\limits_{x\to 1}\dfrac{1}{x-1}=\infty$,所以$x_0=1$是$f(x)=\dfrac{1}{x-1}$的无穷间断点.

例1-95 讨论下列函数$y=f(x)$在$x_0=0$处的连续性.

(1) $f(x)=\begin{cases} x-1, & x<0 \\ 0, & x=0 \\ x+1, & x>0 \end{cases}$

(2) $f(x)=\begin{cases} \dfrac{\sin x}{x}, & x\neq 0 \\ 0, & x=0 \end{cases}$

解：(1) 因为 $f(0)=0$, $\lim\limits_{x\to 0^-}f(x)=\lim\limits_{x\to 0^-}(x-1)=-1$, $\lim\limits_{x\to 0^+}f(x)=\lim\limits_{x\to 0^+}(x+1)=1$, 所以 $\lim\limits_{x\to 0^-}f(x)\neq\lim\limits_{x\to 0^+}f(x)$, 即 $\lim\limits_{x\to 0}f(x)$ 不存在. 所以 $f(x)$ 在 $x_0=0$ 处不连续. 如图1-26所示, 此间断点为跳跃间断点.

(2) 因为 $f(0)=0$, $\lim\limits_{x\to 0}f(x)=\lim\limits_{x\to 0}\dfrac{\sin x}{x}=1$, 所以 $\lim\limits_{x\to 0}f(x)\neq f(0)$, 即 $f(x)$ 在 $x_0=0$ 处不连续. 如图1-27所示, 此间断点为可去间断点.

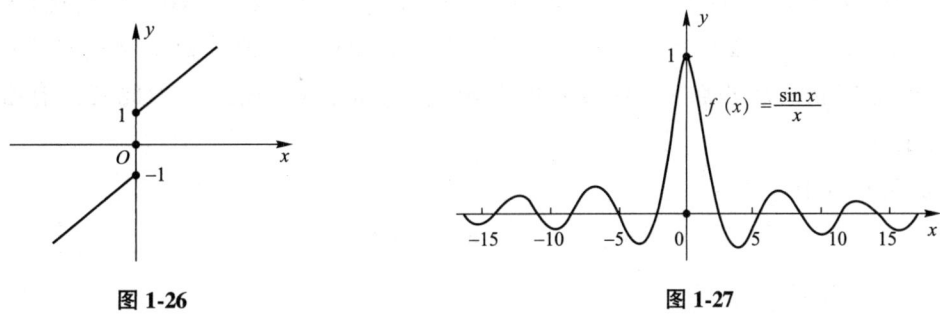

图1-26　　　　　　　　　　　图1-27

例1-96　已知 $f(x)=\begin{cases} \dfrac{x^2-4}{x-2}, & x\neq 2 \\ k, & x=2 \end{cases}$ 在 $x=2$ 处连续, 求 k.

解：因为 $f(2)=k$, $\lim\limits_{x\to 2}f(x)=\lim\limits_{x\to 2}\dfrac{x^2-4}{x-2}=\lim\limits_{x\to 2}(x+2)=4$, 又因为 $f(x)$ 在 $x=2$ 处连续, 即应满足条件 $\lim\limits_{x\to 2}f(x)=f(2)$, 所以 $k=4$.

1.2.8　连续函数的运算与初等函数的连续性

连续函数的和、差、积、商的连续性. 由函数在某点连续的定义和极限的四则运算法则, 可得出以下定理:

定理1-18　设函数 $f(x)$ 和 $g(x)$ 在点 x_0 连续, 则它们的和(差) $f\pm g$、积 $f\cdot g$ 及商 $\dfrac{f}{g}$ (当 $g(x_0)\neq 0$ 时) 都在点 x_0 连续.

例1-97　因 $\tan x=\dfrac{\sin x}{\cos x}$, $\cot x=\dfrac{\cos x}{\sin x}$, 而 $y=\sin x$ 和 $y=\cos x$ 都在区间 $(-\infty,+\infty)$ 内连续, 故由定理1-18知 $y=\tan x$ 和 $y=\cot x$ 在它们的定义域内是连续的.

1. 反函数与复合函数的连续性

反函数和复合函数的概念已经在前面讲过, 这里来讨论它们的连续性.

定理1-19　如果函数 $y=f(x)$ 在区间 I_x 上单调增加(或单调减少)且连续, 那么它的反函数 x

$=f^{-1}(y)$ 也在对应的区间 $I_x = \{y | y = f(x), x \in I_x\}$ 上单调增加(或单调减少)且连续.

例 1-98 由于 $y = \sin x$ 在闭区间 $\left[-\dfrac{\pi}{2}, \dfrac{\pi}{2}\right]$ 上单调增加且连续,所以它的反函数 $y = \arcsin x$ 在闭区间 $[-1, 1]$ 上也是单调增加且连续的.

同样,应用定理 1-19 可证:$y = \arccos x$ 在闭区间 $[-1, 1]$ 上单调减少且连续,$y = \arctan x$ 在区间 $(-\infty, +\infty)$ 内单调增加且连续,$y = \text{arccot} x$ 在区间 $(-\infty, +\infty)$ 内单调减少且连续.

总之,反三角函数 $y = \arcsin x$,$y = \arccos x$,$y = \arctan x$,$y = \text{arccot} x$ 在它们的定义域内都是连续的.

定理 1-20 设函数 $y = f[g(x)]$ 由函数 $u = g(x)$ 与函数 $u = f(u)$ 复合而成,$\overset{\circ}{U}(x_0) \subset D_{f \circ g}$. 若 $\lim\limits_{x \to x_0} g(x) = u_0$,而函数 $y = f(u)$ 在 $u = u_0$ 连续,则

$$\lim_{x \to x_0} f[g(x)] = \lim_{u \to u_0} f(u) = f(u_0). \tag{1-4}$$

证:在定理 1-13 中,令 $f(a) = f(u)$(这时 $f(u)$ 在点 u_0 连续),并取消"存在 $\delta_0 > 0$,当 $x \in \overset{\circ}{U}(x_0, \delta_0)$ 时,有 $g(x) \neq u_0$"这个条件,便得上面的定理. 这里可以取消条 $g(x) \neq u_0$ 的理由是:$\forall \varepsilon > 0$,使 $g(x) \neq u_0$ 成立的那些点 x,显然也使 $|f[g(x)] - f(u_0)| < \varepsilon$ 成立. 因此就没有必要附加条件 $g(x) \neq u_0$ 了.

因为在定理 1-20 中有

$$\lim_{x \to x_0} g(x) = u_0, \lim_{u \to u_0} f(u) = f(u_0),$$

故 (1-4) 式又可写成

$$\lim_{x \to x_0} f[g(x)] = f\left[\lim_{x \to x_0} g(x)\right]. \tag{1-5}$$

(1-4) 式表示,在定理 1-20 的条件下,如果作代换 $u = g(x)$,那么求 $\lim\limits_{x \to x_0} f[g(x)]$ 就化为求 $\lim\limits_{u \to u_0} f(u)$,这里 $u_0 = \lim\limits_{x \to x_0} g(x)$.

(1-5) 式表示,在定理 1-20 的条件下,求复合函数 $f[g(x)]$ 的极限时,函数符号 f 与极限号 $\lim\limits_{x \to x_0} f(u)$ 可以交换次序.

把定理 1-20 中的 $x \to x_0$ 换成 $x \to \infty$,可得类似的定理.

例 1-100 求 $\lim\limits_{x \to 3} \sqrt{\dfrac{x-3}{x^2-9}}$.

解:$y = \sqrt{\dfrac{x-3}{x^2-9}}$ 可看作由 $y = \sqrt{u}$ 与 $\dfrac{x-3}{x^2-9}$ 复合而成. 因为 $\lim\limits_{x \to 3} \dfrac{x-3}{x^2-9} = \dfrac{1}{6}$,而函数 $y = \sqrt{u}$ 在点 $u = \dfrac{1}{6}$ 连续,所以

$$\lim_{x \to 3} \sqrt{\dfrac{x-3}{x^2-9}} = \sqrt{\lim_{x \to 3} \dfrac{x-3}{x^2-9}} = \sqrt{\dfrac{1}{6}} = \dfrac{\sqrt{6}}{6}.$$

定理 1-21 设函数 $y = f[g(x)]$ 是由函数 $u = g(x)$ 与函数 $y = f(u)$ 复合而成,$U(x_0) \subset D_{f \circ g}$. 若函数 $u = g(x)$ 在 $x = x_0$ 连续,且 $g(x_0) = u_0$,而函数 $y = f(u)$ 在 $u = u_0$ 连续,则复合函数 $y = f[g(x)]$ 在 $x = x_0$ 也连续.

证:只要在定理 1-20 中令 $u_0 = g(x_0)$,这就表示 $g(x)$ 在点 x_0 连续,于是由 (1-4) 式得

$$\lim_{x \to x_0} f[g(x)] = f(u_0) = f[g(x_0)],$$

这就证明了复合函数 $f[g(x)]$ 在点 x_0 连续.

例 1-101 讨论函数 $y=\sin\dfrac{1}{x}$ 的连续性.

解：函数 $y=\sin\dfrac{1}{x}$ 可看作是由 $u=\dfrac{1}{x}$ 及 $y=\sin u$ 复合而成的.$u=\dfrac{1}{x}$ 当 $-\infty<x<0$ 和 $0<x<+\infty$ 时是连续的,$y=\sin u$ 当 $-\infty<u<+\infty$ 时是连续的.根据定理 20,函数 $y=\sin\dfrac{1}{x}$ 在无限区间 $(-\infty,0)$ 和 $(0,+\infty)$ 内是连续的.

2. 初等函数的连续性

前面证明了三角函数及反三角函数在它们的定义域内是连续的.我们指出,指数函数 $y=a^x(a>0,a\neq1)$ 对于一切实数 x 都有定义,且在区间 $(-\infty,+\infty)$ 内是单调的和连续的,它的值域为 $(0,+\infty)$.

由指数函数的单调性和连续性,引用定理 1-19 可得：对数函数 $y=\log_a x(a>0,a\neq1)$ 在区间 $(0,+\infty)$ 内单调且连续.

幂函数 $y=x^\mu$ 的定义域随 μ 的值而异,但无论 μ 为何值,在区间 $(0,+\infty)$ 内幂函数总是有定义的.下面我们来证明,在 $(0,+\infty)$ 内幂函数是连续的.事实上,设 $x>0$,则
$$y=x^\mu=a^{\mu\log_a x},$$
因此,幂函数 x^μ 可看作是由 $y=a^u$,$u=\mu\log_a x$ 复合而成的,由此,根据定理 1-21,它在 $(0,+\infty)$ 内连续.如果对于 μ 取各种不同值加以分别讨论,可以证明幂函数在它的定义域内是连续的.

综合起来得到：基本初等函数在它们的定义域内都是连续的.

最后,根据第一节中关于初等函数的定义,由基本初等函数的连续性以及定理 1-18、定理 1-21 可得下列重要结论：一切初等函数在其定义区间内都是连续的.所谓定义区间,就是包含在定义域内的区间.

根据函数 $f(x)$ 在点 x_0 连续的定义,如果已知 $f(x)$ 在点 x_0 连续,那么求 $f(x)$ 当 $x\to x_0$ 的极限时,只要求 $f(x)$ 在点 x_0 的函数值就行了.因此,上述关于初等函数连续性的结论提供了求极限的一个方法,这就是：如果 $f(x)$ 是初等函数,且 x_0 是 $f(x)$ 的定义区间内的点,那么
$$\lim_{x\to x_0}f(x)=f(x_0).$$

例如,点 $x_0=0$ 是初等函数 $f(x)=\sqrt{1-x^2}$ 的定义区间 $[-1,1]$ 上的点,所以 $\lim\limits_{x\to 0}\sqrt{1-x^2}=\sqrt{1}=1$；又如点 $x_0=\dfrac{\pi}{2}$ 是初等函数 $f(x)=\ln\sin x$ 的一个定义区间 $(0,\pi)$ 内的点,所以
$$\lim_{x\to\frac{\pi}{2}}\ln\sin x=\ln\sin\dfrac{\pi}{2}=0.$$

例 1-102 求 $\lim\limits_{x\to 0}\dfrac{\log_a(1+x)}{x}(a>0,a\neq1)$.

解：$\lim\limits_{x\to 0}\dfrac{\log_a(1+x)}{x}=\lim\limits_{x\to 0}\log_a(1+x)^{\frac{1}{x}}=\log_a e=\dfrac{1}{\ln a}.$

例 1-103 求 $\lim\limits_{x\to 0}\dfrac{a^x-1}{x}(a>0,a\neq1)$.

解：令 $a^x-1=t$,则 $x=\log_a(1+t)$,当 $x\to 0$ 时 $t\to 0$,于是

$$\lim_{x\to 0}\frac{a^x-1}{x}=\lim_{t\to 0}\frac{t}{\log_a(1+t)}=\ln a.$$

例 1-104 求 $\lim\limits_{x\to 0}\dfrac{(1+x)^a-1}{x}(a\in \mathbf{R})$.

解：令 $(1+x)^a-1=t$，则当 $x\to 0$ 时，$t\to 0$，于是

$$\lim_{x\to 0}\frac{(1+x)^a-1}{x}=\lim_{x\to 0}\left[\frac{(1+x)^a-1}{\ln(1+x)^a}\cdot\frac{a\ln(1+x)}{x}\right]=\lim_{t\to 0}\frac{t}{\ln(1+t)}\cdot\lim_{x\to 0}\frac{a\ln(1+x)}{x}=a.$$

由例 1-102、例 1-103、例 1-104 可得下列三个常用的等价无穷小关系式：

$$\ln(1+x)\sim x(x\to 0),$$
$$e^x-1\sim x(x\to 0),$$
$$(1+x)^a-1\sim ax(x\to 0).$$

例 1-105 求 $\lim\limits_{x\to 0}(1+2x)^{\frac{3}{\sin x}}$.

解：因为

$$(1+2x)^{\frac{3}{\sin x}}=(1+2x)^{\frac{1}{2x}\cdot\frac{x}{\sin x}\cdot 6}=e^{6\cdot\frac{x}{\sin x}\ln(1+2x)^{\frac{1}{2x}}},$$

利用定理 1-20 及极限的运算法则，便有

$$\lim_{x\to 0}(1+2x)^{\frac{3}{\sin x}}=e^{\lim\limits_{x\to 0}\left[6\cdot\frac{x}{\sin x}\cdot\ln(1+2x)^{\frac{1}{2x}}\right]}=e^6.$$

一般地，对于形如 $u(x)^{v(x)}$ ($u(x)>0$，$u(x)\ne 1$) 的函数（通常称为幂指函数），如果

$$\lim u(x)=a>0,\quad \lim v(x)=b,$$

那么

$$\lim u(x)^{v(x)}=a^b.$$

注意：这里三个 lim 都表示在同一自变量变化过程中的极限.

1.2.9 闭区间上连续函数的性质

1. 最大值与最小值

设函数 $f(x)$ 在区间 D 上有定义，如果有 $x_0\in D$，使得对于任意 $x\in D$ 都有 $f(x)\le f(x_0)$ ($f(x)\ge f(x_0)$)，则称 $f(x_0)$ 是函数 $f(x)$ 在区间 D 上最大值(最小值).

定理 1-22（最大值与最小值定理） 如果函数 $f(x)$ 在闭区间 $[a,b]$ 上连续，则函数 $f(x)$ 在闭区间 $[a,b]$ 上一定有最大值与最小值.

如图 1-28 所示，函数 $f(x)$ 在点 x_1 处取得最小值 m，在点 b 处取得最大值 M.

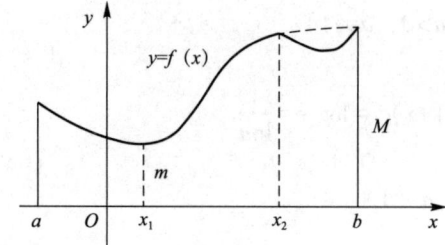

图 1-28

推论(有界性定理) 闭区间上的连续函数一定在该区间上有界.

2. 介值定理和零点定理

定理 1-23(介值定理) 如果函数 $f(x)$ 在闭区间 $[a,b]$ 上连续, m 和 M 分别为 $f(x)$ 在 $[a,b]$ 上的最小值与最大值, 则对介于 m 与 M 之间的任一实数 c (即 $m<c<M$), 至少存在一点 $\zeta \in [a,b]$, 使 $f(\zeta)=c$.

如图 1-29 所示, 连续曲线 $y=f(x)$ 与直线 $y=c$ 相交于 3 点, 这 3 点的横坐标分别为 $\zeta_1, \zeta_2, \zeta_3$, 所以有 $f(\zeta_1)=f(\zeta_2)=f(\zeta_3)=c$.

推论(零点定理) 如果函数 $f(x)$ 在闭区间 $[a,b]$ 上连续, 且 $f(a)$ 与 $f(b)$ 异号, 则至少存在一点 $\zeta \in (a,b)$, $f(\zeta)=0$.

如图 1-30 所示, 连续曲线 $y=f(x)[f(a)<0, f(b)>0]$ 与 x 轴相交于点 ζ, 所以有 $f(\zeta)=0$.

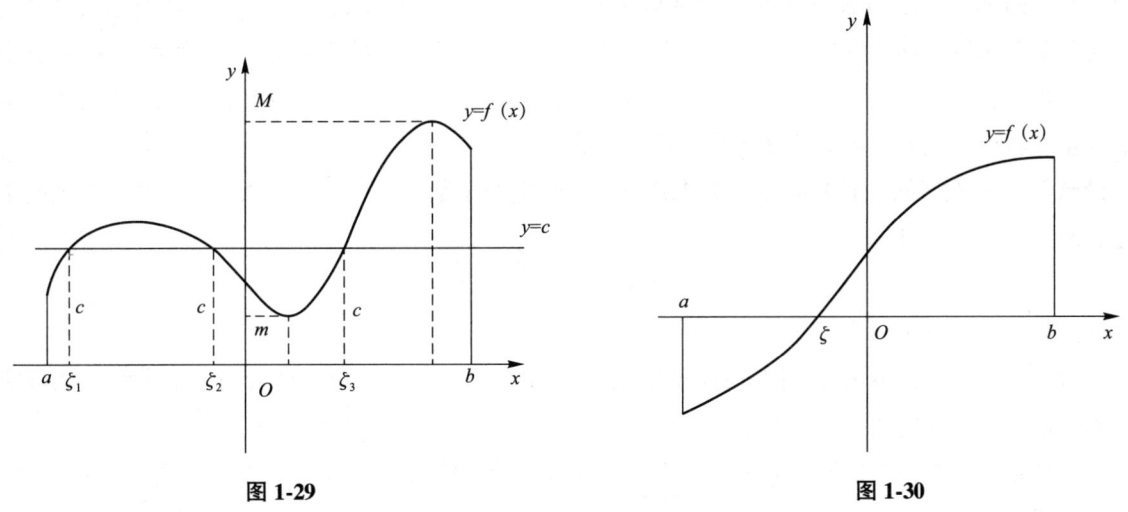

图 1-29   图 1-30

例 1-106 利用零点定理证明方程 $x^3-3x^2-x+3=0$ 在区间 $(-2,0)$, $(0,2)$, $(2,4)$ 内各有一个实根.

证: 设 $f(x)=x^3-3x^2-x+3$, 则 $f(x)$ 在闭区间 $[-2,0]$, $[0,2]$, $[2,4]$ 上连续. 又
$$f(-2)<0, f(0)>0, f(2)<0, f(4)>0,$$
根据零点定理可知存在 $\zeta_1 \in (-2,0)$, $\zeta_2 \in (0,2)$, $\zeta_3 \in (2,4)$, 使 $f(\zeta_1)=0, f(\zeta_2)=0, f(\zeta_3)=0$. 这表明 $\zeta_1, \zeta_2, \zeta_3$ 为给定方程的实根.

由于三次方程至多有 3 个根, 所以各区间内只存在一个实根.

例 1-107 证明函数 $f(x)=e^x-x-2$ 在区间 $(0,2)$ 内至少存在一个零点 x_0, 即 $e^{x_0}-2=x_0$.

证: 因为 $f(x)=e^x-x-2$ 在闭区间 $[0,2]$ 上连续, 且
$$f(0)=e^0-0-2=-1<0, f(2)=e^2-2-2=e^2-4>0,$$
所以由零点定理可知, 在 $(0,2)$ 内至少存在一点 x_0, 使 $f(x_0)=0$, 即 $e^{x_0}-2=x_0$.

例 1-108 证明方程 $x^3-4x^2+1=0$ 在区间 $(0,1)$ 内至少有一个根.

证: 函数 $f(x)=x^3-4x^2+1$ 在闭区间 $[0,1]$ 上连续, 又
$$f(0)=1>0, f(1)=-2<0.$$
根据零点定理, 在 $(0,1)$ 内至少有一点 ζ, 使得

$$f(\zeta) = 0,$$

即

$$\zeta^3 - 4\zeta^2 + 1 = 0 \,(0 < \zeta < 1).$$

这等式说明方程 $x^3 - 4x^2 + 1 = 0$ 在区间 $(0, 1)$ 内至少有一个根是 ξ.

例 1-109 证明三次方程 $x^3 - x + 3 = 0$ 在 $(-2, 1)$ 内至少有一个实根.

证：设 $f(x) = x^3 - x + 3$，则 $f(x)$ 的定义域是 $(-\infty, +\infty)$. 因为 $f(x)$ 是初等函数，所以 $f(x)$ 在 $[-2, 1] \subset (-\infty, +\infty)$ 内连续. 又因为 $f(-2) = -3 < 0$，$f(1) = 3 > 0$，由推论可知，在 $(-2, 1)$ 内至少有一个点 ξ 使得 $f(\xi) = 0$，即方程 $x^3 - x + 3 = 0$ 在 $(-2, 1)$ 内至少有一个实根.

(1) 一致连续性. 设函数在区间 I 上连续，x_0 是在 I 上任意取定的一个点. 由于 $f(x)$ 在点 x_0 连续，因此 $\forall \varepsilon > 0$，$\exists \delta > 0$，使得当 $|x - x_0| < \delta$ 时，就有 $|f(x) - f(x_0)| < \varepsilon$. 通常这个 δ 不仅与 ε 有关，而且与所取定的 x_0 有关，即使 ε 不变，但选取区间 I 上的其他点作为 x_0 时，这个 δ 就不一定适用了. 可是对于某些函数，却有这样一种重要情形：存在着只与 ε 有关，而对区间 I 上任何点 x_0 都能适用的正数 δ，即对任何 $x_0 \in I$，只要 $|x - x_0| < \delta$ 时，就有 $|f(x) - f(x_0)| < \varepsilon$. 如果函数 $f(x)$ 在区间 I 上能使这种情形发生，就说函数 $f(x)$ 在区间 I 上是一致连续的.

设函数 $f(x)$ 在区间 I 上有定义，如果对于任意给定的正数 ε，总存在正数 δ，使得对于区间 I 上的任意两点 x_1，x_2，当 $|x_1 - x_2| < \delta$ 时，有

$$|f(x_1) - f(x_2)| < \varepsilon,$$

那么称函数 $f(x)$ 在区间 I 上一致连续.

一致连续性表示，不论在区间 I 的任何部分，只要自变量的两个数值接近到一定程度，就可使对应的函数值达到所指定的接近程度.

由上述定义可知，如果函数 $f(x)$ 在区间 I 上一致连续，那么 $f(x)$ 在区间 I 上也是连续的. 但反过来不一定成立，例如：

例 1-110 函数 $f(x) = \dfrac{1}{x}$ 在区间 $(0, 1]$ 上是连续的，但不是一致连续的.

因为函数 $f(x) = \dfrac{1}{x}$ 是初等函数，它在区间 $(0, 1]$ 上有定义，所以在 $(0, 1]$ 上是连续的.

$\forall \varepsilon > 0 \,(0 < \varepsilon < 1)$，假定 $f(x) = \dfrac{1}{x}$ 在 $(0, 1]$ 上一致连续，应该 $\exists \delta > 0$，使得对于 $(0, 1]$ 上的任意两个值 x_1，x_2，当 $|x_1 - x_2| < \delta$ 时，就有 $|f(x_1) - f(x_2)| < \varepsilon$.

现在取原点附近的两点

$$x_1 = \frac{1}{n}, \quad x_2 = \frac{1}{n+1},$$

其中 n 为正整数，这样的 x_1，x_2 显然在 $(0, 1]$ 上. 因

$$|x_1 - x_2| = \left| \frac{1}{n} - \frac{1}{n+1} \right| = \frac{1}{n(n+1)},$$

故只要 n 取得足够大，总能使 $|x_1 - x_2| < \delta$. 但这时有

$$|f(x_1) - f(x_2)| = \left| \frac{1}{\frac{1}{n}} - \frac{1}{\frac{1}{n+1}} \right| = |n - (n+1)| = 1 > \varepsilon,$$

不符合一致连续的定义,所以$f(x)=\dfrac{1}{x}$在$(0,1]$上不是一致连续的.

上例说明,在半开区间上连续的函数不一定在该区间上一致连续.但是,有下面的定理:

定理 1-24(一致连续性) 如果函数$f(x)$在闭区间$[a,b]$上连续,那么它在该区间上一致连续.

1. 求函数$y=\sqrt{1+x}$在$x=3$,$\Delta x=-0.2$时的增量Δy.
2. 求下列函数的极限.

   (1) $\lim\limits_{x\to 0}\dfrac{\ln(2+x^2)}{\sin(2+x^2)}$
   (2) $\lim\limits_{x\to -1}\dfrac{\cos(x+1)}{\cot(x+1)}$

   (3) $\lim\limits_{x\to 0}\sqrt{1+3x-x^2}$
   (4) $\lim\limits_{x\to \frac{1}{2}}x\ln\left(1+\dfrac{1}{x}\right)$

3. 讨论$y=|x|$,$x\in(-\infty,+\infty)$在点$x=0$处的连续性.

4. 利用连续函数的定义,判别下列函数在点$x=0$处的连续性.

   (1) $f(x)=\begin{cases}x^2\sin\dfrac{1}{x}, & x\neq 0\\ 0, & x=0\end{cases}$

   (2) $f(x)=\begin{cases}\dfrac{x}{x}, & x\neq 0\\ 0, & x=0\end{cases}$

5. 试确定常数k或a,b的值,使下列分段函数在分断点处连续.

   (1) $f(x)=\begin{cases}(1+5x)^{\frac{1}{x}}, & x\neq 0\\ k, & x=0\end{cases}$ 在$x=0$处连续

   (2) $f(x)=\begin{cases}x+2, & -2\leq x\leq 0\\ x^2+a, & 0<x<1\\ bx, & 1\leq x<5\end{cases}$ 在$x=0$与$x=1$处连续

6. 求下列函数的间断点.

   (1) $y=\dfrac{x}{\sin x}$
   (2) $y=\dfrac{\sin x}{x^2-1}$

7. 求函数$f(x)=\dfrac{|x+1|}{x+1}$的连续区间.

出租车的付费问题

乘坐某种出租汽车,行驶路程不超过3 km时,付费13元;行驶路程超过3 km时,超过部分每1 km付费2.3元,每一运次加收1元的燃油附加费.假定出租汽车行驶中没有拥堵和等候的时间,则付费金额$f(x)$与行驶路程x之间的关系为?

解：付费金额 $f(x)$ 与行驶路程 x 之间的关系：

$$f(x)=\begin{cases}14, & 0<x\leq 3\\ 14+2.3(x-3), & x>3\end{cases}$$

函数 $f(x)$ 在 $x=3$ 处连续：

$$\lim_{x\to 3^-}14=\lim_{x\to 3^+}[14+2.3(x-3)]=14$$

所以它的点在 $x=3$ 处连续.

1.2.10 数字化应用 利用MATLAB求函数的极限

1. limit 指令简介

在MATLAB符号工具箱中求极限的指令是limit，其基本调用格式如下：

limit(f, x, a)：求函数 f 当 $x\to a$ 时的极限；

limit(f, a)：求函数 f 中的自变量（系统默认的自变量为 x）趋于 a 时的极限；

limit(f)：求函数 f 中的自变量趋于0时的极限；

limit(f, x, a,'left')：求函数 f 当 $x\to a$ 时的左极限；

limit(f, x, a,'right')：求函数 f 当 $x\to a$ 时的右极限.

2. 利用MATLAB求函数的极限示例

例1-111 求下列函数的极限.

(1) $\lim\limits_{x\to 1}\left(\dfrac{1}{x-1}-\dfrac{2}{x^2-1}\right)$；

(2) $\lim\limits_{x\to 0^+}\dfrac{1}{x}$；

(3) $\lim\limits_{x\to\infty}\left(\dfrac{2x+1}{2x-1}\right)^{x+1}$；

(4) $\lim\limits_{x\to 0}\dfrac{1}{\sin x}$；

(5) $\lim\limits_{x\to +\infty}\arctan x$；

(6) $\lim\limits_{x\to 0}x^2\sin\dfrac{1}{x}$.

解：(1) 在MATLAB命令行窗口输入如下代码：

syms x

limit((1/(x-1)-2/(x^2-1)), x, 1)

如图1-31所示.

图1-31

运行结果为"ans=1/2"，如图1-32所示.

```
命令行窗口
>> syms x
>> limit((1/(x-1)-2/(x^2-1)),x,1)

ans =

1/2

>>
```

图 1-32

$1/2$ 即是求出的函数 $\lim\limits_{x \to 1}\left(\dfrac{1}{x-1}-\dfrac{2}{x^2-1}\right)$ 的极限.

(2) 在命令行窗口输入下面的代码：

syms x

limit(1/x, x, 0,"right")

运行后得函数的极限 inf(表示的是无穷大量 ∞).

(3) 在命令行窗口输入下面的代码：

syms x

limit(((2*x+1)/(2*x-1))^(x+1), x, inf)

运行后可得函数的极限 exp(1).

(4) 在命令行窗口输入下面的代码：

syms x

limit(1/sin(x), x, 0)

运行后得函数的极限 NaN.

(5) 在命令行窗口输入下面的代码：

syms x

limit(atan(x), x, +inf)

运行后得函数的极限 pi/2("pi"表示的是圆周率 π)

(6) 在命令行窗口输入下面的代码：

syms x

limit(x^2*sin(1/x))

运行后得函数的极限 0.

1. 利用 MATLAB 计算下列各极限.

(1) $\lim\limits_{x \to 2} \dfrac{x^2-4}{\sqrt{x-1}-1}$;　　　　(2) $\lim\limits_{x \to 1} \dfrac{\sin(1-x)}{1-x^2}$;

(3) $\lim\limits_{x \to \frac{\pi}{2}}(1+\cos x)^{5\sec x}$;　　　　(4) $\lim\limits_{x \to 0} \dfrac{x^2-4}{\ln(2+x)}$;

(5) $\lim\limits_{x\to\infty}\left(\dfrac{x}{x-1}\right)^x$;   (6) $\lim\limits_{x\to\infty}\left(\dfrac{x+3}{x-1}\right)^{x+2}$.

2. 讨论函数在点 $f(x)=\begin{cases} x^2-1, & 0\leqslant x\leqslant 1 \\ x+3, & x>1 \end{cases}$ 处的连续性，并利用 MATLAB 进行验证.

1.3 数字化应用——认识 MATLAB 软件

MATLAB，全称 Matrix Laboratory(矩阵实验室)，是由美国 MathWorks 公司在 1982 年推出的高性能数值计算和可视化软件．它不仅能够处理复杂的数值计算问题，还具备解决符号演算的能力，并可以便捷地绘制各种函数图形．MATLAB 以其简单易学、高效实用的编程语言，短小精悍的代码风格，强大的计算功能，方便的绘图工具，以及出色的可扩展性等特点，成为了教学和科研领域不可或缺的工具．如今，MATLAB 已在全球范围内得到了广泛的应用．

下面我们以 MATLAB R2023a 中文版为例对 MATLAB 软件进行一个简单的介绍．

MATLAB R2023a 是 MathWorks 公司于 2023 年发布，这个版本扩展了深度学习方面的 AI 功能，并为用户提供了许多新的功能．

1. MATLAB R2023a 的工作环境

MATLAB R2023a 安装成功后，在 MATLAB R2023a 安装目录下的 bin 文件夹下，双击 matlab 图标，启动 MATLAB R2023a，会出现启动界面，如图 1-33 所示．

MATLAB R2023a 成功启动后，会弹出软件的用户界面，如图 1-34 所示．用户界面包括选项卡、面板、开始按钮和各个不同用途的窗口．

图 1-33

(1) 选项卡/面板．MATLAB 中包含"主页"、"绘图"和"APP"3 个选项卡．"绘图"选项卡提供数据的绘图功能．"APP"选项卡提供了各应用程序的入口．"主页"选项卡下包括"文件""变量""代码""SIMULINK""环境""资源"6 个面板，主要提供如下功能：

1) 新建：用于建立新的 .m 文件、图形、模型和图形用户界面．

2) 新建脚本：用于建立新的 .m 脚本文件．

3) 打开：用于打开 MATLAB 的 .m 文件、.fig 文件、.mat 文件、.mdl 文件、.cdr 文件等，也可通过快捷键 Ctrl+O 来实现此项操作．

4) 导入数据：用于从其他文件中导入数据，单击后弹出对话框，选择导入文件的路径和位置．

5) 保存工作区：用于把工作区的数据存放到相应的路径文件中．

6) 布局：提供工作界面上各个组件的显示选项，并提供预设的布局．

7) 预设：用于设置 MATLAB 界面窗口的属性，默认为命令行窗口属性．

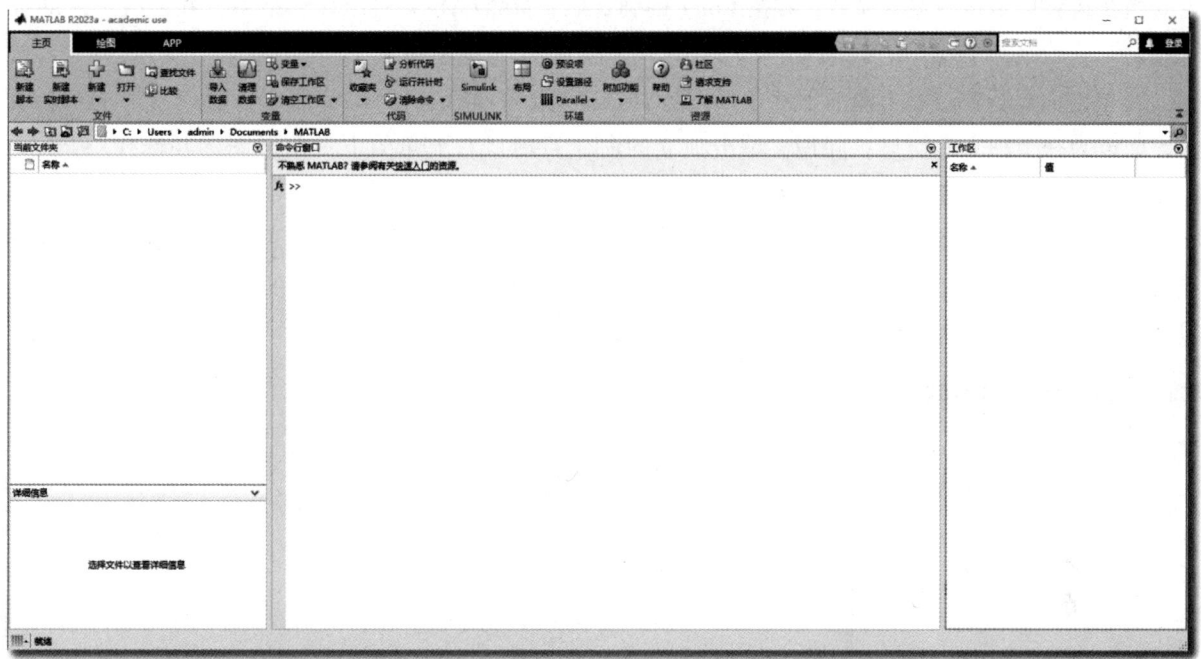

图 1-34

8) 设置路径：设置工作路径．

9) 帮助：打开帮助文件或其他帮助方式．

(2) 命令行窗口．命令行窗口是 MATLAB 最重要的窗口，通过该窗口可以输入各种指令、函数、表达式等，所有的命令输入都是在命令行窗口内完成的，如图 1-35 所示．

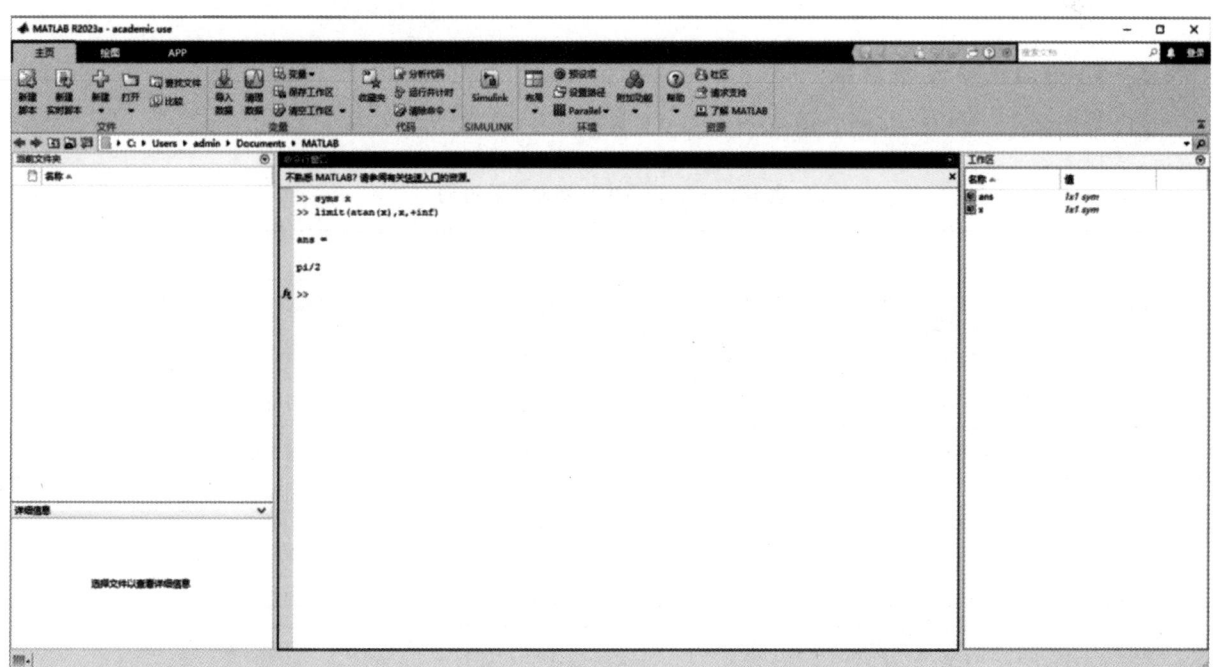

图 1-35

1) 命令行窗口中的"＞＞"是运算提示符，表示 MATLAB 处于准备状态，等待用户输入指令进行计算．当在运算提示符后输入命令，并按 Enter 键确认后，MATLAB 会给出计算结果，并再次进入准备状态．

2）单击命令行窗口右上角的下三角形图标并选择"取消停靠"，可以使命令行窗口脱离 MATLAB 主界面成为一个独立的窗口；同理，单击独立的命令行窗口右上角的下三角形图标并选择"停靠"，可使命令行窗口再次合并到 MATLAB 主界面．

（3）工作区窗口．工作区窗口显示当前内存中所有的 MATLAB 变量的变量名、数据结构、字节数及数据类型等信息，如图 1-36 右侧区域所示．不同的变量类型分别对应不同的变量名图标．用户可以选中已有变量，单击鼠标右键对其进行各种操作．

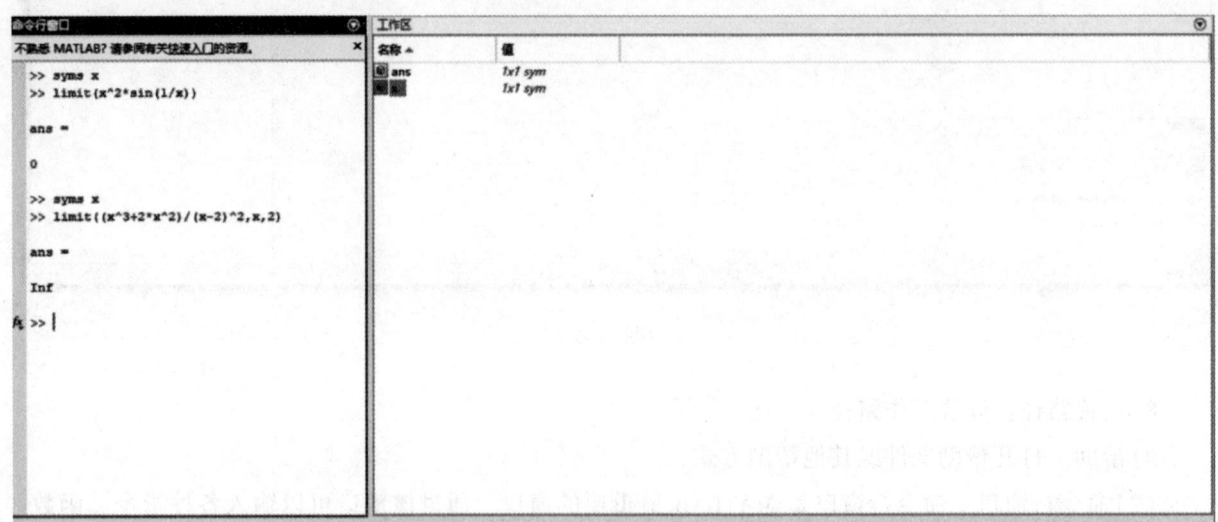

图 1-36

2. MATLAB 的通用命令

（1）常用命令．MATLAB 的常用命令及其说明如表 1-9 所示．

表 1-9　MATLAB 常用命令及说明

命令	说明	命令	说明
cd	显示或改变当前工作文件夹	load	加载指定文件的变量
dir	显示当前文件夹或制定目录下的文件	diary	日志文件命令
clc	清除工作窗口中的所有显示命令	!	调用 DOS 命令
home	将光标移至命令行窗口的最左上角	exit	退出 MATLAB
clf	清除图形窗口	quit	退出 MATLAB
type	显示文件内容	pack	收集内存碎片
clear	清理内存变量	hold	图形保持开关
echo	工作窗信息显示开关	path	显示搜索目录
disp	显示变量或文字内容	save	保存内存变量到指定文件

（2）命令窗口常用功能键．MATLAB 的命令行窗口常用功能键如表 1-10 所示．

表 1-10 命令行窗口常用功能键

功能键	说明	功能键	说明
↑，Ctrl-P	重调前一行	Home，Ctrl-A	光标移到行首
↓，Ctrl-N	重调下一行	End，Ctrl-E	光标移到行尾
←，Ctrl-B	光标左移一个字符	Esc	清除一行命令
→，Ctrl-F	光标右移一个字符	Del，Ctrl-D	删除光标右边字符
Ctrl-←	光标左移一个字	Backspace	删除光标左边字符
Ctrl-→	光标右移一个字	Ctrl-K	删除到行尾

（3）可作为命令或操作符使用的标点符号．在 MATLAB 语言中，一些标点符号也被赋予了特殊的意义或代表一定的运算，如表 1-11 所示．

表 1-11 MATLAB 语言的标点及其说明

标点	说明	标点	说明
:	冒号，具有多种功能	%	百分号，注释标记
;	分号，区分行及取消运行结果显示	!	惊叹号，调用操作系统运算
,	逗号，区分列及作为函数分隔符	=	等号，赋值标记
( )	括号，指定运算的优先级	'	单引号，字符串的标识符
[ ]	方括号，定义矩阵	.	小数点及对象域访问
{ }	大括号，构造单元数组	...	续行符号

3. MATLAB R2023a 的文件管理

（1）当前文件夹窗口．当前文件夹窗口（如图 1-37 左侧区域所示）可显示或改变当前文件夹，还可以显示当前文件夹下的文件，以及提供文件搜索功能．

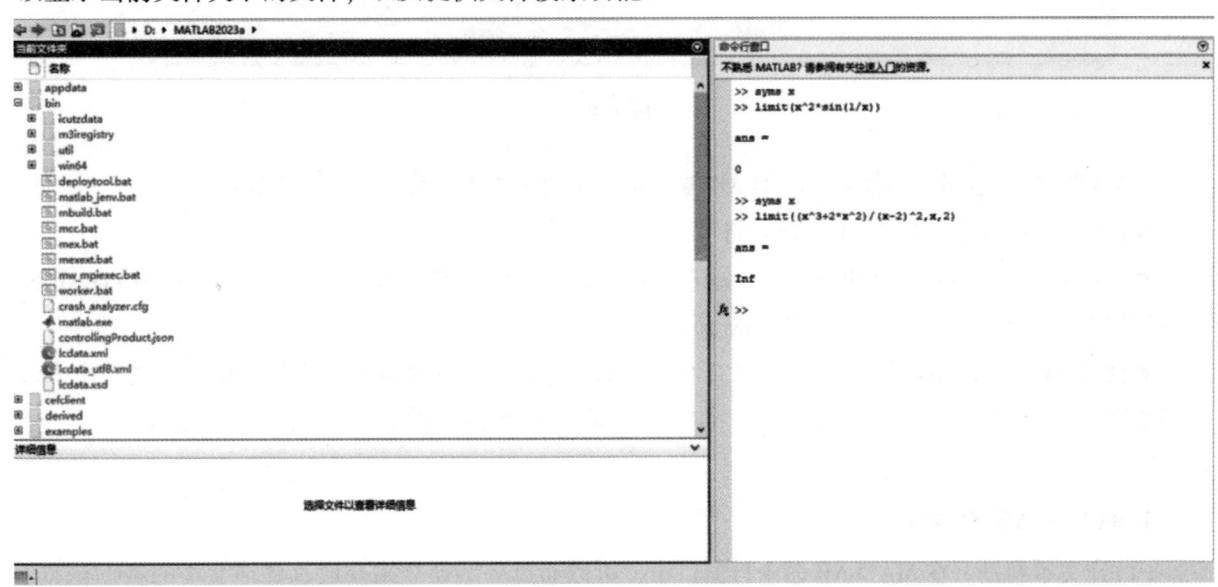

图 1-37

（2）搜索路径及其设置．MATLAB 内置了强大的路径搜索机制，用于查找存储在文件系统中的 M 文件及其他相关文件．默认情况下，MATLAB 将自身安装目录下的"toolbox"文件夹及其子目录自动添加到搜索路径中，以确保系统函数和工具箱函数能够被正确识别和执行．然而，当用户创建或使用了自定义函数，且这些函数文件位于非默认搜索路径的目录下时，MATLAB 可能无法直接识别这些函数，从而可能引发函数不存在的误解．为了解决这个问题，用户可以将自定义函数所在的目录添加到 MATLAB 的搜索路径中，以确保 MATLAB 能够正确找到并调用这些函数．这样，无论是系统默认函数还是用户自定义函数，都能在 MATLAB 中顺畅地运行．

1）MATLAB 搜索路径的查看．点击 MATLAB 主界面的"主页"→"环境"面板→"设置路径"按钮，或在命令行窗口输入"pathtool"命令，可打开如图 1-38 所示的"设置路径"对话框．该对话框分为左右两部分，左侧几个按钮用来添加目录到搜索路径，还可从当前的搜索路径中移除选择的目录；右侧列表框列出了已经被 MATLAB 添加到搜索路径的目录．此外，在命令行窗口中输入"path"命令，MATLAB 也会把所有的搜索路径列出来．

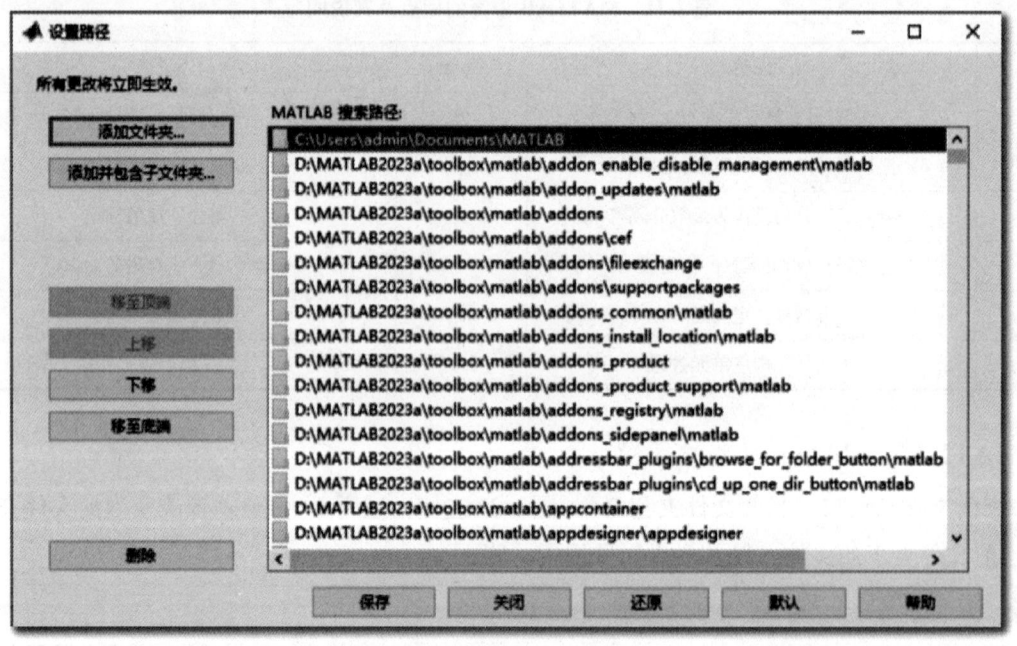

图 1-38

2）MATLAB 搜索路径的设置．MATLAB 搜索路径可通过以下几种方式进行设置：

● 使用"设置路径"对话框编辑搜索路径．

● 使用 Addpath 函数．如想将"C:\my_functions"这个文件夹添加到搜索路径，可以在 MATLAB 命令窗口中输入以下命令：Addpath('C:\my_functions')．

● 使用 path 命令．path 命令可以用来查看当前的搜索路径，并可以通过修改 path 命令的输出来改变搜索路径．例如，可以使用以下命令将新的目录添加到搜索路径的末尾：path(path,'C:\my_functions')．

4. MATLAB 帮助系统

（1）纯文本帮助．在 MATLAB 命令行窗口中，可以通过一些命令来获取这些纯文本的帮助信息．这些命令包括 help、lookfor、which、doc、get、type 等．

(2)演示(Demos)帮助.单击 MATLAB 主界面右上方工具栏中的"帮助"按钮,或是在命令行窗口中输入"demos"命令,可打开 MATLAB 的帮助窗口.帮助窗口如图 1-39 所示.

图 1-39

(3)帮助导航浏览.帮助导航浏览器是 MATLAB 专门提供的一个独立的帮助子系统.该系统包含的所有帮助文件都存储在 MATLAB 安装目录下的 help 子目录下.用户可以通过在命令行窗口输入"helpbrowser"或"doc"命令打开帮助导航浏览器.

5. MATLAB 软件简单使用示例

例 1-32 在命令行窗口中输入:

x=-1.42;y=0.52

sqrt(sin(abs(x)+abs(y)))/(x^2+y^2)

运行后可以在工作区窗口中看到变量 x,大小为 0.4223,命令行窗口中显示代码如图 1-40 所示.

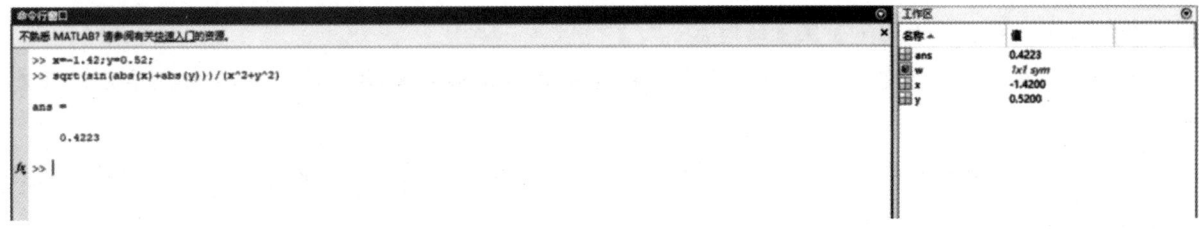

图 1-40

例 1-33 在命令行窗口中输入:

w=(4*5.23^2+3*(4.38+6.27)^3)/(3.5+4.8)

运行后可以在工作区窗口中看到变量 w,大小为 449.7904,命令行窗口中显示代码如图 1-41 所示.

图 1-41

如上面运算结果所示,在默认情况下,MATLAB 显示小数点后 4 位小数. 可以利用 format 命令改变显示格式,以 e 为例,如表 1-12 所示.

表 1-12 利用 format 命令改变数据显示格式

命令	说明	显示
format short e	小数点后 4 位科学记数法	2.718 3e+000
format long e	小数点后 15 位科学记数法	2.718 281 828 459 046 e+000

思政小课堂

华夏数学:从璀璨星辰到强国征途

在浩渺无垠的宇宙中,有一种语言,它纯净、深邃,如同星辰闪烁,照亮了人类探寻真理的道路. 这便是数学!这位科学之母,用她深邃的眼眸和无尽的奥秘,吸引着无数华夏智者的目光.

回望历史的长河,华夏文明的数学篇章如同璀璨的星辰,熠熠生辉. 早在商周之际,我们的祖先便以天地为纸,以智慧为笔,勾勒出了数学的初步轮廓. 那时,数学尚是农耕文明的辅助工具,却已显露出其独特的魅力. 到了汉代,张苍、耿寿昌等人编著的《九章算术》更是将分数四则运算和比例算法推向了世界之巅,彰显了华夏数学的风采.

到了宋元时期,数学在华夏大地上迎来了发展的巅峰. 秦九韶、李冶、杨辉、朱世杰等数学大家,以其卓越的才华和深厚的学识,为数学的发展书写了浓墨重彩的一笔. 他们的工作不仅推动了数学学科的进步,更为后世留下了宝贵的财富.

如今,站在新的历史起点上,回望过去,展望未来,我们不禁要问:我国距离数学强国还有多远?

或许,答案并非我们心中所愿,但它却真实而残酷地摆在我们面前——我国距离数学强国的目标,尚有一段漫长的征途需要跋涉.

在数学的浩渺宇宙中,我国如同一位辛勤的航行者,虽已破浪前行,斩获诸多星辰,却仍未能被众星捧月,冠以"数学强国"的桂冠. 这其中,有着几番深沉的缘由.

先说数学研究的深度与广度,似乎我们仍在一望无际的海洋中探索. 与那些早已涉足深海的数学强国相比,我们在某些前沿领域,如基础数学的深邃、应用数学的广阔、计算数学的精准,仍显稚嫩. 我们需以更加坚定的步伐,继续在这片海洋中航行,寻找更多的宝藏.

再说数学教育,它如同我们航行的灯塔,为我们指明方向. 我国的数学教育,早已在世界上独领风骚．然而，在培养创新思维和实践能力方面，仍有待加强．与那些引领潮流的先进教育理念和方法相比，我们的数学教育在某些时刻或许显得有些守旧．我们需要更新理念，创新教育方法，让数学之光更加璀璨．

数学，这门博大精深的学科，其应用范围之广，令人叹为观止．然而，在某些领域，如计算机科学、金融、物理等，我国的数学应用水平尚显不足．这些领域的发展，如同航行中的风帆，需要数学这股强劲的风来推动．我们需要加强数学在这些领域的应用研究，让数学之光照亮更多领域．

数学与其他学科的交叉融合，是数学发展的必然趋势．然而，在推动这一趋势的过程中，我们仍需加强努力．数学，如同一座桥梁，连接着不同的学科领域．我们需要与其他学科进行深入的交流和合作，共同推动数学在更多领域的应用和发展．

一个数学强国的标志，除了在数学领域的卓越成就外，更重要的是其在国际数学界的影响力和地位．尽管我们已取得了一些重要成果，但在国际数学界的影响力和地位仍有待提高．我们需要加强与国际数学界的交流和合作，让世界看到我国数学的风采和实力．

数学之路漫漫而修远兮，如今，我国数学正站在新的起点上，肩负着历史赋予的重任．让我们携手共进，不断努力、不断创新、不断进取，为实现华夏数学强国的目标而奋斗不息．

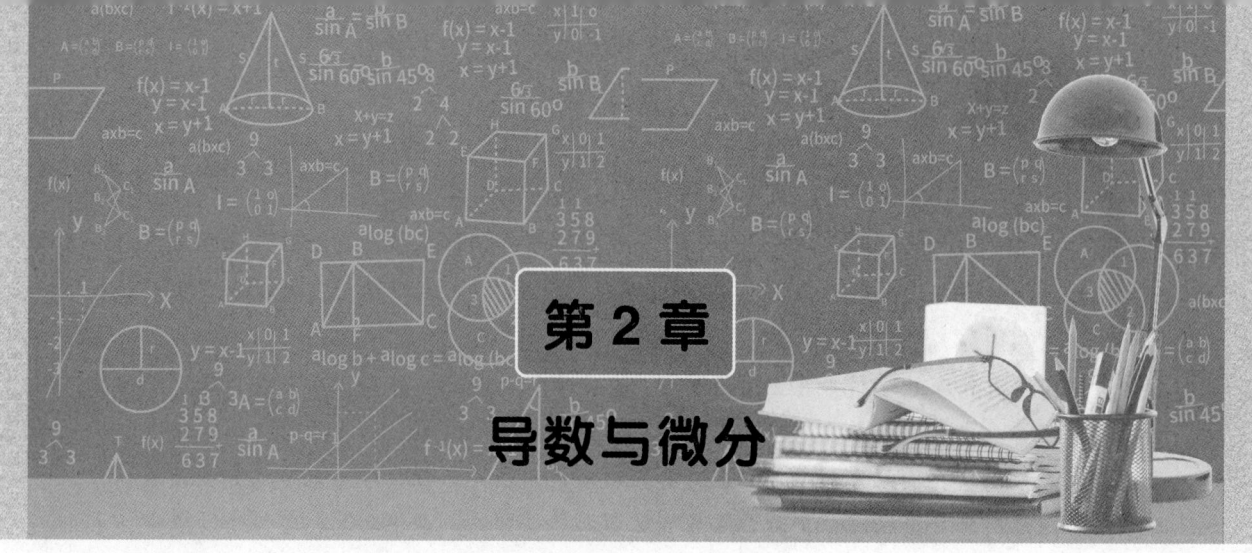

第 2 章

导数与微分

学习目标

1. 理解导数的概念及其几何意义，了解函数的可导性与连续性之间的关系．
2. 了解导数作为函数变化率的实际意义，会用导数表达专业问题和生活问题中一些变量的变化率．
3. 掌握基本初等函数的导数公式，掌握导数的四则运算法则和复合函数的求导法则，会求隐函数和参数式函数的导数．
4. 理解微分的概念及其几何意义，了解微分的四则运算法则和一阶微分形式的不变性．
5. 了解高阶导数的概念，会求简单函数的高阶导数．
6. 会用数学软件求解函数的导数和微分，会解决简单应用问题．
7. 了解拉格朗日中值定理及其几何意义．
8. 会用洛必达法则求未定式的极限．
9. 理解函数极值的概念，掌握利用导数判断函数的单调性和求函数极值的方法，会求较简单应用问题的最大值与最小值．
10. 会用导数判断函数图形的凹凸性，会求拐点，会利用分析作图法绘制简单的函数图形．
11. 能够运用软件求解导数及其应用问题．

案例导入

刘徽和他的"割圆术"

魏晋时期，有一位名叫刘徽的数学家，他的智慧如同璀璨的星辰，照亮了中国古代数学的天空．刘徽对数学有着深厚的热爱和执着的追求，他的研究广泛而深入，尤其在圆周率的计算上取得了划时代的成就．

那时，圆周率的计算一直是困扰数学家们的一个难题．刘徽决心要攻克这个难题．他日夜思索，不断尝试各种方法，但始终没有找到满意的答案．

直到有一天，刘徽突然灵光一闪，他想到了一个绝妙的方法——割圆术．他首先画出一个内接于圆的正六边形，然后利用勾股定理计算出这个正六边形的边长．接着，他开始逐步倍增多边形的边数，从正六边形到正十二边形，再到正二十四边形，每一次倍增都让他离真相更近一步．

随着多边形边数的不断增加，刘徽发现多边形的周长和面积越来越接近圆的周长和面积．这让他看到了希望的光芒，于是更加努力地计算着．经过无数次的尝试和修正，他终于计算出了圆周率的值在 3.141024 至 3.142704 之间,这比之前的估算要精确得多.

在追溯中国古代数学的发展历程时,刘徽的割圆术无疑是一座耀眼的里程碑.从现代数学的角度,特别是导数和微积分的视角来审视,刘徽的割圆术展现了一种原始的极限思考与逼近策略,这些策略在后来逐步演进为微积分学的核心思想.

导数,作为现代数学中用来描述函数变化率的重要工具,其背后所蕴含的理念与刘徽在割圆术中的思考有着异曲同工之妙.刘徽在割圆术中,探寻的是圆的周长(或面积)与圆内接正多边形边数之间的关系.他观察到,随着正多边形边数的不断增加,其周长(或面积)愈发接近圆的周长(或面积).这种对"变化率"的直观理解,虽未形成现代导数的精确定义,却为后世数学研究提供了宝贵的灵感.

刘徽的割圆术同样深刻体现了微积分中的极限思想.在微积分中,极限是研究函数在特定点或无穷远处行为的关键工具.刘徽通过不断增加圆内接正多边形的边数,实际上是在逐步逼近一个极限值——圆周率的真实值.这种通过不断逼近来求解问题的方法,正是微积分中求解极限问题的核心策略.刘徽的割圆术不仅展示了极限思想的早期应用,也为微积分学的诞生和发展奠定了坚实的思想基础.

此外,刘徽的割圆术还开启了一种全新的数学思维方式.他并不满足于直接计算圆的周长或面积(这在当时的技术条件下是无法精确计算的),而是通过逼近的方法,逐步接近真实值.这种思维方式与微积分中的逼近方法紧密相连,为后来的数学研究提供了新的方向和思路.刘徽的割圆术不仅彰显了其卓越的智慧和深厚的数学造诣,也为后世数学家提供了宝贵的思想财富.

刘徽的割圆术,虽然初衷在于研究圆周率的计算问题,但其背后所蕴含的极限思想和逼近方法,对微积分学的诞生和发展产生了深远的影响.这一成就不仅在中国古代数学史上占据了重要位置,也为后来的数学研究奠定了坚实的基础.今天,我们依然可以从刘徽的割圆术中汲取灵感,推动数学科学的不断进步.

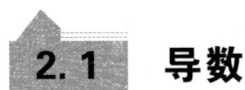

2.1 导数

2.1.1 导数的概念

导数的历史可以追溯到 17 世纪初,当时数学家们开始探索连续变化量之间的关系.法国数学家费马在研究作曲线的切线和求函数极值的方法时,提出了类似于导数概念的差分法.随后,英国科学家牛顿和德国数学家莱布尼茨几乎同时独立地发展了微积分学,其中导数是其核心概念之一.牛顿在他的"流数术"中引入了导数,将其称为流量变化率的流数.他使用导数来解决物理学中的速度和加速度问题,并推导出了万有引力定律.莱布尼茨则使用了"dy/dx"的符号来表示导数,并发展了微积分的基本定理和公式.随着微积分学的不断发展,导数作为其核心概念之一,被广泛应用于物理学、工程学、经济学等多个领域.导数描述了函数在某一点处的变化率,为解决连续变化量之间的问题提供了有力的数学工具.

1. 两个经典引例

(1) 引例 1：直线运动的瞬时速度问题

假设某质点从某个时刻开始沿直线运动，并随时间变化产生一定的位移. 设 s 表示物体从初始时刻到时刻 t 的位移，即 $s=s(t)$. 下面讨论质点在特定时刻 t_0 的瞬时速度. 瞬时速度可以理解为在极短的时间间隔 Δt 内，物体位移的变化率.

首先，质点在时刻 $t=t_0$ 到 $t=t_0+\Delta t$ 这段时间内的平均速度为

$$\bar{v}=\frac{\Delta s}{\Delta t}=\frac{s(t_0+\Delta t)-s(t_0)}{\Delta t},$$

可以用这段时间内的平均速度 $\bar{v}$ 去近似代替 t_0 时刻的瞬时速度 $v(t_0)$，但这种近似代替是有误差的，时间间隔越小，这种近似代替的精度就越高. 当 $\Delta t \to 0$ 时，平均速度动 $\bar{v}$ 的极限就是 t_0 时刻的瞬时速度，即

$$v(t_0)=\lim_{\Delta t \to 0}\frac{\Delta s}{\Delta t}=\lim_{\Delta t \to 0}\frac{s(t_0+\Delta t)-s(t_0)}{\Delta t}.$$

上述计算过程可归纳为：先在局部范围内求出平均速度，然后通过取极限，由平均速度过度到瞬时速度.

(2) 引例 2：平面曲线的切线斜率问题

设曲线 L 的方程 $y=f(x)$，求其在点 $x=x_0$ 处的切线的斜率.

首先，我们要明确何为曲线的切线. 对于圆的切线的定义，我们中学学的是：切线是与圆有且仅有一个交点的直线. 而对于更复杂的曲线，这一定义便不再适用. 如图 2-1 所示，通过曲线 C 上一点 P，可以画出多条直线，比如有两条直线 l 与 l_1，直线 l 与 C 只相交一次，但它显然不是我们所想象的切线；而与曲线 C 相交两次的直线 l_1 看起来更像是一条切线.

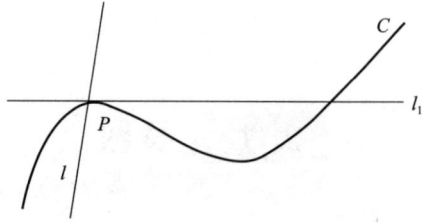

图 2-1

下面，我们用极限的思想来给出切线的定义：

设连续曲线 L：$y=f(x)$ 上有一定点 $M_0(x_0,f(x_0))$ 和一动点 $M(x_0+\Delta x,f(x_0+\Delta x))$，连接 M_0 和 M 作割线 M_0M，当动点 M 沿曲线 L 趋向定点 M_0 时，称割线 M_0M 的极限位置 M_0T 为曲线 L 在其上点 M_0 处的切线，如图 2-2 所示.

下面继续借助极限的思想来探究如何求曲线在 $x=x_0$ 处切线的斜率. 先研究割线的斜率，如图 2-2 所示，割线 M_0M 的斜率为

$$\tan\varphi=\frac{\Delta y}{\Delta x}=\frac{f(x_0+\Delta x)-f(x_0)}{\Delta x}.$$

当动点 M 沿曲线 L 趋向点 M_0 时，割线 M_0M 越接近切线 M_0T，割线 M_0M 的斜率就越接近于切线

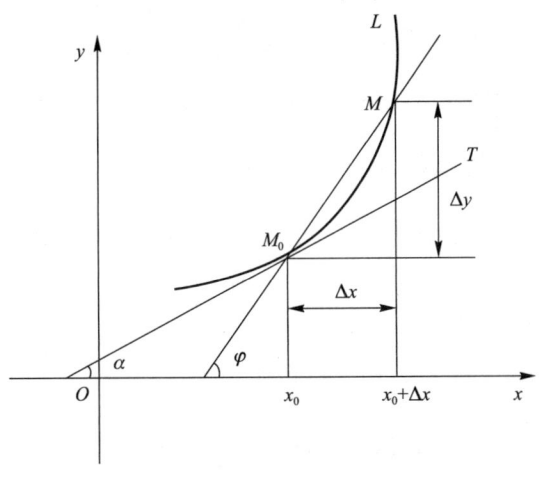

图 2-2

的斜率. 当动点 M 沿曲线 L 无限逼近点 M_0 时($\Delta x \to 0$),割线 M_0M 的斜率的极限就是切线 M_0T 的斜率 k,从而有

$$k = \tan\alpha = \lim_{\Delta x \to 0} \tan\varphi,$$

即

$$k = \lim_{\Delta x \to 0} \frac{\Delta y}{\Delta x} = \lim_{\Delta x \to 0} \frac{f(x_0 + \Delta x) - f(x_0)}{\Delta x}.$$

上述计算过程可归纳为:先做割线,以求出割线斜率,然后通过取极限,从割线过渡到切线,从而求得切线斜率.

2. 导数的定义

上面两个引例尽管分属物理和几何两个截然不同的领域,但从数学的角度看,它们的求解方法却殊途同归,两者均聚焦于同一类型的极限问题,即探讨函数增量与自变量的改变量之比,并在自变量的改变量趋近于零时的极限状态,即 $\lim\limits_{\Delta x \to 0} \frac{f(x_0 + \Delta x) - f(x_0)}{\Delta x}$. 其中 $\frac{f(x_0 + \Delta x) - f(x_0)}{\Delta x} = \frac{\Delta y}{\Delta x}$ 是函数的平均变化率,而当自变量的增量趋近于零时,平均变化率的极限即是所要计算的瞬时变化率,它刻画了在一点处一个变量相对于另一个变量的快慢程度.

在自然科学和工程技术领域内,凡是考察一个变量随着另一个变量变化的变化率问题,例如电流强度、角速度、线密度等,都可归结为这种形式的极限. 撇开这些量的具体意义,抓住它们在数学上的共性,就得出导数的概念.

(1)**定义 2-1** 设函数 $y = f(x)$ 在点 x_0 的某个邻域内有定义,当自变量 x 在 x_0 处取得增量 Δx(点 $x_0 + \Delta x$ 仍在该邻域内)时,相应的函数增量为 $\Delta y = f(x_0 + \Delta x) - f(x_0)$;如果 Δy 与 Δx 之比当 $\Delta x \to 0$ 时的极限存在,那么称函数 $y = f(x)$ 在点 x_0 处可导,并称这个极限为函数 $y = f(x)$ 在点 x_0 处的导数,记为 $f'(x_0)$,即

$$f'(x_0) = \lim_{\Delta x \to 0} \frac{\Delta y}{\Delta x} = \lim_{\Delta x \to 0} \frac{f(x_0 + \Delta x) - f(x_0)}{\Delta x}, \tag{2-1}$$

也可记作

$$f'(x_0), \quad y'|_{x=x_0}, \quad \frac{dy}{dx}|_{x=x_0}, \quad \text{或} \frac{df(x)}{dx}|_{x=x_0}.$$

当 $\Delta x \to 0$，如果这个比值的极限不存在，则称函数 $f(x)$ 在点 x_0 处不可导. 如果不可导的原因是由于 $\Delta x \to 0$，比式 $\frac{\Delta y}{\Delta x} \to \infty$，为方便起见，也往往说函数 $y = f(x)$ 在点 x_0 处的导数为无穷大.

导数的定义式(2-1)中的自变量的增量 Δx 也常用 h 来表示，因此式(2-1)也可写作

$$f'(x_0) = \lim_{h \to 0} \frac{f(x_0 + h) - f(x_0)}{h}. \tag{2-2}$$

式(2-1)中，若令 $x = x_0 + \Delta x$，则式(2-1)又可记作

$$f'(x_0) = \lim_{x \to x_0} \frac{f(x) - f(x_0)}{x - x_0}. \tag{2-3}$$

(2) **定义 2-2** 如果函数 $y = f(x)$ 在开区间 (a, b) 内每一点都可导，即对区间内的任一点 x 都对应着 $f(x)$ 的一个确定的导数值，这就构成了一个新的函数，这个函数称为原来函数 $f(x)$ 的导函数，记作

$$y', \quad f'(x), \quad \frac{dy}{dx}, \quad \text{或} \frac{df(x)}{dx},$$

即有

$$f'(x) = \lim_{\Delta x \to 0} \frac{f(x + \Delta x) - f(x)}{\Delta x},$$

或

$$f'(x) = \lim_{h \to 0} \frac{f(x + h) - f(x)}{h},$$

显然，$f(x)$ 在点 x_0 处的导数 $f'(x_0)$ 就是导函数 $f'(x)$ 在点 $x = x_0$ 的函数值，即

$$f'(x_0) = f'(x)|_{x=x_0}.$$

例 2-1 求函数 $y = x^2$ 在点 $x = 2$ 的导数.

解：当 x 由 2 改变到 $2 + \Delta x$ 时，函数的该变量为 $\Delta y = (2 + \Delta x)^2 - 2^2 = 4\Delta x + (\Delta x)^2$

因此 $\frac{\Delta y}{\Delta x} = 4 + \Delta x$，$y'|_{x=2} = \lim_{\Delta x \to 0}(4 + \Delta x) = 4$.

例 2-2 求函数 $y = \frac{1}{x}$ 的导数.

解：

$$\Delta y = \frac{1}{x + \Delta x} - \frac{1}{x} = \frac{-\Delta x}{x(x + \Delta x)}$$

$$\frac{\Delta y}{\Delta x} = -\frac{1}{x(x + \Delta x)}$$

$$y' = \lim_{\Delta x \to 0} \frac{\Delta y}{\Delta x} = \lim_{\Delta x \to 0}\left[-\frac{1}{x(x + \Delta x)}\right] = -\frac{1}{x^2}$$

例 2-3 求常值函数 $y = c$ 的导数

解：对于任意一点 x，若自变量的改变量为 Δx，则总有 $\Delta y = c - c = 0$. 则

$$y' = \lim_{\Delta x \to 0} \frac{\Delta y}{\Delta x} = \lim_{\Delta x \to 0} \frac{0}{\Delta x} = 0$$

(3) 单侧导数：函数 $f(x)$ 在点 x_0 的导数是用极限定义的，而极限问题有左极限和右极限之分，因此导数概念也存在左导数和右导数之分．左导数和右导数统称为单侧导数．

设函数 $f(x)$ 在点 x_0 及附近有定义，如果 $\lim_{\Delta x \to 0^-} \frac{f(x_0+\Delta x)-f(x_0)}{\Delta x}$ 存在，则称此极限值为函数 $f(x)$ 在 x_0 处的左导数，记为

$$f'_-(x_0) = \lim_{\Delta x \to 0^-} \frac{f(x_0+\Delta x)-f(x_0)}{\Delta x} = \lim_{x \to x_0^-} \frac{f(x)-f(x_0)}{x-x_0};$$

如果 $\lim_{\Delta x \to 0^+} \frac{f(x_0+\Delta x)-f(x_0)}{\Delta x}$ 存在，则称此极限值为函数 $f(x)$ 在 x_0 处的右导数，记为

$$f'_+(x_0) = \lim_{\Delta x \to 0^+} \frac{f(x_0+\Delta x)-f(x_0)}{\Delta x} = \lim_{x \to x_0^+} \frac{f(x)-f(x_0)}{x-x_0}.$$

显然，当且仅当函数 $f(x)$ 在一点的左右导数都存在且相等时，函数在该点才是可导的．若 $f(x)$ 在区间 (a, b) 内的每一点都可导，则称 $f(x)$ 在开区间 (a, b) 内可导；若 $f(x)$ 在区间 (a, b) 内可导，且在 $x=a$ 处右导数存在，在 $x=b$ 处左导数存在，则称 $f(x)$ 在闭区间 $[a, b]$ 上可导．

3. 导数的几何意义

由前面"平面曲线的切线斜率问题"的引例可知，函数 $y=f(x)$ 在点 x_0 处的导数 $f'(x_0)$ 在几何上表示曲线 $y=f(x)$ 在点 $M_0(x_0, f(x_0))$ 处的切线的斜率，即 $f'(x_0) = \tan\varphi$，这就是导数的几何意义．

如果 $y=f(x)$ 在点 x_0 处的导数为无穷大，那么这时曲线 $y=f(x)$ 的割线以垂直于 x 轴的直线 $x=x_0$ 为极限位置，即曲线 $y=f(x)$ 在点 $M_0(x_0, f(x_0))$ 处具有垂直于 x 轴的切线 $x=x_0$．

根据导数的几何意义并应用直线的点斜式方程，可知曲线 $y=f(x)$ 在点 $M_0(x_0, f(x_0))$ 处的切线方程为

$$y-f(x_0) = f'(x_0)(x-x_0).$$

过切点 $M_0(x_0, f(x_0))$ 且与切线垂直的直线叫做曲线 $y=f(x)$ 在点 $M_0(x_0, f(x_0))$ 处的法线．如果 $f'(x_0) \neq 0$，法线的斜率为 $-\frac{1}{f'(x_0)}$，从而法线方程为 $y-f(x_0) = -\frac{1}{f'(x_0)}(x-x_0)$．

例 2-4 求曲线 $y=x^3$ 在点 $(2, 8)$ 处的切线方程．

解：设切线斜率为 k，则根据导数的几何意义及导数公式得

$$k = f'(x) = y'\big|_{x=2} = 3x^2\big|_{x=2} = 12.$$

所以，切线方程为 $y-8 = 12(x-2)$ 或 $12x-y-16 = 0$．

例 2-5 求曲线 $y=x^2$ 在点 $(1, 1)$ 处的切线方程和法线方程．

解：设切线斜率为 k，则根据导数的几何意义及导数公式得

$$k = f'(1) = 2.$$

所以，切线方程为 $y-1 = 2(x-1)$，即 $y = 2x-1$．

法线方程为 $y-1 = -\frac{1}{2}(x-1)$，即 $y = -\frac{1}{2}x + \frac{3}{2}$．

4. 可导与连续的关系

设函数 $y=f(x)$ 在点 x 处可导，即

$$\lim_{\Delta x \to 0} \frac{\Delta y}{\Delta x} = f'(x) \text{ 存在}.$$

由具有极限的函数与无穷小的关系知道，$\frac{\Delta y}{\Delta x} = f'(x) + a$，其中 a 为当 $\Delta x \to 0$ 时的无穷小。上式两边同乘 Δx，得 $\Delta y = f'(x)\Delta x + a\Delta x$.

由此可见，当 $\Delta x \to 0$ 时，$\Delta y \to 0$. 这就是说，函数 $y=f(x)$ 在点 x 处是连续的。所以，如果函数 $y=f(x)$ 在点 x 处可导，那么函数在该点必连续；另一方面，一个函数在某点连续却不一定在该点可导。

例 2-6 函数 $y=f(x)=|x|=\begin{cases} x, & x \geq 0 \\ -x, & x<0 \end{cases}$，如图 2-3 所示，函数 $y=f(x)$ 在点 $x=0$ 处是连续的，因为

$$\lim_{x \to 0^+}|x| = \lim_{x \to 0^+} x = 0,$$

$\lim_{x \to 0^-}|x| = \lim_{x \to 0^-}(-x) = 0$，所以 $\lim_{x \to 0}|x| = f(0) = 0$. 但是在 $x=0$ 处没有导数，因为

$$f'_+(0) = \lim_{\Delta x \to 0^+} \frac{\Delta y}{\Delta x} = \lim_{\Delta x \to 0^+} \frac{|\Delta x|}{\Delta x} = \lim_{\Delta x \to 0^+} \frac{\Delta x}{\Delta x} = 1.$$

而

$$f'_-(0) = \lim_{\Delta x \to 0^-} \frac{\Delta y}{\Delta x} = \lim_{\Delta x \to 0^-} \frac{|\Delta x|}{\Delta x} = \lim_{\Delta x \to 0^-} \frac{-\Delta x}{\Delta x} = -1.$$

因为 $f'_+(0) \neq f'_-(0)$，所以 $f'(0)$ 不存在，即 $f(x)$ 在点 x_0 处不可导。

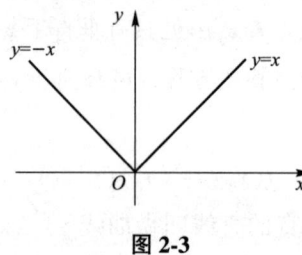

图 2-3

例 2-7 讨论函数 $y=f(x)=\begin{cases} x^2+1, & x<0 \\ e^x, & x \geq 0 \end{cases}$ 在点 $x=0$ 处的连续性、可导性。

解：因为 $\lim_{\Delta x \to 0^-} f(x) = \lim_{\Delta x \to 0^-}(x^2+1) = 1$，$\lim_{\Delta x \to 0^+} f(x) = \lim_{\Delta x \to 0^+} e^x = 1$，

即 $\lim_{\Delta x \to 0^-} f(x) = \lim_{\Delta x \to 0^+} f(x) = f(0)$，

所以 $f(x)$ 在点 $x=0$ 处连续。

$$f'_-(0) = \lim_{\Delta x \to 0^-} \frac{(x^2+1)-1}{x-0} = 0, \quad f'_+(0) = \lim_{\Delta x \to 0^+} \frac{e^x-1}{x-0} = 1,$$

故 $f'_-(0) \neq f'_+(0)$，所以 $f(x)$ 在点 $x=0$ 处不可导。

课堂练习

1. 填空

(1) 已知函数 $f(x)$ 在点 x_0 处可导，则 $\lim\limits_{\Delta x \to 0} \dfrac{f(x_0+3\Delta x)-f(x_0)}{\Delta x} = $ _____.

(2) 设函数 $f(x)$ 在 $x=0$ 处可导，则 $\lim\limits_{h \to 0} \dfrac{f(2h)-f(-3h)}{h} = $ _____.

(3) 若 $\lim\limits_{h \to 0} \dfrac{f(x_0+2h)-f(x_0)}{h} = 6$，则 $f'(x_0) = $ _____.

(4) 设函数 $f(x)$ 在 $x=0$ 处可导，且 $f(0)=0$ 则 $\lim\limits_{x \to 0} \dfrac{f(4x)}{x} = $ _____.

2. 根据导数的定义求下列函数的导数

(1) $y = 1 - 2x^2$ (2) $y = \sqrt[3]{x^2}$ (3) $y = x^3 \sqrt[5]{x}$ (4) $y = \dfrac{x^2 \sqrt[3]{x^2}}{\sqrt{x^5}}$

3. 利用定义讨论函数 $f(x) = \begin{cases} x\sin\dfrac{1}{x}, & x \neq 0 \\ 0, & x = 0 \end{cases}$ 在点 $x=0$ 处的连续性与可导性．

4. 讨论 $f(x) = \begin{cases} 1, & x \leq 0, \\ 2x+1, & 0 < x \leq 1, \\ x^2+2, & 1 < x \leq 2, \\ x, & x > 2 \end{cases}$ 在 $x=0$，$x=1$，$x=2$ 处的连续性与可导性．

5. 求曲线 $y = \cos x$ 上点 $\left(\dfrac{\pi}{3}, \dfrac{1}{2}\right)$ 处的切线方程和法线方程．

6. 求曲线 $y = e^x$ 在点 $(0, 1)$ 处的切线方程．

2.1.2 函数的求导法则

1. 函数的和、差、积、商的求导法则

定理 2-1 如果函数 $u=u(x)$ 及 $v=v(x)$ 都在点 x 具有导数，那么它们的和、差、积、商(除分母为零的点外)都在点 x 具有导数，且

(1) $[u(x) \pm v(x)]' = u'(x) \pm v'(x)$；

(2) $[u(x)v(x)]' = u'(x)v(x) + u(x)v'(x)$；

(3) $\left[\dfrac{u(x)}{v(x)}\right]' = \dfrac{u'(x)v(x) - u(x)v'(x)}{v^2(x)} \ (v(x) \neq 0)$.

证明：

(1) $[u(x) \pm v(x)]' = \lim\limits_{\Delta x \to 0} \dfrac{[u(x+\Delta x) \pm v(x+\Delta x)] - [u(x) \pm v(x)]}{\Delta x}$

$= \lim\limits_{\Delta x \to 0} \dfrac{u(x+\Delta x) - u(x)}{\Delta x} \pm \lim\limits_{\Delta x \to 0} \dfrac{v(x+\Delta x) - v(x)}{\Delta x} = u'(x) \pm v'(x)$.

法则(1)可简单得表示为 $(u \pm v)' = u' \pm v'$

(2) $[u(x)v(x)]' = \lim\limits_{\Delta x \to 0} \dfrac{u(x+\Delta x)v(x+\Delta x) - u(x)v(x)}{\Delta x}$

$= \lim\limits_{\Delta x \to 0} \left[\dfrac{u(x+\Delta x)-u(x)}{\Delta x} \cdot v(x+\Delta x) + u(x) \cdot \dfrac{v(x+\Delta x)-v(x)}{\Delta x} \right]$

$= \lim\limits_{\Delta x \to 0} \dfrac{u(x+\Delta x)-u(x)}{\Delta x} \cdot \lim\limits_{\Delta x \to 0} v(x+\Delta x) + u(x) \cdot \lim\limits_{\Delta x \to 0} \dfrac{v(x+\Delta x)-v(x)}{\Delta x}.$

其中，$\lim\limits_{\Delta x \to 0} v(x+\Delta x) = v(x)$ 是由于 $v'(x)$ 存在，故 $v(x)$ 在点 x 连续.

法则(2)可简单点地表示为 $(uv)' = u'v + uv'$.

(3) $\left[\dfrac{u(x)}{v(x)}\right]' = \lim\limits_{\Delta x \to 0} \dfrac{\dfrac{u(x+\Delta x)}{v(x+\Delta x)} - \dfrac{u(x)}{v(x)}}{\Delta x}$

$= \lim\limits_{\Delta x \to 0} \dfrac{u(x+\Delta x)v(x) - u(x)v(x+\Delta x)}{v(x+\Delta x)v(x)\Delta x}$

$= \lim\limits_{\Delta x \to 0} \dfrac{[u(x+\Delta x) - u(x)]v(x) - u(x)[v(x+\Delta x) - v(x)]}{v(x+\Delta x)v(x)\Delta x}$

$= \lim\limits_{\Delta x \to 0} \dfrac{\dfrac{u(x+\Delta x)-u(x)}{\Delta x}v(x) - u(x)\dfrac{v(x+\Delta x)-v(x)}{\Delta x}}{v(x+\Delta x)v(x)} = \dfrac{u'(x)v(x) - u(x)v'(x)}{v^2(x)}.$

法则(3)可简单地表示为

$$\left[\dfrac{u}{v}\right]' = \dfrac{u'v - uv'}{v^2}.$$

法则(1)和(2)可以推广到任意有限个可导函数相加减和相乘的情形，例如 $(u \pm v \pm w)' = u' \pm v' \pm w'$，$(uvw)' = u'vw + v'uw + w'uv$.

例 2-8 已知 $f(x) = x^3 - \dfrac{3}{x^2} + 2x - \ln x$，求 $f'(x)$.

解：

$$f'(x) = \left(x^3 - \dfrac{3}{x^2} + 2x - \ln x\right)' = (x^3)' - \left(\dfrac{3}{x^2}\right)' + (2x)' - (\ln x)' = 3x^2 + \dfrac{6}{x^3} + 2 - \dfrac{1}{x}.$$

例 2-9 已知 $f(x) = x^5 \sin x$，求 $f'(x)$.

解： $f'(x) = (x^5)' \sin x + x^5 (\sin x)' = 5x^4 \sin x + x^5 \cos x.$

例 2-10 已知 $f(x) = \tan x$，求 $f'(x)$.

解：

$$f'(x) = (\tan x)' = \left(\dfrac{\sin x}{\cos x}\right)' = \dfrac{(\sin x)' \cos x - \sin x (\cos x)'}{\cos^2 x}$$

$$= \dfrac{\cos x \cdot \cos x - \sin x (-\sin x)}{\cos^2 x} = \dfrac{1}{\cos^2 x} = \sec^2 x$$

即 $(\tan x)' = \sec^2 x$.

类似地，可以求得

$$(\cot x)'=-\csc^2 x,$$

$$(\sec x)'=\sec x\tan x,$$

$$(\csc x)'=-\csc x\cot x.$$

2. 反函数的求导法则

定理 2-2 若函数 $x=f(y)$ 在区间 I_y 内单调可导且 $f'(y)\neq 0$，则它的反函数 $y=f^{-1}(x)$ 在相应区间 I_x 内也单调可导，且有

$$[f^{-1}]'=\frac{1}{f^{-1}(y)}\text{或}\frac{dy}{dx}=\frac{1}{\frac{dx}{dy}}.$$

即反函数的导数等于直接函数导数的导数.

例 2-11 求函数 $y=a^x(a>0$ 且 $a\neq 1)$ 的导数.

解：对数函数 $x=\log_a y$ 在区间 $(0,+\infty)$ 内单调、可导，且

$$(\log_a y)'=\frac{1}{y\ln a}\neq 0.$$

所以，它的反函数 $y=a^x$ 在对应区间 $(0,+\infty)$ 内单调、可调，且

$$(a^x)'=\frac{1}{(\log_a y)'}=\frac{1}{\frac{1}{y\ln a}}=y\ln a=a'\ln a,$$

即

$$(a^x)'=a^x\ln a.$$

特别地，当 $a=e$ 时，有 $(e^x)'=e^x$.

例 2-12 求函数 $y=\arcsin x(-1<x<1)$ 的导数.

解：函数 $x=\sin y$ 的反函数为 $y=\arcsin x(-1<x<1)$，因为 $x=\sin y$ 在区间 $\left(-\frac{\pi}{2},\frac{\pi}{2}\right)$ 内单调、可导，且 $(\sin y)'=\cos y>0$，所以，它的反函数 $y=\arcsin x$ 在对应区间 $(-1,1)$. 内单调、可导，且 $(\arcsin x)'=\frac{1}{(\sin y)'}=\frac{1}{\cos y}$. 而当 $y\in\left(-\frac{\pi}{2},\frac{\pi}{2}\right)$ 时，$\cos y=\sqrt{1-\sin^2 y}=\sqrt{1-x^2}$，因此，$(\arcsin x)'=\frac{1}{\sqrt{1-x^2}}$.

类似地，可得

$$(\arccos x)'=-\frac{1}{\sqrt{1-x^2}}(-1<x<1),$$

$$(\arctan x)'=\frac{1}{1+x^2},$$

$$(\operatorname{arccot} x)'=-\frac{1}{1+x^2}.$$

3. 复合函数的求导法则

定理 2-3 如果函数 $u=\varphi(x)$ 在点 x 处可导，函数 $y=f(u)$ 在对应点 $u=\varphi(x)$ 处可导，则复合函数 $y=f[\varphi(x)]$ 在点 x 处也可导，且 $\{f[\varphi(x)]\}'=f'(u)\cdot\varphi'(x)=f'[\varphi(x)]\cdot\varphi'(x)$，或 $\frac{dy}{dx}=\frac{dy}{du}\cdot\frac{du}{dx}$.

即复合函数对自变量的导数等于函数对中间变量的导数乘以中间变量对自变量的导数. 此法则又称为复合函数的链式求导法则.

例 2-13 求函数 $y=\sqrt{x^2+1}$ 的导数.

解：$y=\sqrt{x^2+1}$ 可看作由 $y=\sqrt{u}$，$u=x^2+1$ 复合而成. 因为

$$\frac{dy}{du}=\frac{1}{2\sqrt{u}},\quad \frac{du}{dx}=2x,$$

故

$$\frac{dy}{dx}=\frac{dy}{du}\cdot\frac{du}{dx}=\frac{1}{2\sqrt{u}}\cdot 2x=\frac{x}{\sqrt{x^2+1}}.$$

例 2-14 求函数 $y=(1+2x)^{30}$ 的导数.

解：设 $y=u^{30}$，$u=1+2x$，则

$$y'=(u^{30})'_u\cdot(1+2x)'_x=30u^{29}\cdot 2=60u^{29}=60(1+2x)^{29}.$$

例 2-15 求函数 $y=\tan x^2$ 的导数.

解：$\dfrac{dy}{dx}=(\tan x^2)'=\sec^2 x^2\cdot(x^2)'=2\sec^2 x^2\cdot x$.

例 2-16 某铁球受热后，以 4 cm³/s 的速度膨胀，当铁球的半径为 2 cm 时，求它的表面积增加的速度.

解：设铁球的体积为 $V=\dfrac{4}{3}\pi R^3$，球体的表面积为 $S=4\pi R^2$.

因为

$$\frac{dV}{dt}=4\pi R^2\frac{dR}{dt},$$

由

$$\frac{dV}{dt}=4,\quad R=2,$$

得

$$\frac{dR}{dt}=\frac{4}{4\pi 2^2}=\frac{1}{4\pi}.$$

又

$$\frac{dS}{dt}=8\pi R\frac{dR}{dt}=8\pi\times 2\cdot\frac{1}{4\pi}=4(\text{cm}^2/\text{s}),$$

故它的表面积以 4 cm²/s 的速度在增加.

4. 高阶导数

(1) 高阶导数的定义

一般地，函数 $y=f(x)$ 的导数 $f'(x)$ 仍然是关于 x 的函数，若 $f'(x)$ 关于 x 可导，称 $f'(x)$ 的导数为函数 $f(x)$ 的二阶导数. 记作 $f''(x)$，y'' 或 $\dfrac{d^2y}{dx^2}$，即

$$f''(x)=\lim_{\Delta x\to 0}\frac{f'(x+\Delta x)-f'(x)}{\Delta x}.$$

函数 $f(x)$ 的二阶导数 $f''(x) = [f'(x)]'$ 实际上是函数 $f'(x)$ 的导数.

类似地，二阶导数的导数称为三阶导数，三阶导数的导数称为四阶导数……一般地，$(n-1)$ 阶导数的导数称为 n 阶导数，分别记作 y'''，$y^{(4)}$，…，$y^{(n)}$ 或 $\dfrac{d^3 y}{dx^3}$，$\dfrac{d^4 y}{dx^4}$，…$\dfrac{d^n y}{dx^n}$.

函数 $y=f(x)$ 具有 n 阶导数，也常说成 $y=f(x)$ 为 n 阶可导. 如果函数 $y=f(x)$ 在点 x 处具有 n 阶导数，那么 $y=f(x)$ 在点 x 的某一邻域内必定具有一切低于 n 阶的导数. 二阶及二阶以上的导数统称为高阶导数.

高阶导数在很多实际问题中都有涉及，如前面曾讲过的物体做变速直线运动的瞬时速度问题. 变速直线运动的速度 $v(t)$ 是位移函数 $s(t)$ 对时间 t 的导数，即 $v = \dfrac{dv}{dt}$ 或 $v = s'$. 而加速度 $a(t)$ 又是速度 $v(t)$ 对时间 t 的变化率，即速度 $v(t)$ 对时间 t 的导数：$a(t) = \dfrac{dv}{dt} = \dfrac{d}{dt}\left(\dfrac{ds}{dt}\right) = \dfrac{d^2 s}{dt^2}$.

由 n 阶导数的定义可以看出，求高阶导数就是按照求导法则逐阶来求即可.

例 2-17 求 $y = x^4$ 的各阶导数.

解：$y' = 4x^3$，$y'' = 12x^2$，$y''' = 24x$，$y^{(4)} = 24$，$y^{(5)} = y^{(6)} = \cdots = 0$.

例 2-18 求 $y = e^x$ 的 n 阶导数.

解：因为 $(e^x)' = e^x$，即函数求导后不变，所以 $y^{(n)} = e^x$.

例 2-19 求 $y = \sin x$ 的各阶导数.

解：$y' = \cos x = \sin\left(x + \dfrac{\pi}{2}\right)$，

$$y'' = -\sin x = \sin\left(x + 2 \cdot \dfrac{\pi}{2}\right),$$

$$y''' = -\cos x = \sin\left(x + 3 \cdot \dfrac{\pi}{2}\right),$$

$$y^{(4)} = \sin x = \sin\left(x + 4 \cdot \dfrac{\pi}{2}\right),$$

$$y^{(n)} = \sin\left(x + n \cdot \dfrac{\pi}{2}\right).$$

类似地，可以求得

$$(\cos x)^{(n)} = \cos\left(x + n \cdot \dfrac{\pi}{2}\right).$$

例 2-20 求函数 $y = \sin^3 x$ 在 $x = \dfrac{\pi}{6}$ 处的二阶导数.

解：$y' = 3\sin^2 x \cdot (\sin x)' = 3\sin^2 x \cos x$，

$y'' = 3[(\sin^2 x)' \cdot \cos x + \sin^2 x \cdot (\cos x)']$

$\quad = 3[2\sin x \cos x \cos x + \sin^2 x(-\sin x)]$

$\quad = 3\sin x(2\cos^2 x - \sin^2 x)$，

$y''\left(\dfrac{\pi}{6}\right) = 3\sin\dfrac{\pi}{6}\left(2\cos^2\dfrac{\pi}{6} - \sin^2\dfrac{\pi}{6}\right) = 3 \times \dfrac{1}{2}\left[2 \times \left(\dfrac{\sqrt{3}}{2}\right)^2 - \left(\dfrac{1}{2}\right)^2\right] = \dfrac{3}{2} \times \left(\dfrac{3}{2} \times \dfrac{1}{4}\right) = \dfrac{15}{8}$.

例 2-21 验证 $y=e^x\sin x$ 满足关系式 $y'''-y''+2y=0$.

解：先求 y' 和 y''.

$$y'=(e^x)'\sin x+e^x(\sin x)'=e^x\sin x+e^x\cos x=e^x(\sin x+\cos x),$$

$$y''=(e^x)'(\sin x+\cos x)+e^x(\sin x+\cos x)'=e^x(\sin x+\cos x)+e^x(\cos x-\sin x)=2e^x\cos x.$$

再将 y，y'，y'' 的表达式代入 $y''-2y'+2y$ 中，

则 $y''-2y'+2y=2e^x\cos x-2e^x(\sin x+\cos x)+2e^x\sin x=0$，即 $y=e^x\sin x$ 满足关系式 $y''-2y'+2y=0$.

(2) 高阶导数的运算法则

若函数 $u=u(x)$，$v=v(x)$ 在点 x 处具有 n 阶导数，则 $u(x)\pm v(x)$，$Cu(x)$（C 为常数）在点 x 处有 n 阶导数，且

$$(u\pm v)^{(n)}=u^{(n)}\pm v^{(n)},\quad (Cu)^{(n)}=Cu^{(n)}.$$

在求解函数的高阶导数时，我们通常需要对原函数进行恒等变形，利用已知的高阶导数公式，并结合求导的运算法则、变量代换或通过寻找规律来得到高阶导数.

例 2-22 已知 $y=\dfrac{1}{x^2-4}$，求 $y^{(100)}$.

解：因为 $y=\dfrac{1}{x^2-4}=\dfrac{1}{4}\left(\dfrac{1}{x-2}-\dfrac{1}{x+2}\right)$，

$$\left(\dfrac{1}{x-2}\right)^{(100)}=\dfrac{(-1)^{100}\cdot 100!}{(x-2)^{101}}=\dfrac{100!}{(x-2)^{101}},$$

$$\left(\dfrac{1}{x+2}\right)^{(100)}=\dfrac{(-1)^{100}\cdot 100!}{(x+2)^{101}}=\dfrac{100!}{(x+2)^{101}},$$

故

$$y^{(100)}=\dfrac{100!}{4}\left[\dfrac{1}{(x-2)^{101}}-\dfrac{1}{(x+2)^{101}}\right].$$

设函数 $u=u(x)$，$v=v(x)$ 在点 x 处具有 n 阶导数，接下来考虑乘积 $(uv)^{(n)}$（$n>1$）的运算法则. 由 $(uv)'=u'v+uv'$ 可得 $(uv)''=(u'v+uv')'=u''v+2u'v'+uv''$，

$$(uv)'''=(u''v+2u'v'+uv'')'=u'''v+3u''v'+3u'v''+uv''',$$

由数学归纳法得 $(uv)^{(n)}=C_n^0 u^{(n)}v+C_n^1 u^{(n-1)}v'+C_n^2 u^{(n-2)}v''+\cdots+C_n^{n-1}u'v^{(n-1)}+C_n^n uv^{(n)}$，

记为 $(uv)^{(n)}=\sum\limits_{k=0}^{n}C_n^k u^{(n-k)}v^{(k)}$，

其中零阶导数理解为函数本身，此公式称为莱布尼茨公式. 不难看出，上式右边的系数恰好与二项式定理中 $(a+b)^n$ 的系数相同.

例 2-23 设 $y=x^2 e^{2x}$，求 $y^{(20)}$.

解：设 $u=e^{2x}$，$v=x^2$，则

$$u^{(k)}=2^k e^{2x}(k=1,2,\cdots,20),\quad v'=2x,\quad v''=2,\quad v^{(k)}=0(k=3,4,\cdots,20),$$

代入莱布尼茨公式，得

$$y^{(20)}=(x^2 e^{2x})^{(20)}=2^{20}e^{2x}\cdot x^2+20\cdot 2^{19}e^{2x}\cdot 2x+\dfrac{20\cdot 19}{2!}2^{18}e^{2x}\cdot 2=2^{20}e^{2x}(x^2+20x+95).$$

课堂练习

1. 求下列各函数的导数

(1) $s = \dfrac{1+\sin t}{1+\cos t}$

(2) $y = (x^2+1)\ln x$

(3) $y = x^3 + \dfrac{7}{x^4} - \dfrac{2}{x} + 12$

(4) $y = \dfrac{e^x}{x^2} + \ln 3$

(5) $y = \dfrac{1}{\sqrt{1-x^2}}$

(6) $y = \dfrac{1-\ln x}{1+\ln x}$

(7) $y = \arccos\dfrac{1}{x}$

(8) $y = \ln(x + \sqrt{a^2 + x^2})$

(9) $y = \left(\arcsin\dfrac{x}{2}\right)^2$

(10) $y = \sqrt{1 + \ln^2 x}$

(11) $y = \arctan\dfrac{x+1}{x-1}$

(12) $y = \dfrac{\sqrt{1+x} - \sqrt{1-x}}{\sqrt{1+x} + \sqrt{1-x}}$

(13) $y = \arcsin\sqrt{\dfrac{1-x}{1+x}}$

(14) $y = \left(\arctan\dfrac{x}{2}\right)^2$

(15) $y = \dfrac{e^t - e^{-t}}{e^t + e^{-t}}$

(16) $y = e^{-\sin^2\frac{1}{x}}$

(17) $y = \arcsin\dfrac{2t}{1+t^2}$

(18) $y = \ln\sqrt{x} + \sqrt{\ln x}$

(19) $y = \sin^n x$

(20) $y = \cos^3\dfrac{x}{2}$

(21) $y = \sec^2\dfrac{x}{a} + \csc^2\dfrac{x}{a}$

(22) $y = \arctan\dfrac{2x}{1-x^2}$

(23) $y = \arcsin x + \arccos x$

(24) $y = \log_2 x + 2\ln x + \cos x$

(25) $y = x^e + e^x - e^e$

(26) $y = x^5 + 5^x + 5^5$

(27) $y = 3^x e^x$

2. 求下列函数的二阶导数：

(1) $y = e^{2x-1}\sin x$

(2) $y = \dfrac{x}{2}\sqrt{x^2 + a^2} + \dfrac{a^2}{2}\ln(x + \sqrt{x^2 + a^2})$

3. 求下列函数的 n 阶导数：

(1) $y = a_0 x^n + a_1 x^{n-1} + \cdots + a_{n-1} x + a_n \ (a_0 \neq 0)$ (2) $y = \ln(1+x)$

(3) $y = \dfrac{1}{x^2 - 2x - 8}$

4. 已知曲线 $y = x^3 + x - 2$ 与直线 $y = 4x - 1$，试求曲线上这样的点，使得曲点处的切线与已知直线 $y = 4x - 1$ 平行．

5. 设函数 $f(x)$ 和 $g(x)$ 均在点 x_0 的某一邻域内有定义，$f(x)$ 在 x_0 处可导，$f(x_0) = 0$，$g(x)$ 在 x_0 处连续，试讨论 $f(x)g(x)$ 在 x_0 处的可导性．

6. 某电器厂在对冰箱制冷后断电测试其制冷效果，经过时间 $t(h)$ 后冰箱的温度为 $T = \dfrac{2t}{0.05t+1} - 20(\text{℃})$，问：冰箱的温度 T 关于时间 t 的变化率是多少？

7. 已知物体的运动规律为 $s = A\sin\omega t\,(A, \omega$ 是常数$)$，求该物体运动的加速度，并验证：
$$\dfrac{d^2 s}{d t^2} + \omega^2 s = 0.$$

8. 设函数 $f(x) = \begin{cases} e^x \cos x, & x \leq 0, \\ ax^2 + bx + c, & x > 0, \end{cases}$ 试选择常数 a，使 $f(x)$ 具有二阶导数．

2.1.3 隐函数及由参数方程所确定的函数的导数

1. 隐函数的求导

函数 $y=f(x)$ 表示两个变量 y 与 x 之间的对应关系，这种对应关系可以用各种不同方式表达，前面我们遇到的函数，如 $y=\sin^3 x$ 或 $y=2^x$ 等，这种函数表达方式的特点是：等号左端是因变量的符号，而右端是含有自变量的式子，当自变量取定义域内任一值时，由此式子能确定对应的函数值．用这种方式表达的函数叫做显函数．有些函数的表达方式却不是这样，例如，方程 $x^2+y^2=2xy$ 表示一个函数，因为当变量 x 在 $(-\infty, +\infty)$ 内取值时，变量 y 有确定的值与之对应，这样的函数称为隐函数．

一般地，如果变量 x 和 y 满足一个方程 $F(x,y)=0$，在一定条件下，当 x 取某区间内的任一值时，相应地总有满足这方程的唯一的 y 值存在，那么就说方程 $F(x,y)=0$ 在该区间内确定了一个隐函数．

把一个隐函数化成显函数的过程，叫做隐函数的显化．例如从方程 $x+y^3-1=0$ 解出 $y=\sqrt[3]{1-x}$，就把隐函数化成了显函数．但有一些隐函数是很难显化或无法显化的，例如，由方程 $xy-e^x+e^y=0$ 就无法解出 y 关于 x 的表达式．因此，需要寻找一种方法，不管隐函数能否显化，都能直接由方程求出它所确定的隐函数的导数．

隐函数求导法的基本思想：把方程 $F(x,y)=0$ 中的 y 看作 x 的函数 $y(x)$，利用复合函数求导法则，方程两端同时对 x 求导，然后解出 y'．以下我们总假设由方程 $F(x,y)=0$ 所确定的隐函数 $y(x)$ 存在并且是可导函数，从而隐函数求导法可以应用．

下面通过具体例子来说明隐函数的求导法．

例 2-24 求由方程 $e^y+xy-e=0$ 所确定隐函数 $y=f(x)$ 的导数．

解：将方程两边同时对自变量 x 求导，得

$(e^y+xy-e)'=0'$，即 $e^y y'+y+xy'=0$，故 y 对 x 的导数为 $y'=-\dfrac{y}{x+e^y}$．

例 2-25 求由方程 $x^3+y^3-3=0$ 所确定的隐函数 $y=f(x)$ 的导数．

解：方程两边同时对 x 求导，注意 y 是 x 的函数，得

$$(x^3)'+(y^3)'-(3)'=0,$$
$$3x^2+3y^2 y'=0,$$

从中解出隐函数的导数为 $y'=-\dfrac{x^2}{y^2}(y^2\neq 0)$．

例 2-26 求由方程 $xy+\ln y=x^2$ 所确定的隐函数 $y=y(x)$ 在 $x=0$ 处的导数 $y'|_{x=0}$．

解：把 y 看成 x 的函数，方程两边同时对 x 求导，得

$$y+xy'+\dfrac{1}{y}\cdot y'=2x,$$

从而有

$$y'=\dfrac{2xy-y^2}{1+xy}.$$

因为当 $x=0$ 时，从原方程解得 $y=1$，所示 $y'|_{x=0}=-1$．

2. 对数求导法

所谓对数求导法，就是先在 $y=f(x)$ 的两边同时取对数，然后借助隐函数求导法，方程两边同时对(x)求导，再整理出 y 的导数．

下面通过一些例子来说明对数求导法的使用方法．

例 2-27 求函数 $y=x^{\sin x}(x>0)$ 的导数．

解：方程两端同时取对数，得 $\ln y = \sin x \ln x$，

上式两边同时对 x 求导，得

$$\frac{1}{y}y' = \cos x \ln x + \sin x \cdot \frac{1}{x},$$

于是，得

$$y' = y\left(\cos x \ln x + \frac{\sin x}{x}\right) = x^{\sin x}\left(\cos x \ln x + \frac{\sin x}{x}\right).$$

形式为 $y=f(x)^{\varphi(x)}(f(x)>0)$ 的函数，既不是幂函数也不是指数函数，底数与指数均含有自变量 x，故称为幂指函数．幂指函数尽管是显函数，但不易直接求导，本例的解法是，先在 $y=f(x)$ 的两边取对数，然后用隐函数的求导法则求出 y'．

例 2-28 求函数 $y=(3x+1)^2 \sqrt[5]{\dfrac{x^2+1}{5x-1}}$ 的导数．

解：方程两边取自然对数，得

$$\ln y = 2\ln(3x+1) + \frac{1}{5}\ln(x^2+1) - \frac{1}{5}\ln(5x-1).$$

两边对 x 求导，得 $\dfrac{1}{y}y' = \dfrac{6}{3x+1} + \dfrac{2x}{5(x^2+1)} - \dfrac{1}{5x-1}$，

$$y' = (3x+1)^2 \sqrt[5]{\frac{x^2+1}{5x-1}} \left(\frac{6}{3x+1} + \frac{2x}{5(x^2+1)} - \frac{1}{5x-1}\right).$$

例 2-29 求函数 $y=\sqrt{\dfrac{(x-1)(x-2)}{(x-3)(x-4)}}$ 的导数．

解：方程两边同时取对数，得

$$\ln y = \frac{1}{2}(\ln|x-1| + \ln|x-2| - \ln|x-3| - \ln|x-4|),$$

两边同时对 x 求导，得

$$\frac{1}{y} \cdot y' = \frac{1}{2}\left(\frac{1}{x-1} + \frac{1}{x-2} - \frac{1}{x-3} - \frac{1}{x-4}\right),$$

即

$$y' = \frac{1}{2}\sqrt{\frac{(x-1)(x-2)}{(x-3)(x-4)}}\left(\frac{1}{x-1} + \frac{1}{x-2} - \frac{1}{x-3} - \frac{1}{x-4}\right).$$

本题先通过方程两边同时取对数将原来复杂的函数进行简化，再借隐函数的求导方法实现求导．但由于原方程并不是真正的隐函数，所以结果中的 y 要代换为含 x 的函数形式．此类题目运用对数求导法比直接利用复合函数求导法则要简单得多．

3. 由参数方程确定的函数的求导

设由参数方程 $\begin{cases} x=\varphi(t), \\ y=f(t) \end{cases}$,确定 y 与 x 之间的函数关系,若函数:$x=\varphi(t)$,$y=f(t)$ 都可导,且 $\varphi'(t) \neq 0$,$x=\varphi(t)$ 具有单调连续的反函数 $t=\varphi^{-1}(x)$,则函数 $y=f(x)$ 可看作 $y=f(t)$,$t=\varphi^{-1}(x)$ 的复合函数. 由复合函数和反函数的求导法则得

$$\frac{dy}{dx}=\frac{dy}{dt}\cdot\frac{dt}{dx}=f'(t)\cdot\frac{1}{\frac{dx}{dt}}=\frac{f'(t)}{\varphi'(t)}=\frac{y'_t}{x'_t},$$

这就是由参数方程所确定的函数的导数公式.

例 2-30 设 $\begin{cases} x=\ln(1+t^2), \\ y=t-\arctan t \end{cases}$,求 $\dfrac{dy}{dx}$.

解:$\dfrac{dy}{dx}=\dfrac{\dfrac{dy}{dt}}{\dfrac{dx}{dt}}=\dfrac{(t-\arctan t)'}{[\ln(1+t^2)]'}=\dfrac{1-\dfrac{1}{1+t^2}}{\dfrac{2t}{1+t^2}}=\dfrac{t}{2}$.

例 2-31 已知 $\begin{cases} x=a\cos t, \\ y=a\sin t \end{cases}$,求 $\dfrac{dy}{dx}$.

解:$\dfrac{dy}{dx}=\dfrac{\dfrac{dy}{dt}}{\dfrac{dx}{dt}}=\dfrac{(a\sin t)'}{(a\cos t)'}=\dfrac{a\cos t}{-a\sin t}=-\cot t$.

例 2-32 已知 $\begin{cases} x=\arctan t, \\ y=\ln(1+t^2) \end{cases}$,求 $\dfrac{dy}{dx}$.

解:$\dfrac{dy}{dx}=\dfrac{\dfrac{dy}{dt}}{\dfrac{dx}{dt}}=\dfrac{\dfrac{2t}{1+t^2}}{\dfrac{1}{1+t^2}}=2t$.

例 2-33 某工厂生产一批圆形零件,该零件外部圆的参数方程为 $\begin{cases} x=\cos t, \\ y=\sin t \end{cases}$,$(0 \leq t \leq 2\pi)$,现需要沿着零件外部圆的切线方向对零件进行加工打磨,求该圆形零件外部圆在 $t=\dfrac{\pi}{4}$ 处的切线方程.

解:当 $t=\dfrac{\pi}{4}$ 时,$x_0=\cos\dfrac{\pi}{4}=\dfrac{\sqrt{2}}{2}$,$y_0=\sin\dfrac{\pi}{4}=\dfrac{\sqrt{2}}{2}$,所以切点为 $P\left(\dfrac{\sqrt{2}}{2},\dfrac{\sqrt{2}}{2}\right)$.

$$\frac{dy}{dx}=\frac{(\sin t)'}{(\cos t)'}=\frac{\cos t}{-\sin t}=-\cot t.$$

零件外部圆在点 P 处的切线斜率为 $k=\left.\dfrac{dy}{dx}\right|_{t=\frac{\pi}{4}}=(-\cot t)\big|_{t=\frac{\pi}{4}}=-1$.

所求切线方程为 $y-\dfrac{\sqrt{2}}{2}=-\left(x-\dfrac{\sqrt{2}}{2}\right)$,即 $x+y-\sqrt{2}=0$.

4. 相关变化率

设 $x=x(t)$ 和 $y=y(t)$ 都是可导函数,而变量 x 和 y 间存在某种关系,从而变化率 $x'(t)$ 与 $y'(t)$ 间也存在一定关系. 这两个相互依赖的变化率称为相关变化率. 相关变化率问题就是研究两个变化率之间的关系,以便根据其中一个变化率求出另一个变化率.

例 2-34 一气球从离开观察员 500 m 处离地面铅直上升,当气球高度为 500 m 时,其速率为 140 m/min(米/分). 求此时观察员视线的仰角增加的速率是多少?

解:设气球上升 t s(秒)后,其高度为 h,观察员视线的仰角为 α,则

$$\tan\alpha = \frac{h}{500},$$

其中 α 及 h 都与 t 存在可导的函数关系. 上式两边对 t 求导,得

$$\sec^2\alpha \cdot \frac{d\alpha}{dt} = \frac{1}{500} \cdot \frac{dh}{dt}.$$

由已知条件,存在 t_0,使 $h|_{t=t_0}=500$ m,$\frac{dh}{dt}|_{t=t_0}=140$ m/min. 又 $\tan\alpha|_{t=t_0}=1$,$\sec^2\alpha|_{t=t_0}=2$. 代入上式得

$$2\frac{d\alpha}{dt}\Big|_{t=t_0} = \frac{1}{500} \cdot 140,$$

所以

$$\frac{d\alpha}{dt}\Big|_{t=t_0} = \frac{70}{500} = 0.14,$$

即此时观察员视线的仰角增加的速率是 0.14 rad/min(弧度/分).

例 2-35 已知一个长方形的长 l 以 2 cm/s 的速度增加,宽 w 以 3 cm/s 的速度增加,则当长为 12 cm、宽为 5 cm 时,它的对角线的增加率是多少?

解:设长方形的对角线为 y,则 $y^2 = l^2 + w^2$,两边对 t 求导,得

$$2y\frac{dy}{dt} = 2l\frac{dl}{dt} + 2w\frac{dw}{dt},$$

即

$$y\frac{dy}{dt} = l\frac{dl}{dt} + w\frac{dw}{dt}.$$

已知 $\frac{dl}{dt}=2$,$\frac{dw}{dt}=3$,$l=12$,$w=5$,而 $y=\sqrt{12^2+5^2}=13$,代入上式,得对角线的增加率 $\frac{dy}{dt}=3$(cm/s).

计算植物的生长速率

假设我们测量了植物在时间点 $t_1,t_2,\cdots,t_n$ 的高度,分别记为 $h_1,h_2,\cdots,h_n$. 虽然直接测量得到的是离散的数据点,但我们可以通过近似的方法来计算生长速率.

生长速率(即高度对时间的导数)在物理上表示的是单位时间内高度的变化量. 如果我们假设在相邻的两个时间点 t_i 和 t_{i+1} 之间,植物的生长是均匀的(这是一个近似),那么这段时间内的平均生长速率可以表示为:

平均生长速率 = $\dfrac{h_{i+1}-h_i}{t_{i+1}-t_i}$.

这个公式给出了在 t_i 和 t_{i+1} 之间的平均生长速率. 如果我们想要更精确地估计在某一特定时刻 t 的生长速率(即瞬时生长速率), 我们可以选择 t_i 和 t_{i+1} 使得 t 接近它们的中间值, 并且 $t_{i+1}-t_i$ 尽可能小. 这样, 平均生长速率就更接近 t 时刻的瞬时生长速率.

在微积分中, 瞬时生长速率是通过求导数来精确计算的. 如果我们知道植物高度随时间变化的函数 $h(t)$, 那么生长速率(即 $h(t)$ 的导数)就是 $h'(t)$. 但在实际应用中, 我们往往只能得到离散的数据点, 所以通常使用上述的平均生长速率公式来近似估计瞬时生长速率.

通过这种方法, 我们可以了解植物在不同时间段的生长情况, 比如生长速度是否加快、是否受到环境因素的影响等. 这对于植物学、农业和园艺等领域的研究都非常重要.

课堂练习

1. 求由下列方程所确定的隐函数的导数.
   (1) $x^3+y^3-3axy=0$ (2) $\cos y = \ln(x+y)$
   (3) $xy = e^{x+y}$ (4) $y = 1 - xe^y$

2. 求由下列方程所确定的隐函数的二阶导数 $\dfrac{d^2 y}{dx^2}$.
   (1) $y - 2x = (x-y)\ln(x-y)$ (2) $b^2 x^2 + a^2 y^2 = a^2 b^2$
   (3) $y = \tan(x+y)$ (4) $y = 1 + xe^y$

3. 求由下列方程所确定的函数的二阶导数 $\dfrac{d^2 y}{dx^2}$
   (1) $\begin{cases} x = \dfrac{t^2}{2}, \\ y = 1 - t. \end{cases}$

   (2) $\begin{cases} x = a\cos t, \\ y = b\sin t. \end{cases}$

   (3) $\begin{cases} x = at^2, \\ y = bt^3. \end{cases}$

   (4) $\begin{cases} x = \theta(1-\sin\theta), \\ y = \theta\cos\theta. \end{cases}$

4. 求椭圆 $\dfrac{x^2}{16} + \dfrac{y^2}{9} = 1$ 在点 $\left(2, \dfrac{3}{2}\sqrt{3}\right)$ 处的切线方程.

5. 注水入深 8 m、上顶直径 8 m 的正圆锥形容器中, 其速率为 4 m³/min. 当水深为 5 m 时, 其表面上升的速率为多少?

6. 溶液自深 18 cm、顶直径 12 cm 的正圆锥形漏斗中漏入一直径为 10 cm 的圆柱形筒中. 开始时漏斗中盛满了溶液. 已知当溶液在漏斗中深为 12 cm 时, 其表面下降的速率为 1 cm/min. 问此时圆柱形筒中溶液表面上升的速率为多少?

2.2 函数的微分

在自然科学与工程技术中,人们经常遇到这样一类核心问题:当某一变量(我们称之为自变量)发生微小的变化量 Δx 时,如何确定与之相关的另一变量(我们称之为因变量)的相应变化量 Δy. 具体来说,假设有一个函数关系 $y=f(x)$,在特定的点 x_0 处,我们关心的就是因变量 y 如何随着自变量 x 的微小变动而变动.

然而,在许多实际情境中,直接使用函数表达式来计算 Δy 与 Δx 之间的关系可能相当复杂,这为精确计算带来了不小的挑战. 是否有可能用一个更为简洁的、与 Δx 呈线性关系的表达式来近似代替这一复杂的关系呢?若采取这样的近似方法,其产生的误差又将是怎样的呢?

现在以可导函数 $f(x)$ 来研究这个问题,先看下面的例子.

引例 3 一块正方形金属薄片受温度变化的影响,其边长由 x_0 变到 $x_0+\Delta x$,问:此薄片的面积改变了多少?

如图 2-4 所示,设正方形的边长为 x,面积为 S,则有 $S=x^2$. 因此,当薄片受温度变化的影响时,面积改变量可以看成当自变量 x 由 x_0 变到 $x_0+\Delta x(\Delta x_0 \notin 0)$ 时,函数 $S=x^2$ 相应的改变量 ΔS,即
$\Delta S=(x_0+\Delta x)^2-x_0^2=2x_0\Delta x+(\Delta x)^2$.

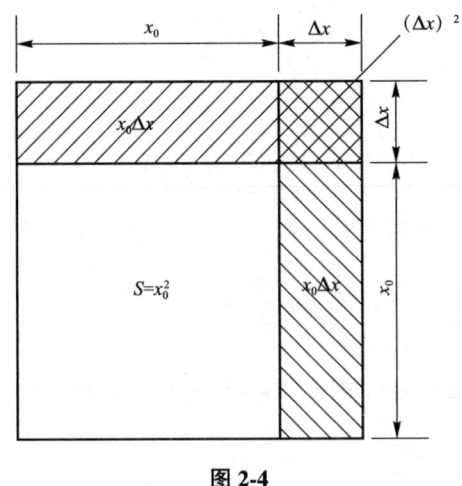

图 2-4

从上式可以看出,ΔS 由两部分构成:第一部分 $2x_0\Delta x$ 是 Δx 的线性函数;第二部分 $(\Delta x)^2$,当 $\Delta x \to 0$ 时,是比 Δx 高阶的无穷小.

于是,当 $|\Delta x|$ 很小时,面积 S 的增量 ΔS 可以近似地用其线性主部 $2x_0\Delta x$ 来代替,即 $\Delta S \approx 2x_0\Delta x$. 数学上,将具有上述特性的 Δx 的线性部分 $2x_0\Delta x$ 称为函数的微分.

2.2.1 微分的定义

(1) **定义 2-3** 设函数 $y=f(x)$ 在 x_0 的某邻域 $U(x_0)$ 内有定义,$x_0+\Delta x \in U(x_0)$,如果函数的增量 $\Delta y=f(x_0+\Delta x)-f(x_0)$ 可表示为

$$\Delta y = A\Delta x + o(\Delta x). \tag{2-4}$$

其中 A 是不依赖于 Δx 的常数，$o(\Delta x)$ 是比 Δx 高阶的无穷小量，则称函数 $f(x)$ 在点 x_0 处可微，而 $A\Delta x$ 称为 $f(x)$ 在点 x_0 处的微分，记为 $dy|_{x=x_0}$，即 $dy|_{x=x_0} = A\Delta x$。

显然，微分有两个特点：一是 $A\Delta x$ 是 Δx 的线性函数，二是 Δy 与 $A\Delta x$ 的差 $\Delta y - A\Delta x = o(\Delta x)$ 是比 Δx 高阶的无穷小量($\Delta x \to 0$)。因此，微分 $A\Delta x$ 为 Δy 的线性主要部分，当 $A \neq 0$ 且 $|\Delta x|$ 很小时，就可以用 Δx 的线性函数 $A\Delta x$ 来近似代替 Δy。

如果函数 $y = f(x)$ 在某区间内每一点都可微，则称 $f(x)$ 是该区间内的可微函数。函数 $f(x)$ 在任意点 x 的微分记为 dy 或 $df(x)$。即 $dy = f'(x)\Delta x$。

特别地，当 $y = x$ 时，因为 $dy = dx = (x)'\Delta x = \Delta x$，所以通常把自变量 x 的增量 Δx 称为自变量的微分，记作 dx，即 $dx = \Delta x$。于是函数 $y = f(x)$ 的微分又可记作 $dy = f'(x)dx$，

从而有
$$\frac{dy}{dx} = f'(x).$$

这就是说，函数的微分 dy 与自变量的微分 dx 之商等于该函数的导数。因此，导数也叫作"微商"。

(2)函数在一点可微的充分必要条件：定理 2-4 函数 $y = f(x)$ 在点 x_0 可微的充分必要条件是该函数在点 x_0 处可导，且 $dy|_{x=x_0} = f'(x_0)\Delta x$。

证明：

1)必要性：如果函数 $f(x)$ 在点 x_0 可微，当 x 有增量 $\Delta x(\Delta x \neq 0)$ 时，根据微分的定义有式(2-4)成立，式(2-4)两边同时除以 Δx，得

$$\frac{\Delta y}{\Delta x} = A + \frac{o(\Delta x)}{\Delta x}.$$

令 $\Delta x \to 0$，得

$$A = \lim_{\Delta x \to 0} \frac{\Delta y}{\Delta x} = f'(x_0).$$

因此，如果函数 $f(x)$ 在点 x_0 可微，那么 $f(x)$ 在点 x_0 也一定可导，且 $dy|_{x=x_0} = f'(x_0)\Delta x$。

2)充分性：如果 $f(x)$ 在点 x_0 可导，即 $\lim_{\Delta x \to 0} \frac{\Delta y}{\Delta x} = f'(x_0)$，根据极限与无穷小量的关系，上式可以写成 $\frac{\Delta y}{\Delta x} = f'(x_0) + \alpha$，其中 $\alpha \to 0(\Delta x \to 0)$。因此 $\Delta y = f'(x_0)\Delta x + \alpha\Delta x$，因 $\alpha\Delta x = o(\Delta x)$，且 $f'(x_0)$ 不依赖于 Δx，故 $f(x)$ 在点 x_0 可微。

由此可见，函数 $f(x)$ 在点 x_0 可微与可导是等价的，并且函数 $f(x)$ 在点 x_0 的微分可表示为

$$dy|_{x=x_0} = f'(x_0)\Delta x. \tag{2-5}$$

当 $f'(x_0) \neq 0$ 时，有 $\lim_{\Delta x \to 0} \frac{\Delta y}{dy} = \lim_{\Delta x \to 0} \frac{\Delta y}{f'(x_0)\Delta x} = \frac{1}{f'(x_0)} \lim_{\Delta x \to 0} \frac{\Delta y}{\Delta x} = 1$。从而，当 $\Delta x \to 0$ 时，Δy 与 dy 是等价无穷小量。

例 2-36 设函数 $y = x^2$，求当 $x = 1$，$\Delta x = 0.01$ 时，函数的增量 Δy 及 $dy|_{x=1}$。

解：$\Delta y = (1 + 0.01)^2 - 1^2 = 1.0201 - 1 = 0.0201$，

$$dy|_{x=1} = 2x \cdot \Delta x|_{x=1} = 0.02.$$

例 2-37 求函数 $y = \ln x$ 的微分。

解：$dy = (\ln x)' dx = \dfrac{1}{x} dx$.

2.2.2 基本初等函数的微分公式及微分法则

由微分的公式 t 可以看出，要计算函数的微分，只要计算函数的导数，再乘以自变量的微分即可．因此，利用函数求导的基本公式和运算法则，可得出求函数微分的基本公式和运算法则．

1. 基本初等函数的微分公式

(1) $dC = 0$（C 为任意常数）；

(2) $d(x^a) = a \cdot x^{a-1} dx$（$a$ 为任意实数）；

(3) $d(a^x) = a^x \cdot \ln a\, dx$（$a > 0$ 且 $a \neq 1$）；

(4) $d(e^x) = e^x dx$；

(5) $d(\log_a x) = \dfrac{1}{x \ln a} dx$（$a > 0$ 且 $a \neq 1$）；

(6) $d(\ln x) = \dfrac{1}{x} dx$；

(7) $d(\sin x) = \cos x\, dx$；

(8) $d(\cos x) = -\sin x\, dx$；

(9) $d(\tan x) = \sec^2 x\, dx$；

(10) $d(\cot x) = -\csc^2 x\, dx$；

(11) $d(\sec x) = \sec x \tan x\, dx$；

(12) $d(\csc x) = -\csc x \cot x\, dx$；

(13) $d(\arcsin x) = \dfrac{1}{\sqrt{1-x^2}} dx$；

(14) $d(\arccos x) = -\dfrac{1}{\sqrt{1-x^2}} dx$；

(15) $d(\arctan x) = \dfrac{1}{1+x^2} dx$；

(16) $d(\text{arccos} x) = -\dfrac{1}{1+x^2} dx$.

2. 函数的和、差、积、商的微分法则

设函数 $u = u(x)$，$v = v(x)$ 在点 x 处可微，则

(1) $d(u \pm v) = du \pm dv$；

(2) $d(uv) = vdu + udv$；

(3) $d(Cu) = Cdu$（C 为常数）；

(4) $d\left(\dfrac{u}{v}\right) = \dfrac{vdu - udv}{v^2}$ $[v(x) \neq 0]$.

3. 复合函数的微分法则

设 $y = f(u)$，$u = \varphi(x)$ 分别对于 u 和 x 可导，则复合函数 $y = f[\varphi(x)]$ 的微分为

$$dy = f'(u)du = f'[\varphi(x)]\varphi'(x)dx.$$

如果要求 $y=f(u)$ 的微分，会得到 $dy=f'(u)du$，这时 u 是自变量．如果求 $y=f(u)$，$u=\varphi(x)$ 所成的复合函数 $y=f[\varphi(x)]$ 的微分，由复合函数的微分法则，会得到 $dy=f'[\varphi(x)]\varphi'(x)dx$，即 $dy=f'[\varphi(x)]\varphi'(x)dx=f'(u)du$，这时 u 是中间变量．

从上面的式子可以看出：无论 u 是自变量还是中间变量，只要函数可微，其微分形式都可以写成 $dy=f'(u)du$，即微分在形式上保持不变．这一性质称为一阶微分形式不变性．

例 2-38 求 $y=\cos(3x+5)$ 的微分

解法 1：$dy=[\cos(3x+5)]'dx=-\sin(3x+5)(3x+5)'dx=-3\sin(3x+5)dx$．

解法 2：$dy=d\cos(3x+5)=-\sin(3x+5)d(3x+5)=-3\sin(3x+5)dx$．

例 2-39 求 $y=\ln(1+e^{2x})$ 的微分．

解：$dy=d\ln(1+e^{2x})=\dfrac{1}{1+e^{2x}}d(1+e^{2x})=\dfrac{2e^{2x}}{1+e^{2x}}dx$．

例 2-40 求函数 $y=e^x\sin x$ 和 $y=\sin(2x+1)$ 的微分．

解：(1) 先求导数，再求微分．

因为 $y'=(e^x\sin x)'=e^x\sin x+e^x\cos x$，所以 $dy=y'dx=e^x(\sin x+\cos x)dx$．

(2) 把 $2x+1$ 看成 u，则

$$dy = d(\sin u) = \cos u \cdot du = \cos(2x+1)d(2x+1)$$
$$= \cos(2x+1)\times 2dx = 2\cos(2x+1)dx.$$

2.2.3 微分的几何意义

设点 $M(x_0, y_0)$ 和点 $N(x_0+\Delta x, y_0)$ 是曲线 $y=f(x)$ 上的两点，如图 2-5 所示．从图中可以看出：$MQ=\Delta x$，$QN=\Delta y$．设切线 MT 的倾斜角为 α，则 $dy=f'(x_0)\Delta x=\tan\alpha\cdot\Delta x=QP$．

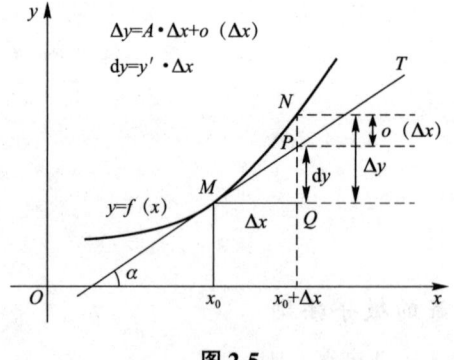

图 2-5

因此，函数 $y=f(x)$ 在点 x_0 处的微分 $dy|_{x=x_0}$，在几何上表示曲线 $y=f(x)$ 在点 $M(x_0, y_0)$ 处的切线 MT 的纵坐标的增量．

当 $|\Delta x|$ 很小时，$|\Delta y-dy|$ 比 $|\Delta x|$ 小得多．因此在点 $M(x_0, y_0)$ 的邻近，我们可以用切线段来近似代替曲线段，即在局部范围内可以用线性函数近似代替非线性函数，这在数学上称为非线性函数的局部线性化．"以直代曲"是微分学的基本思想方法之一，这种思想方法在自然科学和工程问题的研究中经常采用．

2.2.4 微分的应用

1. 函数的近似计算

设函数 $y=f(x)$，如果 $f'(x_0)\neq 0$，那么当 $|\Delta x|$ 较小时，可用该函数在点 x_0 处的微分 $\mathrm{d}y$ 近似代替改变量 Δy，即

$$\Delta y \approx \mathrm{d}y\big|_{x=x_0}.$$

而

$$\Delta y = f(x_0+\Delta x) - f(x_0),$$
$$\mathrm{d}y\big|_{x=x_0} = f'(x_0)\Delta x,$$

由此，有两个近似公式

$$\Delta y \approx f'(x_0)\Delta x, \tag{2-5}$$
$$f(x_0+\Delta x) \approx f(x_0) + f'(x_0)\Delta x. \tag{2-6}$$

在式(2-6)中，令 $x=x_0+\Delta x$，即 $\Delta x=x-x_0$，那么式(2-6)可改写为

$$f(x) \approx f(x_0) + f'(x_0)(x-x_0). \tag{2-7}$$

如果 $f(x_0)$ 与 $f'(x_0)$ 都容易计算，那么可利用式(2-5)来近似计算 Δy，利用式(2-6)来近似计算 $f(x_0+\Delta x)$，或利用式(2-7)来近似计算 $f(x)$。这种近似计算的实质就是用 x 的线性函数 $f(x_0)+f'(x_0)(x-x_0)$ 来近似表达函数 $f(x)$。从导数的几何意义可知，这也就是用曲线 $y=f(x)$ 在点 $(x_0,f'(x_0))$ 处的切线来近似代替该曲线(就切点邻近部分来说)。

例 2-41 半径为 10 cm 的实心金属球受热后，其半径增大了 0.05 cm，求体积增大的近似值。

解：该题属于求函数增量的问题。设金属球的体积为 V，半径为 r，则

$$V(r) = \frac{4}{3}\pi r^3, \text{ 所以 } V' = 4\pi r^2.$$

当 $r=10$，$\Delta r=0.05$ 时，由式(2-5)得

$\Delta V \approx \mathrm{d}V = 4\pi r^2 \times \Delta r = 4\pi \times 10^2 \times 0.05 \approx 62.831\,9\,(\mathrm{cm}^3)$，即体积增大的近似值为 62.831 9 cm^3。

例 2-42 计算 $\sqrt{1.05}$ 的近似值。

解：已知 $\sqrt[n]{1+x} \approx 1 + \frac{1}{n}x$，故

$$\sqrt{1.05} = \sqrt{1+0.05} \approx 1 + \frac{1}{2} \times 0.05 = 1.025,$$

直接开方的结果是 $\sqrt{1.05} = 1.024\,70$。

例 2-43 利用微分计算 $\sin 30°30'$ 的近似值。

解：把 $30°30'$ 化为弧度，得

$$30°30' = \frac{\pi}{6} + \frac{\pi}{360}.$$

由于所求的是正弦函数的值，故设 $f(x)=\sin x$，此时 $f'(x)=\cos x$，如果取 $x_0=\frac{\pi}{6}$，那么

$f\left(\frac{\pi}{6}\right) = \sin\frac{\pi}{6} = \frac{1}{2}$ 与 $f'\left(\frac{\pi}{6}\right) = \cos\frac{\pi}{6} = \frac{\sqrt{3}}{2}$ 都容易计算，并且 $\Delta x = \frac{\pi}{360}$ 比较小。应用式(2-6)便得

$$\sin 30°30' = \sin\left(\frac{\pi}{6}+\frac{\pi}{360}\right) \approx \sin\frac{\pi}{6}+\cos\frac{\pi}{6}\times\frac{\pi}{360}$$

$$=\frac{1}{2}+\frac{\sqrt{3}}{2}\times\frac{\pi}{360}\approx 0.5000+0.0076=0.5076.$$

2. 误差估计

在生产实践中，经常要测量各种数据. 然而，有些数据由于种种原因不易直接测量，这时我们通常会采取间接测量的方式，即通过测量其他相关数据后，依据特定的公式来推算出所需的数据. 由于测量仪器的精度、测量条件以及测量方法等多种因素的影响，我们得到的数据往往存在一定的误差. 这种基于带有误差的数据计算所得的结果，同样会带有误差，我们称之为间接测量误差.

接下来，我们将探讨如何利用微分的原理来估计这种间接测量误差. 首先，我们需要明确绝对误差和相对误差的概念.

假设某个量的精确值为 A，它的近似值为 a，那么这两者之间的差值 $|A-a|$ 就被称为 a 的绝对误差，而绝对误差与 $|a|$ 的比值 $\frac{|A-a|}{|a|}$，则称为 a 的相对误差.

但在实际工作中，某个量的精确值往往难以得知，因此直接计算绝对误差和相对误差变得不可行. 不过，根据测量仪器的精度等因素，我们有时可以确定误差的一个可能范围. 假设某个量的精确值为 A，测得的近似值为 a，且已知其误差不会超过 δ_A，即

$$|A-a|\leq \delta_A$$

那么 δ_A 就被称为测量 A 的绝对误差限，而 $\frac{\delta_A}{|a|}$ 则被称为测量 A 的相对误差限.

例 2-44 设测得圆钢截面的直径 $D=60.03$ mm，测量 D 的绝对误差限 $\delta_D=0.05$ mm，利用公式 $A=\frac{\pi}{4}D^2$ 计算圆钢的截面积时，试估计面积的误差.

解：如果我们把测量 D 时所产生的误差当作自变量 D 的增量 ΔD，那么，利用公式 $A=\frac{\pi}{4}D^2$ 来计算 A 时所产生的误差就是函数 A 的对应增量 ΔA. 当 $|\Delta D|$ 很小时，可以利用微分 dA 近似地代替增量 ΔA，即

$$\Delta A \approx dA = A' \cdot \Delta D = \frac{\pi}{2}D \cdot \Delta D.$$

由于 D 的绝对误差限为 $\delta_D=0.05$ mm，所以 $|\Delta D|\leq \delta_D=0.05$，

而 $|\Delta A|\approx|dA|=\frac{\pi}{2}D\cdot|\Delta D|\leq \frac{\pi}{2}D\cdot\delta_D$，因此得出 A 的绝对误差限约为

$$\delta_A=\frac{\pi}{2}D\cdot\delta_D=\frac{\pi}{2}\times 60.03\times 0.05\approx 4.712(\text{mm}^2),$$

A 的相对误差限约为

$$\frac{\delta_A}{A}=\frac{\frac{\pi}{2}D\cdot\delta_D}{\frac{\pi}{4}D^2}=2\frac{\delta_D}{D}=2\times\frac{0.05}{60.03}=0.17\%.$$

一般地,根据直接测量的 x 值按公式 $y=f(x)$ 计算 y 值时,如果已知测量 x 的绝对误差限是 δ_x,即 $|\Delta x| \leq \delta_x$,那么,当 $y' \neq 0$ 时,y 的绝对误差 $|\Delta y| \approx |dy| = |y'| \cdot |\Delta x| \leq |y'| \cdot \delta_x$,即 y 的绝对误差限约为 $\delta_y = |y'| \cdot \delta_x$,$y$ 的相对误差限约为 $\dfrac{\delta_y}{|y|} = \left|\dfrac{y'}{y}\right| \cdot \delta_x$.

微分在医学成像及 CT 扫描图像处理中的间接关键作用

医学成像技术中,如 CT(Computed Tomography,计算机断层扫描)扫描,微分并不直接用于重建人体各部位的辐射量或图像形成. 然而,微分在 CT 扫描的某些方面和相关的图像处理技术中确实扮演着重要角色,尽管这种角色可能不是直接和显式的.

首先,CT 扫描是通过收集人体不同角度的 X 射线衰减数据来重建内部结构的. 这个过程涉及到复杂的数学算法,如 Radon 变换和它的逆变换,这些算法与微积分有密切关系,因为它们涉及到积分和微分方程的求解.

其次,在 CT 图像的后期处理中,微分技术被广泛应用于边缘检测和图像增强. 边缘检测是识别图像中不同区域边界的过程,它对于识别器官、血管和其他结构至关重要. 微分(特别是梯度)在边缘检测中非常有用,因为它可以突出显示图像中亮度变化最大的区域,即边缘.

此外,微分还可以用于图像滤波和去噪. 在 CT 图像中,由于各种因素(如 X 射线散射、探测器噪声等)可能会产生噪声和伪影. 通过应用微分滤波器(如 Sobel、Prewitt 或 Laplacian 滤波器),可以平滑图像并减少噪声,同时保留重要的边缘信息.

最后,微分在医学成像中的另一个应用是运动校正. 在 CT 扫描过程中,患者的运动可能会导致图像模糊和伪影. 通过跟踪和分析图像中的运动模式(这通常涉及到对图像序列进行微分运算),可以校正这些运动效应,提高图像质量.

虽然微分在 CT 扫描的直接重建过程中可能不是主要工具,但它在相关的图像处理和分析技术中发挥着重要作用,为医生提供了更准确、更清晰的诊断依据.

1. 求下列函数的微分

(1) $y = \dfrac{1}{x} + 2\sqrt{x}$

(2) $y = \arcsin\sqrt{1-x^2}$

(3) $y = \tan^2(1+2x^2)$

(4) $y = \arctan\dfrac{1-x^2}{1+x^2}$

(5) $y = e^{-x}\cos(3-x)$

(6) $y = x\sin 2x$

(7) $y = \arcsin\sqrt{1-x^2}\ (x>0)$

(8) $\ln\sqrt{x^2+y^2} = \arctan\dfrac{y}{x}$

(9) $y = \dfrac{\cos x}{1-x^2}$

(10) $y = \ln\sin x$

2. 当 $x=1$ 时，分别求出函数 $y=x^2-3x+5$ 当 $\Delta x=1$，$\Delta x=0.1$，$\Delta x=0.01$ 时的增量及微分，并加以比较，判断是否能得出结论：当 Δx 越小时，二者越接近．

3. 设函数 $y=y(x)$ 由方程 $2^{xy}=x+y$ 确定，求 $\mathrm{d}y|_{x=0}$．

4. 计算下列三角函数值的近似值

(1) $\cos 29°$ (2) $\tan 136°$

5. 计算下列反三角函数值的近似值

(1) $\arcsin 0.5002$ (2) $\arccos 0.4995$

6. 计算下列各根式的近似值

(1) $\sqrt[3]{996}$ (2) $\sqrt[6]{65}$

2.3 数字化应用——利用 MATLAB 软件求导

对于一些复杂的导数求解及应用，我们可以借助 MATLAB 来求解．

1. diff 指令简介

diff 是一个内置函数，该函数的功能是求函数 y 对变量 x 的 n 阶导数．

diff 指令的基本调用格式为 diff(y,'x',n)，参数 y 是关于自变量 x 的 n 阶导数，若 n 缺省，则返回 y 的一阶导数；若 x 缺省，则返回 y 预设独立变量的 n 阶导数．

2. 利用 MATLAB 求导示例

例 2-45 求函数 $y=(x^3+1)^2$ 的一阶和二阶导数．

解：在 MATLAB 命令行窗口输入如下代码：

syms x

y=(x^3+1)^2; diff(y)

如图 2-6 所示．

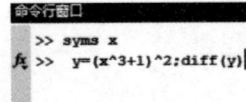

图 2-6

运行结果为"ans=6*x^2*(x^3+1)"，如图 2-7 所示．

6*x^2*(x^3+1) 即是函数 $y=(x^3+1)^2$ 的一阶导数．

继续输入如下代码：

diff(y, '2')

```
命令行窗口
>> syms x
>>  y=(x^3+1)^2;diff(y)

ans =

6*x^2*(x^3 + 1)

>>
```

图 2-7

运行结果为“ans = 12 ∗ x ∗ (x^3+1) +18 ∗ x^4”，如图 2-8 所示．

12 ∗ x ∗ (x^3+1) +18 ∗ x^4 即是函数 $y=(x^3+1)^2$ 的二阶导数．

```
命令行窗口
>> syms x
>>  y=(x^3+1)^2;diff(y)

ans =

6*x^2*(x^3 + 1)

>> diff(y,'2')

ans =

12*x*(x^3 + 1) + 18*x^4

>>
```

图 2-8

课堂练习

利用 MATLAB 计算下列函数的一阶和二阶导数

(1) $y=(x^3+1)^2$　(2) $y=\ln x+e^x$

思政小课堂

周培源：数学之路铺就密码学巅峰

在中国乃至全球的密码学领域，周培源的名字如同璀璨的星辰，照亮了无数研究者前行的道路．他被誉为“现代密码学之父”，其卓越的贡献不仅在于提出了一系列具有划时代意义的密码算法和理论，更在于他深刻理解了数学与密码学之间的紧密联系，将数学原理完美地应用于密码学研究中．

周培源在密码学领域的成就令人瞩目．他深入研究了数学与密码学之间的联系，发现数学中的许多原理和方法都可以应用于密码学的研究中．正是基于这种深入的理解，他设计了一系列创新的密码算法和理论，这些算法不仅具有高度的安全性和可靠性，而且易于实现和应用．在当时的中国，这些成果对于国防安全具有极其重要的意义，它们被广泛应用于军事通信、情报传输和指挥控制系统等领域，有效地保障了国家机密的安全和军事行动的顺利进行．

然而，周培源在密码学方面的这一成就并非偶然，它离不开他在数学方面的学习和积累．自幼聪慧过人的周培源，对数学和物理的热爱仿佛是与生俱来的．他痴迷于那些抽象的符号和公式，认为它们蕴含着宇宙的秘密．这种对数学的执着追求，为他日后在密码学领域的成功奠定了坚实的基础．

在求学的道路上，周培源始终将数学作为自己的主攻方向．他深知数学作为一门基础学科的重要性，认为只有掌握了数学的基本原理和方法，才能在其他领域取得突破性的进展．因此，他不断深入研究数学，从基础数学到应用数学，从理论到实践，他都进行了深入的学习和探索．

在清华学校和芝加哥大学、加州理工学院的学习经历中，周培源的数学才华得到了充分的展现．他不仅在数学课程中取得了优异的成绩，还积极参与数学研究，与导师和同学们共同探讨数学难题．这些经历不仅锻炼了他的数学能力，也培养了他严谨的数学思维和创新能力．

正是这些在数学方面的学习和积累，为周培源在密码学领域的成功提供了有力的支撑．他能够灵活运用数学原理和方法，设计出具有高度安全性和可靠性的密码算法和理论．这些成果不仅在中国，而且在全球范围内都产生了深远的影响．

回顾周培源的一生，我们可以看到数学在他事业中的重要作用．正是数学为他提供了强大的支撑和灵感，让他在密码学领域取得了卓越成就．同时，他也用自己的实际行动证明了数学在国防安全中的重要地位和作用．

今天，当我们提及"现代密码学之父"周培源时，我们不仅要记住他在密码学领域的卓越贡献，更要铭记他在数学方面的学习和成就．正是这些学习和积累，让他能够在密码学领域取得如此辉煌的成就．同时，他的经历也告诉我们，数学作为一门基础学科，其重要性不容忽视．我们应该更加重视数学的研究和教育，培养更多优秀的数学人才，为我国的科技事业做出更大的贡献．

第3章 微分中值定理与导数的应用

学习目标

1. 理解微分中值定理的概念，包括罗尔定理、拉格朗日中值定理、柯西中值定理等；理解这些定理的基本原理，能够准确阐述它们在数学领域中的意义和应用背景．
2. 学会应用微分中值定理解决具体问题，如求导数、判定函数增减性质、研究函数的极值等．
3. 了解泰勒公式、洛必达法则等相关知识，拓展知识面，深化对微积分学的理解．
4. 理解函数的单调性、曲线的凸凹性、极值、最值等概念，掌握相关定义和判别方法．
5. 学会利用导数描绘函数的图形，了解弧微分、曲率的概念．
6. 了解导数在经济学等领域的应用，学会应用导数进行边际分析、弹性分析．
7. 能够运用软件求函数的极值．

案例导入

山路上的数学奥秘

在一个晴朗的周末，小明和朋友们踏上了登山之旅．山路曲折蜿蜒，坡度时高时低，给他们的攀爬带来了不少挑战．

小明边走边想，这山路的坡度似乎有规律可循．他好奇地想，是否有一个点的坡度能代表整段山路的"平均感觉"呢？他停下来，拿出地图和指南针，试图找出答案．他想象着山路的高度和路程可以画成一个曲线图，而坡度则是这条曲线上某一点的切线斜率．那么，整段山路的"平均感觉"就好像是这条曲线的某种平均斜率．

就在他们讨论得正起劲时，一位老登山者路过，听到了他们的疑惑．他微笑着说："在这段山路中，确实有一个点的坡度，与你们感受到的'平均感觉'相吻合．"

小明和朋友们惊讶不已，纷纷询问他是如何知道的．老登山者解释说，这是数学中的一个秘密，就像山路的起伏有它自己的规律一样．如果把山路看作一个函数，那么平均的"感觉"其实就是这个函数在某个特定点的表现．

听完老登山者的解释，小明和朋友们恍然大悟．

这段文字描述了一个关于山路坡度和数学中值定理的隐喻性故事．我们可以使用中值定理来解读这个故事中的数学原理．

首先，我们可以将山路的高度看作是路程的函数，即 $h(x)$，其中 x 代表走过的路程，$h(x)$ 代表在 x 处的高度．山路的坡度，即高度随路程的变化率，可以看作是函数 $h(x)$ 的导数 $h'(x)$．

小明和他的朋友们在寻找一个点的坡度,这个坡度能够代表整段山路的"平均感觉".在数学上,这相当于寻找一个点的切线斜率,这个斜率能够代表整个函数在某段区间上的平均变化率.

这里,中值定理(特别是罗尔定理或拉格朗日中值定理)为我们提供了这样的解释.拉格朗日中值定理指出,如果函数$h(x)$在闭区间$[a,b]$上连续,在开区间(a,b)上可导,那么在(a,b)内至少存在一点c,使得$h'(c)$(即c点处的切线斜率)等于函数在$[a,b]$上的平均变化率,即$(h(b)-h(a))/(b-a)$.

在这个故事中,老登山者所说的"确实有一个点的坡度,与你们感受到的'平均感觉'相吻合"就是拉格朗日中值定理的一个直观解释.他所说的"特定点"就是定理中提到的c点,而"平均感觉"则对应于整个山路在某一区间上的平均坡度.

因此,通过这个故事,我们可以理解到数学中的中值定理是如何与现实生活中的现象相联系的,以及它如何帮助我们理解和解释这些现象.

3.1 微分中值定理

3.1.1 罗尔定理

定理 3-1 设函数$f(x)$满足

(1)在闭区间$[a,b]$上连续,

(2)在开区间(a,b)内可导,

$$f(a)=f(b)$$

则至少存在一点$\xi\in(a,b)$使$f'(\xi)=0$.

证明:因为函数$f(x)$在$[a,b]$上连续,由闭区间上连续函数的性质知,$f(x)$在$[a,b]$上必有最大值M和最小值m,于是,有以下两种情况:

(1)若$M=m$,此时$f(x)$在$[a,b]$上恒为常数,则在(a,b)内处处有$f'(x)=0$.

(2)若$M>m$,由于$f(a)=f(b)$,m与M中至少有一个不等于端点的函数值.不妨设$M\neq f(a)$(如果$m\neq f(a)$,证法类似),即最大值不在两个端点处取得,则在(a,b)内至少存在一点ξ,使$f(\xi)=M$.下面证明$f'(\xi)=0$.

取$\xi+\Delta x\in[a,b]$,因为$f(\xi)=M$是$f(x)$在$[a,b]$上的最大值,则

$$f(\xi+\Delta x)-f(\xi)\leqslant 0.$$

因为$f(x)$在(a,b)内可导,所以$f(x)$在点ξ处可导,即$f'(\xi)$存在.
而

$$f'_+(\xi)=\lim_{\Delta x\to 0^+}\frac{f(\xi+\Delta x)-f(\xi)}{\Delta x}\leqslant 0,\ f'_-(\xi)=\lim_{\Delta x\to 0^-}\frac{f(\xi+\Delta x)-f(\xi)}{\Delta x}\geqslant 0,$$

所以

$$f'(\xi)=0.$$

如果罗尔中值定理的三个条件有一个不满足,则定理的结论就可能不成立,图 3-1 中四个图形均不存在 ξ 使 $f'(\xi)=0$.

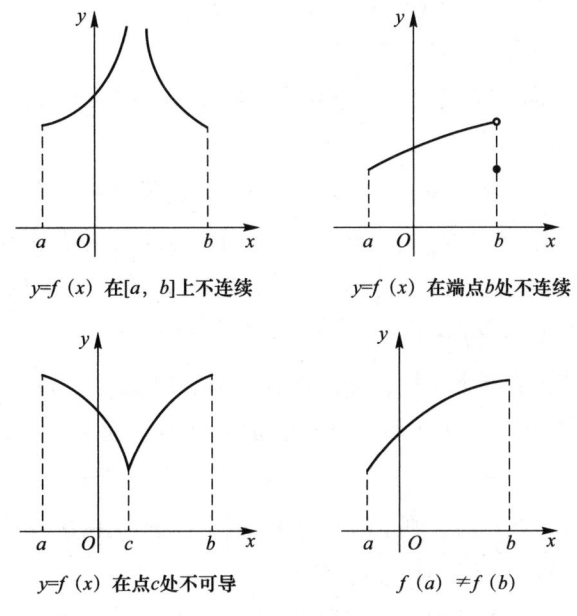

图 3-1

1. 罗尔定理的几何意义

在两端高度相同的一段连续曲线上,若除两端点外,处处都存在不垂直于 x 轴的切线,则其中至少存在一条水平切线,如图 3-2 所示.

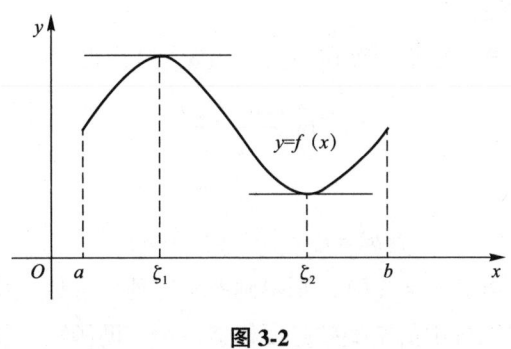

图 3-2

2. 罗尔定理的代数意义

当 $f(x)$ 可导时,在函数 $f(x)$ 的两个等值点之间至少存在方程 $f'(x)=0$ 的一个根. 若 $f'(x_0)=0$,则点 x_0 称为函数 $f(x)$ 的驻点.

说明:

1) 定理中的 ξ 不唯一,定理只表明 ξ 的存在性.

2) 定理的条件是结论成立的充分条件而非必要条件,即条件满足时结论一定成立,若件不满足,结论可能成立也可能不成立.

例 3-1 验证函数 $f(x)=x^2-2x-3$ 在区间 $[-1,3]$ 上罗尔中值定理成立.

解：
$$f(x)=x^2-2x-3=(x+1)(x-3),$$
$$f'(x)=2x-2=2(x-1),$$
$$f(-1)=f(3)=0,$$

$f(x)$ 在 $[-1,3]$ 上满足罗尔中值定理的三个条件，存在 $\xi=1(1\in(-1,3))$ 使 $f'(1)=0$，符合罗尔中值定理的结论.

例 3-2 不求导数，判断函数 $f(x)=(x-1)(x-2)(x-3)$ 的导数有几个实根，以及其所在的范围.

解：$f(1)=f(2)=f(3)=0$，$f(x)$ 在 $[1,2]$，$[2,3]$ 上满足罗尔中值定理的条件.

因此 $(1,2)$ 内至少存在一点 ξ_1，使 $f'(\xi_1)=0$，ξ_1 是 $f'(x)$ 的一个实根；在 $(2,3)$ 内至少存在一点 ξ_2，使 $f'(\xi_2)=0$，ξ_2 也是 $f'(x)$ 的一个实根.

$f'(x)$ 为二次多项式，只能有两个实根，分别在区间 $(1,2)$ 及 $(2,3)$ 内.

例 3-3 已知函数 $f(x)$ 在 $[0,a]$ 上连续，在 $(0,a)$ 内可导，且 $f(0)=f(a)=0$，证明：至少存在一点 $\xi\in(0,a)$，使 $f'(\xi)-2f(\xi)=0$.

证明：设辅助函数 $F(x)=e^{-2x}f(x)$，则 $F(x)$ 在 $[0,a]$ 上连续，在 $(0,a)$ 内可导，且 $F(0)=F(a)=0$. 由罗尔定理可知，至少存在一点 $\xi\in(0,a)$，使
$$F'(\xi)=-2e^{-2\xi}f(\xi)+e^{-2\xi}f'(\xi)=e^{-2\xi}[-2f(\xi)+f'(\xi)]=0,$$
所以 $f'(\xi)-2f(\xi)=0$.

3.1.2 拉格朗日中值定理

定理 3-2 设函数 $f(x)$ 满足

(1) 在闭区间 $[a,b]$ 上连续，

(2) 在开区间 (a,b) 内可导，则至少存在一点 $\xi\in(a,b)$ 使得
$$f'(\xi)=\frac{f(b)-f(a)}{b-a}.$$

或
$$f(b)=f(a)+f'(\xi)(b-a).$$

在拉格朗日中值定理中，若 $f(a)=f(b)$，则得到罗尔定理. 可见，罗尔定理是拉格朗日中值定理的一个特例. 因此，证明拉格朗日中值定理就是要构造一个辅助函数，使其符合罗尔定理的条件，借助罗尔定理进行证明，从而证得结论.

证明：作辅助函数
$$\varphi(x)=f(x)-f(a)-\frac{f(b)-f(a)}{b-a}(x-a).$$

由定理假设易知 $\varphi(x)$ 满足在闭区间 $[a,b]$ 连续和在开区间 (a,b) 内可导以及 $\varphi(a)=\varphi(b)=0$ 的条件. 因此，由罗尔中值定理可知，至少存在一点 $\xi\in(a,b)$，使得
$$\varphi'(\xi)=f'(\xi)-\frac{f(b)-f(a)}{b-a}=0,$$

即
$$f'(\xi)=\frac{f(b)-f(a)}{b-a}.$$

1. 拉格朗日中值定理的几何意义

假设函数 $f(x)$ 在区间 $[a,b]$ 上的图形是连续光滑曲线弧 $\overline{AB}$ 如图 3-3 所示.

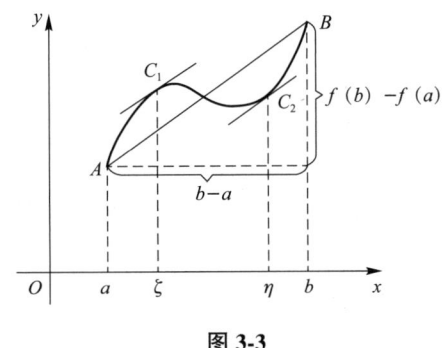

图 3-3

可以看出，$\dfrac{f(b)-f(a)}{b-a}$ 是连接点 $A(a,f(a))$ 和点 $B(b,f(b))$ 的弦 AB 的斜率，而 $f'(\xi)$ 是弧 $\overline{AB}$ 上某点 $C(\xi,f'(\xi))$ 处切线的斜率，因此，定理的结论是：在弧 $\overline{AB}$ 上至少有一点 C，曲线在 C 点的切线平行于弦 AB，如图 3-3 中的点 C_1 和 C_2.

由此可知弦 AB 的方程为

$$y-f(a)=\frac{f(b)-f(a)}{b-a}(x-a),$$

即

$$y=f(a)+\frac{f(b)-f(a)}{b-a}(x-a).$$

此方程是 x 的线性函数，并且在区间 $[a,b]$ 上连续，在区间 (a,b) 内可导，其导数就是弦 AB 的斜率 $\dfrac{f(b)-f(a)}{b-a}$.

2. 拉格朗日中值定理的两个重要推论

(1)**推论 1**：设 $f(x)$ 在区间 (a,b) 内可导，且 $f'(x)\equiv 0$，则 $f(x)$ 在 (a,b) 内是常值函数.

证明：设 x_1,x_2 是区间 (a,b) 内的任意两点，且 $x_1<x_2$，则 $f(x)$ 在 $[x_1,x_2]$ 上满足拉格朗日中值定理的两个条件，因此有

$$f(x_2)-f(x_1)=f'(\xi)(x_2-x_1)\,(x_1<\xi<x_2).$$

由于 $f'(\xi)=0$，所以 $f(x_2)-f(x_1)=0$，即 $f(x_2)=f(x_1)$. 因为 x_1,x_2 是区间 (a,b) 内的任意两点，所以 $f(x)$ 在区间 (a,b) 内是一个常数.

(2)**推论 2**：若在区间 (a,b) 上 $f'(x)\equiv g'(x)$，则在 (a,b) 上有 $f(x)-g(x)=C$(C 是常数).

证明：由假设可知，对一切 $x\in(a,b)$ 有 $f'(x)=g'(x)$，因此

$$[f(x)-g(x)]'=f'(x)-g'(x)=0\,(\text{对任意 } x\in(a,b))$$

由推论 1 可知，函数 $f(x)-g(x)$ 在区间 (a,b) 内是一个常数. 设此常数为 c，则有 $f(x)-g(x)=c$.

例 3-4 设 $f(x)=3x^2+2x+5$，求 $f(x)$ 在 $[a,b]$ 上满足拉格朗日中值定理的 ξ 值.

解：$f(x)$ 为多项式函数，在 $[a,b]$ 上满足拉格朗日中值定理的条件，故有

$$f'(\xi)=\frac{f(b)-f(a)}{b-a},$$

即

$$6\xi+2=\frac{(3b^2+2b+5)-(3a^2+2a+5)}{b-a},$$

解得 $\xi=\frac{b+a}{2}$，即此时 ξ 为区间 $[a, b]$ 的中点．

例 3-5 设 $f(x)=\sin x$，$0\leqslant x\leqslant\frac{\pi}{2}$，求满足拉格朗日公式的 ξ 值．

解：这里 $a=0$，$b=\frac{\pi}{2}$，

$$f(0)=0, f\left(\frac{\pi}{2}\right)=1, f'(x)=\cos x,$$

由公式 $f(b)=f(a)+f'(\xi)(b-a)$ 得

$$1-0=\cos\xi\cdot\left(\frac{\pi}{2}-0\right), \text{即} \cos\xi=\frac{2}{\pi}.$$

由此可得 $\xi\approx 0.8807$.

例 3-6 证明函数 $f(x)=x^3$ 在区间 $[0, 3]$ 上满足拉格朗日定理的条件，并求出结论中的 ξ 值．

解：$f(x)=x^3$ 在区间 $[0, 3]$ 上满足拉格朗日定理的条件，即在闭区间 $[0, 3]$ 上连续，在开区间 $(0, 3)$ 内可导．

由于 $f'(x)=3x^2$，所以存在 $\xi\in(0, 3)(f'(\xi)=3\xi^2)$，使得

$$f'(\xi)=\frac{f(3)-f(0)}{3-0}=\frac{27}{3}=9,$$

即 $3\xi^2=9$，得 $\xi=\sqrt{3}$（舍 $-\sqrt{3}$）．

例 3-7 证明不等式 $\arctan x_2-\arctan x_1\leqslant x_2-x_1(x_1<x_2)$．

解：设 $f(x)=\arctan x$，

$f(x)$ 在 $[x_1, x_2]$ 上满足拉格朗日中值定理的条件，因此有

$$f(x_2)-f(x_1)=f'(\xi)(x_2-x_1)(\xi\in(x_1, x_2)),$$

即 $\arctan x_2-\arctan x_1=\frac{1}{1+\xi^2}(x_2-x_1)(\xi\in(x_1, x_2))$．

因为 $\frac{1}{1+\xi^2}\leqslant 1$，所以可得

$$\arctan x_2-\arctan x_1\leqslant x_2-x_1(x_1<x_2).$$

拉格朗日中值定理在区间测速上的应用

区间测速是一种交通测速方法，它基于两个相邻测速监控点之间的路段（测速区间）的平均速率来检测机动车是否超速．拉格朗日中值定理在区间测速上的应用，主要体现

在其数学原理与区间测速测速原理的相似性上.

拉格朗日中值定理表明，如果一个函数在闭区间上连续，在开区间上可导，那么在这个开区间内至少存在一点，使得该点的函数值的导数(即瞬时变化率)等于函数在闭区间上的平均变化率.

类似地，区间测速的原理是在同一路段上布设两个相邻的监控点，基于车辆通过前后两个监控点的时间来计算车辆在该路段上的平均行驶速度，并据此判定车辆是否超速. 这里，车辆通过整个路段的平均速度就对应于拉格朗日中值定理中的平均变化率，而车辆在某一时刻的瞬时速度(如通过某个测速点时的速度)则对应于定理中的瞬时变化率.

假设在时间点 a 采集到汽车的位移为 $f(a)$，在时间点 b 采集到汽车的位移为 $f(b)$，据此可以算出平均速度为

$$\frac{f(b)-f(a)}{b-a}.$$

比如算出平均速度为 70 km/h，那么路程中的瞬时速度可分为以下两种情形：

匀速前进：整个路程的瞬时速度必然全为 70 km/h.

变速前进：整个路程的瞬时速度必然有大于、等于、小于 70 km/h. 的情况.

如果这段路限速 70 km/h，若汽车的平均速度大于 70 km/h，就可以判定路程中必然至少有一个点汽车超速.

3.1.3 柯西中值定理

定理 3-3 设函数 $f(x)$ 及 $F(x)$ 满足

(1) 在闭区间 $[a,b]$ 上连续；

(2) 在开区间 (a,b) 内可导，且 $F'(x)\neq 0$，则在 (a,b) 内至少存在一点 ξ，使

$$\frac{f'(\xi)}{F'(\xi)}=\frac{f(b)-f(a)}{F(b)-F(a)}.$$

证明：由假设 $F'(x)\neq 0$，可得出 $F(b)-F(a)\neq 0$. 因为，如果 $F(b)-F(a)=0$，则 $F(x)$ 满足罗尔中值定理的三个条件，因而至少存在一点 $\xi\in(a,b)$，使 $F'(\xi)=0$，这与 $F'(\xi)\neq 0$ 矛盾.

仿照证明拉格朗日中值定理的方法，作辅助函数

$$\varphi(x)=f(x)-f(a)-\frac{f(b)-f(a)}{F(b)-F(a)}[F(x)-F(a)],$$

可知 $\varphi(x)$ 满足罗尔中值定理的全部条件，并且

$$\varphi'(x)=f'(x)-\frac{f(b)-f(a)}{F(b)-F(a)}F'(x).$$

因此，至少存在一点 $\xi\in(a,b)$，使得

$$\varphi'(\xi)=f'(\xi)-\frac{f(b)-f(a)}{F(b)-F(a)}F'(\xi)=0,$$

即

$$\frac{f'(\xi)}{F'(\xi)} = \frac{f(b)-f(a)}{F(b)-F(a)}.$$

下面来考察柯西定理的几何意义.

设曲线由参数方程

$$\begin{cases} x = F(t), \\ y = f(t) \end{cases} (a \leq t \leq b)$$

表示过点 $A(F(a), f(a))$ 与点 $B(F(b), f(b))$ 的弦 $\overline{AB}$ 的斜率为

$$\frac{f(b)-f(a)}{F(b)-F(a)}.$$

又因为 $f(x)$, $F(x)$ 在开区间 (a, b) 内可导,且 $F(x) \neq 0$,所以由参数方程所确定的函数的导数为

$$\frac{dy}{dx} = \frac{f'(t)}{F'(t)}.$$

因此,定理的结论是说在开区间 (a, b) 内至少存在一点 ξ,使曲线上对应 $t=\xi$ 的 C 点的切线与弦 $\overline{AB}$ 平行,如图 3-4 所示.

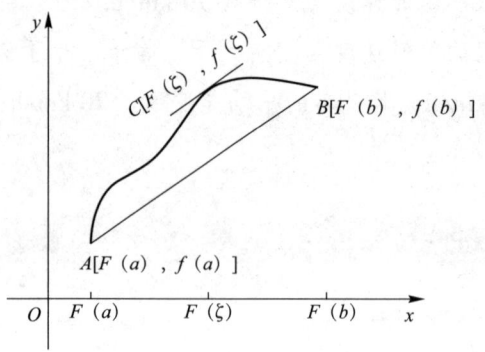

图 3-4

柯西中值定理的几何意义与拉格朗日中值定理的几何意义基本上相同,不同的是曲线表达式采用了比 $y=f(x)$ 形式更为一般的参数方程. 不难看出,拉格朗日中值定理是柯西中值定理的特殊情况. 因为若取 $f(x)=x$,则 $f'(x)=1$, $F(b)-F(a)=b-a$,柯西中值定理的结论变形为在 (a, b) 内至少存在一点 ξ,使

$$f'(\xi) = \frac{f(b)-f(a)}{b-a}.$$

这正是拉格朗日中值定理的结论.

例 3-8 $f(x)=x^3$ 与 $g(x)=x^2+1$ 在 $[1, 2]$ 上是否满足柯西中值定理的所有条件?若满足,求出相应的 ξ.

解:$f(x)=x^3$ 与 $g(x)=x^2+1$ 的可导性、连续性均无问题,且在 $(1, 2)$ 上 $g'(x)=2x \neq 0$,即满足柯西中值定理的所有条件.

又

$$\frac{f(2)-f(1)}{g(2)-g(1)} = \frac{8-1}{5-2} = \frac{7}{3},$$

而
$$\frac{f'(\xi)}{g'(\xi)} = \frac{3\xi^2}{2\xi},$$

因此，由柯西中值定理有
$$\frac{3\xi^2}{2\xi} = \frac{7}{3},$$

即有
$$\xi = \frac{14}{9}.$$

课 堂 练 习

1. 验证罗尔定理对函数 $y = \ln \sin x$ 在区间 $\left[\dfrac{\pi}{6}, \dfrac{5\pi}{6}\right]$ 上的正确性．

2. 验证拉格朗日中值定理对函数 $y = 4x^3 - 5x^2 + x - 2$ 在区间 $[0, 1]$ 上的正确性．

3. 对函数 $f(x) = \sin x$ 及 $F(x) = x + \cos x$ 在区间 $\left[0, \dfrac{\pi}{2}\right]$ 上验证柯西中值定理的正确性．

4. 试证明对函数 $y = px^2 + qx + r$ 应用拉格朗日中值定理时所求得的点 ξ 总是位于区间的正中间．

5. 下列函数中，在区间 $[-1, 1]$ 上满足罗尔定理条件的是（　　）．

(1) $f(x) = \dfrac{1}{\sqrt{1-x^2}}$　　(2) $f(x) = \sqrt{x^2}$

(3) $f(x) = \sqrt[3]{x^2}$　　(4) $f(x) = x^2 + 1$

6. 证明：

(1) 当 $x > 0$ 时，$\dfrac{x}{1+x} < \ln(1+x) < x$；

(2) 若 $0 < a < b$，$n > 1$ 则 $na^{n-1}(b-a) < b^n - a^n < nb^{n-1}(b-a)$；

(3) $e^x \geq ex$．

7. 若方程 $a_0 x^n + a_1 x^{n-1} + \cdots + a_{n-1} x = 0$ 有一个正根 x_0，证明：方程 $a_0 n x^{n-1} + a_1 (n-1) x^{n-2} + \cdots + a_{n-1} = 0$ 必有一个小于 x_0 的正根．

8. 设 $f(x)$，$g(x)$ 在 $[a, b]$ 上连续，在 (a, b) 内可导，证明：在 (a, b) 内至少存在一点 ξ，使 $f(a)g'(\xi) - g(a)f'(\xi) = \dfrac{f(a)g(b) - f(b)g(a)}{b-a}$．

3.2　洛必达法则

如果当 $x \to a$（或 $x \to \infty$）时，两个函数 $f(x)$ 与 $F(x)$ 都趋于零或都趋于无穷大，那么极限

$\lim\limits_{\substack{x \to a \\ (x \to \infty)}} \dfrac{f(x)}{F(x)}$ 可能存在也可能不存在,通常把这种极限叫做未定式,并分别简记为"$\dfrac{0}{0}$"或"$\dfrac{\infty}{\infty}$". 如极限 $\lim\limits_{x \to 0} \dfrac{\sin x}{x}$ 就是未定式"$\dfrac{0}{0}$"的一个例子. 对于这类极限,即使它存在也不能用"商的极限等于极限的商"这一法则. 洛必达法则正是为了求解未定式极限所进行的一般方法的研究.

3.2.1 "$\dfrac{0}{0}$"型和"$\dfrac{\infty}{\infty}$"型未定式

(1) **定理 3-4**(洛必达法则 I):设 $f(x)$,$F(x)$ 在点 x_0 的某一去心邻域内有定义,如果

1) $\lim\limits_{x \to x_0} f(x) = 0$,$\lim\limits_{x \to x_0} F(x) = 0$;

2) $f(x)$,$F(x)$ 在点 x_0 的某去心邻域内可导,且 $F'(x) \neq 0$;

3) $\lim\limits_{x \to x_0} \dfrac{f'(x)}{F'(x)} = A$(或为无穷大量),

那么

$$\lim_{x \to x_0} \frac{f(x)}{F(x)} = \lim_{x \to x_0} \frac{f'(x)}{F'(x)} = A(或\infty).$$

证明: 在点 $x = x_0$ 处补充定义函数值 $f(x_0) = F(x_0) = 0$,则 $f(x)$,$F(x)$ 在点 x_0 某邻域内连续. 设 x 为这个邻域内的任意一点,如果设 $x > x_0$(或 $x < x_0$),则在区间 $[x_0, x]$ 或 $[x, x_0]$ 上,$f(x)$ 与 $F(x)$ 满足柯西定理的全部条件,因此有

$$\frac{f(x)}{F(x)} = \frac{f(x) - f(a)}{F(x) - F(x_0)} = \frac{f'(\xi)}{F'(\xi)} (x_0 < \xi < x) 或 (x < \xi < x_0).$$

显然当 $x \to x_0$ 时,$\xi \to x_0$,于是,求上式两边的极限,得

$$\lim_{x \to x_0} \frac{f(x)}{F(x)} = \lim_{\xi \to x_0} \frac{f'(\xi)}{F'(\xi)} = \lim_{x \to x_0} \frac{f'(x)}{F'(x)} = A(或\infty).$$

当能求出 $\dfrac{f'(x)}{F'(x)}$ 的极限值 A 或能断定它是无穷大量时,应用这个定理就解决了这一类"$\dfrac{0}{0}$"型未定式的极限问题. 如果 $\lim\limits_{x \to x_0} \dfrac{f'(x)}{F'(x)}$ 还是"$\dfrac{0}{0}$"型未定式,且函数 $f'(x)$ 与 $F'(x)$ 能满足定理中 $f(x)$ 与 $F(x)$ 应满足的条件,则再继续使用洛必达法则,先确定 $\lim\limits_{x \to x_0} \dfrac{f'(x)}{F'(x)}$,从而确定 $\lim\limits_{x \to x_0} \dfrac{f(x)}{F(x)}$. 即有

$$\lim_{x \to x_0} \frac{f(x)}{F(x)} = \lim_{x \to x_0} \frac{f'(x)}{F'(x)} = \lim_{x \to x_0} \frac{f''(x)}{F''(x)}.$$

以此类推,直到求出所要求的极限.

说明: 洛必达法则 I 中,极限过程 $x \to x_0$ 若换成 $x \to x_0^+$,$x \to x_0^-$,$x \to \infty$,$x \to +\infty$,$x \to -\infty$,结论仍然成立.

例 3-9 计算极限 $\lim\limits_{x \to 3} \dfrac{x^3 - 27}{x - 3}$.

解: 这是一个"$\dfrac{0}{0}$"型未定式,应用洛必达法则对分子分母分别求导,得

$$\lim_{x \to 3} \frac{x^3 - 27}{x - 3} = \lim_{x \to 3} \frac{(x^3 - 27)'}{(x - 3)'} = \lim_{x \to 3} \frac{3x^2}{1} = 3 \cdot 3^2 = 27.$$

例 3-10 计算极限 $\lim\limits_{x\to 0}\dfrac{2^x-1}{x}$.

解：这是一个"$\dfrac{0}{0}$"型未定式，应用洛必达法则对分子分母分别求导，得

$$\lim_{x\to 0}\frac{2^x-1}{x}=\lim_{x\to 0}\frac{2^x\ln 2}{1}=\ln 2.$$

例 3-11 计算极限 $\lim\limits_{x\to 0}\dfrac{e^x-1}{x^2-x}$.

解：这是一个"$\dfrac{0}{0}$"型未定式，应用洛必达法则对分子分母分别求导，得

$$\lim_{x\to 0}\frac{e^x-1}{x^2-x}=\lim_{x\to 0}\frac{e^x}{2x-1}=\frac{1}{-1}=-1.$$

需要注意的是，上式中的 $\lim\limits_{x\to 0}\dfrac{e^x}{2x-1}$ 已不是"$\dfrac{0}{0}$"型未定式，不能对其使用洛必达法则 I，否则会导致错误结果．求解时尤其需要注意使用洛必达法则的条件，如果不是未定式，就不能使用洛必达法则．

例 3-12 计算极限 $\lim\limits_{x\to 2}\dfrac{x^3-12x+16}{x^3-2x^2-4x+8}$

解：该极限属于"$\dfrac{0}{0}$"型未定式，由洛必达法则 I，得

$$\lim_{x\to 2}\frac{x^3-12x+16}{x^3-2x^2-4x+8}=\lim_{x\to 2}\frac{3x^2-12}{3x^2-4x-4}=\lim_{x\to 2}\frac{6x}{6x-4}=\frac{3}{2}.$$

本例中使用了两次洛必达法则 I．

例 3-13 计算极限 $\lim\limits_{x\to 0}\dfrac{x-\sin x}{x^3}$.

解：该极限属于"$\dfrac{0}{0}$"型未定式，由洛必达法则 I，得

$$\lim_{x\to 0}\frac{x-\sin x}{x^3}=\lim_{x\to 0}\frac{1-\cos x}{3x^2}=\lim_{x\to 0}\frac{\sin x}{6x}=\frac{1}{6}\lim_{x\to 0}\frac{\sin x}{x}=\frac{1}{6}.$$

(2) **定理 3-5**(洛必达法则 II)：设 $f(x)$，$F(x)$ 在点 x_0 的某去心邻域内有定义，如果

1) $\lim\limits_{x\to x_0}f(x)=\infty$，$\lim\limits_{x\to x_0}F(x)=\infty$；

2) $f(x)$，$F(x)$ 在点 x_0 的某去心邻域内可导，且 $F'(x)\neq 0$；

3) $\lim\limits_{x\to \infty}\dfrac{f'(x)}{F'(x)}$ 存在(或为无穷大量)．

那么 $\lim\limits_{x\to x_0}\dfrac{f(x)}{F(x)}=\lim\limits_{x\to x_0}\dfrac{f'(x)}{F'(x)}$.

证明略．

说明：

1) 如果 $\lim\limits_{x\to x_0}\dfrac{f'(x)}{F'(x)}$，还是"$\dfrac{\infty}{\infty}$"型未定式，且函数 $f'(x)$ 与 $F'(x)$ 满足洛必达法则 II 中应满足的条

件，则可继续使用洛必达法则Ⅱ，即有

$$\lim_{x \to x_0} \frac{f(x)}{F(x)} = \lim_{x \to x_0} \frac{f'(x)}{F'(x)} = \lim_{x \to x_0} \frac{f''(x)}{F''(x)}$$

以此类推，直到求出所要求的极限.

2) 洛必达法则Ⅱ中，极限过程 $x \to x_0$ 若换成 $x \to x_0^+$，$x \to x_0^-$，$x \to \infty$，$x \to +\infty$，$x \to -\infty$，结论仍然成立.

例 3-14 求极限 $\lim\limits_{x \to \infty} \dfrac{\ln x}{x^2}$.

解：这是一个"$\dfrac{\infty}{\infty}$"型未定式，应用洛必达法则Ⅱ得

$$\lim_{x \to \infty} \frac{\ln x}{x^2} = \lim_{x \to \infty} \frac{1}{x} \cdot \frac{1}{2x} = \lim_{x \to \infty} \frac{1}{2x^2} = 0.$$

例 3-15 求极限 $\lim\limits_{x \to \infty} \dfrac{e^x}{x^2}$.

解：这是一个"$\dfrac{\infty}{\infty}$"型未定式，应用洛必达法则Ⅱ得

$$\lim_{x \to \infty} \frac{e^x}{x^2} = \lim_{x \to \infty} \frac{e^x}{2x} = \lim_{x \to \infty} \frac{e^x}{2} = +\infty.$$

例 3-16 求极限 $\lim\limits_{x \to \frac{\pi}{2}} \dfrac{\tan x}{\tan 3x}$.

解：这是一个"$\dfrac{\infty}{\infty}$"型未定式，应用洛必达法则Ⅱ得

$$\lim_{x \to \frac{\pi}{2}} \frac{\tan x}{\tan 3x} = \lim_{x \to \frac{\pi}{2}} \frac{\frac{1}{\cos^2 x}}{\frac{3}{\cos^2 3x}} = \frac{1}{3} \lim_{x \to \frac{\pi}{2}} \frac{\cos^2 3x}{\cos^2 x}$$

$$= \frac{1}{3} \lim_{x \to \frac{\pi}{2}} \frac{2\cos 3x \cdot (-3\sin 3x)}{2\cos x \cdot (-\sin x)} = \lim_{x \to \frac{\pi}{2}} \frac{\sin 6x}{\sin 2x} = \lim_{x \to \frac{\pi}{2}} \frac{6\cos 6x}{2\cos 2x} = 3.$$

例 3-17 求极限 $\lim\limits_{x \to \infty} \dfrac{x + \sin x}{1 + x}$.

解：这是一个"$\dfrac{\infty}{\infty}$"型未定式，若运用洛必达法则Ⅱ，则有

$$\lim_{x \to \infty} \frac{x + \sin x}{1 + x} = \lim_{x \to \infty} \frac{1 + \cos x}{1}.$$

由于 $\lim\limits_{x \to \infty} \cos x$ 不存在，因此该极限不满足洛必达法则Ⅱ的条件，故不能使用洛必达法则Ⅱ. 该极限可用下面的方法求出.

$$\lim_{x \to \infty} \frac{x + \sin x}{1 + x} = \lim_{x \to \infty} \frac{1 + \dfrac{1}{x}\sin x}{\dfrac{1}{x} + 1}.$$

本例说明，洛必达法则Ⅱ虽然是求解"$\dfrac{\infty}{\infty}$"型未定式的一种有效方法，但它有时也会失效．如果使用洛必达法则Ⅱ求不出极限时，并不意味着该极限一定不存在，这时可以改用其他方法求解．

洛必达法则不仅可以用来解决"$\dfrac{0}{0}$"型和"$\dfrac{\infty}{\infty}$"型未定式的极限问题，还可用来解决"$0\cdot\infty$""$\infty-\infty$""0^0""1^∞""∞^0"等型的未定式的极限问题．对于"$0\cdot\infty$""$\infty-\infty$""0^0""1^∞""∞^0"等型的未定式，需要经过适当变换，化成"$\dfrac{0}{0}$"型和"$\dfrac{\infty}{\infty}$"型未定式后，再用洛必达法则计算．

3.2.2 其他类型的未定式

洛必达法则不仅可以用来解决"$\dfrac{0}{0}$"型和"$\dfrac{\infty}{\infty}$"型未定式的极限问题，还可用来解决"$0\cdot\infty$""$\infty-\infty$""0^0""1^∞""∞^0"等型的未定式的极限问题．不过对于"$0\cdot\infty$""$\infty-\infty$""0^0""1^∞""∞^0"等型的未定式，需要经过适当变换，化成"$\dfrac{0}{0}$"型和"$\dfrac{\infty}{\infty}$"型未定式后，再用洛必达法则计算．

（1）"$0\cdot\infty$"型未定式：设 $\lim\limits_{x\to x_0}f(x)=0$，$\lim\limits_{x\to x_0}g(x)=\infty$，则 $\lim\limits_{x\to x_0}f(x)g(x)$ 就构成了"$0\cdot\infty$"型未定式．可对其做如下转化：

$$\lim_{x\to x_0}f(x)g(x)=\lim_{x\to x_0}\dfrac{f(x)}{\dfrac{1}{g(x)}}\quad(\text{"}\dfrac{0}{0}\text{"型未定式})$$

或

$$\lim_{x\to x_0}f(x)g(x)=\lim_{x\to x_0}\dfrac{g(x)}{\dfrac{1}{f(x)}}\quad(\text{"}\dfrac{\infty}{\infty}\text{"型未定式})$$

例 3-18 求极限 $\lim\limits_{x\to 0^+}x\ln x$．

解：这是一个"$0\cdot\infty$"型未定式，先转化为"$\dfrac{\infty}{\infty}$"型未定式，再运用洛必达法则．

$$\lim_{x\to 0^+}x\ln x=\lim_{x\to 0^+}\dfrac{\ln x}{\dfrac{1}{x}}=\lim_{x\to 0^+}\dfrac{\dfrac{1}{x}}{-\dfrac{1}{x^2}}=\lim_{x\to 0^+}(-x)=0.$$

若将本例的极限化为"$\dfrac{0}{0}$"型未定式，则

$$\lim_{x\to 0^+}x\ln x=\lim_{x\to 0^+}\dfrac{x}{\dfrac{1}{\ln x}}=\lim_{x\to 0^+}\dfrac{1}{-\dfrac{1}{\ln^2 x}\cdot\dfrac{1}{x}}=\lim_{x\to 0^+}(-x\ln^2 x)$$

不难看出，本例的极限转化为"$\dfrac{0}{0}$"型未定式后计算过程变得更为复杂，因此，是将"$0\cdot\infty$"型未定式是转化为"$\dfrac{\infty}{\infty}$"型未定式还是"$\dfrac{0}{0}$"型未定式需要合理进行选择．

(2)"$\infty-\infty$"型未定式：这种类型的未定式可以通过通分化简等方式转化为"$\dfrac{0}{0}$"型或"$\dfrac{\infty}{\infty}$"型未定式.

例 3-19 求极限 $\lim\limits_{x\to\infty}\left[x-x^2\ln\left(1+\dfrac{1}{x}\right)\right]$.

解：这是一个"$\infty-\infty$"型未定式，先将它转化为"$\dfrac{0}{0}$"型或"$\dfrac{\infty}{\infty}$"型，再运用洛必达法则.

设 $x=\dfrac{1}{t}$，则

$$\lim_{x\to\infty}\left[x-x^2\ln\left(1+\dfrac{1}{x}\right)\right]=\lim_{t\to 0}\left[\dfrac{1}{t}-\dfrac{1}{t^2}\ln(1+t)\right]$$

$$=\lim_{t\to 0}\dfrac{t-\ln(1+t)}{t^2}=\lim_{t\to 0}\dfrac{1-\dfrac{1}{1+t}}{2t}$$

$$=\lim_{t\to 0}\dfrac{1}{2(1+t)}=\dfrac{1}{2}.$$

(3)"0^0""1^∞""∞^0"型未定式：这几种类型的未定式可以通过取对数进行如下转换：

$$\lim f(x)^{g(x)}=\lim e^{g(x)\ln f(x)}=e^{\lim g(x)\ln f(x)}.$$

无论 $f(x)^{g(x)}$ 是上述几种类型中的哪一种，$\lim g(x)\ln f(x)$ 均为"$0\cdot\infty$"型未定式.

例 3-20 求极限 $\lim\limits_{x\to 0^+}x\ln\sin x$.

解：这是一个"$0\cdot\infty$"型未定式，先将它转化为"$\dfrac{\infty}{\infty}$"型，再运用洛必达法则，得

$$\lim_{x\to 0^+}x\ln\sin x=\lim_{x\to 0^+}x\cdot\ln\sin x$$

$$=\lim_{x\to 0^+}\dfrac{\ln\sin x}{\dfrac{1}{x}}=\lim_{x\to 0^+}\dfrac{\dfrac{\cos x}{\sin x}}{-\dfrac{1}{x^2}}=\lim_{x\to 0^+}\dfrac{-x^2\cos x}{\sin x}$$

$$=\lim_{x\to 0^+}\dfrac{x}{\sin x}\cdot\lim x\cos x=0.$$

例 3-21 求极限 $\lim\limits_{x\to 0^+}x^x$.

解：这是一个"0^0"型未定式，先取对数，再运用洛必达法则，得

$$\lim_{x\to 0^+}x^x=e^{\lim\limits_{x\to 0^+}x\ln x}=e^{\lim\limits_{x\to 0^+}\frac{\ln x}{\frac{1}{x}}}=e^{\lim\limits_{x\to 0^+}(-x)}=e^0=1.$$

例 3-22 求极限 $\lim\limits_{x\to 1}x^{\frac{1}{1-x}}$.

解：这是一个"1^∞"型未定式，先取对数，再运用洛必达法则，得

$$\lim_{x\to 1}x^{\frac{1}{1-x}}=e^{\lim\limits_{x\to 1}\frac{\ln x}{1-x}}=e^{\lim\limits_{x\to 1}\frac{\frac{1}{x}}{-1}}=e^{-1}.$$

利用洛必达法则求未定式，需要注意以下 4 点：

1)洛必达法则只能适用于"$\frac{\infty}{\infty}$"型和"$\frac{0}{0}$"型未定式,其他类型的未定式必须要先转化成"$\frac{\infty}{\infty}$"型和"$\frac{0}{0}$"型未定式才能运用洛必达法则;

2)在条件具备的情况下,可以连续使用洛必达法则;

3)洛必达法则可以和其他求未定式的方法结合使用;

4)洛必达法则的条件是充分的,但不必要.在某些特殊情况下,洛必达法则可能失效,此时应寻求其他解法.

课堂练习

1. 用洛必达法则求下列函数的极限

(1) $\lim\limits_{x \to 1} \dfrac{x^3-3x+2}{x^3-x^2-x+1}$ 　　(2) $\lim\limits_{x \to 1} \dfrac{\ln x}{x-1}$ 　　(3) $\lim\limits_{x \to 0} \dfrac{e^x-e^{-x}}{\sin x}$

(4) $\lim\limits_{x \to 0} \dfrac{\tan x - x}{x - \sin x}$ 　　(5) $\lim\limits_{x \to \frac{\pi}{2}} \dfrac{\ln \sin x}{(\pi - 2x)^2}$ 　　(6) $\lim\limits_{x \to \infty} \dfrac{x^m - a^m}{x^n - a^n}(a \neq 0)$

(7) $\lim\limits_{x \to 0^+} \dfrac{\ln \tan 7x}{\ln \tan 2x}$ 　　(8) $\lim\limits_{x \to \infty} \dfrac{\ln\left(1+\dfrac{1}{x}\right)}{\arctan x}$ 　　(9) $\lim\limits_{x \to 0} x \cot 2x$

(10) $\lim\limits_{x \to \infty} x(a^{\frac{1}{x}}-1)\ (a>0,\ a \neq 1)$ 　　(11) $\lim\limits_{x \to \infty} \dfrac{e^x + \sin x}{e^x - \cos x}$ 　　(12) $\lim\limits_{x \to 0^+} x^{\tan x}$

(13) $\lim\limits_{x \to 0}\left(\dfrac{1}{x^2} - \cot^2 x\right)$ 　　(14) $\lim\limits_{x \to 1}\left(\dfrac{x}{x-1} - \dfrac{1}{\ln x}\right)$ 　　(15) $\lim\limits_{x \to 0}(e^x + x)^{\frac{1}{x}}$

2. 验证极限 $\lim\limits_{x \to \infty} \dfrac{x + \sin x}{x}$ 存在,但不能用洛必达法则得出.

3. 设 $f''(x_0)$ 存在,证明:$\lim\limits_{h \to 0} \dfrac{f(x_0+h) - 2f(x_0) + f(x_0-h)}{h^2} = f''(x_0)$.

3.3　泰勒公式

在处理一些复杂的函数时,为了简化研究过程,可以寻找简单的函数来作为近似表达.多项式函数因其独特的性质——仅需对自变量进行有限次的加、减、乘三种基本算术运算,即可轻松计算出函数值——而成为了我们常用的近似表达工具.因此,多项式在近似表达复杂函数方面发挥着重要作用.本节探讨泰勒中值定理,该定理不仅展示了如何利用多项式函数精确近似复杂函数的形态,并量化这种近似的误差范围,而且构建了函数与其各阶导数之间的紧密联系.这一理论桥梁在微积分学中具有深远的意义,它深化了我们对函数特性的理解,为后续的数学分析奠定了坚实的基础.

3.3.1 多项式逼近函数

当我们说"多项式逼近函数"时,我们通常指的是使用泰勒多项式来近似一个给定的函数.泰勒多项式是基于函数在某一点的各阶导数值来构造的,它可以用来逼近函数在该点附近的值.

在微分的应用中,当$|x|$很小时,有如下的近似等式:
$$e^x \approx 1+x, \quad \ln(1+x) \approx x.$$

这些都是用一次多项式来近似表达函数的例子.显然,在$x=0$处这些一次多项式及其一阶导数的值,分别等于被近似表达的函数及其导数的相应值.

但是这种近似表达式的精确度不高,它所产生的误差仅是关于x的高阶无穷小.为了提高精确度,自然想到用更高次的多项式来逼近函数,同时给出误差估计式.

当一个函数在某一区间内足够平滑,即具有足够高阶的连续导数时,它便可以用一个多项式来进行近似表达.泰勒中值定理为我们揭示了这样的可能性,并提供了确定多项式次数以及计算函数与多项式之间误差的方法.具体来说,泰勒中值定理不仅指导我们如何构建这样一个多项式(通常被称为泰勒级数),而且还为我们量化了近似表达的精度,即通过泰勒余项来估计函数与多项式之间的差异.因此,泰勒中值定理为这些问题提供了全面且精确的解决方案.

1. 泰勒中值定理1

定理3-6 如果函数$f(x)$在x_0处具n阶导数,那么存在x_0的一个邻域,对于该邻域内的任一x,有

$$f(x) = f(x_0) + f'(x_0)(x-x_0) + \frac{f''(x_0)}{2!}(x-x_0)^2 + \cdots + \frac{f^{(n)}(x_0)}{n!}(x-x_0)^n + R_n(x), \quad (3-1)$$

其中

$$R_n(x) = o((x-x_0)^n). \quad (3-2)$$

证明:记$R_n(x) = f(x) - p_n(x)$,则

$$R_n(x_0) = R'_n(x_0) = R''_n(x_0) = \cdots = R_n^{(n)}(x_0) = 0.$$

由于$f(x)$在x_0处有n阶导数,因此$f(x)$必在x_0的某邻域内存在$n-1$导数,从而$R_n(x)$也在该邻域内$n-1$阶可导,反复应用洛必达法则,得

$$\lim_{x \to x_0} \frac{R_n(x)}{(x-x_0)^n} = \lim_{x \to x_0} \frac{R'_n(x)}{n(x-x_0)^{n-1}} = \lim_{x \to x_0} \frac{R''_n(x)}{n(n-1)(x-x_0)^{n-2}} = \cdots$$

$$= \lim_{x \to x_0} \frac{R_n^{(n-1)}(x)}{n!(x-x_0)} = \frac{1}{n!} \lim_{x \to x_0} \frac{R_n^{(n-1)}(x) - R_n^{(n-1)}(x_0)}{x-x_0} = \frac{1}{n!} R_n^{(n)}(x_0) = 0.$$

因此$R_n(x) = o((x-x_0)^n)$.

公式(3-1)称为$f(x)$在x_0处(或按$x-x_0$的幂展开)的带有佩亚诺余项的n阶泰勒公式,而$R_n(x)$的表达式(3-2)称为佩亚诺余项,它就是用n次泰勒多项式来近似表达$f(x)$所产生的误差,这一误差是当$x \to x_0$时比$(x-x_0)^n$高阶的无穷小,但不能由它具体估算出误差的大小.泰勒中值定理2则解决了这一问题.

2. 泰勒中值定理2

定理3-7 如果函数$f(x)$在含有x_0的某个开区间(a, b)内具有直到$n+1$阶的导数.则对任意x

$\in (a, b)$，有

$$f(x)=f(x_0)+f'(x_0)(x-x_0)+\frac{f''(x_0)}{2!}(x-x_0)^2+\cdots+\frac{f^{(n)}(x_0)}{n!}(x-x_0)^n+R_n(x), \tag{3-3}$$

其中

$$R_n(x)=\frac{f^{(n+1)}(\xi)}{(n+1)!}(x-x_0)^{n+1}, \tag{3-4}$$

这里 ξ 是介于 x_0 与 x 之间的某个值，也可记为 $\xi=x_0+\theta(x-x_0)$，$0<\theta<1$.

证明：记 $R_n(x)=f(x)-p_n(x)$，只需证明 $R_n(x)=\frac{f^{(n+1)}(\xi)}{(n+1)!}(x-x_0)^{n+1}$（$\xi$ 在 x_0 与 x 之间），由假设可知，$R_n(x)$ 在 $U(x_0)$ 内具有 $n+1$ 阶导数，且

$$R_n(x_0)=R'_n(x_0)=R''_n(x_0)=\cdots=R_n^{(n)}(x_0)=0.$$

对两个函数 $R_n(x)$ 及 $(x-x_0)^{n+1}$ 在以 x_0 及 x 为端点的区间上应用柯西中值定理（显然，这两个函数满足柯西中值定理的条件），得

$$\frac{R_n(x)}{(x-x_0)^{n+1}}=\frac{R_n(x)-R_n(x_0)}{(x-x_0)^{n+1}-0}=\frac{R'_n(\xi_1)}{(n+1)(\xi_1-x_0)^n}(\xi_1 \text{ 在 } x_0 \text{ 与 } x \text{ 之间}),$$

再对两个函数 $R'_n(x)$ 与 $(n+1)^n$ 在以 x_0 及 ξ_1 为端点的区间上应用柯西中值定理，得

$$\frac{R_n'(\xi_1)}{(n+1)(\xi_1-x_0)^n}=\frac{R'_n(\xi_1)-R'_n(x_0)}{(n+1)(\xi_1-x_0)^n-0}=\frac{R_n''(\xi_2)}{(n+1)n(\xi_2-x_0)^{n-1}}(\xi_2 \text{ 在 } x_0 \text{ 与 } \xi_1 \text{ 之间}),$$

照此方法继续做下去，经过 $n+1$ 次后，得

$$\frac{R_n(x)}{(x-x_0)^{n+1}}=\frac{R_n^{(n+1)}(\xi)}{(n+1)!}(\xi \text{ 在 } x_0 \text{ 与 } \xi_n \text{ 之间，因而也在 } x_0 \text{ 与 } x \text{ 之间}).$$

注意到 $R_n^{(n+1)}(x)=f^{(n+1)}(x)$（因 $p_n^{(n+1)}(x)=0$），则由上式得

$$R_n(x)=\frac{f^{(n+1)}(\xi)}{(n+1)!}(x-x_0)^{n+1}(\xi \text{ 在 } x_0 \text{ 与 } x \text{ 之间}).$$

公式(3-3)中 n 次多项式 $P_n(x)=f(x_0)+f'(x_0)(x-x_0)+\frac{f''(x_0)}{2!}(x-x_0)^2+\cdots+\frac{f^{(n)}(x_0)}{n!}(x-x_0)^n$ 称为函数 $f(x)$ 在 x_0 处的 n 阶泰勒多项式，其系数 $a_k=\frac{f^{(k)}(x_0)}{k!}(k=0, 1, 2, \cdots, n)$ 称为 $f(x)$ 在 x_0 处展开的泰勒系数．式(3-3)称为 $f(x)$ 在 x_0 处（或按 x_0-x 的幂展开）的带有拉格朗日余项的 n 阶泰勒公式，而 $R_n(x)$ 的表达式(3-4)称为拉格朗日余项．

当 $n=0$ 时，泰勒公式(3-3)变成拉格朗日中值公式

$$f(x)=f(x_0)+f'(\xi)(x-x_0) \quad (\xi \text{ 在 } x_0 \text{ 与 } x \text{ 之间}).$$

因此，泰勒中值定理2是拉格朗日中值定理的推广．

对于固定的某个 n，如果当 $x\in(a, b)$ 时，$|f^{(n+1)}(x)|\leq M$，则有误差估计式

$$|R_n(x)|=\left|\frac{f^{(n+1)}(\xi)}{(n+1)!}(x-x_0)^{n+1}\right|\leq\frac{M}{(n+1)!}|x-x_0|^{n+1}, \tag{3-5}$$

于是

$$\lim_{x\to x_0}\frac{R_n(x)}{(x-x_0)^n}=0,$$

即当 $x \to x_0$ 时,

$$R_n(x) = o[(x-x_0)^n], \tag{3-6}$$

$R_n(x)$ 的表达式(3-6)称为佩亚诺型余项.

在不需要余项的精确表达式时,$f(x)$ 的 n 阶泰勒公式可以写成

$$f(x) = f(x_0) + f'(x_0)(x-x_0) + \frac{f''(x_0)}{2!}(x-x_0)^2 + \cdots + \frac{f^{(n)}(x_0)}{n!}(x-x_0)^n + o[(x-x_0)^n],$$

该式称为带有佩亚诺型余项的 n 阶泰勒公式. 此时,函数 $f(x)$ 要求具有直到 n 阶的导数,而不要求具有 $n+1$ 阶导数. 这也表明了用 n 阶泰勒多项式

$$P_n(x) = \sum_{k=0}^{n} \frac{f^{(k)}(x_0)}{k!}(x-x_0)^k$$

近似表示 $f(x)$ 时,误差 $R_n(x)$ 是在 $x \to x_0$ 过程中比 $(x-x_0)^n$ 高阶的无穷小量. 这说明当 $n>1$ 时,逼近的精确度较线性逼近大大提高了.

3.3.2 麦克劳林公式

定理 3-8 如果函数 $f(x)$ 在含有 $x=0$ 的某个开区间 (a,b) 内具有直到 $n+1$ 阶的导数,则对任意的 $x \in (a,b)$,有

$$f(x) = f(0) + f'(0)x + \frac{f''(0)}{2!}x^2 + \cdots + \frac{f^{(n)}(0)}{n!}x^n + \frac{f^{(n+1)}(\theta x)}{(n+1)!}x^{n+1} \quad (0<\theta<1). \tag{3-7}$$

(3-7)该式称为函数 $f(x)$ 的带有拉格朗日型余项的 n 阶麦克劳林公式.

带有佩亚诺型余项的 n 阶麦克劳林公式为

$$f(x) = f(0) + f'(0)x + \frac{f''(0)}{2!}x^2 + \cdots + \frac{f^{(n)}(0)}{n!}x^n + o(x^n). \tag{3-8}$$

由式(3-7)或式(3-8)可得近似公式

$$f(x) \approx f(0) + f'(0)x + \frac{f''(0)}{2!}x^2 + \cdots + \frac{f^{(n)}(0)}{n!}x^n.$$

该式右端的多项式记作 $P_n(x) = f(0) + f'(0)x + \frac{f''(0)}{2!}x^2 + \cdots + \frac{f^{(n)}(0)}{n!}x^n$,称为 $f(x)$ 的 n 阶麦克劳林多项式,其系数为 $a_k = \frac{f^{(k)}(0)}{k!}$ $(k=0, 1, 2, \cdots, n)$.

误差估计式(3-5)对应麦克劳林公式相应地变为

$$|R_n(x)| \leq \frac{M}{(n+1)!}|x|^{n+1}.$$

例 3-23 求函数 $f(x) = e^x$ 的带有拉格朗日型余项的 n 阶麦克劳林公式.

解:因为 $f'(x) = f''(x) = \cdots = f^{(n)}(x) = e^x$,所以

$$f(0) = f'(0) = f''(0) = \cdots = f^{(n)}(0) = 1.$$

把这些值代入式(3-7),又因为 $f^{(n+1)}(\theta x) = e^{\theta x}$,

即得所求的带有拉格朗日型余项的 n 阶麦克劳林公式为

$$e^x = 1 + x + \frac{1}{2!}x^2 + \cdots + \frac{1}{n!}x^n + \frac{e^{\theta x}}{(n+1)!}x^{n+1} \quad (0<\theta<1).$$

若把 e^x 用它的 n 次泰勒多项式表达为

$$e^x \approx 1+x+\frac{1}{2!}x^2+\cdots+\frac{1}{n!}x^n,$$

这时所产生的误差为

$$|R_n(x)|=\left|\frac{e^{\theta x}}{(n+1)!}x^{n+1}\right|<\frac{e^{|x|}}{(n+1)!}|x|^{n+1}\,(0<\theta<1).$$

如果取 $x=1$，则得无理数 e 的近似式为

$$e \approx 1+1+\frac{1}{2!}+\cdots+\frac{1}{n!},$$

其误差

$$|R_n|<\frac{e}{(n+1)!}<\frac{3}{(n+1)!}.$$

当 $n=0$ 时，可算出 $e=2.718\,282$，其误差不超过 10^{-6}.

例 3-24 求函数 $f(x)=\sin x$ 的带有拉格朗日余项的 n 阶麦克劳林公式.

解：因为

$$f'(x)=\cos x,\ f''(x)=-\sin x,\ f'''(x)=-\cos x,$$

$$f^{(4)}(x)=\sin x,\ \cdots,\ f^{(n)}(x)=\sin\left(x+\frac{n\pi}{2}\right),$$

所以 $f(0)=0$, $f'(0)=1$, $f''(0)=0$, $f'''(0)=-1$, $f^{(4)}(0)=0$. 它们依次循环地取四个数：0，1，0，-1，取 $n=2m$，于是按式(3-7)，得带有拉格朗日型余项的 $2m$ 阶麦克劳林公式为

$$\sin x = x-\frac{x^3}{3!}+\frac{x^5}{5!}-\cdots+(-1)^{2m-1}\frac{x^{2m-1}}{(2m-1)!}+R_{2m}(x),$$

其中

$$R_{2m}(x)=\frac{\sin\left[\theta x+\frac{(2m+1)\pi}{2}\right]}{(2m+1)!}x^{2m+1}=(-1)^m\frac{\cos\theta x}{(2m+1)!}x^{2m+1}\,(0<\theta<1).$$

取 $m=1$，得近似公式

$$\sin x \approx x,$$

其误差为

$$|R_2(x)|=\left|-\frac{\cos\theta x}{3!}x^3\right|\leqslant\frac{|x|^3}{6}\,(0<\theta<1).$$

m 分别取 2 和 3，可得近似公式

$$\sin x \approx x-\frac{1}{3!}x^3 \text{ 和 } \sin x \approx x-\frac{1}{3!}x^3+\frac{1}{5!}x^5,$$

其误差分别为

$$|R_4(x)|\leqslant\frac{|x|^5}{5!},\ |R_6(x)|\leqslant\frac{|x|^7}{7!}.$$

函数 $f(x)=\sin x$ 及上述 3 个麦克劳林多项式函数的图形如图 3-5 所示.

类似地，我们可得到以下 3 个常用函数的带有拉格朗日型余项的麦克劳林公式：

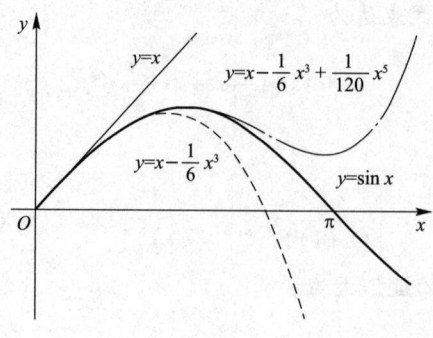

图 3-5

(1) $\cos x = 1 - \dfrac{x^2}{2!} + \dfrac{x^4}{4!} - \cdots + (-1)^m \dfrac{1}{(2m)!} x^{2m} + R_{2m+1}(x)$，其中

$$R_{2m+1}(x) = \dfrac{\cos[\theta x + (m+1)\pi]}{(2m+2)!} x^{2m+2} = (-1)^{m+1} \dfrac{\cos\theta x}{(2m+2)!} x^{2m+2} \quad (0<\theta<1).$$

(2) $\ln(1+x) = x - \dfrac{1}{2}x^2 + \dfrac{1}{3}x^3 \cdots + (-1)^{n-1} \dfrac{1}{n} x^n + R_n(x)$，其中

$$R_n(x) = \dfrac{(-1)^n}{(n+1)(1+\theta x)^{n+1}} x^{n+1} \quad (0<\theta<1).$$

(3) $(1+x)^\alpha = 1 + \alpha x + \dfrac{\alpha(\alpha-1)}{2!}x^2 + \cdots + \dfrac{\alpha(\alpha-1)\cdots(\alpha-n+1)}{n!} x^n + R_n(x)$，其中

$$R_n(x) = \dfrac{\alpha(\alpha-1)\cdots(\alpha-n-1)(\alpha-n)}{(n+1)!} (1+\theta x)^{\alpha-n-1} x^{n+1} \quad (0<\theta<1).$$

特别地，当 $\alpha = -1$ 时，$\dfrac{1}{1+x} = 1 - x + x^2 - x^3 + \cdots + (-1)^n x^n + R_n(x)$，其中 $x \neq -1$，

$$R_n(x) = \dfrac{(-1)^{n+1}}{(1+\theta x)^{n+2}} x^{n+1} \quad (0<\theta<1).$$

由以上带有拉格朗日型余项的麦克劳林公式，对应可得带有佩亚诺型余项的麦克劳林公式，这里不再赘述.

3.3.3 泰勒公式的应用

1. 泰勒公式间接展开法

泰勒公式间接展开法指的是通过已知函数的泰勒展开式来推导另一个函数的泰勒展开式. 这种方法通常用于那些难以直接应用泰勒公式定义进行展开的函数，或者为了简化计算过程.

例 3-25 求函数 $f(x) = xe^{-x}$ 的带有佩亚诺型余项的 n 阶麦克劳林公式.

解：因为 $e^x = 1 + x + \dfrac{1}{2!}x^2 + \cdots + \dfrac{1}{(n-1)!}x^{n-1} + o(x^{n-1})$，所以

$$e^{-x} = 1 - x + \dfrac{1}{2!}x^2 - \cdots + (-1)^{n-1} \dfrac{1}{(n-1)!} x^{n-1} + o(x^{n-1}),$$

从而 $f(x) = xe^{-x}$ 的 n 阶麦克劳林公式为

$$xe^{-x} = x - x^2 + \dfrac{1}{2!}x^3 - \cdots + (-1)^{n-1} \dfrac{1}{(n-1)!} x^n + o(x^n).$$

例 3-26 求函数 $f(x)=\dfrac{1}{3+x}$ 在 $x=1$ 处的带有佩亚诺型余项的 n 阶泰勒公式.

解：$f(x)=\dfrac{1}{3+x}=\dfrac{1}{4+(x-1)}=\dfrac{1}{4}\cdot\dfrac{1}{1+\dfrac{x-1}{4}}$

$$=\dfrac{1}{4}\left\{1-\dfrac{x-1}{4}+\dfrac{(-1)(-2)}{2!}\left(\dfrac{x-1}{4}\right)^2+\cdots+\dfrac{(-1)(-2)(-3)\cdots(-n)}{n!}\left(\dfrac{x-1}{4}\right)^n+o\left[\left(\dfrac{x-1}{4}\right)^n\right]\right\}$$

$$=\dfrac{1}{4}-\dfrac{x-1}{4^2}+\dfrac{(x-1)^2}{4^3}-\cdots+(-1)^n\dfrac{(x-1)^n}{4^{n+1}}+o[(x-1)^n].$$

2. 利用泰勒公式求极限

泰勒公式在求极限时是一个非常有用的工具，特别是当极限表达式包含难以直接处理的函数（如三角函数、对数函数、指数函数等）时，泰勒公式允许我们将这些函数近似为多项式，从而简化极限的计算.

例 3-27 利用带有佩亚诺余项的麦克劳林公式，求极限 $\lim\limits_{x\to 0}\dfrac{\sin x-x\cos x}{\sin^3 x}$.

解：由于分式的分母 $\sin^3 x\sim x^3(x\to 0)$，我们只需将分子中的 $\sin x$ 和 $x\cos x$ 展开为带有佩亚诺余项的 3 阶麦克劳林公式即可，即

$$\sin x=x-\dfrac{x^3}{3!}+o(x^3),\quad x\cos x=x-\dfrac{x^3}{2!}+o(x^3).$$

于是

$$\lim_{x\to 0}\dfrac{\sin x-x\cos x}{\sin^3 x}=\lim_{x\to 0}\dfrac{x-\dfrac{x^3}{3!}+o(x^3)-x+\dfrac{x^3}{2!}-o(x^3)}{\sin^3 x}$$

$$=\lim_{x\to 0}\dfrac{\dfrac{1}{3}x^3+o(x^3)}{\sin^3 x}=\lim_{x\to 0}\dfrac{\dfrac{1}{3}x^3+o(x^3)}{x^3}=\dfrac{1}{3}.$$

3. 求高阶导数值

若函数 $f(x)$ 在点 x_0 处的泰勒公式可以使用间接展开法得到，则根据泰勒公式的唯一性，可以确定函数 $f(x)$ 在点 x_0 处的各阶导数值.

例 3-28 设函数 $f(x)=x^2\sin x$，求 $f^{(99)}(0)$.

解：由 $\sin x=x-\dfrac{x^3}{3!}+\dfrac{x^5}{5!}-\cdots+(-1)^{m-1}\dfrac{x^{2m-1}}{(2m-1)!}+o(x^{2m})$，

得

$$x^2\sin x=x^3-\dfrac{x^5}{3!}+\dfrac{x^7}{5!}-\cdots+(-1)^{m-1}\dfrac{x^{2m+1}}{(2m-1)!}+o(x^{2m+2}).$$

函数 $f(x)$ 的麦克劳林公式中 x^{99} 项的系数为 $\dfrac{f^{(99)}(0)}{99!}$，根据麦克劳林公式的唯一性得

$$(-1)^{49-1}\dfrac{1}{(98-1)!}=\dfrac{f^{(99)}(0)}{99!},$$

即 $f^{99}(0) = 99 \times 98 = 9702$.

4. 近似计算

参见 3-23 求无理数 e 的近似值部分的内容.

课 堂 练 习

1. 利用泰勒公式求下列函数的极限

(1) $\lim\limits_{x \to \infty} (\sqrt[3]{x^3+3x^2} - \sqrt[4]{x^4-2x^3})$ (2) $\lim\limits_{x \to 0} \dfrac{\cos x - e^{-\frac{x^2}{2}}}{x^2[x+\ln(1-x)]}$ (3) $\lim\limits_{x \to +\infty} (x^2 - x^3 \sin \dfrac{1}{x})$

2. 按 $x-4$ 的幂展开多项式 $f(x) = x^4 - 5x^3 + x^2 - 3x + 4$.

3. 应用麦克劳林公式，按 x 的幂展开函数 $f(x) = (x^2 - 3x + 1)^3$.

4. 求函数 $f(x) = \sqrt{x}$ 按 $x-4$ 的幂展开的 3 阶泰勒公式(带拉格朗日型余项).

5. 求函数 $f(x) = \ln x$ 按 $x-2$ 的幂展开的 n 阶泰勒公式(带佩亚诺型余项).

6. 求函数 $f(x) = \tan x$ 的 3 阶麦克劳林公式(带佩亚诺型余项).

7. 利用 $\sin x$ 的 3 阶泰勒公式求 $\sin 18°$ 的近似值，并估计误差.

3.4 函数的极值与最值

3.4.1 函数的极值

1. 函数极值的定义

定义 3-1 设函数 $f(x)$ 在点 x_0 的某邻域 $U(x_0, \delta)$ 内有定义，如果 $U(x_0, \delta)$ 内所有异于 x_0 的点 x 都满足 $f(x) < f(x_0)$ 或 $f(x) > f(x_0)$，则称 $f(x_0)$ 是函数 $f(x)$ 的极大值或极小值，相应的，x_0 称为极大值点或极小值点.

函数的极大值与极小值统称为函数的极值，使函数取得极值的点称为极值点.

函数的极大值和极小值概念是局部性的. 如果 $f(x_0)$ 是函数 $f(x)$ 的一个极大值，那只是就 x_0 附近的一个局部范围来说，$f(x_0)$ 是 $f(x)$ 的一个最大值；如果就 $f(x)$ 的整个定义域来说，$f(x_0)$ 不见得是最大值. 同理，极小值也是如此.

在图 3-6 中，点 x_1，x_2，x_4，x_5，x_6 为函数 $y = f(x)$ 的极值点，可以看到，$y = f(x)$ 有两个极大值: $f(x_2)$，$f(x_5)$，三个极小值: $f(x_1)$，$f(x_4)$，$f(x_6)$，其中极大值 $f(x_2)$ 比极小值 $f(x_6)$ 还小. 就整个区间 $[a, b]$ 来说，只有一个极小值 $f(x_1)$ 同时也是最小值，而没有一个极大值是最大值.

由图 3-6 还可以发现：在极值点处，函数的导数为零(如 x_1，x_2，x_4，x_6) 或者导数存在(如 x_5).

对于函数极值，我们需要注意以下几点：

(1) 函数的极值点与函数的极值是两个不同的概念，极值点是对自变量而言的，而极值是对因变量而言的；

（2）极值是一个局部的概念，在一个区间内，函数可能存在许多个极值，函数的极大值和极小值之间并无确定的大小关系；

（3）函数的极值只能在区间的内部取得，不能在区间的端点上取得.

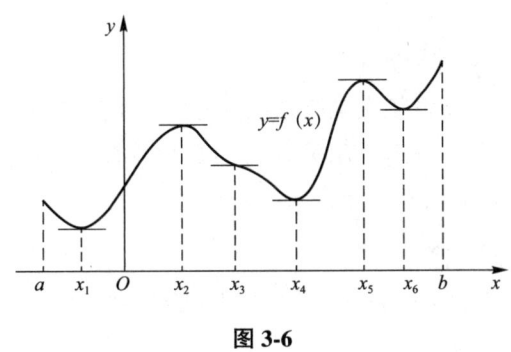

图 3-6

2. 函数极值的判别法

图 3-6 中，在函数取得极值处，曲线的切线是水平的. 但曲线上有水平切线的地方，函数不一定取得极值. 例如图中 $x=x_3$ 处，曲线上有水平切线，但 $f(x_3)$ 不是极值. 由此，我们有下面的定理.

定理 3-9（必要条件） 若可导函数 $f(x)$ 在点 x_0 取得极值，则 $f'(x_0)=0$.

证明： 如果 $f(x_0)$ 为极大值，则存在 x_0 的某邻域，在此邻域内总有

$$f(x_0) > f(x_0 + \Delta x).$$

于是有 $\dfrac{f(x_0+\Delta x)-f(x_0)}{\Delta x}>0$（当 $\Delta x<0$ 时），$\dfrac{f(x_0+\Delta x)-f(x_0)}{\Delta x}<0$（当 $\Delta x>0$ 时）.

根据定理假设 $f'(x_0)$ 存在，则有 $f'_-(x_0)=f'(x_0)=\lim\limits_{\Delta x\to 0^-}\dfrac{f(x_0+\Delta x)-f(x_0)}{\Delta x}\geq 0.$

且 $f'_+(x_0)=f'(x_0)=\lim\limits_{\Delta x\to 0^+}\dfrac{f(x_0+\Delta x)-f(x_0)}{\Delta x}\leq 0,$

所以 $f'(x_0)=0$.

同理可证极小值的情形.

对于定理 3-9，我们需要注意：

（1）可导的极值点一定是驻点，反之不然. 也就是说，驻点不一定是极值点. 例如，$x=0$ 是函数 $y=x^3$ 的驻点，但不是极值点.

（2）函数在导数不存在的点处也可能取得极值. 例如，图 3-6 中函数 $f(x)$ 在点 x_5 处取得极大值；再如，$y=|x|$ 在 $x=0$ 处导数不存在，但函数在该点取得极小值 $y(0)=0$. 另外，导数不存在的点也可能不是极值点，例如，$y=x^{\frac{1}{3}}$ 在 $x=0$ 处切线垂直于 x 轴，导数不存在，但 $x=0$ 不是函数的极值点.

驻点和导数不存在的点统称为可能极值点.

下面介绍函数取得极值的充分条件，也就是给出判断极值的方法.

定理 3-10（第一充分条件） 设函数 $f(x)$ 在点 x_0 连续，在 $U(x_0,\delta)$ 内可导，

（1）当 $x_0-\delta<x<x_0$ 时，$f'(x)>0$，当 $x_0<x<x_0+\delta$ 时，$f'(x)<0$，则 $f(x)$ 在 x_0 处取得极大值；

（2）当 $x_0-\delta<x<x_0$ 时，$f'(x)<0$，当 $x_0<x<x_0+\delta$ 时，$f'(x)>0$，则 $f(x)$ 在 x_0 处取得极小值；

(3)当 x 在 x_0 点左右邻近取值时，$f'(x)$ 的符号不发生改变，则 $f(x)$ 在点 x_0 处不取得极值.

根据定理 3-9 和定理 3-10，如果函数 $f(x)$ 在所讨论的区间内连续，除个别点外处处可导，那么就可以按以下步骤来求函数的极值：

(1)确定函数的连续区间(初等函数即为定义域)；

(2)求出导数 $f'(x)$；

(3)求出函数 $f(x)$ 的全部驻点和导数不存在的点；

(4)利用极值存在的第一充分条件依次判断这些点是否是函数的极值点；

(5)求出各极值点处的函数值，就得到函数 $f(x)$ 的全部极值.

例 3-29 求函数 $f(x)=(x-1)^2(x+1)^3$ 的极值.

解：设函数 $f(x)$ 的定义域为 $(-\infty, +\infty)$.

$$f'(x)=(x-1)(x+1)^2(5x-1),$$

令 $f'(x)=0$，得驻点

$$x_1=-1, \quad x_2=\frac{1}{5}, \quad x_3=1.$$

这三个点将 $(-\infty, +\infty)$ 分成四个部分：

$$(-\infty, -1), \left(-1, \frac{1}{5}\right), \left(\frac{1}{5}, 1\right), (1, +\infty)$$

于是，可作出表 3-1.

表 3-1

x	$(-\infty, 1)$	-1	$\left(-1, \frac{1}{5}\right)$	$\frac{1}{5}$	$\left(\frac{1}{5}, 1\right)$	1	$(1, +\infty)$
$f'(x)$	+	0	+	0	−	0	+
$f(x)$		0 非极值		$\frac{3\,456}{3\,125}$ 极大值		0 极小值	

由表 3-1 可见，函数 $f(x)$ 在点 $x=\frac{1}{5}$ 处有极大值 $f\left(\frac{1}{5}\right)=\frac{3\,456}{3\,125}$，在点 $x=1$ 处有极小值 $f(1)=0$，如图 3-7 所示.

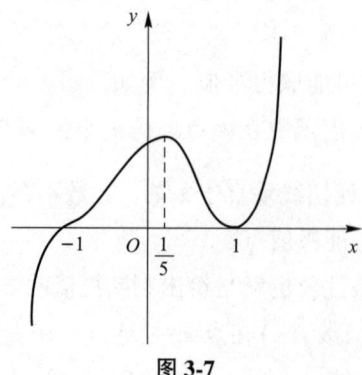

图 3-7

例 3-30 求函数 $f(x)=x-\dfrac{3}{2}x^{\frac{2}{3}}$ 极值.

解：设函数 $f(x)$ 的定义域为 $(-\infty, +\infty)$.
$$f'(x)=1-x^{-\frac{1}{3}}.$$

当 $x=1$ 时，$f'(x)=0$，而当 $x=0$ 时，$f'(x)$ 不存在，因此，函数可能在这两点取得极值，如表 3-2 所示.

表 3-2

x	$(-\infty, 0)$	0	$(0, 1)$	1	$(1, +\infty)$
$f'(x)$	+	不存在	-	0	+
$f(x)$		0 极大值		$-\dfrac{1}{2}$ 极小值	

由表 3-2 可见：函数 $f(x)$ 在 $x=0$ 处有极大值 $f(0)=0$，在点 $x=1$ 处有极小值 $f(1)=-\dfrac{1}{2}$，如图 3-8 所示.

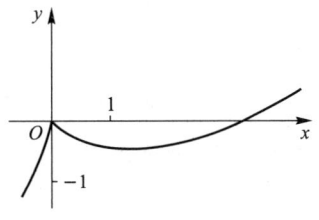

图 3-8

定理 3-11（第二充分条件） 设函数 $f(x)$ 在点 x_0 处二阶可导，并且 $f'(x_0)=0$，$f''(x_0)\neq 0$，那么
（1）若 $f''(x_0)<0$，则 $f(x_0)$ 是 $f(x)$ 的极大值；
（2）若 $f''(x_0)>0$，则 $f(x_0)$ 是 $f(x)$ 的极小值.

说明：
（1）定理 3-11 适用的范围比定理 3-10 要小，确定极值仅适用于函数驻点的情形；
（2）当 $f'(x_0)=f''(x_0)=0$ 时，定理失效，无法判别 $f(x_0)$ 是否为极值.
（3）定理 3-11 在经济应用上较为方便.

例 3-31 求函数 $f(x)=2x^3-6x^2-18x+7$ 的极值.

解：设函数 $f(x)$ 的定义域为 $(-\infty, +\infty)$.
$$f'(x)=6x^2-12x-18=6(x+1)(x-3).$$

令 $f'(x)=0$，得驻点 $x_1=-1$，$x_2=3$.

又 $f''(x)=12x-12$，则 $f''(-1)=12\times(-2)=-24<0$，所以 $f(-1)=17$ 是极大值.

同理，由于 $f''(3)=12\times 2=24>0$，所以 $f(3)=-47$ 是极小值.

例 3-32 求函数 $f(x)=x^2-\ln x^2$ 的极值.

解：函数 $f(x)$ 的定义域为 $(-\infty, 0) \cup (0, +\infty)$.

因为

$$f'(x) = 2x - \frac{2}{x} = \frac{2(x^2-1)}{x}, \quad f''(x) = 2 + \frac{2}{x^2},$$

令 $f'(x) = 0$，得驻点 $x_1 = -1$，$x_2 = 1$，由于 $f''(-1) = 4 > 0$，$f''(1) = 4 > 0$，则 $x_1 = -1$，$x_2 = 1$ 都是极小值点，$f(-1) = 1$ 和 $f(1) = 1$ 都是函数 $f(x)$ 的极小值.

函数极值与交通管理

假设我们有一个简单的交通网络，其中只有一条道路连接两个地点 A 和 B. 我们想要确定这条道路上的最佳交通流量，以最小化总的行驶时间或最大化道路的通行效率，这时候我们利用函数极值来帮助我们实现这一目标.

定义变量和函数：

假设 x 表示道路上的交通流量（例如，每小时的车辆数）.

假设 $T(x)$ 表示总的行驶时间，它是交通流量 x 的函数. 这个函数可能会考虑多种因素，如车辆的平均速度（它随着流量的增加而减少，因为车辆需要更频繁地刹车和加速）、道路的长度等.

构建函数：

一个简单的模型可能是 $T(x) = a*x/(v(x)) + b$，其中 a 和 b 是常数，$v(x)$ 是交通流量为 x 时的平均速度. 通常，$v(x)$ 是一个递减函数，因为随着流量的增加，车辆的速度会降低.

找到极值点：

为了找到使 $T(x)$ 最小的 x 值，我们需要求解 $T'(x) = 0$（即 $T(x)$ 的导数等于零的点）. 这通常涉及到一些微积分计算，并可能需要一些假设或简化的模型来得到 $v(x)$ 的具体形式.

分析极值点：

一旦我们找到了极值点，我们需要检查它是最大值还是最小值. 在交通管理的背景下，我们通常寻找的是最小值，因为它对应于最小的行驶时间或最高的通行效率.

应用结果：

交通管理部门可以使用这个信息来预测交通拥堵的地点和时间，并采取相应的措施，如调整交通信号灯的时间、实施交通管制、提供交通指引等，以缓解交通拥堵.

3.4.2 函数的最值

1. 函数最值的定义

定义 3-2 函数 $f(x)$ 在区间 D 上有定义，$x_0 \in D$，如果对于任意 $x \in D$，恒有 $f(x) \leq f(x_0)$，则称点 x_0 为 $f(x)$ 的最大值点，称 $f(x_0)$ 为函数 $f(x)$ 在区间 D 上的最大值. 对于任意 $x \in D$，恒有 $f(x) \geq x_0$，

则称点 x_0 为 $f(x)$ 的最小值点,称 $f(x_0)$ 为函数 $f(x)$ 在区间 D 上的最小值. 函数的最大值与最小值统称为函数的最值.

最值与极值的区别与联系:

(1)极值是局部的概念,而最值是整体的概念. 极值只关心函数在某一点附近的小范围内的最大值或最小值,而最值考虑的是函数在整个定义域或指定区间内的最大值或最小值.

(2)在某些情况下,函数的极值点可能是最值点(如函数在闭区间上的连续函数),但并非所有极值点都是最值点(如函数在开区间上的连续函数). 同时,对于某些特定的函数(如单峰函数),其极值点即为最值点.

2. 闭区间上函数的最值

设函数 $f(x)$ 在闭区间 $[a,b]$ 上连续,根据闭区间上连续函数的性质,$f(x)$ 在 $[a,b]$ 上一定存在最值. 而且,如果函数的最值是在区间内部取得的话,那么其最值点也一定是函数的极值点;当然,函数的最值点也可能在区间的端点上取得.

我们可以按照以下步骤求给定闭区间上函数的最值.

(1)在给定区间上求出函数所有可能的极值点:驻点和导数不存在的点.

(2)接下来,我们需要计算函数在步骤(1)中找到的所有驻点、导数不存在的点以及区间端点处的函数值.

(3)在获得了所有关键点的函数值之后,我们需要比较这些函数值的大小. 其中,最大的函数值即为函数在该区间上的最大值,而最小的函数值即为最小值. 通过这一步骤,我们可以准确地确定函数在给定区间上的最值.

例 3-33 求函数 $f(x)=x+\dfrac{3}{2}x^{\frac{2}{3}}$ 在区间 $\left[-8,\dfrac{1}{8}\right]$ 上的最大值与最小值.

解: $f'(x)=1+x^{-\frac{1}{3}}=\dfrac{\sqrt[3]{x}+1}{\sqrt[3]{x}}$.

令 $f'(x)=0$,在 $\left(-8,\dfrac{1}{8}\right)$ 内解得驻点 $x=-1$,另外有不可导点 $x=0$.

由于

$$f(0)=0,\ f(-1)=-\dfrac{5}{2},\ f(-8)=-2,\ f\left(\dfrac{1}{8}\right)=\dfrac{1}{2},$$

则函数 $f(x)$ 的最大值为 $f\left(\dfrac{1}{8}\right)=\dfrac{1}{2}$,最小值为 $f(-1)=-\dfrac{5}{2}$.

例 3-34 求 $f(x)=x\ln x$ 在 $[1,e]$ 上的最大值和最小值.

解: $f'(x)=\ln x+1$,因为在 $[1,e]$ 上 $f'(x)>0$,函数 $f(x)=x\ln x$ 的最值在区间 $[1,e]$ 的端点处取得,故

$$f_{\max}(1)=0,\ f_{\max}(e)=e.$$

3. 函数最值应用举例

函数最值在实际应用中具有广泛的应用场景,无论是生产成本控制、空间资源优化还是经济模型分析等领域,都需要用到函数最值的知识来解决问题. 我们可以将这些实际问题在数学上归结为建立一个目标函数,然后求这个函数的最大值或最小值的问题.

对于实际问题,往往根据问题的性质就可以断定函数 $f(x)$ 在定义区间内部存在最大值或最小值. 理论上可以证明这样一个结论:在实际问题中,若函数 $f(x)$ 的定义域是开区间,且在此开区间内只有一个驻点 x_0,而最值又存在,则可以直接断定该驻点 x_0 就是最值点,$f(x_0)$ 即为相应的最值.

(1) 用料最省问题

例 3-35 要做一个容积为 V 的圆柱形无盖铁桶,怎样设计才能使制造铁桶的用料最省?

解: 要材料最省,铁桶的总表面积就要最小. 如图 3-9 所示,设铁桶底面半径为 $x(x>0)$,高为 h,由 $V=\pi x^2 h$,得 $h=\dfrac{V}{\pi x^2}$. 除去顶面的圆柱表面积为

$$S=\pi x^2+2\pi xh=\pi x^2+2\pi x\,\dfrac{V}{\pi x^2}=\pi x^2+\dfrac{2V}{x},$$

$$S'=2\pi x-\dfrac{2V}{x^2}=\dfrac{2\pi x^3-2V}{x^2}.$$

令 $S'=0$,得唯一驻点 $x=\sqrt[3]{\dfrac{V}{\pi}}$.

由于在容积一定的情况下,铁桶用料一定存在最小值,所以求得的唯一驻点 $x=\sqrt[3]{\dfrac{V}{\pi}}$ 也是 S 的最小值点,此时 $h=\dfrac{V}{\pi x^2}=\sqrt[3]{\dfrac{V}{\pi}}$. 因此,只要铁桶底面半径和高都为 $\sqrt[3]{\dfrac{V}{\pi}}$,就会使制造铁桶的用料最省.

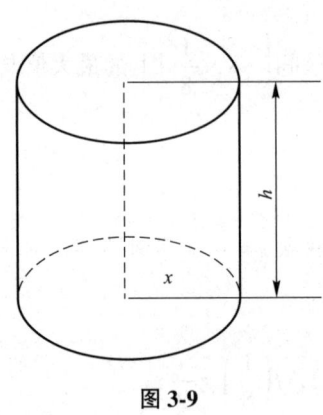

图 3-9

(2) 容积最大问题

例 3-36 设有一块边长为 a 的正方形铁皮,如图 3-10 所示,从四个角截去同样的小方块,做成一个无盖的小方盒,问截掉的小方块的边长为多少时,才能使无盖小方盒的容积最大?

解: 设小方块的边长为 x,则无盖小方盒的容积为

$$V=x(a-2x)^2=4x^3-4ax^2+a^2x,\ x\in\left(0,\dfrac{a}{2}\right).$$

此时问题转化为求函数 V 在区间 $\left(0,\dfrac{a}{2}\right)$ 上的最大值问题.

由于 $V'=12x^2-8ax+a^2=(2x-a)(6x-a)$,令 $V'=0$,得驻点 $x_1=\dfrac{a}{6}$,$x_2=\dfrac{a}{2}$.

又因为 $V''=24x-8a$，而 $V''\left(\dfrac{a}{6}\right)=-4a<0$，所以 $x_1=\dfrac{a}{6}$ 是极大值点．

由于 V 在区间 $\left(0,\dfrac{a}{2}\right)$ 内只有唯一的一个极大值，所以为最大值．也就是说，小方块的边长为 $\dfrac{a}{6}$ 时，无盖小方盒的容积最大，最大容积为 $V\left(\dfrac{a}{6}\right)=\dfrac{2}{27}a^3$．

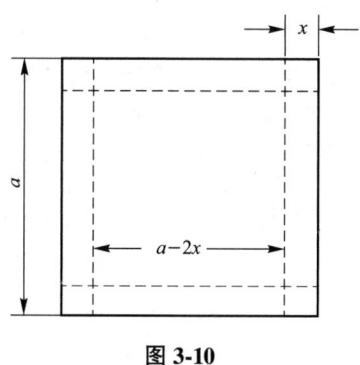

图 3-10

(3) 面积最大问题

例 3-37 将一长为 $2L$ 的铁丝折成一个长方形，如何折才能使长方形的面积最大？

解：设长方形的长为 x，宽为 y，则其面积 $A=xy$．

由于 $2x+2y=2L$，所以 $y=L-x$．代入上式，得
$$A=x(L-x)\ (0<x<L).$$
$$A'(x)=L-2x,$$

令 $A'(x)=0$，解得 $x=\dfrac{L}{2}$，这是 $A(x)$ 在 $(0,L)$ 内唯一的驻点，所以 $x=\dfrac{L}{2}$ 为 $A(x)$ 的最大值点．$A(x)$ 的最大值为 $A\left(\dfrac{L}{2}\right)=\dfrac{L^2}{4}$，这时 $y=L-\dfrac{L}{2}=\dfrac{L}{2}$．

所以把该铁丝折成一个长、宽相等的正方形时面积最大．

(4) 工作效率最高问题

例 3-38 某厂上午班 (8：00——12：00) 统计数据显示，一名中等技术水平的工人从早上 8 点开始工作，t 小时后生产 $Q(t)=-t^3+6t^2+45t$ (个) 产品，问在上午几点钟这个工人的工作效率最高？

解：这里的工作效率就是单位时间内生产的产品个数，即 $Q(t)$ 的导数．设 $P(t)=Q'(t)$，则 $P(t)$ 的最大值点就是该工人工作效率最高的时间点．
$$P(t)=Q'(t)=-3t^2+12t+45,\ t\in[0,4],$$
$$P'(t)=-6t+12.$$

令 $P'(t)=0$，得驻点 $t=2$，且 $P''(2)=-6<0$，即 $t=2$ 为唯一的极大值点，故也是最大值点．所以，当工人开始工作 2 小时后，即上午 10 点时工作效率达到最高，可以每小时生产 $P(2)=57$ (个) 产品．

(5) 收益最大问题．

例 3-39 某旅行社组织旅行团外出旅游，若旅行团人数不超过 30 人，则每张机票为 900 元；若旅行团人数超过 30 人，每多 1 人，每张机票优惠 10 元，直到每张机票降到 450 元为止．旅行社的包

机费为 15 000 元. 根据以上信息,你认为每团人数为多少时,旅行社可获得最大的机票收益?最大收益为多少?

解:根据题意每团最多人数为 $\dfrac{900-450}{10}+30=75$(人).

设每团人数为 x,机票价格为 p,则

$$p=\begin{cases}900, & 1\leqslant x\leqslant 30\\ 900-10(x-30), & 30<x\leqslant 75\end{cases}$$

机票收益为机票费用减去包机费 15 000 元,则旅行社的机票收益 $L(x)$ 为

$$L(x)=xp-15000=\begin{cases}900x-15\,000, & 1\leqslant x\leqslant 30\\ 900x-10x(x-30)-15\,000, & 30<x\leqslant 75\end{cases}$$

根据求最值的方法,令 $L'(x)=0$ 得出驻点,再进一步做出判断:

$$L'(x)=\begin{cases}900, & 1\leqslant x\leqslant 30\\ 1\,200-20x, & 30<x\leqslant 75\end{cases}$$

显然,人数不超过 30 时达不到最大收益,主要考虑人数大于 30 的情况.
由 $1\,200-20x=0$ 得驻点 $x=60$,又 $L''(60)=-20<0$,即 $x=60$ 为唯一的极大值点,故为最大值点.
故每团人数为 60 人时,旅行社将获得最大机票收益,最大收益为 $L(60)=21\,000$(元).

我的购物决策之旅

在一个繁忙的周末,我决定去购物,寻找一款适合我需求的新电视. 在商场里,面对着琳琅满目的不同品牌、尺寸和价格的电视机,为了做出明智的购买决策,我开始像数学家一样思考,寻找那个使总效益最大的"最优解".

首先,我关注到了价格. 我拿起手机,在多个在线平台上搜索了同一型号电视的价格,试图找到最低价. 我意识到这其实就是一个求最值的过程,于是构建了一个与价格相关的函数,并通过比较不同价格点,找到了使总成本最小的购买方案.

接着,我考虑了购买量的问题. 虽然电视是单个购买的商品,但某些商家提供了批量购买的优惠. 我思考了一下,如果条件允许,是否应该多买几台来享受优惠. 为此,我构建了一个与购买数量和总成本相关的函数,并通过计算不同购买量下的总成本,找到了经济效益的最佳平衡点.

时间也是一个重要的考虑因素. 我注意到,有些商家在特定时间段(如促销期)会有额外的折扣. 于是,我构建了一个与时间相关的函数,评估了在不同时间购物的效益,最终选择了在促销期购买,以最小化我的时间成本.

当电视具有多个属性时,如品牌声誉、尺寸满足度等,我意识到需要综合考虑这些属性. 我构建了一个包含多个变量的函数,为每个属性分配了不同的权重,并计算了加权后的总效益. 通过对比不同选项的总效益,我找到了那款满足我需求且性价比最高的电视型号.

在现代技术的帮助下,我还利用了一些数据分析和决策工具来辅助我的购物决策.

这些工具帮助我快速构建和求解与购物决策相关的函数，使我的购物过程更加轻松和高效．

最终，我成功地购买了一款性价比高、满足我需求的电视．这次购物经历让我深刻体会到了函数最值在购物决策中的重要性．通过综合考虑价格、数量、时间和其他属性因素，我做出了一个明智且满意的购买选择．

课堂练习

1. 求下列函数的极值

(1) $y = x\sin x + \cos x$, $x \in \left[-\dfrac{\pi}{4}, \dfrac{3\pi}{4}\right]$

(2) $y = \dfrac{e^x}{3+x}$

(3) $y = (x^2-1)^3 + 3$

(4) $y = \dfrac{x^3}{(x-1)^2}$

(5) $y = 2x^3 - 6x^2 - 18x + 7$

(6) $y = \dfrac{3x^2+4x+4}{x^2+x+1}$

(7) $y = \dfrac{1+3x}{\sqrt{4+5x^2}}$

(8) $y = e^x \cos x$

(9) $y = x^{\frac{1}{x}}$

(10) $f(x) = x^2 - 8\ln x$

2. 求下列函数的最大值、最小值

(1) $y = 2x^3 - 3x^2$, $-1 \leq x \leq 4$

(2) $y = x^4 - 8x^2 + 2$, $-1 \leq x \leq 3$

(3) $y = x + \sqrt{1-x}$, $-5 \leq x \leq 1$

3. 试证明：如果函数 $y = ax^3 + bx^2 + cx + d$ 满足条件 $b^2 - 3ac < 0$，那么这个函数没有极值．

4. 试问 a 为何值时，函数 $f(x) = a\sin x + \dfrac{1}{3}\sin 3x$ 在 $x = \dfrac{\pi}{3}$ 处取得极值？它是极大值还是极小值？并求此极值．

5. 某车间靠墙壁要盖一间长方形小屋，现有存砖只够砌 20 m 长的墙壁．问应围成怎样的长方形才能使这间小屋的面积最大？

6. 要造一圆柱形油罐，体积为 V，问底半径 r 和高 h 各等于多少时，才能使表面积最小？这时底直径与高的比是多少？

3.5 函数的单调性与曲线的凹凸性

3.5.1 函数的单调性

函数的单调性描述的是函数在其定义域内，随着自变量的增加或减少函数值的变化趋势．单调性是函数的重要性质．一般情况下，我们通过函数单调性的定义来判断单调性，即在函数的定义域内任取两点 x_1 和 x_2，通过比较 $f(x_1)$ 和 $f(x_2)$ 的大小来判断函数的单调性，可以通过函数值作差或是作商来实现判断函数值大小的目的．但对有的函数来说，这个方法比较复杂．下来介绍利用函数的导数来判断函数单调性的方法．

先从几何直观分析．如图 3-11 所示，当函数 $y=f(x)$ 的图形随自变量增大或减少时，那么它的图形是一条沿 x 轴正向上升或下降的曲线．这时，曲线上各点处的切线斜率是非负的(是非正的)，即 $y'=f'(x)\geq 0(y'=f'(x)\leq 0)$．由此可见，函数的单调性与导数的符号有着密切的联系．

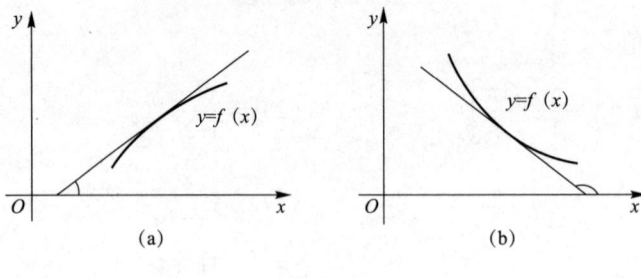

图 3-11

下面我们利用拉格朗日中值定理来对函数的单调性进行讨论．

设函数 $y=f(x)$ 在 $[a,b]$ 上连续，在 (a,b) 内可导，在 $[a,b]$ 上任取两点两点 x_1 和 $x_2(x_1<x_2)$，应用拉格朗日中值定理，得到

$$f(x_2)-f(x_1)=f'(\xi)(x_2-x_1)\quad(x_1<\xi<x_2).$$

在上式中，由于 $x_2-x_1>0$，因此，如果在 (a,b) 内导数 $f'(x)$ 保持正号，即 $f'(x)>0$，那么也有 $f'(\xi)>0$，于是

$$f(x_2)-f(x_1)=f'(\xi)(x_2-x_1)>0,$$

即

$$f(x_1)<f(x_2),$$

表明函数 $y=f(x)$ 在 $[a,b]$ 上单调增加．同理，如果在 (a,b) 内导数 $f'(x)$ 保持负号，即 $f'(x)<0$，那么 $f'(\xi)<0$，于是 $f(x_2)-f(x_1)<0$，即 $f(x_1)>f(x_2)$，表明函数 $y=f(x)$ 在 $[a,b]$ 上单调减少．

此外，如果 $f'(x)$ 在 (a,b) 内的某点 $x=c$ 处等于零，而在其余各点处均为正(负)，那么 $f(x)$ 在区间 $[a,c]$ 和区间 $[c,b]$ 上都是单调增加(减少)的，因此在区间 $[a,b]$ 上仍是单调增加(减少)的．显然，如果 $f'(x)$ 在 (a,b) 内等于零的点为有限多个，只要它在其余各点处保持定号，那么 $f(x)$ 在 $[a,b]$ 上仍是单调的．

我们把上面的讨论归纳为下面的定理：

定理 3-12 设函数 $f(x)$ 在 $[a,b]$ 上连续，在 (a,b) 内可导．

(1) 若 $f'(x)>0$，则函数 $f(x)$ 在 $[a,b]$ 上单调增加；

(2) 若 $f'(x)<0$，则函数 $f(x)$ 在 $[a,b]$ 上单调减少．

在此，需要指出的是，函数 $f(x)$ 在某区间内单调增加(减少)时，在个别点 x_0 处，可以有 $f'(x_0)=0$．例如，函数 $y=x^3$ 在区间 $(-\infty,+\infty)$ 内是单调增加的，而 $y'(x)=3x^2\geq 0$，仅当 $x=0$ 时，$y'(0)=0$．对此，有更一般性的结论：

在函数 $f(x)$ 的可导区间 $[a,b]$ 内，若 $f'(x)\geq 0$ 或 $f'(x)\leq 0$(等号仅在有限个点处成立)，则函

数 $f(x)$ 在 $[a, b]$ 内单调增加或单调减少.

根据定理 3-12 可以看出,讨论一个函数的单调性,只需求出该函数的导数,再判别导数的符号即可. 为此,我们要把导数 $f'(x)$ 取正值和负值的区间进行划分. 当导数连续时, $f'(x)$ 取正值和负值的分界点上应有 $f'(x)=0$. 因此,讨论函数单调性的步骤如下:

(1) 确定 $f(x)$ 的定义域;

(2) 求 $f'(x)$,并求出 $f(x)$ 单调区间的所有可能的分界点(包括 $f(x)$ 的驻点、$f'(x)$ 不存在的点),根据分界点把定义域分成相应的区间;

(3) 判断一阶导数 $f'(x)$ 在各区间内的符号,从而判断函数在各区间中的单调性.

例 3-40 判定函数 $y=x-\sin x$ 在 $[-\pi, \pi]$ 上的单调性.

解:因为所给函数在 $[-\pi, \pi]$ 上连续,在 $(-\pi, \pi)$ 内 $y'=1-\cos x \geq 0$,且等号仅在 $x=0$ 处成立,所以由函数 $y=x-\sin x$ 在 $[-\pi, \pi]$ 上单调增加.

例 3-41 讨论函数 $y=e^x-x-1$ 的单调性.

解:$y'=e^x-1$.

函数 $y=e^x-x-1$ 的定义域为 $(-\infty, +\infty)$. 因为在 $(-\infty, 0)$ 内 $y'<0$,所以函数 $y=e^x-x-1$ 在 $(-\infty, 0]$ 上单调减少;因为在 $(0, +\infty)$ 内 $y'>0$,所以函数 $y=e^x-x-1$ 在 $[0, +\infty)$ 上单调增加.

例 3-42 确定函数 $f(x)=x^3-3x$ 的单调区间.

解:因 $f'(x)=3x^2-3=3(x+1)(x-1)$,当 $x \in (-\infty, -1)$ 时,$f'(x)>0$,函数 $f(x)$ 在 $(-\infty, -1)$ 内单调增加;而当 $x \in (-1, 1)$ 时,$f'(x)<0$,函数 $f(x)$ 在 $(-1, 1)$ 内单调减少;当 $x \in (1, +\infty)$ 时,$f'(x)>0$,函数 $f(x)$ 在 $(1, +\infty)$ 内单调增加.

例 3-43 确定函数 $f(x)=2x^3-9x^2+12x-3$ 的单调区间.

解:函数定义域为 $(-\infty, +\infty)$,

求导数并确定函数的驻点和导数不存在的点:

$f'(x)=6x^2-18x+12$,令 $f'(x)=0$,得驻点 $x_1=1, x_2=2$,该函数没有不可导点.

用找到的点它们将函数的定义域分为 3 个区间,如表 3-3 所示.

表 3-3

x	$(-\infty, 1)$	$(1, 2)$	$(2, +\infty)$
$f'(x)$	+	−	+
$f(x)$	↗	↘	↗

3.5.2 曲线的凸凹性与拐点

在研究函数时,仅仅掌握其极值、最值以及单调性的信息是不足以完整描绘函数的具体形状的. 即使两个函数都呈现单调增加的趋势,它们的曲线弯曲方向也可能大相径庭. 因此,除了分析函数的增减变化外,我们还需要深入探索曲线的凹凸性,即曲线的弯曲方向,这样我们可以更加精确地勾勒出函数的全貌,从而对函数的形态有一个更加全面的认识.

下面我们来观察图 3-12(a)(b) 中的两条曲线.

从图中不难看出,两条曲线有很明显的区别,即虽然它们都是单调增加的,但一个是凹的曲线弧，另一个则是凸的曲线弧．在图 3-12(a)中，连接曲线上任意两点的直线总位于这两点间曲线弧的上方；在图 3-12(b)中，连接曲线上任意两点的直线总位于这两点间曲线弧的下方．由此，我们可以得出这样的结论：曲线的凹凸性可以用连接曲线弧上任意两点的弦的中点与曲线弧上相应点(即有相同横坐标的点)的位置关系来描述．

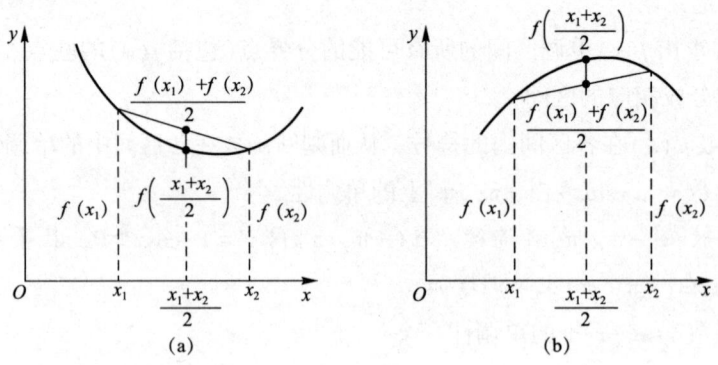

图 3-12

定义 3-3 设 $f(x)$ 在区间 I 上连续，如果对 I 上任意两点 x_1，x_2，恒有

$$f\left(\frac{x_1+x_2}{2}\right) < \frac{f(x_1)+f(x_2)}{2},$$

那么称 $f(x)$ 在 I 上的图形是(向上)凹的(或凹弧)，如 3-12(a)所示；
如果恒有

$$f\left(\frac{x_1+x_2}{2}\right) > \frac{f(x_1)+f(x_2)}{2},$$

那么称 $f(x)$ 在 I 上的图形是(向上)凸的(或凸弧)如 3-12(b)所示．

定义 3-4 设函数 $f(x)$ 在开区间 (a,b) 内可导，如果在该区间内 $f(x)$ 的曲线位于其上任一点切线的上方，则称该曲线在 (a,b) 内是凹的，区间 (a,b) 称为凹区间．如图 3-13(a)所示；反之，如果 $f(x)$ 的曲线位于其上任一点切线的下方，则称该曲线在 (a,b) 内是凸的，区间 (a,b) 称为凸区间．如图 3-13(b)所示．曲线上凹凸区间的分界点称为曲线的拐点．

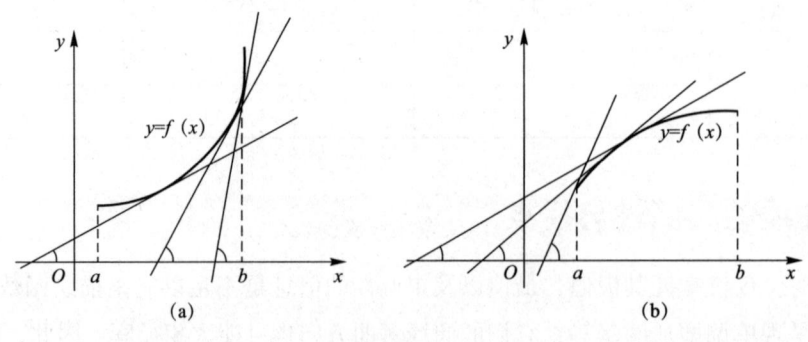

图 3-13

说明： 拐点是位于曲线上而不是坐标轴上的点，因此应表示为 $(x_0, f(x_0))$．而 $x=x_0$ 仅是拐点的横坐标，若要表示拐点，必须算出相应的纵坐标 $f(x_0)$．

如果函数 $f(x)$ 在 I 内具有二阶导数，那么可以利用二阶导数的符号来判定曲线的凹凸性，这就是下面的曲线凹凸性的判定定理.

定理 3-13 设函数 $f(x)$ 在 $[a,b]$ 上连续, 在 (a,b) 内具有一阶和二阶导数, 那么

(1) 若对 $\forall x \in (a,b)$, $f''(x)>0$, 则 $f(x)$ 在 $[a,b]$ 上的图形是凹的;

(2) 若对 $\forall x \in (a,b)$, $f''(x)<0$, 则 $f(x)$ 在 $[a,b]$ 上的图形是凸的.

证明:

对于情形(1), 设 x_1 和 x_2 为 $[a,b]$ 内任意两点, 且 $x_1<x_2$, 记 $\dfrac{x_1+x_2}{2}=x_0$, 并记 $x_2-x_0=x_0-x_1=h$, 则 $x_1=x_0-h$, $x_2=x_0+h$, 由拉格朗日中值公式, 得

$$f(x_0+h)-f(x_0)=f'(x_0+\theta_1 h)h,$$
$$f(x_0)-f(x_0-h)=f'(x_0-\theta_2 h)h,$$

其中 $0<\theta_1<1$, $0<\theta_2<1$. 两式相减, 即得

$$f(x_0+h)+f(x_0-h)-2f(x_0)=[f'(x_0+\theta_1 h)-f'(x_0-\theta_2 h)]h.$$

对 $f'(x)$ 在区间 $[x_0-\theta_2 h, x_0+\theta_1 h]$ 上再利用拉格朗日中值公式, 得

$$[f'(x_0+\theta_1 h)-f'(x_0-\theta_2 h)]h=f''(\xi)(\theta_1+\theta_2)h^2,$$

其中 $x_0-\theta_2 h<\xi<x_0+\theta_1 h$. 按情形(1)的假设, $f''(\xi)>0$, 故有

$$f(x_0+h)+f(x_0-h)-2f(x_0)>0,$$

即

$$\frac{f(x_0+h)+f(x_0-h)}{2}>f(x_0),$$

亦即

$$\frac{f(x_1)+f(x_2)}{2}>f\left(\frac{x_1+x_2}{2}\right),$$

所以 $f(x)$ 在 $[a,b]$ 上的图形是凹的.

类似地可证明情形(2).

如果把这个判定法中的闭区间换成其他各种区间(包括无穷区间), 结论同样成立.

下面是求曲线的凹凸区间和拐点的步骤:

(1) 确定函数的连续区间(初等函数即为定义域);

(2) 求出函数的二阶导数 $f''(x)$;

(3) 解出二阶导数为零的点和二阶导数不存在的点, 并用这些点划分连续区间;

(4) 对于(3)中求出的每一个实根或二阶导数不存在的点 x_0, 检查 $f''(x)$ 在左右两侧临近的符号, 那么当两侧的符号相反时, 点 $(x_0,f(x_0))$ 是拐点, 当两侧的符号相同时, 点 $(x_0,f(x_0))$ 不是拐点.

例 3-44 判断曲线 $y(x)=x^3$ 的凹凸性.

解: 函数 $y(x)=x^3$ 的定义域为全体实数, 且

$$f'(x)=3x^2, f''(x)=6x,$$

令 $f''(x)=6x=0$, 得 $x=0$,

当 $x \in (-\infty, 0]$ 时, $f''(x)<0$, 于是曲线在 $(-\infty, 0)$ 为凸的;

当 $x \in [0, +\infty)$ 时, $f''(x)>0$, 于是曲线在 $[0, +\infty)$ 为凹的.

例 3-45 求曲线 $f(x)=x^3-6x^2+9x+1$ 的凹凸区间及拐点.

解：$f(x)$ 的定义域为 $(-\infty, +\infty)$，

因为 $f'(x)=3x^2-12x+9$，$f''(x)=6x-12=6(x-2)$，

令 $f''(x)=0$，得 $x=2$.

列表讨论，如表 3-4 所示.

表 3-4

x	$(-\infty, 2)$	2	$(2, +\infty)$
$f''(x)$	$-$	0	$+$
$f(x)$	凸的	拐点(2, 3)	凹的

当 $x \in (-\infty, 2)$ 时，$f''(x)<0$，此区间为凸区间；

当 $x \in (2, +\infty)$ 时，$f''(x)>0$，此区间为凹区间；

当 $x=2$ 时，$f''(x)=0$，且 $f''(x)$ 在 $x=2$ 的两侧变号，而 $f(2)=3$，所以，点 $(2, 3)$ 是该曲线的拐点.

课 堂 练 习

1. 确定下列函数的单调区间

(1) $y=2x^3-6x^2-18x-7$ 　　(2) $y=x+|\sin 2x|$

(3) $y=\dfrac{10}{4x^3-9x^2+6x}$ 　　(4) $y=\sqrt[3]{(2x-a)(a-x)^2}\ (a>0)$

(5) $y=\dfrac{e^x}{3+x}$ 　　(6) $y=x-\ln(1+x^2)$

(7) $y=(x^2-1)^3+3$ 　　(8) $y=e^x-x-1$

2. 判定下列曲线的凹凸性

(1) $y=4x-x^2$ 　　(2) $y=x+\dfrac{1}{x}\ (x>0)$

(3) $y=x\arctan x$

3. 求下列曲线的拐点及凹凸区间

(1) $y=x^2+\dfrac{1}{x}$ 　　(2) $y=\ln(x^2+1)$

(3) $y=x^3-5x^2+3x+5$ 　　(4) $y=\dfrac{1}{4}x^{\frac{8}{3}}-x^{\frac{5}{3}}$

(5) $y=e^{-x^2}$ 　　(6) $y=xe^{-x}$

3. 试确定常数 a, b, c, d 的值，使曲线 $y=ax^3+bx^2+cx+d$ 过点 $(-2, 44)$，在 $x=-2$ 处有水平切线，且以点 $(1, -10)$ 为拐点.

4. 设 $y=f(x)$ 在 x_0 的某邻域内具有三阶连续导数，如果 $f''(x_0)=0$，而 $f'''(x_0)\neq 0$，证明：$(x_0, f(x_0))$ 为 $y=f(x)$ 的拐点.

3.6 函数图形的描绘

当一阶导数在某个区间内始终大于零时，我们可以断定该函数在此区间内是单调递增的；反之，若一阶导数始终小于零，则函数在此区间内单调递减．这种对单调性的判定，有助于我们直观地理解函数所描绘的曲线在某一区间内的升降情况．当我们进一步探讨曲线的形状时，二阶导数便发挥了其独特的作用．通过二阶导数的正负，我们能够判断曲线的凹凸性．具体来说，当二阶导数在某点附近大于零时，该点附近的曲线呈现出向上凸起的形状；反之，若二阶导数小于零，则曲线在该点附近向下凹陷．这种对凹凸性的分析，使我们能够更精确地把握曲线的弯曲情况．

然而，当函数的定义域扩展到无穷区间，或者函数在某些点上存在无穷间断点时，单纯依赖一阶和二阶导数已经不足以分析函数的性质．此时，我们需要进一步了解曲线在无穷远处的延伸趋势．这就引出了曲线的渐近线概念．

3.6.1 曲线的渐近线

定义 3-5 如果曲线上的一点沿着曲线趋于无穷远时，该点与某条直线的距离趋于零，则称此直线为曲线的渐近线

1. 水平渐近线

如果曲线 $y=f(x)$ 的定义域是无限区间，且有 $\lim\limits_{x\to-\infty}f(x)=b$ 或 $\lim\limits_{x\to+\infty}f(x)=b$，则直线 $y=b$ 为曲线 $y=f(x)$ 的渐近线，称为水平渐近线，如图 3-14 和图 3-15 所示．

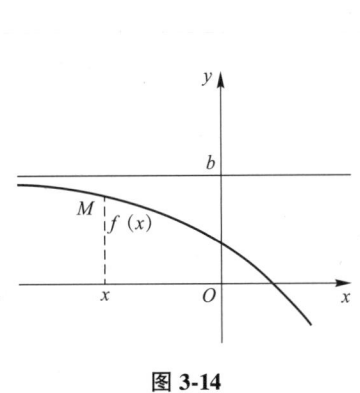

图 3-14

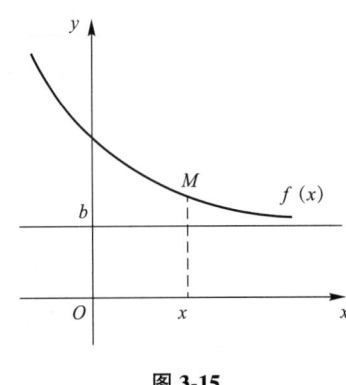

图 3-15

例 3-46 求曲线 $y=\dfrac{1}{x-1}$ 的水平渐近线．

解：因为 $\lim\limits_{x\to\infty}\dfrac{1}{x-1}=0$，所以直线 $y=0$ 是曲线的一条水平渐近线，如图 3-16 所示．

例 3-47 求反正切曲线 $y=\arctan x$ 的水平渐近线．

解：因为 $\lim\limits_{x\to+\infty}\arctan x=\dfrac{\pi}{2}$，$\lim\limits_{x\to-\infty}\arctan x=-\dfrac{\pi}{2}$，所以直线 $y=\pm\dfrac{\pi}{2}$ 是反正切曲线的两条水平渐近线．

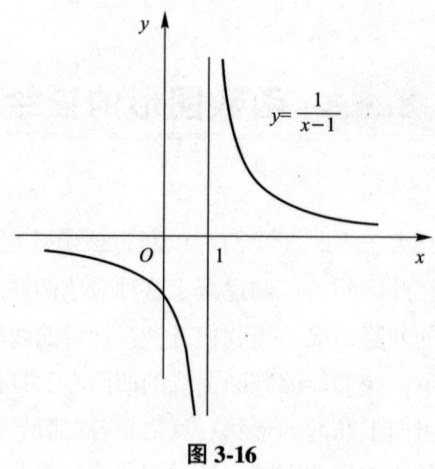

图 3-16

2. 铅直渐近线

设曲线 $y=f(x)$ 在点 $x=a$ 的一个去心邻域(或左邻域,或右邻域)内有定义,如果 $\lim\limits_{x\to a^{-}}f(x)=\infty$ 或 $\lim\limits_{x\to a^{+}}f(x)=\infty$ 了,则直线 $x=a$ 称为曲线 $y=f(x)$ 的铅直渐近线.

例 3-48 求曲线 $y=\dfrac{1}{x-1}$ 的铅直渐近线.

解:因为 $\lim\limits_{x\to 1}\dfrac{1}{x-1}=\infty$,所以直线 $x=1$ 是曲线的一条铅直渐近线,如图 3-16 所示.

3. 斜渐近线

如果

$$\lim_{x\to\infty}\frac{f(x)}{x}=k,\ \lim_{x\to\infty}[f(x)-kx]=b, \tag{3-9}$$

则称直线 $y=kx+b$ 是曲线 $y=f(x)$ 的斜渐近线,如图 3-17 所示.

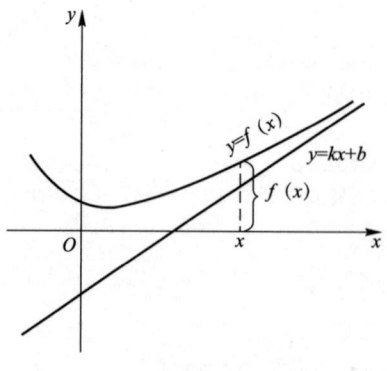

图 3-17

下面是 k 和 b 的计算公式:
由式(3-9)得

$$\lim_{x\to\pm\infty}x\left[\frac{f(x)}{x}-k-\frac{b}{x}\right]=0,$$

因为 x 为无穷大量,所以有
$$\lim_{x\to\pm\infty}\left[\frac{f(x)}{x}-k-\frac{b}{x}\right]=\lim_{x\to\pm\infty}\frac{f(x)}{x}-k=0,$$
故
$$\lim_{x\to\pm\infty}\frac{f(x)}{x}=k. \tag{3-10}$$

求出 k 后,将 k 代入式(3-9)即可确定 b,
$$b=\lim_{x\to\pm\infty}[f(x)-kx].$$

例 3-49 求曲线 $f(x)=x+\arctan x$ 的渐近线.

解:函数 $f(x)$ 的定义域为 $(-\infty,+\infty)$,无铅直渐近线和水平渐近线.

由于
$$\lim_{x\to+\infty}\frac{f(x)}{x}=\lim_{x\to+\infty}\frac{x+\arctan x}{x}=1=k,\ \lim_{x\to+\infty}[f(x)-kx]=\lim_{x\to+\infty}(x+\arctan x-x)=\frac{\pi}{2}=b,$$

所以直线 $y=x+\dfrac{\pi}{2}$ 为一条斜渐近线.

又
$$\lim_{x\to-\infty}\frac{f(x)}{x}=\lim_{x\to-\infty}\frac{x+\arctan x}{x}=1,\ \lim_{x\to-\infty}[f(x)-kx]=\lim_{x\to-\infty}(x+\arctan x-x)=-\frac{\pi}{2},$$

所以直线 $f(x)=x-\dfrac{\pi}{2}$ 也为一条斜渐近线.

故曲线 $f(x)=x+\arctan x$ 有两条斜渐近线:$f(x)=x\pm\dfrac{\pi}{2}$.

3.6.2 函数图形的描绘

如今,随着计算机科技的飞速进步,我们得以借助先进的计算机和多样化的数学软件,轻松绘制出各类函数的图像.不过,为了能够精确识别机器作图时可能产生的误差,准确把握图形上的关键节点,以及合理选择作图范围,我们必须掌握微分学的基础知识,以便进行必要的人工干预和调整.这不仅有助于我们更深入地理解函数图形,还能提升我们分析和解决问题的能力.

利用导数描绘函数图形的一般步骤如下:

(1)确定函数 $y=f(x)$ 的定义域,并识别该函数所特有的性质,如奇偶性或周期性等;

(2)计算函数的一阶导数 $f'(x)$ 和二阶导数 $f''(x)$;

(3)求出一阶导数 $f'(x)$ 和二阶导数 $f''(x)$ 在函数定义域内的所有零点,以及函数的间断点和不存在点,这些点将帮助我们将函数的定义域划分为若干个部分区间;

(4)在每个部分区间内,确定一阶导数 $f'(x)$ 和二阶导数 $f''(x)$ 的符号,从而判断函数图形的单调性、凹凸以及拐点位置;

(5)确定函数图形的水平渐近线、铅直渐近线以及其他可能的变化趋势;

(6)计算导数零点以及不存在点所对应的函数值,并在图形上标出这些点;为了更准确地描绘图形,有时还需要补充一些额外的点,然后结合步骤(4)和(5)中得到的结果,将这些点连接起来,从而绘制出完整的函数图形.

例 3-50 描绘函数 $y=1+\dfrac{36x}{(x+3)^2}$ 的图形.

解：函数 $y=1+\dfrac{36x}{(x+3)^2}$ 定义域为 $x\in(-\infty,-3)\cup(-3,\infty)$，无奇偶性和周期性，函数间断点为 $x=-3$.

$$f'(x)=\frac{36(3-x)}{(x+3)^3},\quad f''(x)=\frac{72(x-6)}{(x+3)^4}.$$

令 $f'(x)=0$ 得 $x=3$；令 $f''(x)=0$ 得 $x=6$.

确定函数图形特性，如表 3-5 所示.

表 3-5

x	$(-\infty,-3)$	$(-3,3)$	3	$(3,6)$	6	$(6,+\infty)$
$f'(x)$	−	+	0	−	−	−
$f''(x)$	−	−	−	−	0	+
$f(x)$	↘	↗	极大值 $f(3)=4$	↘	拐点$(6)=\dfrac{11}{3}$	↘

由于 $\lim\limits_{x\to\infty}f(x)=1$，$\lim\limits_{x\to-3}f(x)=-\infty$，因此图形有一条水平渐近线 $y=1$ 和一条垂直渐近线 $x=-3$. 当 $x=0$ 时，$f(0)=1$，即交 y 轴于点 $(0,1)$，如图 3-18 所示.

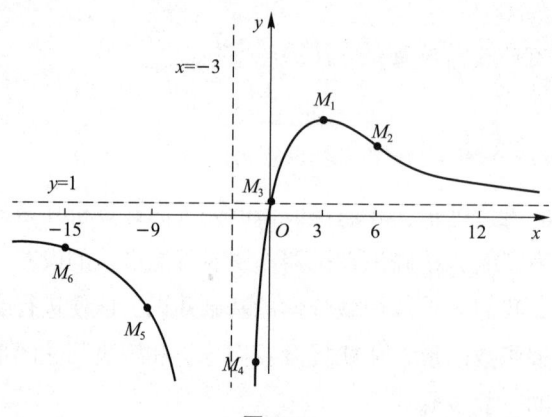

图 3-18

例 3-51 描绘函数 $y=\dfrac{1}{\sqrt{2\pi}}e^{-\frac{x^2}{2}}$ 的图形.

解：函数 $f(x)=\dfrac{1}{\sqrt{2\pi}}e^{-\frac{x^2}{2}}$ 的定义域为 $(-\infty,+\infty)$，由于

$$f(-x)=\frac{1}{\sqrt{2\pi}}e^{-\frac{(-x)^2}{2}}=\frac{1}{\sqrt{2\pi}}e^{-\frac{x^2}{2}}=f(x),$$

所以 $f(x)$ 是偶函数，它的图形关于 y 轴对称，因此可以只讨论 $[0,+\infty)$ 上该函数的图形. 求出

$$f'(x)=\frac{1}{\sqrt{2\pi}}e^{-\frac{x^2}{2}}\cdot(-x)=-\frac{1}{\sqrt{2\pi}}xe^{-\frac{x^2}{2}},$$

$$f''(x) = -\frac{1}{\sqrt{2\pi}}\left[e^{-\frac{x^2}{2}} + xe^{-\frac{x^2}{2}} \cdot (-x)\right] = \frac{1}{\sqrt{2\pi}} e^{-\frac{x^2}{2}}(x^2-1).$$

在$[0, +\infty)$上，$f'(x)$的零点为$x=0$；$f''(x)$的零点为$x=1$. 用点$x=1$把$[0, +\infty)$划分成两个区间$[0, 1]$和$[1, +\infty)$.

在$(0, 1)$内，$f'(x)<0$，$f''(x)<0$，所以在$[0, 1]$上的曲线弧下降而且是凸的；在$(1, +\infty)$内，$f'(x)<0$，$f''(x)>0$，所以在$[1, +\infty)$上的曲线弧下降而且是凹的.

确定函数图形特性，如表3-6所示.

表 3-6

x	0	(0, 1)	1	(1, +∞)
$f'(x)$	0	−	−	−
$f''(x)$	−	−	0	+
$f(x)$		↘，凸的	拐点	↘，凹的

由于$\lim\limits_{x \to +\infty} f(x) = 0$，所以图形有一条水平渐近线$y=0$.

算出$f(0) = \frac{1}{\sqrt{2\pi}}$，$f(1) = \frac{1}{\sqrt{2\pi e}}$，从而得到函数$y = \frac{1}{\sqrt{2\pi}} e^{-\frac{x^2}{2}}$图形上的两点$M_1\left(0, \frac{1}{\sqrt{2\pi}}\right)$和$M_2\left(1, \frac{1}{\sqrt{2\pi e}}\right)$. 又由$f(2) = \frac{1}{\sqrt{2\pi e^2}}$得$M_3\left(2, \frac{1}{\sqrt{2\pi e^2}}\right)$.

画出函数$y = \frac{1}{\sqrt{2\pi}} e^{-\frac{x^2}{2}}$在$[0, +\infty)$上的图形，利用图形的对称性，便可得到函数在$(-\infty, 0]$上的图形，如图3-19所示.

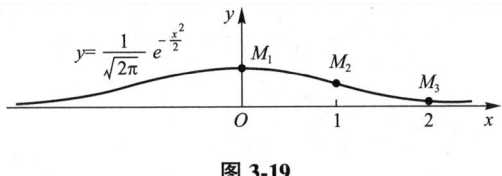

图 3-19

例 3-52 描绘函数$y = \frac{4(x+1)}{x^2} - 2$的图形.

解：函数$y = \frac{4(x+1)}{x^2} - 2$的定义域为$(-\infty, 0) \cup (0, +\infty)$，该函数为非奇非偶函数.

$$y' = -\frac{4(x+2)}{x^3}, \quad y'' = \frac{8(x+3)}{x^4}.$$

令$y'=0$，得驻点为$x=-2$，$y|_{x=-2} = -3$.

令$y''=0$，得$x=-3$，$y|_{x=-3} = -\frac{26}{9}$.

在区间$(-\infty, -2)$上，$y'<0$，函数单调减少；在区间$(-2, 0)$上，$y'>0$，函数单调增加；在区间$(0, +\infty)$上，$y'<0$，函数单调减少. 故$y|_{x=-2} = -3$为极小值. 由于函数在$x=0$处间断，故此处无

极值.

在区间$(-\infty, -3)$上, $y''<0$, 曲线是凸的; 在区间$(-3, 0)$及$(0, +\infty)$上, $y''>0$, 曲线是凹的, 故点$\left(-3, -\dfrac{26}{9}\right)$是曲线的拐点.

因为
$$\lim_{x\to\infty}\left[\dfrac{4(x+1)}{x^2}-2\right]=-2, \lim_{x\to 0}\left[\dfrac{4(x+1)}{x^2}-2\right]=\infty,$$

所以直线$y=-2$是水平渐近线, 直线$x=0$是铅直渐近线.

综上所述, 可列出函数在$(-\infty, 0)$和$(0, +\infty)$上的性态, 如表3-7所示.

表 3-7

x	$(-\infty, -3)$	-3	$(-3, -2)$	-2	$(-2, 0)$	0	$(0, +\infty)$
$f'(x)$	$-$	$-$	$-$	0	$+$	$\times$	$-$
$f''(x)$	$-$	0	$+$	$+$	$+$	$\times$	$+$
$f(x)$	↘, 凸的	$-\dfrac{26}{9}$	↘, 凹的	-3	↗, 凹的	无定义	↘, 凹的

描出点$A(-1, -2)$, $B(1, 6)$, $C(2, 1)$, $D\left(3, -\dfrac{2}{9}\right)$, 画出函数图形, 如图3-20所示.

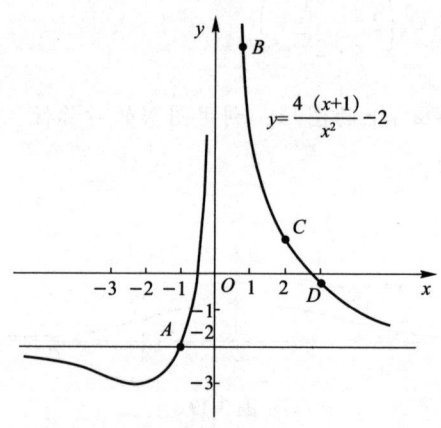

图 3-20

课 堂 练 习

描绘下列函数的图形:

(1) $y=\dfrac{1}{5}(x^4-6x^2+8x+7)$ (2) $y=\dfrac{x}{1+x^2}$

(3) $y=e^{-(m-1)^2}$ (4) $y=x^2+\dfrac{1}{x}$

(5) $y=\dfrac{\cos x}{\cos 2x}$

3.7 曲率

3.7.1 弧微分

弧微分,又称为弧线微分,是微分学中一种重要的分支学科. 作为曲率的预备知识,下面先对弧微分的概念进行介绍.

设函数 $f(x)$ 在区间 (a,b) 内具有连续导数,则曲线 $y=f(x)$ 在 (a,b) 内的每一点处有能连续转动的切线,此时我们称曲线 $y=f(x)$ 为光滑曲线. 如图 3-21 所示,在曲线上取一固定点 $A(x_0,y_0)$,并规定以 x 增大的方向作为曲线的正向,对曲线上任一点 $M(x,y)$,规定有向弧段 $\overline{AM}$ 的值 s 如下:s 的绝对值等于这段弧的长度,当 $\overline{AM}$ 的方向与曲线的正向一致时 $s>0$,相反时 $s<0$. 显然,s 是 x 的函数,记为 $s=s(x)$,它是关于 x 的单调增加函数. 下面求函数 $s(x)$ 的微分.

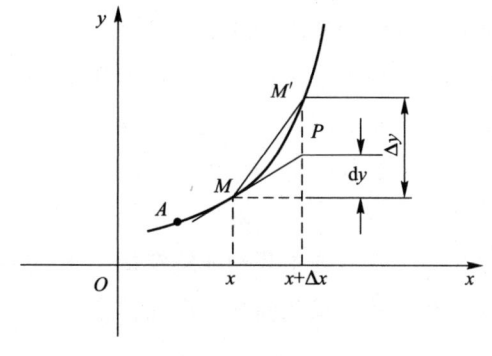

图 3-21

设 $x \in (a,b)$,当自变量 x 有增量 Δx,且 $x+\Delta x \in (a,b)$ 时,区间 $[x, x+\Delta x]$ 上 $s(x)$ 所对应的增量为 Δs,则

$$\Delta s = s(x+\Delta x) - s(x) = \overline{AM'} - \overline{AM} = \overline{MM'},$$

其中点 M,M' 的坐标为 $M(x,y)$,$M'(x+\Delta x, y+\Delta y)$.

于是

$$\left(\frac{\Delta s}{\Delta x}\right)^2 = \left(\frac{\overline{MM'}}{\Delta x}\right)^2 = \left(\frac{\overline{MM'}}{MM'}\right) \cdot \frac{\overline{MM'}^2}{(\Delta x)^2} = \left(\frac{\overline{MM'}}{MM'}\right) \cdot \left[1+\left(\frac{\Delta y}{\Delta x}\right)^2\right].$$

因为当 $\Delta x \to 0$ 时,$M' \to M$,这时弧 $\overline{MM'}$ 的长度与弦 MM' 的长度之比的极限为 1,即

$$\lim_{\Delta x \to 0} \frac{\overline{MM'}}{MM'} = 1.$$

又 $\lim\limits_{\Delta x \to 0} \frac{\Delta y}{\Delta x} = y'$,于是

$$\left(\frac{ds}{dx}\right)^2 = \lim_{\Delta x \to 0}\left(\frac{\Delta s}{\Delta x}\right)^2 = 1 + \left(\frac{dy}{dx}\right)^2,$$

因此得

$$\frac{ds}{dx} = \pm\sqrt{1+(y')^2}.$$

由于 $s=s(x)$ 是单调增加函数，所以根号前取正号，于是有

$$\frac{ds}{dx} = \sqrt{1+(y')^2},$$

或函数 $s(x)$ 关于 x 的微分为

$$ds = \sqrt{1+(y')^2}\,dx, \text{ 或者 } ds = \sqrt{(dx)^2+(dy)^2} \tag{3-11}$$

这就是弧微分公式.

由式(3-11)及图 3-21 可知，弧微分的几何意义是：弧微分 ds 等于图 3-21 中 $[x, x+\Delta x]$ 上所对应的切线段长，即 $ds = |\overline{MP}|$.

3.7.2 曲率

我们本能地认为：直线不弯曲，而圆的弯曲程度则与其半径大小成反比，即半径较小的圆展现出更为显著的弯曲，半径较大的圆则显得较为平缓；此外，对于其他类型的曲线，如抛物线，其弯曲程度在各个部位是有所差异的，特别是在顶点附近的区域，其弯曲程度远超过远离顶点的部分.

在工程技术领域，曲线的弯曲程度往往成为一个重要的研究对象．例如，船体结构中的钢梁和机床的转轴，在承受荷载时都会发生弯曲变形．为了确保这些结构的安全性和稳定性，在设计过程中需要对它们的弯曲程度进行严格的限制，这就要求我们能够定量地评估曲线的弯曲程度．因此，我们需要首先探讨如何通过数学手段来准确描述和量化曲线的弯曲程度．

假设两段曲线弧 $\overline{M_1M_2}$ 和 $\overline{M_2M_3}$，如图 3-22 所示，可以发现随着曲线弧的弯曲程度不同，它们的切线转过的角度 φ_1 和 φ_2 是不同的，较平直的弧段 $\overline{M_1M_2}$ 的切线转角 φ_1 要比曲度大的弧段 $\overline{M_2M_3}$ 的切线转角 φ_2 小些．这说明，曲线的弯曲程度与其切线转角成正相关关系.

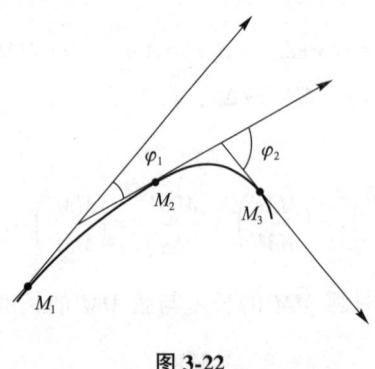

图 3-22

但是，切线的转角还不能完全反映曲线的弯曲程度，如图 3-23 所示，尽管两曲线弧段的切线转过相同的角度 φ，然而长度较短的弧段 $\overline{N_1N_2}$ 要比长度较长的弧段 $\overline{M_1M_2}$ 曲度大些．这说明，曲线的弯曲程度与弧段的长度成负相关关系.

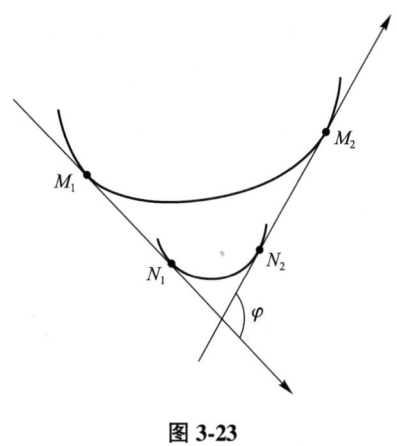

图 3-23

从以上分析可知，我们应该考虑曲线弧上切线转角大小与对应弧长之比值，也就是说，不考虑弯曲方向，曲线弧的弯曲程度可以用单位弧长上切线转过的角度来描述．如图 3-24 所示，M 对应于弧 s，在点 M 处切线的倾角为 α（这里假定曲线 C 所在的平面上已设立了 xOy 坐标系），曲线上另外一点 M' 对应于弧 $s+\Delta s$，在点 M' 处切线的倾角为 $\alpha+\Delta\alpha$，则弧段 $\overline{MM'}$ 的长度为 $|\Delta s|$，当动点从点 M 移动到点 M' 时切线转过的角度为 $|\Delta\alpha|$．

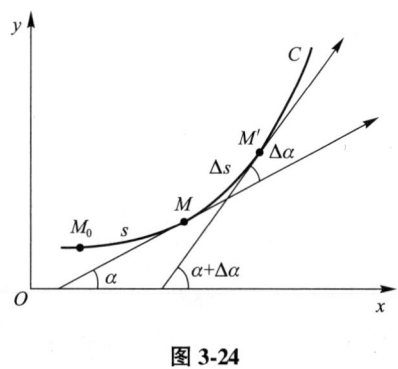

图 3-24

我们用比值 $\left|\dfrac{\Delta\alpha}{\Delta s}\right|$，即单位弧段上切线转过的角度的大小来表达弧段 $\overline{MM'}$ 的平均弯曲程度，把这比值叫做弧段 $\overline{MM'}$ 的平均曲率，并记作 $\overline{K}$，即 $\overline{K}=\left|\dfrac{\Delta\alpha}{\Delta s}\right|$．

一般来说，曲线上各处的弯曲程度是不同的．平均曲率只能描述一段弧的平均弯曲程度，不能描述曲线每一点处的弯曲程度，借助于极限思想，用类似于平均速度过渡到瞬时速度的方法，令 $M'\to M$，则平均曲率的极限就可以刻画曲线在点 M 处的弯曲程度．当点 $M'\to M$ 时，即 $\Delta s\to 0$ 时，若平均曲率的极限存在，则称其为曲线在点 M 处的曲率，记为 K．

定义 3-6 若 $\lim\limits_{\Delta s\to 0}\left|\dfrac{\Delta\alpha}{\Delta s}\right|$ 存在，则极限值称为曲线在点 M 处的曲率，即

$$K=\lim_{\Delta s\to 0}\left|\dfrac{\Delta\alpha}{\Delta s}\right|=\left|\dfrac{d\alpha}{ds}\right|. \tag{3-12}$$

例 3-52 求直线 $y=ax+b$ 的曲率．

解：对于直线，其切线与直线本身重合，当点沿直线移动时，$\dfrac{\Delta\alpha}{\Delta s}=0$，从而平均曲率 $\overline{K}=0$，曲率 $K=0$．这说明直线上任一点处的曲率都等于零，即直线不弯曲．

例 3-53 求半径为 a 的圆的曲率．

解：如图 3-25 所示，圆弧 $\overset{\frown}{MM'}$ 上切线的转角 $\Delta\alpha$ 等于圆心角 $\angle MDM'$，但 $\angle MDM'=\dfrac{\Delta s}{a}$，于是

$$\frac{\Delta\alpha}{\Delta s}=\frac{\dfrac{\Delta s}{a}}{\Delta s}=\frac{1}{a},$$

从而

$$K=\left|\frac{d\alpha}{ds}\right|=\frac{1}{a}.$$

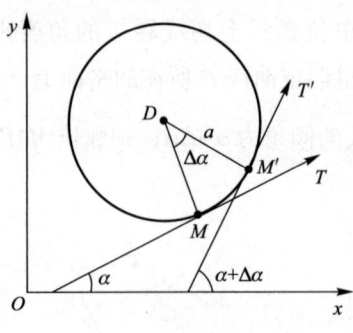

图 3-25

因为点 M 是圆上任意取定的一点，上述结论表示圆上各点处的曲率都等于半径 a 的倒数 $\dfrac{1}{a}$，这就是说，圆的弯曲程度到处一样，且半径越小曲率越大，即圆弯曲得越厉害．

在一般情况下，我们根据(3-12)式来导出便于实际计算曲率的公式．

设曲线的直角坐标方程是 $y=f(x)$，且 $f(x)$ 具有二阶导数(这时 $f'(x)$ 连续，从而曲线是光滑的)．因为 $\tan\alpha=y'$，所以

$$\sec^2\alpha\,\frac{d\alpha}{dx}=y'',$$

$$\frac{d\alpha}{dx}=\frac{y''}{1+\tan^2\alpha}=\frac{y''}{1+y'^2}.$$

于是

$$d\alpha=\frac{y''}{1+y'^2}dx.$$

又由式(3-12)知道

$$ds=\sqrt{1+y'^2}\,dx.$$

所以

$$K=\left|\frac{d\alpha}{ds}\right|=\left|\frac{\dfrac{y''}{1+(y')^2}dx}{\sqrt{1+(y')^2}\,dx}\right|=\frac{|y''|}{(1+y'^2)^{\frac{3}{2}}}. \tag{3-13}$$

这就是曲线在一点处的曲率公式.

例 3-54 计算等边双曲线 $xy=1$ 在点 $(1,1)$ 处的曲率.

解：由 $y=\dfrac{1}{x}$，得

$$y'=-\dfrac{1}{x^2},\quad y''=\dfrac{2}{x^3}.$$

因此，

$$y'|_{x=1}=-1,\quad y''|_{x=1}=2.$$

把它们代入公式(3-13)，便得曲线 $xy=1$ 在点 $(1,1)$ 处的曲率为

$$K=\dfrac{2}{\{1+(-1)^2\}^{\frac{3}{2}}}=\dfrac{\sqrt{2}}{2}.$$

3.7.3 曲率圆与曲率半径

设曲线 $y=f(x)$ 在点 $M(x,y)$ 处的曲率 $K\neq 0$(即 $y''\neq 0$)，在点 M 处作曲线的法线，如图 3-26 所示，法线指向曲线凹的一侧. 在此侧的法线上取一点 D，使 $|\overline{MD}|=\dfrac{1}{K}=\rho$，以 D 为圆心、ρ 为半径作圆，称这个圆为曲线在点 M 处的曲率圆，它的半径称为曲率半径，圆心 D 称为曲率中心.

由上述定义可知：

(1) 曲率圆与曲线在点 M 处有相同的切线与曲率，且在点 M 的邻近有相同的弯曲方向，从而曲率圆与曲线所对应的函数在点 M 有相同的函数值、一阶导数值和二阶导数值；

(2) 在工程设计中，一般可用曲率圆在点 M 附近的一段弧来近似代替曲线弧；

(3) 曲线在点 M 处的曲率 $K(K\neq 0)$ 与曲线在点 M 处的曲率半径 ρ 的关系为 $\rho=\dfrac{1}{K}$，$K=\dfrac{1}{\rho}$.

例 3-55 在车床加工中，用圆柱形铣刀加工一个弧长不大的椭圆形工件，该段弧的中点为椭圆长轴的顶点，其方程为 $\dfrac{x^2}{40^2}+\dfrac{y^2}{50^2}=1$.

问：选用多大直径(单位：mm)的铣刀，可得较好的近似效果？

解：该段弧的中点坐标为 $(0,50)$. 用隐函数求导法，对方程 $\dfrac{x^2}{40^2}+\dfrac{y^2}{50^2}=1$ 两端同时关于 x 求导，得

$$\dfrac{x}{40^2}+\dfrac{yy'}{50^2}=0,\quad \dfrac{1}{40^2}+\dfrac{yy''}{50^2}+\dfrac{(y')^2}{50^2}=0,$$

把 $x=0$，$y(0)=50$ 代入，得 $y'(0)=0$，$y''(0)=\dfrac{1}{32}$. 代入曲率公式得 $K=\dfrac{1}{32}$，则曲率半径为 $\rho=\dfrac{1}{K}=32$. 所以，选用直径为 64 mm 的铣刀，可得较好的近似效果.

课 堂 练 习

1. 求 $y=\dfrac{4}{x}$ 在点 $(2,2)$ 处的曲率.

2. 求椭圆 $4x^2+y^2=4$ 在点 $(0, 2)$ 处的曲率.

3. 求曲线 $x=a\cos^3 t$, $y=a\sin^3 t$ 在 $t=t_0$ 相应的点处的曲率.

4. 对数曲线 $y=\ln x$ 上哪一点处的曲率半径最小？求出该点处的曲率半径.

5. 计算摆线 $\begin{cases} x=a(t-\sin t), \\ y=a(1-\cos t) \end{cases}$ $(a>0)$ 在 $t=\dfrac{\pi}{2}$ 时的曲率.

6. 设 R 为抛物线 $y=x^2$ 上任一点 $M(x, y)$ 处的曲率半径，s 为该曲线上某一点 M_0 到点 M 的弧长，证明：$3R\dfrac{d^2 R}{ds^2}-\left(\dfrac{dR}{ds}\right)^2-9=0$.

3.8 导数在经济学中的应用

导数在经济学中的应用主要体现在边际效益分析、弹性分析、生产函数和消费函数分析以及最优化问题等方面．它可以帮助我们解决一系列经济问题，如利润最大化、市场预测和政策制定等．通过导数的计算，我们可以更加精确地了解经济变量之间的相互关系，并据此做出相关决策．

3.8.1 函数的变化率——边际分析

函数的变化率，在经济学中常常通过边际分析来体现．边际分析是一种决策分析方法，它研究的是在某个特定点上，因变量（如成本、收入等）随着自变量（如产量、销售量等）微小变化而变化的速率.

当我们设定函数 $y=f(x)$ 可导时，导函数 $f'(x)$ 也被称为边际函数，$\dfrac{\Delta y}{\Delta x}=\dfrac{f(x_0+\Delta x)-f(x_0)}{\Delta x}$ 称为 $f(x)$ 在 $(x_0, x_0+\Delta x)$ 内的平均变化率，它表示 $f(x)$ 在 $(x_0, x_0+\Delta x)$ 内的平均变化速度．$f(x)$ 在点 $x=x_0$ 处的导数 $f'(x_0)$ 称为 $f(x)$ 在点 $x=x_0$ 处的变化率，也称为 $f(x)$ 在 $x=x_0$ 处的边际函数值．它表示 $f(x)$ 在点 $x=x_0$ 处的变化速度.

在点 $x=x_0$ 处，x 从 x_0 改变一个单位，y 相应改变的真值应为 $\Delta y|_{x=x_0}$．但当 x 改变的"单位"很小时，或 x 的"一个单位"与 x_0 值相对来说很小时，则有

$$\Delta y|_{x=x_0} \approx dy|_{x=x_0} = f'(x)dx|_{x=x_0} = f'(x_0).$$

这说明 $f(x)$ 在点 $x=x_0$ 处当 x 产生一个单位的改变时，y 近似改变 $f'(x_0)$ 个单位．在应用问题中解释边际函数值的具体意义时我们略去"近似"二字．

总成本函数 $C(Q)$ 的导数 $C'(Q)$ 称为边际成本函数，简称边际成本，记作 $MC=C'=C'(Q)$．当产量 $Q=Q_0$ 时的边际成本为 $C'(Q_0)$，其经济意义为：当产量达到 Q_0 时，产量每增加一个单位产品所增加的成本，即表示生产第 $(Q+1)$ 个产品的成本.

总收入函数 $R(Q)$ 的导数 $R'(Q)$ 称为边际收入函数，简称边际收入，记作 $MR=R'=R'(Q)$．当销售量 $Q=Q_0$ 时的边际收入为 $R'(Q_0)$，其经济意义为：当销售量达到 Q_0 时，再多销售一个单位所引起总收入的改变量.

设厂商的利润函数 $L=L(Q)$，则利润等于收益与成本之差，即利润函数为 $L(Q)=R(Q)-C(R)$. 总利润函数的导数称为边际利润，记作 $ML=L'(Q)=R'(Q)-C'(R)$. 其经济意义为：当产量 $Q=Q_0$ 时再改变一个单位，总利润将改变 $L'(Q_0)$ 个单位.

根据函数极值存在的必要条件和充分条件可得最大利润条件为

$$\begin{cases} L'(Q)=0(必要条件) \\ L''(Q)<0(充分条件) \end{cases}$$

即最大利润原则为

$$\begin{cases} R'(Q)=C'(Q), \\ R''(Q)<C''(Q). \end{cases}$$

例 3-56 已知生产某产品 Q 件的总成本为 $C(Q)=0.001Q^2+40Q+9\,000(元)$，求边际成本 $C'(Q)$ 并计算产量为 1 000 件时的边际成本 $C'(1\,000)$ 并解释其经济意义.

解：边际成本 $C'(Q)=0.002Q+40$，$C'(1\,000)=0.002\times1\,000+40=42$.

结果表明：当产量为 1 000 件时，再生产 1 件产品则增加 42 元的成本.

例 3-57 已知某产品的价格与销售量的关系为 $p=10-\dfrac{Q}{5}$，成本函数为 $C(Q)=50+2Q$，求产量 Q 为多少时总利润 $L(Q)$ 最大？并验证是否符合最大利润原则.

解：已知 $p=10-\dfrac{Q}{5}$，$C(Q)=50+2Q$，

则有

$$R(Q)=xp=10Q-\frac{1}{5}Q^2,$$

$$L(Q)=R(Q)-C(Q)=-\frac{1}{5}Q^2+8Q-50,$$

$$L'(Q)=-\frac{2}{5}Q+8.$$

令 $L'(Q)=0$，得 $Q=20$，$L''(20)<0$，所以当 $Q=20$ 时，总利润 $L(Q)$ 最大. 此时，

$$R'(20)=2, C'(20)=2, 有 R'(20)=C'(20);$$

$$R''(20)=-\frac{2}{5}, C''(20)=0, 有 R''(20)<C''(20).$$

故符合最大利润原则.

3.8.2 函数的相对变化率——弹性分析

函数的相对变化率，也被称为弹性分析，是一种量化函数值对自变量变化的敏感度的工具.

定义 3-7 对于函数 $y=f(x)$，令 $\Delta y=f(x_0+\Delta x)-f(x_0)$，称 $\dfrac{\Delta y}{y}\bigg/\dfrac{\Delta x}{x}$ 为函数 $f(x)$ 从 x_0 到 $x_0+\Delta x$ 两点间的相对变化率，或称为两点间的弹性（平均弹性）；称 $\lim\limits_{\Delta x\to 0}\left[\dfrac{\Delta y}{f(x_0)}\bigg/\dfrac{\Delta x}{x_0}\right]=\dfrac{f'(x_0)}{f(x_0)}x_0$ 为函数在点 x_0 的相对变化率或弹性（点弹性）.

当函数 $f(x)$ 在定义区间内每一点都可导时，便得到了弹性函数 $y'\cdot\dfrac{x}{y}$，常记作 $\dfrac{Ey}{Ex}$ 或 E. 显然，弹

性函数在一点的值就是函数 $f(x)$ 在该点的弹性，即

$$\frac{Ey}{Ex}\bigg|_{x=x_0} = \frac{f'(x_0)}{f(x_0)} x_0.$$

函数 $f(x)$ 在点 x 处的弹性反映了随着 x 的变化 $f(x)$ 变化幅度的大小，也就是 $f(x)$ 对 x 的变化反应的强烈程度或灵敏度．若弹性的绝对值小于 1，通常认为自变量的改变对函数相对改变量的影响较小；否则，影响较大．

例 3-58 需求弹性在 $-1.5 \sim -2$ 之间的商品，降价 10% 时，确定需求的变动幅度．

解：因为 $-1.5 = \frac{\Delta Q}{Q} / (-10\%)$，即 $\frac{\Delta Q}{Q} = 15\%$；

$$-2 = \frac{\Delta Q}{Q} / (-10\%)，即 \frac{\Delta Q}{Q} = 20\%.$$

所以需求增幅为 15%～20%．

例 3-59 某商品需求函数为 $Q = 10 - \frac{P}{2}$，求：

(1) 当 $P = 3$ 时的需求弹性；

(2) 在 $P = 3$ 时，若价格上涨 1%，其总收益是增加还是减少？它将变化多少？

解：

(1) 由弹性函数的定义得：

$$\frac{EQ}{EP} = \frac{P}{Q} Q' = \left(-\frac{1}{2}\right) \cdot \frac{P}{10 - \frac{P}{2}} = \frac{P}{P - 20},$$

当 $P = 3$ 时的需求弹性为

$$\frac{EQ}{EP}\bigg|_{p=3} = -\frac{3}{17} \approx -0.18.$$

(2) 总收益 $R = PQ = 10P - \frac{P^2}{2}$，总收益的价格弹性函数为

$$\frac{ER}{EP} = \frac{dR}{dP} \cdot \frac{P}{R} = (10 - P) \cdot \frac{P}{10P - \frac{P^2}{2}} = \frac{2(10-P)}{20-P},$$

在 $P = 3$ 时，总收益的价格弹性为

$$\frac{ER}{EP}\bigg|_{P=3} = \frac{2(10-P)}{20-P}\bigg|_{P=3} \approx 0.82.$$

1. 某厂生产某产品的总成本为 $C(x) = \frac{1}{4}x^2 + 8x + 4\ 900$，若价格为 p，每月可销售该产品数量为 $\frac{1}{3}(528-p)$，假设该厂每月能够将全部产品卖出，试以：

(1) 最大利润为基础，求：① 平均成本；② 总成本；③ 产品价格；④ 总利润．

(2)最低平均成本为基础,求:①平均成本;②总成本;③产品价格;④总利润.

2. 某化工厂日产能力最高为 1 000 吨,每天的生产总成本 C(单位:元)是日产量 x(单位:吨)的函数:

$$C = C(x) = 1\ 000 + 7x + 50\sqrt{x}, \quad x \in [0,\ 1\ 000]$$

(1)求日产量为 100 吨时的边际成本;
(2)求日产量为 100 吨时的平均单位成本.

3. 生产 x 单位某产品的总成本 C 为 x 的函数:

$$C = C(x) = 1\ 100 + \frac{1}{1\ 200}x^2.$$

求:(1)生产 900 单位时的总成本和平均单位成本;
(2)生产 900~1 000. 单位时总成本的平均变化率;
(3)生产 900~1 000 单位时的边际成本.

3.9 数字化应用——利用 MATLAB 软件求函数的极值

3.9.1 利用 MATLAB 求函数极值的步骤

MATLAB 中并没有直接命名为"求极值"的单一函数,我们要利用 MATLAB 求函数极值的话,就需要借助 MATLAB 已有的函数来完成这一任务,其步骤如下:

(1)用 plot、fplot 或 ezplot 函数绘制函数 $f(x)$ 的图形,判断极值点出现的范围 $[a, b]$;
(2)使用"fminbnd(f, a, b)"求函数 $f(x)$ 在区间 $[a, b]$ 上的极小值点,若有多个极小值点,则分区间来求;
(3)将函数 $f(x)$ 变为 $-f(x)$,再次使用 fminbnd 函数求函数 $f(x)$ 在区间 $[a, b]$ 上的极大值点.

3.9.2 plot、fplot、ezplot 和 fminbnd 指令简介

1. plot

plot 是用于绘制二维图形的基本函数. 它可以根据给定的 X 和 Y 坐标数据绘制线条、散点图等,其基本调用格式有:plot(Y)、plot(X, Y)、plot(X1, Y1, X2, Y2, ……)、plot(X, Y, ´LineSpec´)、plot(X1, Y1, ´LineSpec1´, X2, Y2, ´LineSpec2´, ..., Xn, Yn, ´LineSpecn´),其中参数 X 和 Y 分别是包含数据点的向量,参数 LineSpec 是一个可选的字符串,用于指定线条的颜色、样式和标记.

2. fplot

fplot 用于绘制函数的图形. 它特别适用于绘制自适应采样的函数图形,能够自动选择采样点,以便在需要时增加采样密度,从而更准确地绘制函数图形.

fplot 的基本调用格式有：fplot(fun, xinterval)(fun：函数句柄或匿名函数，表示要绘制的函数；xinterval：一个二元素向量，指定 x 轴的范围)、fplot(funx, funy, tinterval)(funx：表示 x 关于参数 t 的函数句柄或匿名函数，funy：表示 y 关于参数 t 的函数句柄或匿名函数，tinterval：一个二元素向量，指定参数 t 的范围)、fplot(fun, xinterval, LineSpec)(LineSpec：字符串，指定线型、标记符号和线条颜色)、fplot(fun, xinterval, ′Name1′, Value1, ′Name2′, Value2, …)(NameN 和 ValueN：名称-值对，用于设置线条的各种属性).

3. ezplot

ezplot 用于绘制二维函数的图形. 它可以绘制常规函数、隐函数、参数方程和极坐标方程的图形.

ezplot(f)的基本调用格式有：ezplot(f)(f 是一个符号表达式或函数句柄，代表要绘制的单变量函数)、ezplot(f, [xmin, xmax])([xmin, xmax]定义了 x 的取值范围)、ezplot(implicit_eq)(implicit_eq 是一个表示隐函数 f(x, y) = 0 的符号表达式)、ezplot(implicit_eq, [xmin, xmax, ymin, ymax])([xmin, xmax, ymin, ymax]分别定义了 x 和 y 的取值范围)、ezplot(x_expr, y_expr)(x_expr 和 y_expr 是符号表达式，分别表示参数方程中的 x 和 y 坐标)、ezplot(x_expr, y_expr, [tmin, tmax])([tmin, tmax]定义了参数 t 的取值范围).

4. fminbnd

fminbnd 用于寻找单变量函数在指定区间上的局部最小值的函数. 该函数是 Optimization Toolbox 的一部分，在使用之前需要确保已经安装了该工具箱.

fminbnd 的基本调用格式有：x = fminbnd(fun, x1, x2)、[x, fval] = fminbnd(fun, x1, x2)、[x, fval, exitflag, output] = fminbnd(fun, x1, x2, options)，其中参数 fun 是要最小化的函数的名称或句柄；参数 x1 和 x2 定义了搜索区间的下限和上限；参数 options 是可选项，用于指定优化选项，如算法、显示级别等.

3.9.3 利用 MATLAB 求函数极值示例

例 3-60 求函数 $f(x) = (x-4)\sqrt[3]{(x+1)^2}$.

解：在 MATLAB 命令行窗口输入以下代码：

syms x

fplot(@(x)((x+1).^2).^(1./3).*(x-4))

如图 3-26 所示.

图 3-26

运行结果如图 3-27 所示.

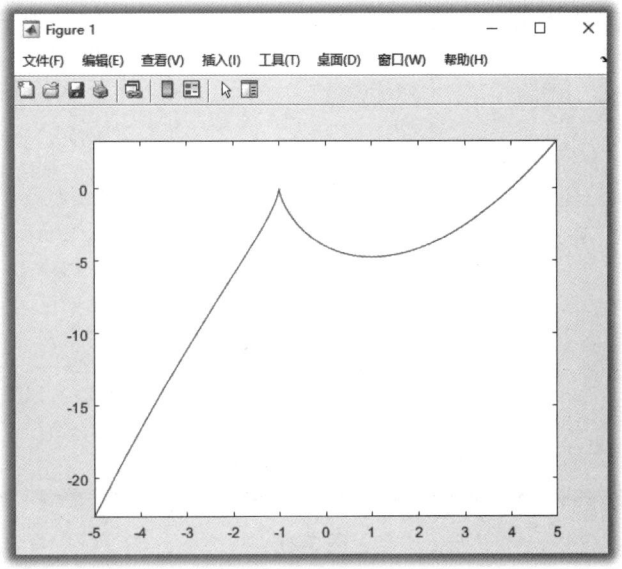

图 3-27

由图 3-27 可以判断出函数 $f(x)$ 有一个极大值和一个极小值,区间取为 $[-5,5]$,接着输入如下代码:

[xmin,ymin] = fminbnd('((x+1)^2)^(1/3)*(x-4)',-5,5)

运行如图 3-28 所示.

xmin = 1.0000,ymin = -4.7622 为运行结果,表示函数 $f(x)=(x-4)\sqrt[3]{(x+)^2}$ 的极小值是 $f(1)$ = -4.7622.

继续输入如下代码:

[xmax,ymax] = fminbnd('-((x+1)^2)^(1/3)*(x-4)',-5,5)

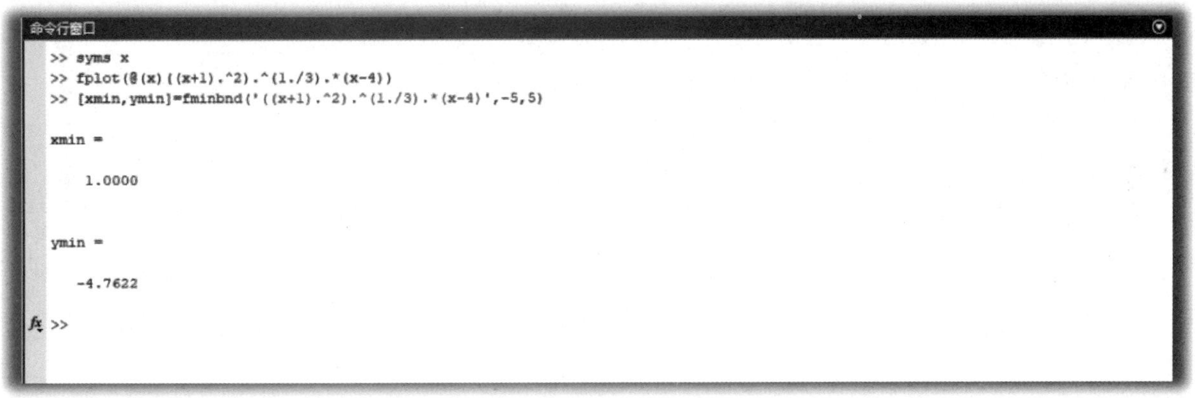

图 3-28

运行结果如图 3-29 所示.

xmax = -1.0000,ymax = 0.0026 为运行结果,表示 $f(x)=(x-4)\sqrt[3]{(x+)^2}$ 的极大值是 $f(-1)$ = 0.0026.

图 3-29

例 3-61 求函数 $f(x)=x^2+5x$ 在 $(-3,1)$ 内的极小值.

解:在 MATLAB 命令行窗口分别输入以下代码:

f=´x^2+5*x´

[x, fv]=fminbnd(f, -3, 1)

运行结果如图 3-30 所示.

图 3-30

fv=-6.2500 表示函数 $f(x)=x^2+5x$ 在区间 $(-3,1)$ 内的极小值是 -6.2500,x=-2.5000 为极限值点.

利用 MATLAB 求下列函数的极值

(1) $y=4x^3-3x^2-6x+2$,[-1, 1]

(2) $y=x-\ln(x+1)$,[0, 1]

🔷 思政小课堂

严谨与准确铸就数学思维与科学精神的双重保障

在探索知识的海洋中，数学以其独特的魅力与深邃吸引着无数求学者．而严谨性与准确性，作为数学学科最本质的特征，不仅保证了数学理论的正确性和可靠性，更是我们理解世界、解决问题的重要工具．

首先，让我们谈谈数学的严谨性．严谨性，这是数学领域最为人所称道的精神．在数学的世界里，每一个定理、每一个公式的推导，都必须经过严格的逻辑推理和数学原理的检验．这种严谨性要求我们在进行数学推导、证明和应用时，必须一丝不苟，不容许有任何的疏漏和错误．这种精神不仅体现在数学定理的证明过程中，更是贯穿于我们日常的数学学习与实践中．

以微积分中的罗尔定理为例，这是一个关于函数导数与极值的重要定理．它告诉我们，如果一个函数在闭区间上连续，在开区间内可导，并且在区间的两个端点处函数值相等，那么在这个开区间内，至少存在一点，使得该点的导数为零．这个定理的证明过程充满了严谨性，需要我们仔细审视每一个步骤，验证每一步的逻辑关系和数学条件．通过学习和理解罗尔定理的证明过程，我们可以深刻体会到严谨性在数学中的重要性，也学会将这种思维方式应用到其他领域，如逻辑推理、科学研究等．

接下来，我们来谈谈数学的准确性．准确性是科学研究的基本要求，也是数学学科的重要特征之一．在数学中，准确性体现在对定义、定理、公式等的精确表述和正确理解上．每一个数学术语、每一个数学符号都有其独特的含义和用法，只有准确地理解和应用这些数学知识，我们才能正确地解决问题，推动科学的进步．

以导数的应用为例，导数作为微积分中的核心概念，在物理学、工程学、经济学等多个领域有着广泛的应用．在物理学中，导数可以用来描述物体的运动速度、加速度等物理量；在工程学中，导数可以用来求解最优化问题、控制系统稳定性等；在经济学中，导数可以用来分析市场供需关系、预测经济趋势等．这些应用都需要我们准确地理解和应用导数知识，否则就会导致错误的结论和决策．

以经济学中的边际分析为例，这是一种运用导数研究经济变量在某一点或某一瞬间上的变化率的方法．通过计算和分析边际成本、边际收益等指标，企业可以做出更加科学合理的生产决策，实现资源的优化配置．这种准确性不仅体现在对数据的精确处理上，更体现在对经济规律的深刻理解和把握上．

严谨性与准确性，它们是数学学科最本质的特征之一，也是数学魅力的源泉．它们不仅保证了数学理论的正确性和可靠性，更为我们提供了一种科学的思维方式和研究方法．通过学习和理解数学中的严谨性与准确性，我们可以培养自己的科学精神和道德品格，学会用科学的态度和方法去认识世界、解决问题．同时，我们也应该将这种思维方式应用到日常生活中去，做到言行一致、表里如一，成为一个既有知识又有品德的现代人．

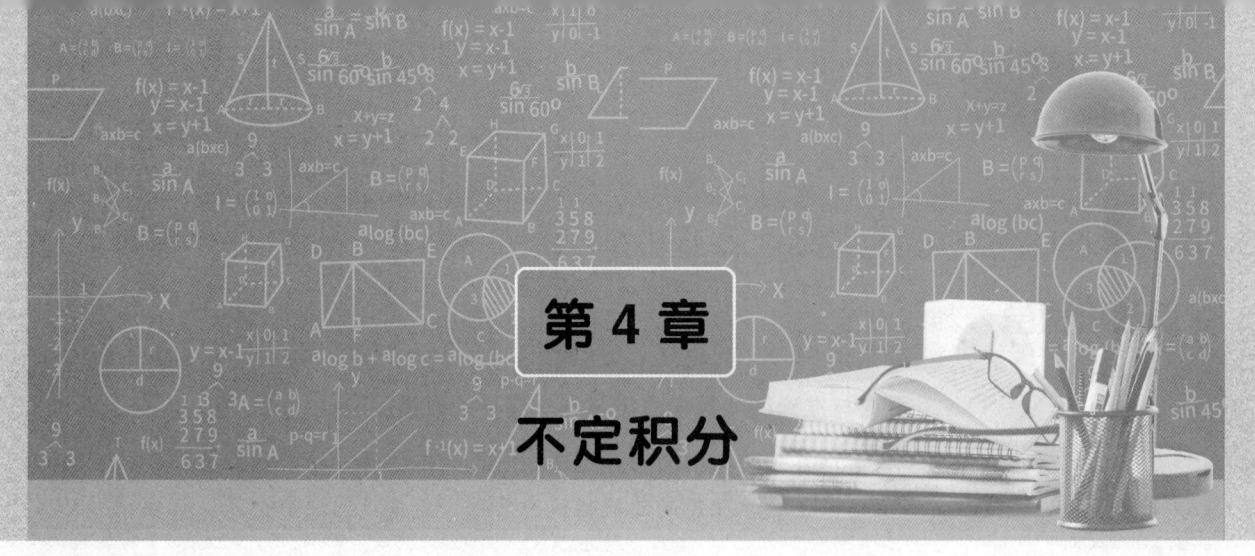

第 4 章

不定积分

学习目标

1. 理解原函数与不定积分的概念,了解不定积分的性质.
2. 掌握不定积分的基本公式,掌握换元积分法与分部积分法.
3. 能够运用软件求解不定积分问题.

案例导入

不定积分:植物生长与时间的累积效应

在一个生态研究项目中,生物学家们正在研究某种植物的生长情况.他们注意到,这种植物的生长速度并不是恒定的,而是随着时间的推移呈现出一定的变化规律.具体来说,植物的生长速度似乎与其年龄或生长阶段有关,每个阶段都有不同的生长速率.

为了更准确地描述这种生长过程,生物学家们决定使用数学模型进行建模.他们观察到,虽然生长速度不是恒定的,但可以通过一个函数 $v(t)$ 来描述它在任意时刻 t 的生长速率.这个函数 $v(t)$ 可能是复杂的,包含了植物在不同生长阶段的特征.

为了估计植物在一段时间内的总生长量(例如,一年内生长的叶子面积或体积),生物学家们意识到他们需要计算生长速度 $v(t)$ 在时间上的累积效应.这里,不定积分起到了关键作用.

生物学家们知道,植物的总生长量 S(对应于数学中的积分结果)是生长速度 $v(t)$ 对时间 t 的积分.他们设定了一个时间区间 $[0, T]$,其中 0 代表开始观察的时间点,T 代表观察结束的时间点(例如,一年的结束).

通过应用不定积分的知识,生物学家们对生长速度函数 $v(t)$ 进行了积分,得到了植物在 $[0, T]$ 时间段内的总生长量 S 的表达式.这个表达式不仅依赖于生长速度函数 $v(t)$ 的具体形式,还取决于时间区间 $[0, T]$ 的长度.

通过这个案例,生物学家们能够更深入地理解植物生长的动态过程,并预测未来可能的生长趋势.同时,他们也体会到了不定积分在处理这类累积效应问题时的强大功能.这个案例不仅展示了数学在实际科学研究中的应用,也激发了人们对数学和自然科学之间交叉领域的研究兴趣.

4.1 不定积分的概念与性质

4.1.1 不定积分的概念

1. 原函数

定义 4-1 设 $f(x)$ 是定义在某区间上的已知函数，如果存在一个函数 $F(x)$，对于该区间上每一点都满足

$$F'(x)=f(x) \text{ 或 } dF(x)=f(x)dx,$$

则称函数 $F(x)$ 是已知函数 $f(x)$ 在该区间上的一个原函数.

例 4-1 函数 e^{x^2} 为_____的一个原函数.

解：设 e^{x^2} 为函数 $f(x)$ 的一个原函数，由原函数的定义可以，应有 $(e^{x^2})'=f(x)$，由于 $(e^{x^2})'=2xe^{x^2}$，所以 $f(x)=2xe^{x^2}$，因此横线处应填 $2xe^{x^2}$.

例 4-2 如果已知某产品的产量 P 是时间 t 的函数 $P=P(t)$，则该产品产量的变化率是产量对时间 t 的导数 $P'=P'(t)$. 反过来，如果已知某产量的变化率是时间 t 的函数 $P'(t)$，求该产品的产量函数 $P(t)$，这也是一个求导运算的逆运算问题.

例 4-3 已知函数 $f(x)=2x$，由于函数 $F(x)=x^2$ 满足 $F'(x)=(x^2)'=2x$，所以 $F(x)=x^2$ 是 $f(x)=2x$ 的一个原函数，同理，x^2-1，$x^2+\sqrt{3}$ 都是 $2x$ 的原函数.

例 4-4 在区间 $[0,T]$ 上，已知函数 $v=gt$（g 是常数），由于函数 $s=\frac{1}{2}gt^2$ 满足 $s'=\left(\frac{1}{2}gt^2\right)'=gt$，所以它是 $v=gt$ 的一个原函数，同理，$\frac{1}{2}gt^2+\frac{1}{2}$，$\frac{1}{2}gt^2-\frac{4}{5}$ 都是 gt 的原函数.

2. 不定积分

从上面的例子可以看到，已知函数的原函数不止一个. 实际上，一个已知函数的函数有无穷多个. 这是因为如果 $F(x)$ 是 $f(x)$ 的一个原函数，则函数 $F(x)+C$（其中 C 是任意常数）也满足 $[F(x)+C]'=F'(x)=f(x)$，所以 $F(x)+C$ 都是 $f(x)$ 的原函数. 另外，由拉格朗日中值定理的推论 2 可知：如果 $F(x)$，$G(x)$ 都是 $f(x)$ 的原函数，则它们相差一个常数，即 $G(x)=F(x)+C$. 因此，如果 $F(x)$ 是 $f(x)$ 的一个原函数，则 $f(x)$ 的所有原函数可以表示为

$$F(x)+C(\text{其中 } C \text{ 是任意常数}).$$

定义 4-2 函数 $f(x)$ 的所有原函数，称为 $f(x)$ 的不定积分，记作

$$\int f(x)dx,$$

如果 $F(x)$ 是 $f(x)$ 的一个原函数，则由定义有

$$\int f(x)dx = F(x) + C,$$

其中，符号"$\int$"称为积分号，x 称为积分变量，$f(x)$ 称为被积函数，$f(x)dx$ 称为被积表达式，C

称为积分常数.

因此,求已知函数的不定积分,就可归结为求出它的一个原函数,再加上任意常数 C.

例 4-5 求函数 $f(x) = 3x^2$ 的不定积分.

解:因为 $(x^3)' = 3x^2$(或 $dx^3 = 3x^2 dx$),所以

$$\int 3x^2 dx = x^3 + C.$$

例 4-6 求函数 $f(x) = \dfrac{1}{x}$ 的不定积分.

解:因为当 $x>0$ 时,$(\ln x)' = \dfrac{1}{x}$,所以

$$\int \frac{1}{x} dx = \ln x + C \quad (x > 0).$$

当 $x<0$ 时,$-x>0$,$[\ln(-x)]' = \dfrac{1}{-x} \cdot (-1) = \dfrac{1}{x}$,所以

$$\int \frac{1}{x} dx = \ln(-x) + C \quad (x < 0).$$

合并上面两式,得到

$$\int \frac{1}{x} dx = \ln|x| + C \quad (x \neq 0).$$

在前面两个求不定积分的例子中,我们看到给定被积函数都有原函数.至于已知函数 $f(x)$ 在什么条件下才有原函数,将在下一章做出说明.现在先给出结论:如果函数 $f(x)$ 在某区间上连续,则在此区间上 $f(x)$ 的原函数一定存在.由于初等函数在其定义区间上都是连续的,所以初等函数在其定义区间上都有原函数.

3. 不定积分的几何意义

由于函数 $f(x)$ 的不定积分中包含任意常数 C,因此,对于每一个给定的 C,都有一个确定的原函数 $f(x)$.在几何上,相应地就有一条确定的曲线,称为 $f(x)$ 的积分曲线.因为 C 可以取任意值,因此,不定积分表示 $f(x)$ 的一簇积分曲线,而 $f(x)$ 正是积分曲线在 x 点的斜率.由于积分曲线簇中的每一条曲线对应于同一横坐标 $x = x_0$ 的点处有相同的斜率 $f(x_0)$,所以对应于这些点处,它们的切线互相平行,任意两条曲线的纵坐标之间相差一个常数.所以,积分曲线簇 $y = F(x) + C$ 中每一条曲线都可以由曲线 $y = F(x)$ 沿 y 轴方向上、下移动而得到.如图 4-1 所示.

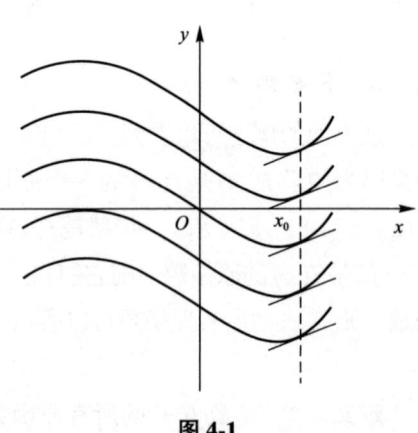

图 4-1

给定一个初始条件,就可以确定一个 C 的值,因而就确定了一个原函数.例如,给定的初始条件为 $x = x_0$ 时 $y = y_0$,则由 $y_0 = F(x_0) + C$ 得到常数 $C = y_0 - F(x_0)$,于是就确定了一条积分曲线.

例 4-7 求经过点 $(1, 3)$,且其切线的斜率为 $2x$ 的曲线方程.

解:由 $\int 2x dx = x^2 + C$ 得曲线簇 $y = x^2 + C$.

将 $x=1$，$y=3$ 代入，得 $C=2$. 所以 $y=x^2+2$ 就是所求曲线.

例 4-8 已知某曲线经过点$(0,1)$，并且该曲线在任意一点处的切线的斜率等于该点横坐标的平方，求该曲线的方程.

解：由题意知，对所求曲线 $F(x)$ 有下式成立：
$$F'(x) = x^2.$$

因为 $\int x^2 dx = \dfrac{x^3}{3} + C$，所以 $F(x) = \dfrac{1}{3}x^3 + C$.

又因为曲线过点$(0,1)$，即 $F(0)=1$，得 $C=1$.

因此，所求曲线的方程为 $F(x) = \dfrac{x^3}{3} + 1$.

4.1.2 不定积分的性质

1. 求不定积分与求导数或微分互为逆运算

(1) $\left[\int f(x)dx\right]' = f(x)$ 或 $d\int f(x)dx = f(x)dx$.

(2) $\int F'(x)dx = F(x) + C$ 或 $\int dF(x) = F(x) + C$.

也就是：不定积分的导数(或微分)等于被积函数(或被积表达式)；一个函数的导数(或微分)的不定积分与这个函数相差一个任意常数.

2. 两个函数的代数和的积分等于函数积分的代数和

$$\int [f(x) + g(x)]dx = \int f(x)dx + \int g(x)dx. \tag{4-1}$$

要证明这个等式，只需验证等式右端的导数等于左端的被积函数.

这个公式可以推广到任意有限多个函数的代数和的情况.

3. 不为 0 的常数因子可以移到积分号前

$$\int af(x)dx = a\int f(x)dx \quad (a \neq 0) \tag{4-2}$$

由式(4-2)可知，计算不定积分时，被积函数中非零的常数因子可以移到积分号的外面.

证：由导数的性质知，
$$\left[a\int f(x)dx\right]' = a\left[\int f(x)dx\right]' = af(x),$$

所以
$$\int af(x)dx = a\int f(x)dx.$$

从而可知 $a\int f(x)dx$ 是 $af(x)$ 的不定积分.

例 4-9 距离地面 x_0 处，一质点以初速度 v_0 做铅直上抛运动，不计阻力，求它的运动规律.

解：所谓质点的运动规律，是指质点的位置关于时间 t 的函数关系，为表示质点的位置，取坐标轴如图 4-2 所示，把质点所在的铅直线取作坐标轴，指向朝上，坐标轴与地面的交点取作坐标轴原点. 设质点抛出时刻为 $t=0$. 当 $t=0$ 时质点所在位置的坐标为 x_0，在时刻 t 质点的坐标为 x，$x=x(t)$

就是所要求的函数.

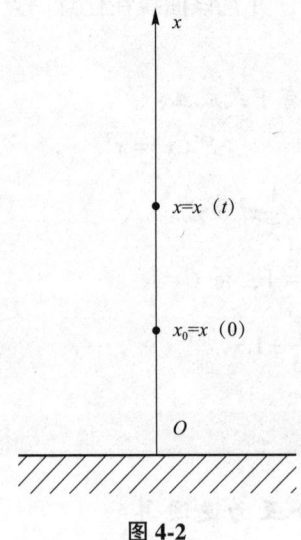

图 4-2

由导数的物理意义知

$$\frac{dx}{dt}=v(t)$$

为质点在时刻 t 向上运动的速度(如果 $v(t)<0$,那么运动方向实际朝下).

又知

$$\frac{d^2x}{dt^2}=\frac{dv}{dt}=a(t)$$

为质点在时刻 t 向上运动的加速度,按题意,有 $a(t)=-g$,即

$$\frac{dv}{dt}=-g,\ 或\ \frac{d^2x}{dt^2}=-g.$$

由 $\dfrac{dv}{dt}=-g$,得 $v(t)=\int(-g)dt=-gt+C_1$.

由 $v(0)=v_0$,得 $v_0=C_1$,于是 $v(t)=-gt+v_0$.

由 $\dfrac{dx}{dt}=v(t)$,得 $x(t)=\int v(t)dt=\int(-gt+v_0)dt=-\dfrac{1}{2}gt^2+v_0t+C_2$.

由 $x(0)=x_0$,得 $x_0=C_2$. 于是,所求运动规律为

$$x=-\frac{1}{2}gt^2+v_0t+x_0,\ t\in[0,T].$$

其中,T 表示质点落地的时刻.

4.1.3 基本积分公式

因为求不定积分是求导数的逆运算,所以由基本导数公式对应地可以得到基本积分:

(1) $\int 0 dx = C$(C 为常数)

(2) $\int x^a dx = \dfrac{1}{a+1}x^a + C(a\neq -1)$

(3) $\int \dfrac{1}{x} \mathrm{d}x = \ln|x| + C$

(4) $\int a^x \mathrm{d}x = \dfrac{1}{\ln a} a^x + C\ (a > 0,\ a \neq 1)$

(5) $\int \mathrm{e}^x \mathrm{d}x = \mathrm{e}^x + C$

(6) $\int \sin x \mathrm{d}x = -\cos x + C$

(7) $\int \cos x \mathrm{d}x = \sin x + C$

(8) $\int \sec^2 x \mathrm{d}x = \tan x + C$

(9) $\int \csc^2 x \mathrm{d}x = -\cot x + C$

(10) $\int \sec x \tan x \mathrm{d}x = \sec x + C$

(11) $\int \csc x \cot x \mathrm{d}x = -\csc x + C$

(12) $\int \dfrac{\mathrm{d}x}{\sqrt{1-x^2}} = \arcsin x + C$

(13) $\int \dfrac{\mathrm{d}x}{1+x^2} = \arctan x + C$

例 4-10 求不定积分 $\int \mathrm{e}^x 5^{-x} \mathrm{d}x$.

解：$\int \mathrm{e}^x 5^{-x} \mathrm{d}x = \int \left(\dfrac{\mathrm{e}}{5}\right)^x \mathrm{d}x = \dfrac{\left(\dfrac{\mathrm{e}}{5}\right)^x}{\ln \dfrac{\mathrm{e}}{5}} + C = \dfrac{5^{-x} \mathrm{e}^x}{1 - \ln 5} + C$.

例 4-11 求不定积分 $\int \dfrac{1}{\sqrt{x\sqrt{x}}} \mathrm{d}x$.

解：$\int \dfrac{1}{\sqrt{x\sqrt{x}}} \mathrm{d}x = \int x^{-\frac{3}{4}} \mathrm{d}x = \dfrac{1}{1 - \dfrac{3}{4}} x^{1-\frac{3}{4}} + C = 4x^{\frac{1}{4}} + C$.

例 4-12 求不定积分 $\int (2 - \sqrt{x}) x \mathrm{d}x$.

解：$\int (2-\sqrt{x})x \mathrm{d}x = \int \left(2x - x^{\frac{3}{2}}\right) \mathrm{d}x = \int 2x \mathrm{d}x - \int x^{\frac{3}{2}} \mathrm{d}x = x^2 - \dfrac{x^{\frac{3}{2}+1}}{\dfrac{3}{2}+1} + C = x^2 - \dfrac{2}{5} x^{\frac{5}{2}} + C$.

例 4-13 求不定积分 $\int \dfrac{x^4}{1+x^2} \mathrm{d}x$.

解：由于 $\dfrac{x^4}{1+x^2} = x^2 - 1 + \dfrac{1}{1+x^2}$，所以

$$\int \frac{x^4}{1+x^2}dx = \int \left(x^2 - 1 + \frac{1}{1+x^2}\right)dx = \int x^2 dx - \int dx + \int \frac{dx}{1+x^2} = \frac{x^3}{3} - x + \arctan x + C.$$

下面利用不定积分的性质及基本积分公式，求一些简单初等函数的不定积分.

例 4-14 求不定积分 $\int \sqrt{x}(x^2 - 3)dx$.

解：$\int \sqrt{x}(x^2 - 3)dx = \int (x^{\frac{5}{2}} - 3x^{\frac{1}{2}})dx = \int x^{\frac{5}{2}}dx - 3\int x^{\frac{1}{2}}dx = \frac{2}{7}x^{\frac{7}{2}} - 2x^{\frac{3}{2}} + C.$

在分项积分后，每个不定积分的结果都含有任意常数，但由于任意常数之和仍是任意常数，因此在最后的结果中只写出一个任意常数即可.

例 4-15 求不定积分 $\int \frac{(1-x)^2}{x}dx$.

分析：基本积分公式中没有这样的分式的积分，我们可以先把被积函数进行恒等变形，拆分成基本积分公式中的函数的和差形式，再进行逐项积分.

解：$\int \frac{(1-x)^2}{x}dx = \int \frac{1-2x+x^2}{x}dx = \int \left(\frac{1}{x} - 2 + x\right)dx$

$$= \int \frac{1}{x}dx - 2\int dx + \int x dx = \ln|x| - 2x + \frac{x^2}{2} + C.$$

例 4-16 求不定积分 $\int \frac{1+x+x^2}{x(1+x^2)}dx$.

解：$\int \frac{1+x+x^2}{x(1+x^2)}dx = \int \frac{(1+x^2)+x}{x(1+x^2)}dx = \int \frac{1}{x}dx + \int \frac{1}{1+x^2}dx = \ln|x| + \arctan x + C.$

例 4-17 求不定积分 $\int \frac{\cos 2x}{\sin x + \cos x}dx$.

解：$\int \frac{\cos 2x}{\sin x + \cos x}dx = \int \frac{\cos^2 x - \sin^2 x}{\sin x + \cos x}dx = \int \frac{(\cos x + \sin x)(\cos x - \sin x)}{\sin x + \cos x}dx$

$$= \int (\cos x - \sin x)dx = \sin x + \cos x + C.$$

例 4-18 求不定积分 $\int \sin^2 \frac{x}{2}dx$.

分析：基本积分公式中没有正弦函数的高次幂的积分，因此，被积函数中出现这类三角函数时，我们一般要考虑先利用三角函数的降幂公式，然后求不定积分.

解：$\int \sin^2 \frac{x}{2}dx = \int \frac{1 - \cos x}{2}dx = \int \frac{1}{2}dx - \frac{1}{2}\int \cos x dx = \frac{1}{2}x - \frac{1}{2}\sin x + C.$

从以上这些例子可以看出，求不定积分时，有时要对被积函数进行恒等变形，利用不定积分的线性运算性质，转化为基本积分公式中存在的不定积分，从而求得不定积分，这种方式称为直接积分法.

例 4-19 设 $f'(x) = 2|x| + 3$，且 $f(2) = 15$，求 $f(x)$.

解：$f'(x) = \begin{cases} 2x+3, & x \geq 0, \\ -2x+3, & x < 0. \end{cases}$

而 $\int (2x+3)dx = x^2 + 3x + C_1$，$\int (-2x+3)dx = -x^2 + 3x + C_2$，所以

$$f(x) = \begin{cases} x^2+3x+C_1, & x \geq 0, \\ -x^2+3x+C_2, & x<0. \end{cases}$$

由于$f(x)$作为原函数可导，从而连续，因此$f(0)=C_1=f(0+0)=f(0-0)=C_2$，即

$$f(x) = \begin{cases} x^2+3x+C_1, & x \geq 0, \\ -x^2+3x+C_1, & x<0. \end{cases}$$

而$f(2)=15$，所以$f(2)=2^2+3\times 2+C_1=15$，得$C_1=5$. 因此，

$$f(x) = \begin{cases} x^2+3x+5, & x \geq 0, \\ -x^2+3x+5, & x<0. \end{cases}$$

例 4-20 某化工厂生产某种产品，每日生产的产品的总成本y的变化率（即边际成本）是日产量x的函数$y'=7+\dfrac{25}{\sqrt{x}}$，已知固定成本为1 000元，求总成本与日产量的函数关系.

解：因为总成本是总成本变化率y'的原函数，所以有

$$y = \int \left(7 + \frac{25}{\sqrt{x}}\right) dx = 7x + 50\sqrt{x} + C.$$

已知固定成本为1 000元，即当$x=0$时，$y=1 000$，因此有

$$C = 1\ 000.$$

于是可得

$$y = 1\ 000 + 7x + 50\sqrt{x}.$$

所以，总成本y与日产量x的函数关系为

$$y = 1\ 000 + 7x + 50\sqrt{x}.$$

课 堂 练 习

1. 若$\int f(x)dx = e^x(x^2 - 2x + 2) + C$，求$f(x)$.

2. 若e^{-x}是函数$f(x)$的一个原函数，求：(1) $\int f(x)dx$；(2) $\int f'(x)dx$；(3) $\int e^x f'(x)dx$.

3. 若$f(x)$的一个原函数是$\cos x$，求：(1)$f'(x)$；(2) $\int f(x)dx$.

4. 设曲线$y=f(x)$在点(x, y)处的切线斜率为$3x^2$，且该曲线过点$(0, 1)$，求$f(x)$.

5. 求下列不定积分.

(1) $\int \dfrac{4\sin^3 x - 1}{\sin^2 x}dx$ (2) $\int 3^x e^{3x}dx$ (3) $\int \dfrac{x-9}{\sqrt{3}+x}dx$

(4) $\int (x^3 + 3^x)dx$ (5) $\int \dfrac{x^3 + \sqrt{x^3} + 2}{\sqrt{x}}dx$ (6) $\int \dfrac{1}{x^2(1+x^2)}dx$

(7) $\int e^{x+1}dx$ (8) $\int \dfrac{dx}{x^2\sqrt{x}}$ (9) $\int \dfrac{\cos 2x}{\cos^2 x \sin^2 x}dx$

(10) $\int (1+x^2)^2 dx$ (11) $\int \dfrac{x^6}{1+x^2}dx$ (12) $\int \cos^2 \dfrac{x}{2}dx$

(13) $\int \dfrac{dh}{\sqrt{2gh}}$ (14) $\int \dfrac{1+\cos^2 x}{1+\cos 2x}dx$ (15) $\int \dfrac{1}{1-\cos 2x}dx$.

数学与生活

探索石油消耗量

石油作为国家的核心能源,对于国家经济的繁荣和社会的进步具有不可或缺的作用.然而,在全球经济迅猛发展的背景下,石油需求量持续上升,而全球石油储量却是一个有限的资源.据经济学家和科学家的预测,预计到2050年左右,石油资源将面临枯竭的境地.

面对如此严峻的能源短缺挑战,全球各国正在积极寻求新的替代能源,这是一项既复杂又艰巨的任务,需要长时间的探索和努力.然而,在新能源体系尚未完全建立之前,能源危机可能在不远的将来席卷全球,对工农业生产、经济活动以及人民生活水平造成严重影响.

为了防止本国经济危机的发生,一些军事强国可能会为了争夺剩余的石油资源而发动战争,这样的结局是难以预料的.因此,我们当前的首要任务是合理管理和有效利用现有的石油资源.

为了实现这一目标,我们需要对过去历年的石油消耗量进行详细的统计和分析,以便更好地了解石油的消耗趋势和需求变化.通过对数据的优化整理,我们可以更准确地预测未来的石油需求,并制定相应的能源策略和政策.这不仅有助于我们更好地应对能源危机,还有助于推动新能源技术的发展和应用,为未来的可持续发展奠定坚实的基础.

现在我们提出这么一个问题:试计算从2010年到2019年,全球石油消耗总量.

有人会认为这个问题不难,查阅统计资料,直接把每年的消耗数据相加即可,但是,如果某年或某些年的数据未知,此时又怎么办?对于此种情况,我们必须从量的方面进行分析.在这段时间里,假设在 t 时,石油的消耗量为 $Q=Q(t)$.通过查阅统计资料,可以确定出石油的消耗率,它是时间 t 的函数,记为 $f(t)$.在这里,如果能找出消耗量 $Q(t)$ 与时间 t 的函数关系,那么我们的问题就迎刃而解了.

由导数的定义知,$\dfrac{dQ}{dt}$ 表示石油的消耗率,因此

$$\dfrac{dQ}{dt}=f(t)$$

即消耗量 $Q(t)$ 的导数等于消耗率 $f(t)$.下面我们探讨满足上述关系的 $Q(t)$ 的一般求法.在这里,把具有这种关系的函数 $Q(t)$ 叫作函数 $f(t)$ 的一个原函数.

4.2 换元积分法

当我们考虑不定积分的计算时，基本积分公式虽然提供了一些基本的求解方法，但其所覆盖的范围是非常有限的．由于在实际应用中，我们会遇到各种复杂的不定积分表达式，因此，有必要进一步探索和研究不定积分的求法．

本节内容将基于积分与微分互为逆运算的基本原理，结合复合函数的求导法则，介绍一种重要的不定积分求解方法——换元积分法（简称换元法）．这种方法的核心思想是通过选择适当的变量代换，将复杂的不定积分表达式转化为基本积分公式中可以直接求解的形式．

通过应用换元积分法，我们可以有效地拓宽不定积分的求解范围，将许多原本看似复杂或难以直接求解的不定积分问题转化为已知的基本积分问题．这种方法的灵活性和实用性使得它成为解决不定积分问题的重要工具之一．

因此，学习和掌握换元积分法对于深入理解不定积分的性质和应用具有重要意义．通过优化整理这段内容，我们可以更清晰地理解换元积分法的基本原理和应用方法，为求解不定积分问题提供有力的工具和支持．

4.2.1 第一换元积分法（凑微分法）

1. 凑微分法

第一换元积分法也叫凑微分法，其基本思想是把积分变量凑成复合函数中的中间变量，再利用积分公式求解不定积分的方法．

比较下面两个不定积分．

(1) $\int \cos x \mathrm{d}x$ (2) $\int \cos 5x \mathrm{d}x$

分析 在基本积分公式中有 $\int \cos x \mathrm{d}x = \sin x + C$，那么是否 $\int \cos 5x \mathrm{d}x = \sin 5x + C$？如果是，则应有 $(\sin 5x + C)' = \cos 5x$，但根据复合函数的导数公式，$(\sin 5x + C)' = 5\cos 5x$，因此，$\int \cos(5x) \mathrm{d}x \neq \sin 5x + C$．问题出在哪里呢？

在题(2)中，如果令 $u = 5x$，则 $u = d(5x) = 5\mathrm{d}x$，这样

$$\int \cos 5x \mathrm{d}x = \frac{1}{5}\int \cos 5x \cdot 5\mathrm{d}x = \frac{1}{5}\int \cos 5x \mathrm{d}(5x) = \frac{1}{5}\int \cos u \mathrm{d}u = \frac{1}{5}\sin u + C.$$

回代 $u = 5x$，则

$$\int \cos(5x) \mathrm{d}x = \frac{1}{5}\sin 5x + C$$

由此可见，当被积函数为复合函数时，不能直接套用积分公式．

2. 凑微分法的类型

常见的几种凑微分法类型如下：

(1) 被积函数的中间变量是 $u=ax+b$ 形式，即形如 $\int f(ax+b)dx$（a，b 为常数且 $a \neq 0$）的不定积分．

一般地，

$$\int f(ax+b)dx = \frac{1}{a}\int f(ax+b) \cdot a\, dx (a \neq 0) = \frac{1}{a}\int f(ax+b)d(ax+b) = \frac{1}{a}F(ax+b) + C.$$

(2) 被积函数由两个函数相乘而成，形如 $\int f[\varphi(x)]\varphi'(x)dx$，其中一个是复合函数 $f[\varphi(x)]$，而另一个是中间变量 $\varphi(x)$ 的导数 $\varphi'(x)$（或相差一个倍数）的形式，即 $k\varphi'(x)$，此时可以将其凑成 $k\int f[\varphi(x)]d\varphi(x)$ 的形式进行求解．

一般地，如果 $F(u)$ 为 $f(u)$ 的一个原函数，则

$$\int f[\varphi(x)]\varphi'(x)dx = \int f[\varphi(x)]d\varphi(x)$$

$$\xrightarrow{\diamondsuit \varphi(x)=u} \int f(u)du = F(u) + C$$

$$\xrightarrow{\text{回代} u=\varphi(x)} F[\varphi(x)] + C.$$

上述求不定积分的方法称为第一类换元积分法。

运用第一类换元积分法的关键是 $\int f[\varphi(x)]\varphi'(x)dx$ 凑成形如 $\int f[\varphi(x)]d\varphi(x)$ 的形式，然后再作变量代换转化成形如 $\int f(u)du$ 的形式，因此，第一类换元积分法也称为凑微分法。

例 4-21 求 $\int (5x-1)^4 dx$．

解：原式 $= \int (5x-1)^4 dx = \frac{1}{5}\int (5x-1)^4 \cdot 5\, dx = \frac{1}{5}\int (5x-1)^4 d(5x-1)$

$$\xrightarrow{\diamondsuit 5x-1=u} \frac{1}{5}\int u^4 du$$

$$= \frac{1}{25}u^5 + C$$

$$\xrightarrow{\text{回代} u=5x-1} \frac{1}{25}(5x-1)^5 + C.$$

例 4-22 求 $\int e^{-3x+2} dx$．

解：原式 $= \int e^{-3x+2} dx = -\frac{1}{3}\int e^{-3x+2}(-3)dx = -\frac{1}{3}\int e^{-3x+2} d(-3x+2)$

$$\xrightarrow{\diamondsuit -3x+2=u} -\frac{1}{3}\int e^u du = -\frac{1}{3}e^u + C$$

$$\xrightarrow{\text{回代} u=-3x+2} -\frac{1}{3}e^{-3x+2} + C$$

例 4-23 求 $\int \sqrt{3x+1}\, dx$．

解：$\int \sqrt{3x+1}\, dx = \frac{1}{3}\int \sqrt{3x+1} \cdot 3\, dx = \frac{1}{3}\int \sqrt{3x+1}\, d(3x+1) = \frac{2}{9}\sqrt{(3x+1)^3} + C$

例 4-24 求 $\int \dfrac{1}{2x-1}dx$.

解：$\int \dfrac{1}{2x-1}dx = \dfrac{1}{2}\int \dfrac{1}{2x-1}d(2x-1) = \dfrac{1}{2}\ln|2x-1| + C$

例 4-25 求 $\int 2xe^{x^2}dx$.

解：由于 $(x^2)' = 2x$，因此 $d(x^2) = 2xdx$，所以

$$\int 2xe^{x^2}dx = \int e^{x^2} \cdot 2xdx = \int e^{x^2}d(x^2)$$

$$\xrightarrow{令 x^2 = u} \int e^u du = e^u + C$$

$$\xrightarrow{回代 u = x^2} e^{x^2} + C$$

例 4-26 求 $\int x^2\sqrt{x^3+1}\,dx$.

解：由于 $(x^3)' = 3x^2$，因此 $d(x^3)' = 3x^2 dx$，所以

$$\int x^2\sqrt{x^3+1}\,dx = \dfrac{1}{3}\int \sqrt{x^3+1}\cdot 3x^2 dx = \dfrac{1}{3}\int \sqrt{x^3+1}\,d(x^3)$$

$$= \dfrac{1}{3}\int \sqrt{x^3+1}\,d(x^3+1) = \dfrac{2}{9}\left(\sqrt{x^3+1}\right)^3 + C.$$

例 4-27 求 $\int \dfrac{e^{\sqrt{x}}}{\sqrt{x}}dx$.

解：$\int \dfrac{e^{\sqrt{x}}}{\sqrt{x}}dx = 2\int e^{\sqrt{x}}\cdot \dfrac{1}{2\sqrt{x}}dx = 2\int e^{\sqrt{x}}d(\sqrt{x}) = 2e^{\sqrt{x}} + C.$

例 4-28 求 $\int \dfrac{\cos\dfrac{1}{x}}{x^2}dx$.

解：$\int \dfrac{\cos\dfrac{1}{x}}{x^2}dx = -\int \cos\dfrac{1}{x}\cdot\left(-\dfrac{1}{x^2}\right)dx = -\int \cos\dfrac{1}{x}d\left(-\dfrac{1}{x}\right) = -\sin\dfrac{1}{x} + C.$

例 4-29 求 $\int \dfrac{1}{x}\ln^2 x\,dx$.

解：$\int \dfrac{1}{x}\ln^2 x\,dx = \int \ln^2 x\,d(\ln x) = \dfrac{1}{3}\ln^3 x + C$.

例 4-30 求 $\int \dfrac{1}{x\ln x}dx$.

解：$\int \dfrac{1}{x\ln x}dx = \int \dfrac{1}{\ln x}d(\ln x) = \ln|\ln x| + C.$

例 4-31 求 $\int e^x \sin e^x dx$.

解：$\int e^x \sin e^x dx = \int \sin e^x d(e^x) = -\cos e^x + C$

例4-32 求 $\int \dfrac{e^x}{e^x+1}dx$.

解： $\int \dfrac{e^x}{e^x+1}dx = \int \dfrac{1}{e^x+1}d(e^x+1) = \ln(e^x+1) + C$.

例4-33 求 $\int \dfrac{1}{e^x+1}dx$.

解： $\int \dfrac{1}{e^x+1}dx = \int \dfrac{1+e^x-e^x}{(e^x+1)}dx = \int\left(1-\dfrac{e^x}{e^x+1}\right)dx$

$= \int 1 dx - \int \dfrac{1}{e^x+1}d(e^x+1) = x - \ln(e^x+1) + C$.

例4-34 求 $\int e^{\cos x}\sin x dx$.

解： $\int e^{\cos x}\sin x dx = -\int e^{\cos x}d(\cos x) = -e^{\cos x} + C$.

例4-35 求 $\int \cos^3 x dx$.

解： $\int \cos^3 x dx = \int \cos^2 x \cos x dx = \int \cos^2 x d(\sin x)$

$= \int(1-\sin^2 x)d(\sin x) = \sin x - \dfrac{1}{3}\sin^3 x + C$

例4-36 求 $\int \tan x dx$.

解： $\int \tan x dx = \int \dfrac{\sin x}{\cos x}dx = -\int \dfrac{1}{\cos x}d(\cos x) = -\ln|\cos x| + C$.

类似地，可得到 $\int \cot x dx = \ln|\sin x| + C = -\ln|\csc x| + C$.

4.2.2 第二换元积分法

定理1 设 $x=\varphi(t)$ 是单调、可导函数，且 $\varphi'(t)\neq 0$ 时，又设 $f[\varphi(t)]\varphi'(t)$ 具有原函数 $F(t)$，则有换元公式

$$\int f(x)dx \xrightarrow{x=\varphi(t)} \int f[\varphi(t)]\varphi'(t)dt = F(t) + C = F[\varphi^{-1}(x)] + C.$$

其中 $t=\varphi^{-1}(x)$ 是 $x=\varphi(t)$ 的反函数.

例4-37 计算 $\int \dfrac{dx}{1+\sqrt{x}}$；

解： 为了去掉根式，我们可以这样考虑：令 $\sqrt{x}=t$，即 $x=t^2(t>0)$，于是 $dx=2tdt$，所以

$$\int \dfrac{dx}{1+\sqrt{x}} = \int \dfrac{2tdt}{1+t} = 2\int \dfrac{1+t-1}{1+t}dt = 2\left(\int dt - \int \dfrac{1}{1+t}dt\right) = 2t - 2\ln|1+t| + C,$$

再回代 $\sqrt{x}=t$，有

$$\int \dfrac{dx}{1+\sqrt{x}} = 2\sqrt{x} - 2\ln|1+\sqrt{x}| + C.$$

以上这种不定积分的方法称为第二类换元积分法.

注意 (1)第二类换元法解题思路是对不定积分 $\int f(x)dx$ 可以通过作变量代换 $x=\varphi(t)$ 达到求解的目的,其关键在于变量代换 $x=\varphi(t)$ 表达式的选择要得当,使得新积分变量 t 的不定积分容易求,最后还需将原函数中的变量 t 用 $t=\varphi^{-1}(x)$ 回代,得到变量 x 的函数.

(2)一般地,第二类换元积分法换元的目的是消掉被积函数中的根号,主要有两种类型:根式代换和三角代换. 上述(1) $\int \dfrac{dx}{1+\sqrt{x}}$ 的换元就属于根式代换;(2) $\int \sqrt{1-x^2}dx$ 需要进行三角代换.

1. 根式代换

例 4-38 求下列不定积分.

(1) $\int \dfrac{1}{1+\sqrt[3]{x}}dx$;   (2) $\int \dfrac{1}{\sqrt{x}+\sqrt[4]{x}}dx$.

解:(1)令 $\sqrt[3]{x}=t$,于是 $x=t^3$,$dx=3t^2dt$. 故

$$\int \dfrac{1}{1+\sqrt[3]{x}}dx = \int \dfrac{3t^2}{1+t}dt = 3\int \dfrac{(t^2-1)+1}{1+t}dt = 3\int \left(t-1+\dfrac{1}{1+t}\right)dt = \dfrac{3}{2}t^2-3t+3\ln|1+t|+C.$$

再回代 $\sqrt[3]{x}=t$,得

$$\int \dfrac{1}{1+\sqrt[3]{x}}dx = \dfrac{3}{2}\sqrt[3]{x^2}-3\sqrt[3]{x}+3\ln|1+\sqrt[3]{x}|+C.$$

(2)令 $\sqrt[4]{x}=t$,于是 $x=t^4$,则 $dx=4t^3dt$,故

$$\int \dfrac{1}{\sqrt{x}+\sqrt[4]{x}}dx = 4\int \dfrac{t^3}{t^2+t}dt = 4\int \dfrac{t^2}{t+1}dt = 4\int \dfrac{(t^2-1)+1}{t+1}dt = 4\int \left(t-1+\dfrac{1}{t+1}\right)dt$$

$$= 4\left(\dfrac{1}{2}t^2-t+\ln|t+1|\right)+C = 2\sqrt{x}-4\sqrt[4]{x}+4\ln(\sqrt[4]{x}+1)+C.$$

一般的,当被积函数中含有被开方式为一次式的根式时,进行根式代换,令 $t=\sqrt[n]{ax+b}$,消去根号,从而求得积分.

2. 三角代换

例 4-39 求 $\int \sqrt{1-x^2}dx$.

解:观察被积函数的特点,我们利用三角公式 $1-\sin^2 t=\cos^2 t$ 消去根式.

令 $x=\sin t\left(-\dfrac{\pi}{2}\leq t\leq \dfrac{\pi}{2}\right)$,则 $dx=\cos t dt$,$\sqrt{1-x^2}=\sqrt{1-\sin^2 t}=\cos t$,

于是 $\int \sqrt{1-x^2}dx = \int \cos t\cos t dt = \int \cos^2 t dt = \int \dfrac{1+\cos 2t}{2}dt$

$$= \dfrac{1}{2}t+\dfrac{1}{4}\sin 2t+C = \dfrac{1}{2}t+\dfrac{1}{2}\sin t\cos t+C,$$

由于 $x=\sin t$,则 $t=\arcsin x$,而 $\cos t=\sqrt{1-\sin^2 t}=\sqrt{1-x^2}$ $\left(-\dfrac{\pi}{2}\leq t\leq \dfrac{\pi}{2}\right)$,

故 $\int \sqrt{1-x^2}dx = \dfrac{1}{2}\arcsin x+\dfrac{x}{2}\sqrt{1-x^2}+C.$

例 4-40 求 $\int \dfrac{1}{x^2\sqrt{x^2+4}}dx$.

解：可利用三角函数关系式 $1+\tan^2 x=\sec^2 x$ 消去根式.

令 $x=2\tan t \left(-\dfrac{\pi}{2}<t<\dfrac{\pi}{2}\right)$，则 $dx=2\sec^2 t dt$，$\sqrt{x^2+4}=2\sec t$，故

$$\int \dfrac{1}{x^2\sqrt{x^2+4}}dx = \int \dfrac{2\sec^2 t}{4\tan^2 t \cdot 2\sec t}dt = \dfrac{1}{4}\int \dfrac{\sec t}{\tan^2 t}dt$$

$$= \dfrac{1}{4}\int \dfrac{\cos t}{\sin^2 t}dt = \dfrac{1}{4}\int \dfrac{1}{\sin^2 t}d\sin t = -\dfrac{1}{4\sin t}+C.$$

根据 $\tan t=\dfrac{x}{2}$，作辅助三角形，如图 4-3 所示. 于是有

$$\int \dfrac{1}{x^2\sqrt{x^2+4}}dx = -\dfrac{1}{4}\dfrac{\sqrt{x^2+4}}{x}+C.$$

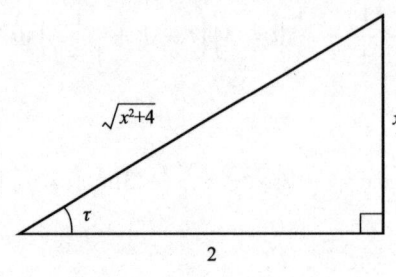

图 4-3

例 4-41 求 $\int \dfrac{1}{\sqrt{x^2-a^2}}dx$.

解：利用三角函数关系式 $\tan^2 x=\sec^2 x-1$ 去掉被积函数中的根式. 令 $x=a\sec t$，于是

$$\sqrt{x^2-a^2}=\sqrt{a^2\sec^2 t-a^2}=a\sqrt{\sec^2 t-1}=a\tan t,$$

$dx=a\sec t\tan t dt$，故 $\int \dfrac{dx}{\sqrt{x^2-a^2}}=\int \dfrac{a\sec t\tan t}{a\tan t}dt=\int \sec t dt=\ln|\sec t+\tan t|+C_1$.

为了把 $\sec t$ 及 $\tan t$ 换成 x 的函数，我们根据 $\sec t=\dfrac{x}{a}$ 作辅助图形（如图 4-4 所示），得到 $\tan t=\dfrac{\sqrt{x^2-a^2}}{a}$，

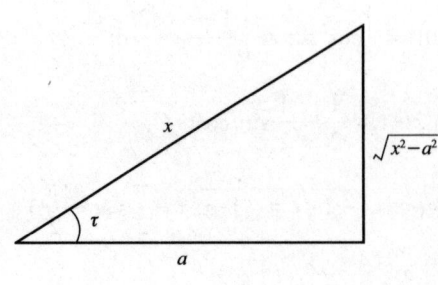

图 4-4

因此，$\int \dfrac{\mathrm{d}x}{\sqrt{x^2-a^2}} = \ln\left|\dfrac{x}{a} + \dfrac{\sqrt{x^2-a^2}}{a}\right| + C_1 = \ln\left|x + \sqrt{x^2-a^2}\right| + C$，

其中 $C = C_1 - \ln a$.

注意 （1）一般的，被积函数含有二次根式 $\sqrt{a^2-x^2}$ 和 $\sqrt{x^2 \pm a^2}$ 时，利用三角函数恒等式进行换元来消去根号．一般的，

$\sqrt{a^2-x^2}$，可令 $x = a\sin t$ 或 $x = a\cos t$；

$\sqrt{a^2+x^2}$，可令 $x = a\tan t$ 或 $x = a\cot t$；

$\sqrt{x^2-a^2}$，可令 $x = a\sec t$ 或 $x = a\csc t$；

（2）三角代换是第二类换元法的重要总成部分，但在具体解题时，还要具体分析．例如，$\int x\sqrt{x^2-a^2}\,\mathrm{d}x$ 就不必用三角代换，而用凑微分法更为方便．

课堂练习

1．求下列不定积分．

(1) $\int \dfrac{x^3}{\sqrt{x^4-1}}\mathrm{d}x$；

(2) $\int e^x \cos e^x \mathrm{d}x$；

(3) $\int x\sin x^2 \mathrm{d}x$；

(4) $\int (3x-2)^5 \mathrm{d}x$；

(5) $\int \dfrac{1}{x}\ln x\,\mathrm{d}x$；

(6) $\int \dfrac{1}{x^2+2x-15}\mathrm{d}x$；

(7) $\int x(1+x^2)^3 \mathrm{d}x$；

(8) $\int \dfrac{\sin\frac{1}{x}}{x^2}\mathrm{d}x$；

(9) $\int \sin^2 x\,\mathrm{d}x$；

(10) $\int \dfrac{1}{x^2-a^2}\mathrm{d}x$．

2．求下列不定积分．

(1) $\int x\sqrt{2x-1}\,\mathrm{d}x$；

(2) $\int \dfrac{\sqrt[3]{x}}{x(\sqrt{x}+\sqrt[3]{x})}\mathrm{d}x$；

(3) $\int \sqrt{4-x^2}\,\mathrm{d}x$；

(4) $\int \dfrac{1}{\sqrt{4x^2+9}}\mathrm{d}x$；

(5) $\int \dfrac{1}{x^2\sqrt{1+x^2}}\mathrm{d}x$；

(6) $\int \dfrac{1}{\sqrt{x}(2+\sqrt[3]{x})}\mathrm{d}x$．

数学与生活

换元积分法在人工智能领域的应用探索

换元积分法在人工智能中的应用虽然不如在传统数学和计算机科学领域那样直接和显著，但其在一些与人工智能相关的数学基础和算法中仍然发挥着作用．以下是一些在

人工智能领域中应用换元积分法的场景:

★**机器学习算法**

(1)在某些机器学习算法中,特别是在涉及到复杂数学运算和优化的算法中,换元积分法可能被用于简化问题或求解某些关键步骤.例如,在支持向量机(SVM)中,为了求解最优的超平面,可能需要处理一些包含积分的表达式,此时换元积分法可以被用来简化这些表达式.

(2)在深度学习中,优化神经网络的过程中涉及到损失函数的计算和优化.在某些情况下,损失函数可能包含复杂的积分项,此时换元积分法可以用来简化这些积分的计算.

★**概率图模型**

概率图模型是人工智能中用于表示和处理不确定性的重要工具.在某些概率图模型中,特别是在涉及到连续随机变量的模型中,可能需要计算某些概率分布或概率密度的积分.此时,换元积分法可以被用来简化这些积分的计算.

★**强化学习**

强化学习是一种通过试错来学习如何做出决策的机器学习方法.在某些强化学习算法中,特别是在涉及到值函数或Q函数的学习时,可能需要处理一些包含积分的表达式.换元积分法在这些情况下可能被用来简化积分的计算.

★**信号处理**

在人工智能中的信号处理领域,如语音识别、图像处理和自然语言处理等,经常需要对信号进行变换和分析.在某些情况下,这些变换和分析可能涉及到积分的计算.换元积分法在这些情况下可以被用来简化积分的计算,并帮助理解信号的性质.

★**数学基础和工具**

在构建人工智能系统时,往往需要依赖各种数学工具和库.这些工具和库中的某些函数或算法可能使用了换元积分法来实现.例如,一些数学库中的积分函数可能使用了换元积分法来加速计算或提高精度.

总结来说,换元积分法在人工智能中的应用主要体现在机器学习算法、概率图模型、强化学习、信号处理以及数学基础和工具等方面.虽然这些应用可能不如在传统数学和计算机科学领域那样直接和显著,但换元积分法作为一种重要的数学工具,仍然为人工智能的发展提供了有力的支持.

4.2.3 分部积分法

定理4-2 若函数 $u=u(x)$,$v=v(x)$ 都可导,且 $u'(x)$,$v'(x)$ 都连续,则不定积分

$$\int u dv = uv - \int v du.$$

证:设函数 $u=u(x)$,$v=v(x)$ 具有连续的导数,有函数乘积的微分公式

$$d(uv) = u dv + v du,$$

移项得 $u dv = d(uv) - v du$.

对等式两边积分,便得到 $\int u dv = uv - \int v du$.

又如，$\int \ln x \mathrm{d}x = x\ln x - \int x\mathrm{d}(\ln x) = x\ln x - \int x\frac{1}{x}\mathrm{d}x = x\ln x - x + C$.

例 4-42 求 $\int x\cos x\mathrm{d}x$.

解：令 $u = x$，则 $\cos x\mathrm{d}x = \mathrm{d}\sin x = \mathrm{d}v$，所以

$$\int x\cos x\mathrm{d}x = \int x\mathrm{d}\sin x = x\sin x - \int \sin x\mathrm{d}x = x\sin x + \cos x + C.$$

若令 $u = \cos x$，从而 $x\mathrm{d}x = \mathrm{d}\left(\frac{x^2}{2}\right) = \mathrm{d}v$. 则

$$\int x\cos x\mathrm{d}x = \int \cos x\mathrm{d}\left(\frac{x^2}{2}\right) = \frac{x^2}{2}\cos x + \int \frac{x^2}{2}\sin x\mathrm{d}x.$$

利用分部积分法的目的是将不定积分的计算化难为易，如果 u，v 选择不当，则积分 $\int u\mathrm{d}v$ 不好计算时，可利用上述分部积分公式将其转化为另一个 $\int v\mathrm{d}u$，这个积分 $\int v\mathrm{d}u$ 相对比较容易计算才行.

注意 使用分部积分法的关键是要恰当地选取被积表达式中的 u 和 v，选取的原则是 v 要容易求得；$\int v\mathrm{d}u$ 比原积分 $\int u\mathrm{d}v$ 容易积出. 一般地，若被积函数是幂函数和正（余）弦的乘积，就考虑设幂函数为 u，使其降幂一次（假定幂指数是正整数）.

例 4-43 求 $\int \ln x\mathrm{d}x$.

解：$\int \ln x\mathrm{d}x = x\ln x - \int x\mathrm{d}(\ln x) = x\ln x - \int x\frac{1}{x}\mathrm{d}x = x\ln x - x + C$.

例 4-44 求 $\int e^x \sin x\mathrm{d}x$.

解：$\int e^x\sin x\mathrm{d}x = \int \sin x\mathrm{d}(e^x) = e^x\sin x - \int e^x\mathrm{d}(\sin x) = e^x\sin x - \int e^x\cos x\mathrm{d}x + C$，

注意到 $\int e^x\cos x\mathrm{d}x$ 与所求积分是同一类型的，需要再用一次分部积分法，

$$\int e^x\sin x\mathrm{d}x = e^x\sin x - \int \cos x\mathrm{d}(e^x) = e^x\sin x - e^x\cos x + \int e^x\mathrm{d}(\cos x)$$

$$= e^x\sin x - e^x\cos x - \int e^x\sin x\mathrm{d}x,$$

故 $\int e^x\sin x\mathrm{d}x = \frac{1}{2}e^x(\sin x - \cos x) + C$.

注意：本题实际上是用了两次分部积分法，有些积分需要重复使用几次分部积分法方能得到结果. 一般地，对于 $\int e^{ax}\sin bx\mathrm{d}x$，$\int e^{ax}\cos bx\mathrm{d}x$ 型的积分，u 和 $\mathrm{d}v$ 可随意选取，但在两次分部积分中，必须选用同类型的 u，以便经过两次分部积分后产生循环式，从而解出所求积分.

例 4-45 求 $\int x^2 e^x\mathrm{d}x$.

解：$\int x^2 e^x\mathrm{d}x = \int x^2\mathrm{d}(e^x) = x^2 e^x - \int e^x\mathrm{d}x^2 = x^2 e^x - 2\int xe^x\mathrm{d}x = x^2 e^x - 2xe^x + 2e^x + C$.

注意 有时在用分部积分之前，须先变形. 若被积函数是幂函数和指数函数的乘积，就考虑设幂

函数为 u，使其降幂一次（假定幂指数是正整数）．

例 4-46 求 $\int \cos\sqrt{x}\,dx$．

解：令 $t=\sqrt{x}$，则 $x=t^2(t\geq 0)$，从而 $dx=2tdt$，故

$$\int \cos\sqrt{x}\,dx = \int \cos t \cdot 2tdt = 2\int td(\sin t) = 2(t\sin t - \int \sin t\,dt)$$

$$= 2(t\sin t + \cos t) + C = 2\sqrt{x}\sin\sqrt{x} + 2\cos\sqrt{x} + C.$$

例 4-47 求 $\int e^{\sqrt{x}}\,dx$．

解：令 $t=\sqrt{x}$，则 $x=t^2$，从而 $dx=2tdt$，故

$$\int e^{\sqrt{x}}\,dx = 2\int te^t dt = 2\int td e^t = 2e^t(t-1) + C = 2e^{\sqrt{x}}(\sqrt{x}-1) + C.$$

例 4-48 求 $\int \sec^3 x\,dx$．

解：$\int \sec^3 x\,dx = \int \sec x\,d(\tan x)$

$$= \sec x\tan x - \int \sec x\tan^2 x\,dx$$

$$= \sec x\tan x - \int \sec x(\sec^2 x - 1)\,dx$$

$$= \sec x\tan x - \int \sec^3 x\,dx + \int \sec x\,dx$$

$$= \sec x\tan x + \ln|\sec x + \tan x| - \int \sec^3 x\,dx.$$

由于上式右端的第三项就是所求的积分 $\int \sec^3 x\,dx$，把它移到等号左端去，等式两端再同时除以 2，得

$$\int \sec^3 x\,dx = \frac{1}{2}(\sec x\tan x + \ln|\sec x + \tan x|).$$

由于 C 为任意常数，因此得到

$$\int \sec^3 x\,dx = \frac{1}{2}(\sec x\tan x + \ln|\sec x + \tan x|) + C.$$

在积分的过程中往往要兼用换元法与部分积分法．

一般地，如果不定积分的被积函数是由幂函数、指数函数、对数函数、三角函数、反三角函数中的任两个函数的乘积构成的，那么在使用分部积分法时，积分变量的选择根据经验有如下规律：选 u 按"反、对、幂、三、指"的顺序从左往右优先选择．

到目前为止，我们已经学习了原函数、不定积分及其基本计算方法，只有熟悉了这些积分方法，才能比较熟练地求出许多函数的不定积分．为了应用方便，人们将一些常用不定积分公式汇编成表，称为积分表．求不定积分时，可以根据不定积分的类型直接或经过变形后，在积分表中查到不定积分的结果．

求不定积分．

(1) $\int x\ln^2 x \mathrm{d}x$; (2) $\int \ln^2 x \mathrm{d}x$; (3) $\int x\sin x \mathrm{d}x$;

(4) $\int x\cos\dfrac{x}{2}\mathrm{d}x$; (5) $\int x^2\arctan x \mathrm{d}x$; (6) $\int \dfrac{\ln^3 x}{x^2}\mathrm{d}x$;

(7) $\int e^{-2x}\sin\dfrac{x}{2}\mathrm{d}x$; (8) $\int (x^2-1)\sin 2x \mathrm{d}x$; (9) $\int \ln x \mathrm{d}x$;

(10) $\int e^{-x}\cos x \mathrm{d}x$; (11) $\int e^x\sin 2x \mathrm{d}x$; (12) $\int x\sin 5x \mathrm{d}x$;

(13) $\int xe^{3x}\mathrm{d}x$; (14) $\int x^2\cos x \mathrm{d}x$; (15) $\int x^2\ln x \mathrm{d}x$;

(16) $\int x\cos x \mathrm{d}x$; (17) $\int x\sin 2x \mathrm{d}x$; (18) $\int \cos\sqrt{x}\mathrm{d}x$;

(19) $\int \ln(1+x^2)\mathrm{d}x$; (20) $\int x^2 e^{3x}\mathrm{d}x$; (21) $\int (x+1)e^x\mathrm{d}x$.

4.2.4 有理函数及三角函数有理式的积分

前面几节介绍了计算不定积分的 3 种基本积分法——直接积分法、换元积分法和分部积分法,本节将简要介绍有理函数的积分和三角函数有理式的积分.

1. 有理函数的积分

(1) 有理函数的相关概念

两个多项式函数的商 $\dfrac{P(x)}{Q(x)}$ 称为有理函数,也称为有理分式. 有理分式的一般表达式为

$$\dfrac{P(x)}{Q(x)} = \dfrac{a_0 x^n + a_1 x^{n-1} + \cdots + a_{n-1} x + a_n}{b_0 x^m + b_1 x^{m-1} + \cdots + b_{m-1} x + b_m},$$

其中 m,n 为正整数,a_0,a_1,$\cdots a_n$ 及 b_0,b_1,$\cdots b_m$ 都是实数,并且 $a_0 \neq 0$,$b_0 \neq 0$.

在有理分式中,当 $n<m$ 时,称之为真分式;当 $n \geq m$ 时,称之为假分式. 根据多项式的除法,任意一个假分式都可以化为一个多项式和一个真分式的和. 例如,

$$\dfrac{2x^3 - x^2 + 2}{x-1} = 2x^2 + \dfrac{2}{x-1}.$$

因此,有理函数的积分可以转化为多项式或真分式的积分. 多项式的积分比较简单,所以我们只需要讨论真分式的积分.

(2) 真分式的积分

要求解真分式 $\dfrac{P(x)}{Q(x)}$ 的积分,需要用到代数学中的两个结论:

1) 任一多项式在实数范围内都可分解为一次因式和二次质因式的乘积;

2) 分母 $Q(x)$ 在实数范围内能分解成如下形式:

$$Q(x) = b_0(x-a)^\alpha \cdots (x-b)^\beta (x^2+px+q)^\lambda \cdots (x^2+rx+s)^\mu.$$

其中,$p^2-4q<0$,$\cdots$,$r^2-4s<0$.

真分式 $\dfrac{P(x)}{Q(x)}$ 可以分解为如下最简分式的和:

$$\frac{P(x)}{Q(x)} = \frac{A_1}{x-a} + \frac{A_2}{(x-a)^2} + \cdots + \frac{A_\alpha}{(x-a)^\alpha} + \cdots + \frac{B_1}{x-b} + \frac{B_2}{(x-b)^2} + \cdots + \frac{B_\beta}{(x-b)^\beta} +$$
$$\frac{M_1 x + N_1}{x^2 + px + q} + \frac{M_2 x + N_2}{(x^2 + px + q)^2} + \cdots + \frac{M_\lambda x + N_\lambda}{(x^2 + px + q)^\lambda} + \cdots + \quad (4\text{-}3)$$
$$\frac{R_1 x + S_1}{x^2 + rx + s} + \frac{R_2 x + S_2}{(x^2 + rx + s)^2} + \cdots + \frac{R_\mu x + S_\mu}{(x^2 + rx + s)^\mu}.$$

其中，$A_1, \cdots, A_\alpha, B_1, \cdots, B_\beta, M_1, \cdots, M_\lambda, N_1, \cdots, N_\lambda, R_1, \cdots, R_\mu, S_1, \cdots, S_\mu$，等为待定常数，利用待定系数法可以将所有的系数确定．若不计求和次序，则分解式[式(4-3)]是唯一的．

假设真分式能够分解成如式(4-3)的分解式，则真分式的积分最终归结为以下两种部分分式的积分：

(1) $\int \frac{A}{(x-a)^n} \mathrm{d}x$；(2) $\int \frac{Mx+N}{(x^2+px+q)^n} \mathrm{d}x$．(其中，$n \in N^+$，$p^2 - 4q < 0$．)

对于(1)中部分分式的积分，将 $\mathrm{d}x$ 凑成 $\mathrm{d}(x-a)$，然后利用换元和基本积分公式直接可以求出．下面我们重点讨论(2)中部分分式的积分．

若 $n=1$，则(2)中部分分式变为 $\int \frac{Mx+N}{x^2+px+q} \mathrm{d}x$，将被积函数的分母配方得

$$x^2 + px + q = \left(x + \frac{p}{2}\right)^2 + q - \frac{p^2}{4}.$$

令 $x + \frac{p}{2} = t$，将 $x = t - \frac{p}{2}$ 代入被积函数，则被积函数变形为

$$\frac{Mx+N}{x^2+px+q} = \frac{Mt + N - \frac{Mp}{2}}{t^2 + q - \frac{p^2}{4}},$$

记 $a^2 = q - \frac{p^2}{4}$，$b = N - \frac{Mp}{2}$，则有

$$\int \frac{Mx+N}{x^2+px+q} \mathrm{d}x = \int \frac{Mt+b}{t^2+a^2} \mathrm{d}t = \int \frac{Mt}{t^2+a^2} \mathrm{d}t + \int \frac{b}{t^2+a^2} \mathrm{d}t = \frac{M}{2} \ln|x^2+px+q| + \frac{b}{a} \arctan \frac{x+\frac{p}{2}}{a} + C.$$

若 $n > 1$，借助上述记法，则有

$$\int \frac{Mx+N}{(x^2+px+q)^n} \mathrm{d}x = \int \frac{Mt}{(t^2+a^2)^n} \mathrm{d}t + \int \frac{b}{(t^2+a^2)^n} \mathrm{d}t = -\frac{M}{2(n-1)(t^2+a^2)^{n-1}} + b \int \frac{1}{(t^2+a^2)^n} \mathrm{d}t.$$

例 4-49 求 $\int \frac{x+3}{x^2-5x+6} \mathrm{d}x$．

解：被积函数 $\frac{x+3}{x^2-5x+6}$ 是真分式，可分解为最简分式之和，即有

$$\frac{x+3}{x^2-5x+6} = \frac{x+3}{(x-2)(x-3)} = \frac{A_1}{x-2} + \frac{A_2}{x-3},$$

其中，A_1，A_2 为待定系数，可以按照以下方法求出待定系数．

在分解式两端消去分母得

$$x+3 = A_1(x-3) + A_2(x-2) = (A_1+A_2)x + (-3A_1-2A_2),$$

比较 x 的同次幂的系数，得

$$\begin{cases} A_1+A_2 = 1, \\ -3A_1-2A_2 = 3, \end{cases}$$

解得 $A_1 = -5$，$A_2 = 6$，从而 $\dfrac{x+3}{x^2-5x+6} = \dfrac{-5}{x-2} + \dfrac{6}{x-3}$. 所以

$$\int \frac{x+3}{x^2-5x+6}\mathrm{d}x = \int \frac{-5}{x-2}\mathrm{d}x + \int \frac{6}{x-3}\mathrm{d}x = -5\ln|x-2| + 6\ln|x-3| + C.$$

例 4-50 求 $\displaystyle\int \dfrac{1}{(x^2+1)(x+1)^2}\mathrm{d}x$.

解：被积函数的分母含有 $(x+1)^2$ 和二次质因式 x^2+1，按照式 (4-3) 的分解公式，得

$$\frac{1}{(x^2+1)(x+1)^2} = \frac{A_1x+A_2}{x^2+1} + \frac{A_3}{(x+1)^2} + \frac{A_4}{x+1},$$

两端去分母得 $1 = (A_1x+A_2)(x+1)^2 + A_3(x^2+1) + A_4(x+1)(x^2+1)$.

等式右端合并同类项后，比较 x 的同次幂的系数，得

$$\begin{cases} A_1+A_4 = 0, \\ 2A_1+A_2+A_3+A_4 = 0, \\ A_1+2A_2+A_4 = 0, \\ A_2+A_3+A_4 = 1, \end{cases}$$

解得 $A_1 = -\dfrac{1}{2}$，$A_2 = 0$，$A_3 = \dfrac{1}{2}$，$A_4 = \dfrac{1}{2}$.

所以

$$\int \frac{1}{(x^2+1)(x+1)^2}\mathrm{d}x = -\frac{1}{2}\int \frac{x}{x^2+1}\mathrm{d}x + \frac{1}{2}\int \frac{1}{(x+1)^2}\mathrm{d}x + \frac{1}{2}\int \frac{1}{x+1}\mathrm{d}x$$

$$= -\frac{1}{4}\ln(x^2+1) - \frac{1}{2(x+1)} + \frac{1}{2}\ln|x+1| + C.$$

例 4-51 求 $\displaystyle\int \dfrac{2x+1}{x^3-2x^2+x}\mathrm{d}x$.

解：先将被积函数分解成最简分式之和，得

$$\frac{2x+1}{x^3-2x^2+x} = \frac{2x+1}{x(x-1)^2} = \frac{A}{x} + \frac{B}{x-1} + \frac{D}{(x-1)^2},$$

通分得 $2x+1 = A(x-1)^2 + Bx(x-1) + Dx$，分别取 $x=0, 1, 2$，可求得 $A=1$，$B=-1$，$D=3$. 于是

$$\int \frac{2x+1}{x^3-2x^2+x}\mathrm{d}x = \int \left[\frac{1}{x} - \frac{1}{x-1} + \frac{3}{(x-1)^2}\right]\mathrm{d}x$$

$$= \ln|x| - \ln|x-1| - \frac{3}{x-1} + C = \ln\left|\frac{x}{x-1}\right| - \frac{3}{x-1} + C.$$

例 4-52 求 $\displaystyle\int \dfrac{x+4}{x^3+2x-3}\mathrm{d}x$.

解：先将被积函数分解成最简分式之和，得

$$\frac{x+4}{x^3+2x-3}=\frac{x+4}{(x-1)(x^2+x+3)}=\frac{A}{x-1}+\frac{Bx+D}{x^2+x+3},$$

两端去分母,得 $x+4=A(x^2+x+3)+(Bx+D)(x-1)$.

分别取 $x=0$,1,2,可求得 $x=0$,1,2,可求得 $A=1$, $B=-1$, $D=-1$. 于是

$$\int\frac{x+4}{x^3+2x-3}dx=\int\left(\frac{1}{x-1}+\frac{-x-1}{x^2+x+3}\right)dx=\int\frac{1}{x-1}dx-\int\frac{\frac{1}{2}(2x+1)+\frac{1}{2}}{x^2+x+3}dx$$

$$=\int\frac{1}{x-1}d(x-1)-\frac{1}{2}\int\frac{1}{x^2+x+3}d(x^2+x+3)-\frac{1}{2}\int\frac{1}{\left(x+\frac{1}{2}\right)^2+\frac{11}{4}}d\left(x+\frac{1}{2}\right)$$

$$=\ln|x-1|-\frac{1}{2}\ln(x^2+x+3)-\frac{1}{\sqrt{11}}\arctan\frac{2x+1}{\sqrt{11}}+C.$$

以上将有理真分式函数分解为简单分式之和求其积分的方法称为待定系数法. 确定最简分式分子中的待定常数,例 4-48 和例 4-49 所用的方法称为比较系数法;例 4-50 和例 4-51 采用了对 x 取特殊值的方法,称为特殊值法.

对于某些特殊有理函数的积分,有时利用其他技巧,积分会更简单.

例 4-53 求 $\int\frac{x^3}{(x-1)^{10}}dx$.

解: 令 $x-1=t$,则

$$\int\frac{x^3}{(x-1)^{10}}dx=\int\frac{(t+1)^3}{t^{10}}dt=\int(t^{-7}+3t^{-8}+3t^{-9}+t^{-10})dt$$

$$=-\frac{1}{6t^6}-\frac{3}{7t^7}-\frac{3}{8t^8}-\frac{1}{9t^9}+C$$

$$=-\frac{1}{6(x-1)^6}-\frac{3}{7(x-1)^7}-\frac{3}{8(x-1)^8}-\frac{1}{9(x-1)^9}+C.$$

例 4-54 $\int\frac{dx}{x^8(1+x^2)}$.

解: 令 $x=\frac{1}{t}$,则

$$\int\frac{dx}{x^8(1+x^2)}=-\int\frac{t^8dt}{1+t^2}=-\int\left(t^6-t^4+t^2-1+\frac{1}{1+t^2}\right)dt$$

$$=-\frac{t^7}{7}+\frac{t^5}{5}-\frac{t^3}{3}+t-\arctan t+C$$

$$=-\frac{1}{7x^7}+\frac{1}{5x^5}-\frac{1}{3x^3}+\frac{1}{x}-\arctan\frac{1}{x}+C.$$

2. 三角函数有理式的积分

所谓三角函数有理式,是指由 $\sin x$, $\cos x$ 与常数经过有限次四则运算后形成的函数,记作 $R(\sin x,\cos x)$.

三角函数有理式的积分 $\int R(\sin x,\cos x)dx$ 常见的特殊情形有以下 3 种.

(1)若 $R(\sin x, \cos x)$ 满足条件 $R(-\sin x, \cos x) = -R(\sin x, \cos x)$，则令 $\cos x = t$.

(2)若 $R(\sin x, \cos x)$ 满足条件 $R(\sin x, -\cos x) = -R(\sin x, \cos x)$，则令 $\sin x = t$.

(3)若 $R(\sin x, \cos x)$ 满足条件 $R(-\sin x, -\cos x) = R(\sin x, \cos x)$，则令 $\tan x = t$.

例 4-55 求 $\int \dfrac{\sin^3 x}{\cos^4 x} dx$.

解： 本例中 $R(\sin x, \cos x) = \dfrac{\sin^3 x}{\cos^4 x}$，显然有 $R(-\sin x, \cos x) = -R(\sin x, \cos x)$，令 $\cos x = t$，则

$$\int \dfrac{\sin^3 x}{\cos^4 x} dx = -\int \dfrac{1-t^2}{t^4} dt = \int \left(\dfrac{1}{t^2} - \dfrac{1}{t^4}\right) dt = -\dfrac{1}{t} + \dfrac{1}{3t^3} + C = -\dfrac{1}{\cos x} + \dfrac{1}{3\cos^3 x} + C.$$

例 4-56 求 $\int \dfrac{\cos^3 x}{\sin^2 x} dx$.

解： 本例中 $R(\sin x, \cos x) = \dfrac{\cos^3 x}{\sin^2 x}$，显然有 $R(\sin x, -\cos x) = -R(\sin x, \cos x)$，令 $\sin x = t$，则

$$\int \dfrac{\cos^3 x}{\sin^2 x} dx = \int \dfrac{1-t^2}{t^2} dt = \int \left(\dfrac{1}{t^2} - 1\right) dt = -\dfrac{1}{t} - t + C = -\dfrac{1}{\sin x} - \sin x + C.$$

例 4-57 求 $\int \dfrac{1}{\sin^4 x \cos^2 x} dx$.

解： 本例中 $R(\sin x, \cos x) = \dfrac{1}{\sin^4 x \cos^2 x}$，显然有 $R(-\sin x, -\cos x) = R(\sin x, \cos x)$，令 $\tan x = t$，则

$$\int \dfrac{1}{\sin^4 x \cos^2 x} dx = \int \dfrac{1}{\tan^4 x \cos^6 x} dx = \int \dfrac{\sec^4 x}{\tan^4 x} d(\tan x) = \int \dfrac{(1+t^2)^2}{t^4} dt$$

$$= -\dfrac{1}{3t^3} - \dfrac{2}{t} + t + C = -\dfrac{1}{3}\cot^3 x - 2\cot x + \tan x + C.$$

在某些特殊情况下，可以不用变换，而利用三角公式将所求的不定积分转化成容易积分的形式. 因此，若能熟练掌握一些三角公式，则对求不定积分有很大帮助. 例如，对于积分

$$\int \sin mx \cos nx \, dx, \int \sin mx \sin nx \, dx, \int \cos mx \cos nx \, dx,$$

通过积化和差公式

$$\sin x \cos y = \dfrac{1}{2}[\sin(x+y) + \sin(x-y)],$$

$$\sin x \sin y = \dfrac{1}{2}[\cos(x-y) - \cos(x+y)],$$

$$\cos x \cos y = \dfrac{1}{2}[\cos(x+y) + \cos(x-y)]$$

即可求解.

通过降幂公式 $\sin^2 x = \dfrac{1-\cos 2x}{2}$，$\cos^2 x = \dfrac{1+\cos 2x}{2}$，可以较快地求出下面的积分.

例 4-58 $\int \cos^4 x \, dx$.

解： $\int \cos^4 x \, dx = \int \left(\dfrac{1+\cos 2x}{2}\right)^2 dx = \dfrac{1}{4} \int (1 + 2\cos 2x + \cos^2 2x) dx$

$$=\frac{1}{4}\int\left(1+2\cos 2x+\frac{1+\cos 4x}{2}\right)\mathrm{d}x=\frac{3}{8}x+\frac{1}{4}\sin 2x+\frac{1}{32}\sin 4x+C.$$

如果遇到的不是以上特殊情况，则可以考虑万能代换：令 $\tan\frac{x}{2}=t$，则

$$\int R(\sin x,\ \cos x)\mathrm{d}x=\int R\left(\frac{2t}{1+t^2},\ \frac{1-t^2}{1+t^2}\right)\cdot\frac{2}{1+t^2}\mathrm{d}t.$$

例 4-59 求 $\int\frac{1}{2+\cos x}\mathrm{d}x$.

解：令 $u=\tan\frac{x}{2}$，则 $\cos x=\frac{1-u^2}{1+u^2}$，$\mathrm{d}x=\frac{2}{1+u^2}\mathrm{d}u$，于是

$$\int\frac{1}{2+\cos x}\mathrm{d}x=\int\frac{1}{2+\frac{1-u^2}{1+u^2}}\cdot\frac{2}{1+u^2}\mathrm{d}u=\int\frac{2}{3+u^2}\mathrm{d}u$$

$$=\frac{2}{\sqrt{3}}\arctan\frac{u}{\sqrt{3}}+C=\frac{2}{\sqrt{3}}\arctan\frac{\tan\frac{x}{2}}{\sqrt{3}}+C.$$

例 4-60 求 $\int\frac{1}{\sin^4 x}\mathrm{d}x$.

解：令 $u=\tan\frac{x}{2}$，则 $\sin x=\frac{2u}{1+u^2}$，$\mathrm{d}x=\frac{2}{1+u^2}\mathrm{d}u$，于是

$$\int\frac{1}{\sin^4 x}\mathrm{d}x=\int\frac{1}{\left(\frac{2u}{1+u^2}\right)^4}\cdot\frac{2}{1+u^2}\mathrm{d}u=\int\frac{1+3u^2+3u^4+3u^6}{8u^4}=\frac{1}{8}\left(-\frac{1}{3u^3}-\frac{3}{u}+3u+\frac{u^3}{3}\right)+C$$

$$=\frac{1}{24\left(\tan\frac{x}{2}\right)^3}-\frac{3}{8\tan\frac{x}{2}}+\frac{3}{8}\tan\frac{x}{2}+\frac{1}{24}\left(\tan\frac{x}{2}\right)^3+C.$$

虽然运用万能代换能够将三角函数有理式的积分转化为有理函数的积分，但有时会导致复杂的运算．因此，在某些特殊情形下，计算三角函数有理式的积分时，可以先考虑用其他积分方法是否能够计算出来．

最后需要指出的是，虽然理论上可以证明初等函数在其定义区间内都有原函数，但是其原函数不一定都是初等函数，有些函数的不定积分不能用初等函数表示．例如，

$$\int e^{x^2}\mathrm{d}x,\ \int e^{\frac{1}{x}}\mathrm{d}x,\ \int\frac{e^x}{x}\mathrm{d}x,\ \int\frac{\sin x}{x}\mathrm{d}x,\ \int\sin\frac{1}{x}\mathrm{d}x,\ \int\sin x^2\mathrm{d}x,\ \int\frac{1}{\ln x}\mathrm{d}x,$$

这些积分形式上很简单，但已经证明是积不出来的．

课堂练习

求下列不定积分．

(1) $\int\frac{1}{3+\sin x}\mathrm{d}x$；　(2) $\int\frac{3}{x^3+1}\mathrm{d}x$；　(3) $\int\frac{x^5+x^4-8}{x^3-x}\mathrm{d}x$；

(4) $\int \dfrac{1}{(x^2+1)(x^2+x+1)}dx$;　　(5) $\int \dfrac{2x+3}{x^2+3x-10}dx$;　　(6) $\int \dfrac{x+1}{(x-1)^3}dx$;

(7) $\int \dfrac{x^3}{x+3}dx$;　　(8) $\int \dfrac{2x^3+2x^2+5x+5}{x^4+5x^2+4}dx$;　　(9) $\int \dfrac{-x^2-2}{(x^2+x+1)^2}dx$;

(10) $\int \dfrac{1}{x^4+1}dx$;　　(11) $\int \dfrac{1}{3+\sin^2 x}dx$;　　(12) $\int \dfrac{1}{1+\sin x+\cos x}dx$.

数学与生活

优惠券价值评估模型：基于不定积分的精准策略制定

一家电商公司为了吸引顾客，推出了一种购物优惠券．顾客在购物时可以使用该优惠券抵扣部分金额．为了更准确地评估这种优惠券的实际价值，公司决定采用数学模型进行价值估计，以便优化促销策略．

公司希望通过数学方法估计每张优惠券的平均价值，并与优惠券的面额进行对比．公司认为，优惠券的价值体现在它所带来的每张订单的附加收入上．为了计算这个价值，公司决定使用不定积分的方法．解决方案如下：

公司根据历史数据发现，顾客在使用优惠券后，平均下单金额是一个与购物金额成正比的函数．假设这个函数为 $f(x)$，其中 x 表示不打折时的购物金额．

为了计算优惠券的价值，公司决定将不定积分应用于该函数．他们计算了不定积分 $\int f(x)dx$，其中积分变量 x 从 0 到无穷大．这个不定积分表示的是，将所有可能的购物金额与下单金额的函数值乘积相加，从 0 到无穷大的总和．

通过计算此不定积分，公司确定了每张优惠券的平均价值．然后，他们将这个平均价值与优惠券的面额进行比较，以评估优惠券的实际效果．

通过计算这个定积分，公司可以得到每张优惠券的平均价值．然后，将这个平均价值与优惠券的面额进行比较，以评估优惠券的实际效果．

通过应用不定积分的方法，该电商公司成功估计了每张优惠券的平均价值，并与优惠券的面额进行了对比．基于这个价值估计，公司可以制定更有效的促销策略，以最大化优惠券的吸引力和效果．这个案例展示了数学工具（如定积分）在解决实际问题中的强大功能，帮助企业做出更明智的决策．

4.3 数字化应用——利用 MATLAB 求不定积分

1. int 指令求解不定积分的调用格式

在 MATLAB 中,使用 int 指令来求函数 $f(x)$ 的不定积分,其调用格式如下:

int(f):求表达式 f 关于 x(或最接近 x 的字母)的不定积分

int(f, t):求表达式 f 关于 t 的不定积分

2. 利用 MATLAB 求不定积分示例

例 4-61 求不定积分 $\int \dfrac{x+1}{\sqrt[3]{3x+1}} dx$.

解:在 MATLAB 命令行窗口输入以下代码并运行,如图 4-5 所示:

```
syms x
f=(x+1)/(3*x+1)^(1/3)
int(f)
```

图 4-5

从运行结果可知,$\int \dfrac{x+1}{\sqrt[3]{3x+1}} dx = \dfrac{(3x+6)\sqrt[3]{(3x+1)^2}}{15} + C.$

例 4-62 求不定积分 $\int \sqrt{a^2 - x^2} dx (a > 0)$.

解:在命令行窗口输入以下代码并运行,如图 4-6 所示.

```
syms x a
assume(a>0)
f=(a*a-x*x)^0.5
int(f, x)
```

由运行结果可知，$\int \sqrt{a^2-x^2}\,dx = \dfrac{a^2}{2}\arcsin\dfrac{x}{a} + \dfrac{x}{2}\sqrt{a^2-x^2} + C$.

```
>> syms x a
>> assume(a>0)
>> f=(a*a-x*x)^0.5
f =
(a^2 - x^2)^(1/2)
>> int(f,x)
ans =
(a^2*asin(x/a))/2 + (x*(a^2 - x^2)^(1/2))/2
>>
```

图 4-6

利用 MATLAB 计算下列函数的不定积分.

(1) $\int e^{\sin x}\cos x\,dx$； (2) $\int x(x^2-1)^5\,dx$；

(3) $\int \arctan x\,dx$； (4) $\int x^2 e^x\,dx$.

思政小课堂

牛顿与微积分的探索之旅

在17世纪的英国，一个名叫艾萨克·牛顿的年轻学者，正在剑桥大学的图书馆里埋头苦读. 他不仅对物理学和天文学有着浓厚的兴趣，还渴望找到一种全新的数学工具，来描述自然界中那些复杂而精妙的变化规律.

随着研究的深入，牛顿渐渐发现，传统的数学方法无法完全满足他对运动和变化的描述. 他意识到，必须创造一种全新的数学语言，才能更准确地捕捉和预测自然界中的动态过程. 于是，他开始了一段孤独的探索之旅，寻找这个能够描绘变化之美的数学工具.

经过多年的努力，牛顿终于有了突破性的发现——他称之为"流数术"的理论. 这个理论的核心思想，是通过研究变量的瞬时变化率，来描述和预测物体的运动状态. 这一发现，不仅让牛顿成功地解决了许多物理学和天文学中的难题，还为微积分学的发展奠定了坚实的基础.

然而，牛顿的探索之路并非一帆风顺. 他的"流数术"理论在当时并未得到广泛的认可和支持. 许多学者对他的理论表示怀疑和批评，甚至有人质疑他是否真的发现了微积分学的真谛. 面对这些质疑和争议，牛顿并没有气馁和退缩，而是坚持自己的信念，继续深入研究和探索.

随着时间的推移，牛顿的"流数术"理论逐渐得到了越来越多人的认可和支持. 人们开始意识到，这个看似复杂而深奥的理论，其实是一种强大而实用的数学工具，能够帮助他们更好地理解和描述自然界中的动态过程．同时，牛顿的微积分学也引起了其他学者的关注和研究，最终形成了微积分学的两大流派：牛顿流数法和莱布尼茨微积分法．

  牛顿与微积分的探索之旅，不仅是一段关于科学发现和创新的历史，更是一次关于坚持和勇气的传奇．正是牛顿的坚定信念和不懈努力，让我们拥有了微积分学这一强大的数学工具，为现代科学和技术的发展奠定了坚实的基础．

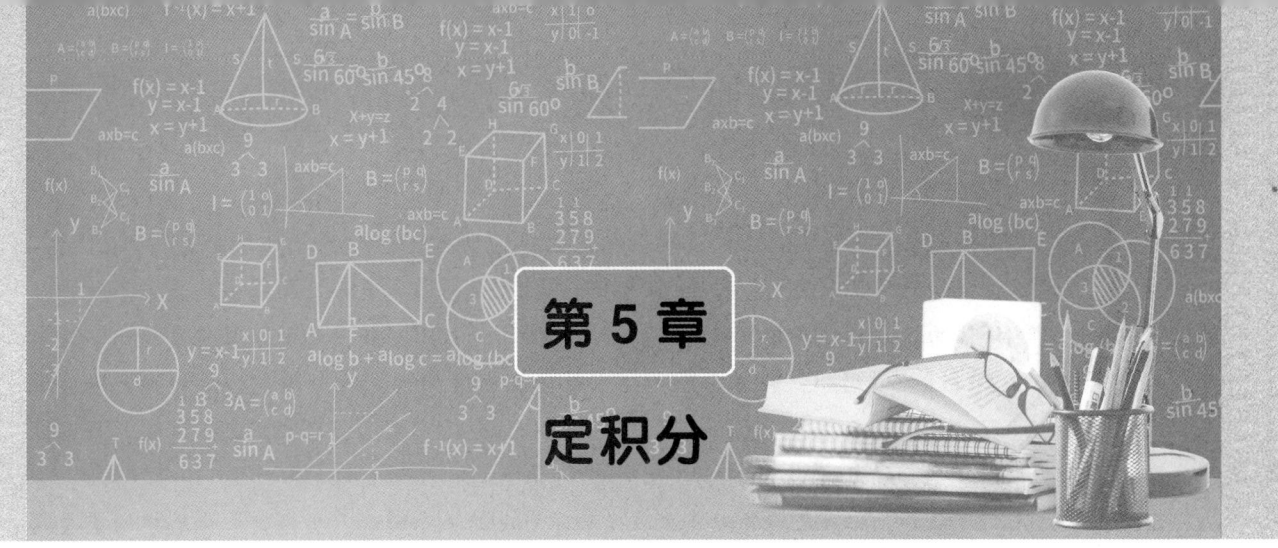

第 5 章 定积分

学习目标

1. 理解定积分的概念和几何意义，了解定积分的性质．

2. 了解积分上限函数的定义，会用牛顿–莱布尼茨公式计算定积分，掌握定积分的换元积分法与分部积分法．

3. 了解无穷限反常积分的概念，会计算无穷限反常积分．

4. 会用定积分表达和计算一些几何量和物理量．

5. 能够运用软件求解定积分问题．

案例导入

阿基米德与抛物线弓形面积的故事

阿基米德是古希腊时期的一位非常有名的智者．一日，他遇到了一个前所未有的挑战：如何准确计算一块形状独特的土地面积？这片土地由一条抛物线和两条直线围成，形似被咬了一口的圆饼．

阿基米德深知这是一项艰巨的任务，但他并没有丝毫的退缩．他凝视着这片土地，脑海中开始构思解决方案．他设想，如果将这片土地分割成无数个微小的矩形，再逐一计算这些矩形的面积，并将它们累加起来，或许能够无限接近真实的面积．

然而，这片土地的不规则形状使得计算变得异常复杂，阿基米德陷为此入了深深的思考之中．经过无数次的推敲和试验，他终于发现了穷竭法的精妙之处——通过不断将土地分割成更小的矩形，可以使面积的计算愈发精确．

终于，在经历了无数次的计算和修正后，阿基米德得到了一个精确的答案．他向农田主展示了这一成果，并详细解释了穷竭法的原理．农田主被阿基米德的智慧和毅力深深打动，连连道谢．

这个故事迅速在古希腊传为佳话．人们为阿基米德的智慧和才华所折服，也为他对于数学和科学的执着追求而感动．从此，阿基米德的名字和他的穷竭法被永远地镌刻在了数学的史册上，成为了一代传奇．而他的故事也激励着后世不断探索和学习，为解决更多的数学难题而努力奋斗．

从定积分的角度来看，阿基米德的故事实际上展示了一种原始的定积分思想的雏形．定积分是一种用于计算曲线与坐标轴所围成图形面积的数学工具，其核心思想是将复杂形状分割成无限多个微小的简单形状(如矩形)，然后计算这些简单形状的面积总和，以逼近复杂形状的真实面积．

在阿基米德的故事中，他面临的土地形状正是一个由抛物线和两条直线围成的复杂图形．他设想将这片土地分割成无数个微小的矩形，这就是定积分中"分割"的步骤．然后，他逐一计算这些矩形的面积,并将它们累加起来,以逼近真实的土地面积,这对应于定积分中的"近似求和"步骤.

然而,由于这片土地的形状不规则,每个矩形的面积计算变得异常复杂.阿基米德通过不断推敲和试验,发现了穷竭法的精妙之处,即不断将土地分割成更小的矩形,使面积的计算愈发精确.这实际上就是定积分中"取极限"的思想,即当分割的矩形数量无限增加时,矩形面积的总和将无限逼近真实面积.这个过程完全体现了定积分的基本思想:通过分割、近似求和、取极限三个步骤,可以计算复杂形状的面积.

因此,从这个角度来看,阿基米德的故事不仅是数学史上的一个传奇,更是定积分思想的重要起源之一.

5.1 定积分的概念与性质

定积分是微积分中的一个重要概念,它描述了一个函数在某个区间上的累积效果,或者说这个函数在该区间上"平均"的高度与区间宽度的乘积.下面从两个引例开始对定积分进行讨论.

5.1.1 两个引例

1. 曲边梯形的面积(引例1)

设函数 $f(x)$ 在区间 $[a, b]$ 上非负且连续,由连续曲线 $y=f(x)$ 和直线 $x=a$,$x=b$ 及 x 轴所围成的图形称为曲边梯形,如图 5-1 所示.

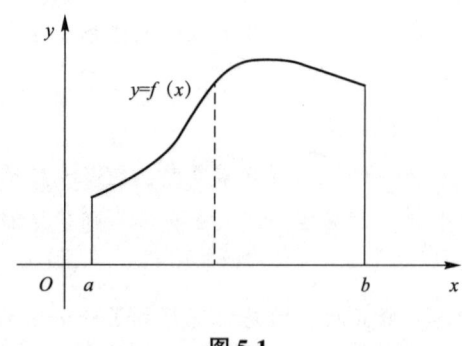

图 5-1

下面来计算曲边梯形的面积 S.

由于曲边梯形的高度 $f(x)$ 在它底边所在区间 $[a, b]$ 上是变化的,所以不能直接用矩形的面积公式来计算面积 S.但由 $f(x)$ 的连续性可知,在底边很小时,可以用矩形的面积近似代替曲边梯形的面积.因此,当把整个曲边梯形分割成一些底边很小的小曲边梯形时,就可以用这些小矩形的面积之和来近似代替所求的曲边梯形的面积.根据以上分析,可以按以下步骤来计算曲边梯形的面积 S.

(1)分割

在区间 $[a, b]$ 中任意插入 $n-1$ 个分点 $a=x_0<x_1<x_2<\cdots x_{n-1}<x_n=b$,将区间 $[a, b]$ 分成 n 个小区间 $[x_{i-1}, x_i]$,各个小区间的长度记为 $\Delta x_i = x_i - x_{i-1}(i=1, 2, 3, \cdots, n)$.

过每个分点作 x 轴的垂线,这样整个曲边梯形就被分割成了 n 个小的曲边梯形,如图 5-2 所示. 每个小曲边梯形的面积记为 $\Delta S_i (i=1, 2, 3, \cdots, n)$.

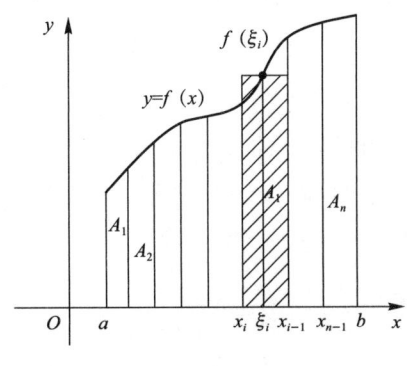

图 5-2

(2) 近似

任取小区间 $[x_{i-1}, x_i]$,在其中任取一点 ξ_i,以 $f(\xi_i)$ 为高、Δx_i 为宽作小矩形,则小矩形的面积为 $f(\xi_i)\Delta x_i$. 用该结果近似代替 $[x_{i-1}, x_i]$ 上的小曲边梯形的面积 ΔS_i,即 $\Delta S_i = f(\xi_i)\Delta x_i$.

(3) 求和

对所有的小矩形面积求和:$\sum_{i=1}^{n} f(\xi_i)\Delta x_i$,得到整个曲边梯形面积 S 的近似值,即 $S \approx \sum_{i=1}^{n} f(\xi_i)\Delta x_i$.

(4) 取极限

显然,将曲边梯形分得越细,小矩形的面积之和就越接近 S 的精确值. 设 λ 是 $\Delta x_i (i=1, 2, \cdots, n)$ 中长度最大的一个,即 $\lambda = \max_{1 \leq i \leq n} \{\Delta x_i\}$,当 $\lambda \to 0$ 时,可求得曲边梯的面积为 $S = \lim_{\lambda \to 0} \sum_{i=1}^{n} f(\xi_i)\Delta x_i$.

2. 变速直线运动的距离(引例2)

当物体做匀速直线运动时,其运动的距离等于速度乘以时间. 现设物体运动的速度 v 随时间 t 而变化,即 v 是时间 t 的函数 $v = v(t)$,求此物体在时间区间 $[a, b]$ 内运动的距离 s.

由于物体运动的速度是随时间变化的,因而不能用求匀速直线运动的路程公式"路程=速度×时间"来计算. 但由于速度是连续变化的,即在很短的时间间隔内变化不大. 因此,可以采用引例 1 类似的方法近似地计算路程.

(1) 分割

将时间区间 $[a, b]$ 任意分成 n 段,即 $a = t_0 < t_1 < t_2 < \cdots t_{n-1} < t_n = b$,用 $\Delta t_i = t_i - t_{i-1} (i=1, 2, 3, \cdots, n)$ 表示第 i 段时间,并将每段时间内物体所走过的路程记为 $\Delta s_i (i=1, 2, 3, \cdots, n)$.

(2) 近似

在每个小区间 $[t_{i-1}, t_i]$ 内上任取一时刻 ξ_i,以 $v(\xi_i)\Delta t_i$. 作为物体在小时间区间 $[t_{i-1}, t_i]$ 上运动的距离 Δs_i 的近似值,即 $\Delta s_i \approx v(\xi_i)\Delta t_i$.

(3) 求和

将每一小时间区间 $[t_{i-1}, t_i]$ 上的运动距离的近似值求和,得整个路程 s 的近似值,即

$$s \approx \sum_{i=1}^{n} v(\xi_i)\Delta t_i.$$

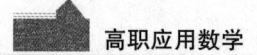

(4)取极限

用 λ 表示 n 个时间段中最长的一段，即 $\lambda = \max\limits_{1 \le i \le n}\{\Delta t_i\}$，当 λ 趋于零时，该质点在 $t=a$ 到 $t=b$ 这段时间间隔内走过的路程 s 为

$$s = \lim_{\lambda \to 0} \sum_{i=1}^{n} v(\xi_i) \Delta t_i.$$

从引例 1 和引例 2 可以看出，虽然问题不同，但解决问题的方法是相同的，都是通过"分割、近似、求和、取极限"这个步骤，将所求的量归结为求一种特定结构和式的极限。还有许多实际问题的解决也归结于这种求和式的极限问题，将这种思想抽象化，就得到了数学上的定积分概念。

5.1.2 定积分的定义

定义 5-1 设函数 $f(x)$ 在区间 $[a,b]$ 上有界，在 $[a,b]$ 内任意插入 $n-1$ 个分点

$$a = x_0 < x_1 < x_2 < \cdots x_{n-1} < x_n = b,$$

将区间 $[a,b]$ 分成 n 个小区间 $[x_{i-1}, x_i]$ $(i=1, 2, \cdots\cdots, n)$，每个小区间的长度记为 $\Delta x_i = x_i - x_{i-1}$ $(i=1, 2, 3, \cdots, n)$。在每个小区间上任取一点 $\xi_i \in [x_{i-1}, x_i]$，作乘积 $f(\xi_i) \Delta x_i$，再求和

$$\sum_{i=1}^{n} f(\xi_i) \Delta x_i,$$

记 $\lambda = \max\limits_{1 \le i \le n}\{\Delta x_i\}$。若 $\lim\limits_{\lambda \to 0} \sum\limits_{i=1}^{n} f(\xi_i) \Delta x_i$ 存在，且极限值与区间 $[a,b]$ 的分法及点 ξ_i 的选取都无关，则称函数 $f(x)$ 在区间 $[a,b]$ 上可积，此极限值为函数 $f(x)$ 在区间 $[a,b]$ 上的定积分，记作

$$\int_a^b f(x) \, \mathrm{d}x,$$

即

$$\int_a^b f(x) \, \mathrm{d}x = \lim_{\lambda \to 0} \sum_{i=1}^{n} f(\xi_i) \Delta x_i.$$

其中 $f(x)$ 称为被积函数，x 称为积分变量，$f(x) \mathrm{d}x$ 称为被积表达式，$[a,b]$ 称为积分区间，a 称为积分下限，b 称为积分上限，$\sum\limits_{i=1}^{n} f(\xi_i) \Delta x_i$ 称为 $f(x)$ 在 $[a,b]$ 上的积分和。

注意：

(1) 如果积分和的极限存在，则此极限值是个常量，它只与被积函数 $f(x)$ 以及积分区间 $[a,b]$ 有关，而与积分变量用什么字母表示无关，即有

$$\int_a^b f(x) \, \mathrm{d}x = \int_a^b f(t) \, \mathrm{d}t = \int_a^b f(u) \, \mathrm{d}u.$$

(2) 在定积分的定义中，我们假定 $a<b$，如果 $b<a$，我们规定

$$\int_b^a f(x) \, \mathrm{d}x = -\int_a^b f(x) \, \mathrm{d}x,$$

即定积分的上限与下限互换时，定积分变号。

特别地，当 $a=b$ 时，有

$$\int_a^b f(x) \, \mathrm{d}x = 0.$$

(3) 如果被积函数在积分区间上无界，那么我们总可以选择点 ξ_i，使积分和无限大，此时积分和的极限显然不存在。因此，无界函数是不可积的，即函数 $f(x)$ 有界是可积的必要条件。那么，给定函

数 $f(x)$ 在什么条件下其定积分存在？这个问题的解决要用到"定积分存在定理".

定理 5-1 若函数 $f(x)$ 在闭区间 $[a, b]$ 上连续，则 $f(x)$ 在闭区间 $[a, b]$ 可积.

定理 5-2 若函数 $f(x)$ 在闭区间 $[a, b]$ 上除有限个第一类间断点外处处连续，则 $f(x)$ 在闭区间 $[a, b]$ 上可积.

5.1.3 定积分的几何意义

根据曲边梯形面积的求法及定积分的定义，可以得出在区间 $[a, b]$ 上连续函数 $f(x)$ 的定积分 $\int_a^b f(x)\mathrm{d}x$ 的几何意义如下：

当 $f(x) \geq 0$ 时，$\int_a^b f(x)\mathrm{d}x$ 表示由 $y = f(x)$，$x = a$，$x = b$ 及 x 轴所围成的曲边梯形的面积；

当 $f(x) \leq 0$，由于积分和 $S_n = \sum_{i=1}^n f(\xi_i)\Delta x_i$ 中每一个 $f(\xi_i) \leq 0$，因而 $\int_a^b f(x)\mathrm{d}x \leq 0$，这时 $\int_a^b f(x)\mathrm{d}x$ 表示由 $y = f(x)$，$x = a$，$x = b$ 及 x 轴所围成的曲边梯形面积的负值；

如果 $f(x)$ 在 $[a, b]$ 上既有正值又有负值，此时 $\int_a^b f(x)\mathrm{d}x$ 表示 $y = f(x)$，$x = a$，$x = b$ 及 x 轴所围成的图形中，位于 x 轴上方图形的面积之和减去位于 x 轴下方图形的面积之和. 例如，如图 5-3 所示，有

$$\int_a^b f(x)\mathrm{d}x = A_1 - A_2 + A_3.$$

特别的，当 $f(x) = 1$ 时，有

$$\int_a^b 1\mathrm{d}x = b - a.$$

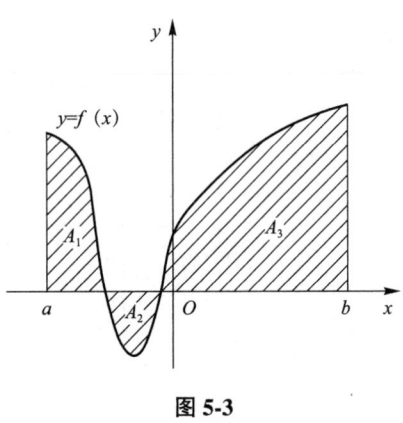

图 5-3

例 5-1 利用定义计算定积分 $\int_0^1 x^2 \mathrm{d}x$.

解：因为被积函数 $f(x) = x^2$ 在积分区间 $[0, 1]$ 上连续，且连续函数在区间上可积，所以积分与区间 $[0, 1]$ 的分法及点 ξ_i 的取法无关. 因此，为了便于计算，不妨把区间 $[0, 1]$ 分成 n 等份，分点为 $x_i = \dfrac{i}{n}(i = 1, 2, \cdots, n-1)$. 这样，每个小区间 $[x_{i-1}, x_i]$ 的长度 $\Delta x_i = \dfrac{1}{n}(i = 1, 2, \cdots, n)$. 取 $\xi_i = x_i(i = 1, 2, \cdots, n)$，于是，得和式

$$\sum_{i=1}^{n}f(\xi_i)\Delta x_i = \sum_{i=1}^{n}\xi_i^2\Delta x_i = \sum_{i=1}^{n}x^2\Delta x_i = \sum_{i=1}^{n}\left(\frac{i}{n}\right)\cdot\frac{1}{n} = \frac{1}{n^3}\sum_{i=1}^{n}i^2$$

$$=\frac{1}{n^3}\cdot\frac{1}{6}n(n+1)(2n+1)=\frac{1}{6}\left(1+\frac{1}{n}\right)\left(2+\frac{1}{n}\right).$$

当 $\lambda\to 0$ 即 $n\to\infty$ 时，取上式右端的极限．由定积分的定义，即得所要计算的积分为

$$\int_0^1 x^2 dx = \lim_{\lambda\to 0}\sum_{i=1}^{n}\xi_i^2\Delta x_i = \lim_{x\to\infty}\frac{1}{6}\left(1+\frac{1}{n}\right)\left(2+\frac{1}{n}\right)=\frac{1}{3}.$$

例 5-2 利用定积分的几何意义求定积分 $\int_{-\frac{1}{2}}^{1}(2x+1)dx$．

解：如图 5-4 所示，根据定积分的几何意义得 $\int_{-\frac{1}{2}}^{1}(2x+1)dx=\frac{3}{2}\times 3\times\frac{1}{2}=\frac{9}{4}$．

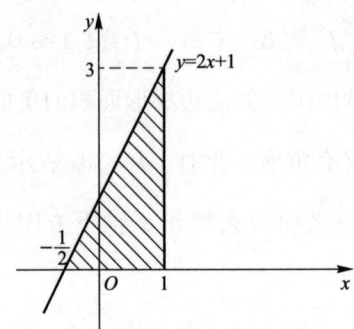

图 5-4

例 5-3 利用定积分的几何意义求定积分 $\int_0^1(-x)dx$．

解：如图 5-5 所示，根据定积分的几何意义得 $\int_0^1(-x)dx=-\frac{1}{2}\times 1\times 1=-\frac{1}{2}$．

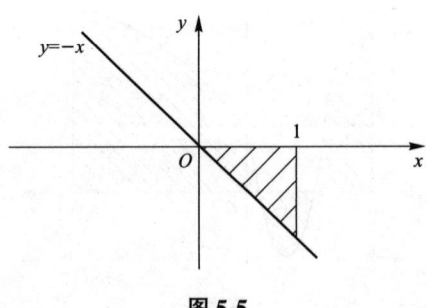

图 5-5

5.1.4 定积分的基本性质

以下的讨论中，均假设函数在给定的区间上可积．

性质 5-1 两个函数代数和的积分等于这两个函数积分的代数和，即

$$\int_a^b[f(x)\pm g(x)]dx=\int_a^b f(x)dx\pm\int_a^b g(x)dx.$$

此性质还可以推广到任意有限个函数代数和的情况，即

$$\int_a^b [f_1(x) \pm f_2(x) \pm \cdots \pm f_n(x)] dx = \int_a^b f_1(x) dx \pm \int_a^b f_2(x) dx \pm \cdots \pm \int_a^b f_n(x) dx.$$

性质 5-2 被积函数的常数因子可以提到积分符号的外面,即

$$\int_a^b kf(x) dx = k\int_a^b f(x) dx (k \text{ 是常数}).$$

性质 5-1 和性质 5-2 可直接由定积分的定义得到,这两个性质称为定积分的线性性质.

性质 5-3(区间的可加性) 设 a, b, c 是三个任意的实数,则

$$\int_a^b f(x) dx = \int_a^c f(x) dx + \int_c^b f(x) dx.$$

以 $f(x) \geq 0$ 为例,

当 $a<c<b$ 时,如图 5-6 所示,显然

$$\int_a^b f(x) dx = \int_a^c f(x) dx + \int_c^b f(x) dx.$$

当 $c<a<b$ 时,如图 5-7 所示,有

$$\int_a^b f(x) dx = \int_c^b f(x) dx - \int_c^a f(x) dx = \int_a^c f(x) dx + \int_c^b f(x) dx.$$

总之,不管 a, b, c 的大小关系如何,性质 5-3 恒成立.

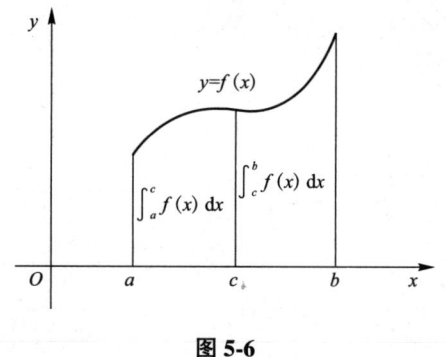

图 5-6　　　　　　　　　　图 5-7

性质 5-4(保序性) 若在区间 $[a, b]$ 上有 $f(x) \geq 0$,则

$$\int_a^b f(x) dx \geq 0 (a < b).$$

推论 1 若在区间 $[a, b]$ 上有 $f(x) \leq g(x)$,则

$$\int_a^b f(x) dx \leq \int_a^b g(x) dx (a < b).$$

推论 2 若 $f(x)$ 在区间 $[a, b]$ 上可积,则 $|f(x)|$ 在区间 $[a, b]$ 上可积,且

$$\left|\int_a^b f(x) dx\right| \leq \int_a^b |f(x)| dx (a < b).$$

性质 5-5(定积分估值定理) 设 M 和 m 分别是函数 $f(x)$ 在区间 $[a, b]$ 上的最大值和最小值,则

$$m(b - a) \leq \int_a^b f(x) dx \leq M(b - a)(a < b).$$

性质 5-6(定积分中值定理) 设函数 $f(x)$ 在区间 $[a, b]$ 上连续,则在区间 $[a, b]$ 上至少存在一点 ξ,使

$$\int_a^b f(x) dx = f(\xi)(b - a)(a \leq \xi \leq b).$$

这个公式叫做积分中值公式.

证明：因为 $f(x)$ 在区间 $[a,b]$ 上连续，所以 $f(x)$ 在区间 $[a,b]$ 上一定存在最大值 M 和最小值 m，由性质 5-5，得

$$m(b-a) \leqslant \int_a^b f(x)\mathrm{d}x \leqslant M(b-a),$$

即

$$m \leqslant \frac{1}{b-a}\int_a^b f(x)\mathrm{d}x \leqslant M.$$

由闭区间上连续函数的介值定理可知，在区间 $[a,b]$ 上至少存在一点 ξ，使

$$f(\xi) = \frac{1}{b-a}\int_a^b f(x)\mathrm{d}x,$$

即

$$\int_a^b f(x)\mathrm{d}x = f(\xi)(b-a).$$

以 $f(x) \geqslant 0$ 为例，从几何上理解，性质 5-6 说明在由直线 $x=a$，$x=b$ 和曲线 $y=f(x)$ 及 x 轴所围成的曲边梯形的底边上，至少可以找到一点 ξ，使曲边梯形的面积等于与曲边梯形同底且高为 $f(\xi)$ 的一个矩形的面积，如图 5-8 所示.

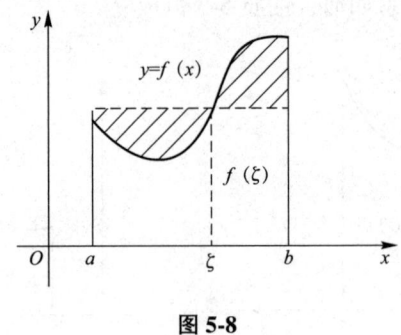

图 5-8

按积分中值公式所得 $f(\xi) = \dfrac{1}{b-a}\int_a^b f(x)\mathrm{d}x$ 称为连续函数 $f(x)$ 在区间 $[a,b]$ 上的平均值. $f(\xi)$ 表示图中曲边梯形的平均高度.

定积分与理财

当我们谈到理财时，很多人首先想到的是投资策略、风险评估或是市场动态. 然而，理财背后其实蕴藏着许多数学原理，其中之一就是定积分. 定积分，这个在数学领域中用于求解曲线与坐标轴围成的面积或体积的概念，在理财中同样具有其独特的价值和意义.

★**定积分与资金累积**

在理财中，资金的累积是一个长期且连续的过程. 我们可以将这一过程视为一个函数，其中时间是自变量，而资金的累积量是因变量. 随着时间的推移，我们的资金会不断增加，而这个增加的过程可以用一个连续变化的函数来表示.

这时，定积分就派上了用场. 通过计算这个函数在某个时间段内的定积分，我们可

以得到这段时间内资金的累积量．例如，如果我们知道每月的投资额度和投资回报率，就可以利用定积分计算出一年或多年后的资金总额．

★定积分与风险评估

在理财中，风险评估同样是一个重要的环节．不同的投资方式具有不同的风险水平，而如何评估这些风险并做出合理的投资决策，就需要借助定积分的思想．

具体而言，我们可以将投资风险看作是一个关于时间的函数．随着时间的推移，市场状况会发生变化，从而影响到投资的风险水平．通过计算这个函数在某个时间段内的定积分，我们可以得到这段时间内风险的累积量，进而评估出投资的风险水平．

此外，我们还可以利用定积分来比较不同投资方式的风险水平．通过计算不同投资方式在相同时间段内的风险累积量，我们可以直观地比较出它们的风险大小，从而做出更加合理的投资决策．

★定积分与复利效应

在理财中，复利效应是一个非常重要的概念．它指的是在投资过程中，投资收益会不断累积并产生更多的收益，从而形成一个良性的循环．这种效应在长时间内会产生巨大的累积效果，使得投资者的资金实现快速增长．

定积分在揭示复利效应方面同样具有独特的优势．通过计算投资收益函数在长时间内的定积分，我们可以得到这段时间内投资收益的累积量，进而直观地感受到复利效应的强大威力．

综上所述，定积分在理财中具有广泛的应用和价值．它不仅可以用于计算资金的累积量、评估投资风险，还可以揭示复利效应的强大威力．通过运用定积分的思想和方法，我们可以更加深入地理解理财的本质和规律，从而做出更加明智和合理的投资决策．

课 堂 练 习

1. 利用定积分的定义计算下列定积分

(1) $\int_0^4 (2x+3)\,dx$ (2) $\int_0^{\frac{\sqrt{2}}{2}} \arccos x\,dx$

(3) $\int_0^1 x\sin\pi x\,dx$ (4) $\int_0^1 e^x\,dx$

2. 利用定积分的几何意义求下列定积分

(1) $\int_{-1}^2 x\,dx$ (2) $\int_{-1}^1 \sqrt{1-x^2}\,dx$

(3) $\int_{-2}^4 \left(\dfrac{x}{2}+3\right)dx$ (4) $\int_{-1}^2 |x|\,dx$．

3. 计算由 $y=x^2$，$x=-1$，$x=1$，$y=0$ 围成的平面图形的面积．

4. 设 $f(x)$ 在 $[a,b]$ 上连续，证明 $\int_0^1 f^2(x)\,dx \geqslant \left[\int_0^1 f(x)\,dx\right]^2$．

5.2 微积分基本定理

直接使用定积分的定义（即分割、近似、求和、取极限）来计算定积分是非常繁琐和困难的，特别是对于复杂的被积函数和积分区间．微积分基本定理的出现正是为了解决直接使用定积分定义计算定积分困难的问题，它提供了一种更加简便和高效的方法来计算定积分．

设有一物体在一直线上运动．在这直线上取定原点、正方向及长度单位，使它成一数轴．设时刻 t 时物体所在位置为 $s(t)$，速度为 $v(t)$（设 $v(t) \geq 0$）．

物体在时间间隔 $[T_1, T_2]$ 内经过的路程用速度函数 $v(t)$ 在 $[T_1, T_2]$ 上的定积分 $\int_{T_1}^{T_2} v(t)\mathrm{d}t$ 来表示；另外，这段路程又可以通过位置函数 $s(t)$ 在区间 $[T_1, T_2]$ 上的增量 $s(T_2) - s(T_1)$ 来表示．则位置函数 $s(t)$ 与速度函数 $v(t)$ 便有如下关系：

$$\int_{T_1}^{T_2} v(t)\mathrm{d}t = s(T_2) - s(T_1).$$

因为 $s'(t) = v(t)$，即位置函数 $s(t)$ 是速度函数 $v(t)$ 的原函数，所以，求速度函数 $v(t)$ 在时间间隔 $[T_1, T_2]$ 内的定积分就转化为求 $v(t)$ 的原函数 $s(t)$ 在区间 $[T_1, T_2]$ 上的增量 $s(T_2) - s(T_1)$．这一结论对一般函数定积分具有普遍意义．

5.2.1 积分上限函数及其导数

设 $f(x)$ 在闭区间 $[a, b]$ 上可积，x 为闭区间 $[a, b]$ 任意一点，则 $f(x)$ 在闭区间 $[a, x]$ 上的定积分 $\int_a^x f(x)\mathrm{d}x$ 存在．在这里，x 既表示定积分的上限，又表示积分变量．因为定积分与积分变量的记法无关，所以，为了明确起见，可以把积分变量改用其他符号，例如用 t 表示，则上面的定积分可以写成

$$\int_a^x f(t)\mathrm{d}t.$$

如果上限 x 在闭区间 $[a, b]$ 上任意变动，那么对于每一个取定的 x 值，定积分有一个对应值，所以它在 $[a, b]$ 上定义了一个函数，记作 $\Phi(x)$，即 $\Phi(x) = \int_a^x f(t)\mathrm{d}t (a \leq x \leq b)$，如图 5-9 所示．

定理 5-3　如果函数 $f(x)$ 在闭区间 $[a, b]$ 上连续，那么积分上限的函数 $\Phi(x) = \int_a^x f(t)\mathrm{d}t$ 在 $[a, b]$ 上可导，并且它的导数

$$\Phi'(x) = \frac{\mathrm{d}}{\mathrm{d}x}\int_a^x f(t)\mathrm{d}t = f(x) \quad (a \leq x \leq b).$$

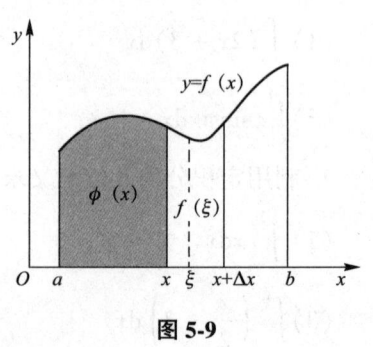

图 5-9

证明：若 $x \in (a, b)$，设 x 获得增量 Δx，并且其绝对值足够地小，使得 $x + \Delta x \in (a, b)$，则 $\Phi(x)$ 在 $x + \Delta x$ 处的函数值为

$$\Phi(x+\Delta x) = \int_a^{x+\Delta x} f(t)dt,$$

由此得函数的增量

$$\Delta\Phi = \Phi(x+\Delta x) - \Phi(x) = \int_a^{x+\Delta x} f(t)dt - \int_a^x f(t)dt$$
$$= \int_a^x f(t)dt + \int_x^{x+\Delta x} f(t)dt - \int_a^x f(t)dt$$
$$= \int_a^{x+\Delta x} f(t)dt.$$

由积分中值定理，在点 x 与 $x+\Delta x$ 之间至少存在一点 ξ 使得

$$\Delta\Phi = \int_a^{x+\Delta x} f(t)dt = f(\xi)\Delta x$$

把上式两端各除以 Δx，得函数增量与自变量增量的比值

$$\frac{\Delta\Phi}{\Delta x} = f(\xi).$$

由于假设 $f(x)$ 在 $[a, b]$ 上连续，而 $\Delta x \to 0$ 时，$\xi \to x$，因此

$$\lim_{\Delta x \to 0} f(\xi) = f(x).$$

于是，令 $\Delta x \to 0$ 对上式两端取极限时，左端的极限也应该存在且等于 $f(x)$。这就是说，函数 $\Phi(x)$ 的导数存在，并且 $\Phi'(x) = f(x)$。

若 $x=a$，取 $\Delta x>0$，则同理可证 $\Phi'_+(a) = f(a)$；若 $x=b$，取 $\Delta x<0$，则同理可证 $\Phi'_-(b) = f(b)$。

定理 5-3 指出了一个重要结论：连续函数 $f(x)$ 取变上限 x 的定积分然后求导，其结果还原为 $f(x)$ 本身。联系原函数的定义，就可以从定理 5-3 推知 $\Phi(x)$ 是连续函数 $f(x)$ 的一个原函数。由此，引出下面原函数存在定理：

定理 5-4(原函数存在定理) 如果函数 $f(x)$ 在区间 $[a, b]$ 上连续，那么函数

$$\Phi(x) = \int_a^x f(t)dt$$

就是 $f(x)$ 在 $[a, b]$ 上的一个原函数。

说明：

(1)这个定理的重要意义在于，它一方面肯定了连续函数的原函数是存在的，另一方面又初步地揭示了积分学中的定积分与原函数之间的联系；

(2)积分上限函数的表示方法有别于初等函数，但它确实满足函数的定义，且可以进行四则运算、复合乃至求导数运算。

例 5-4 求 $\dfrac{d}{dx}\left[\int_x^{-1} \cos^2 t\, dt\right]$

解： $\dfrac{d}{dx}\left[\int_x^{-1} \cos^2 t\, dt\right] = \dfrac{d}{dx}\left[-\int_{-1}^x \cos^2 t\, dt\right]$

$$= -\dfrac{d}{dx}\left[\int_{-1}^x \cos^2 t\, dt\right]$$

$$= -\cos^2 x.$$

例 5-5 求函数 $f(x) = \int_x^2 \sqrt{t^2+1}\, dt$ 的导数。

解: $f'(x) = \left(\int_x^2 \sqrt{t^2+1}\,dt\right)' = \left(-\int_2^x \sqrt{t^2+1}\,dt\right)' = -\sqrt{x^2+1}$.

例 5-6 求函数 $F(x) = \int_a^{e^x} \dfrac{\ln t}{t}\,dt\,(a>0)$ 的导数.

解: $F(x)$ 是 x 的复合函数,所以应按复合函数的求导思路来进行求解.

令 $u = e^x$,

则 $\dfrac{dF(x)}{dx} = \dfrac{d}{du}\left(\int_a^u \dfrac{\ln t}{t}\,dt\right)\dfrac{du}{dx} = \dfrac{\ln u}{u}e^x = \dfrac{\ln e^x}{e^x}\cdot e^x = x$.

例 5-7 求极限 $\lim\limits_{x\to 0}\dfrac{1}{x}\int_0^{\sin x} e^t\,dt$

解:
$$\lim_{x\to 0}\dfrac{1}{x}\int_0^{\sin x} e^t\,dt = \lim_{x\to 0}\dfrac{\int_0^{\sin x} e^t\,dt}{x}$$
$$= \lim_{x\to 0}\dfrac{\left[\int_0^{\sin x} e^t\,dt\right]'}{x'} = \lim_{x\to 0}\dfrac{e^{\sin x}(\sin x)'}{1}$$
$$= \lim_{x\to 0}(\cos x\cdot e^{\sin x}) = 1.$$

例 5-8 求极限 $\lim\limits_{x\to 0}\dfrac{\int_0^x (t-\sin t)\,dt}{x^4}$.

解: 由于当 $x\to 0$ 时,分子 $\int_0^x (t-\sin t)\,dt \to 0$,分母 $x^4 \to 0$,所以函数 $\dfrac{\int_0^x (t-\sin t)\,dt}{x^4}$ 为 $\dfrac{0}{0}$ 型未定式,应用洛必达法则,得

$$\lim_{x\to 0}\dfrac{\int_0^x (t-\sin t)\,dt}{x^4} = \lim_{x\to 0}\dfrac{x-\sin x}{4x^3}$$
$$= \lim_{x\to 0}\dfrac{1-\cos x}{12x^2} = \lim_{x\to 0}\dfrac{\sin x}{24x}$$
$$= \dfrac{1}{24}.$$

例 5-9 已知 $F(x) = \int_0^{x^2} \sqrt{1+t^3}\,dt$,求 $F'(x)$.

解: 由于变上限定积分 $\int_0^{x^2} \sqrt{1+t^3}\,dt$ 中上限为函数 x^2,而 x^2 又是 x 的函数,于是变上限定积分为复合函数,中间变量为 $u = x^2$. 根据复合函数求导法则和定理 5-3 即得所求导数为

$$F'(x) = \left(\int_0^{x^2} \sqrt{1+t^3}\,dt\right)' = 2x\sqrt{1+x^6}.$$

5.2.2 牛顿-莱布尼茨公式

定理 5-5(微积分基本定理) 设 $f(x)$ 在区间 $[a,b]$ 上连续,$F(x)$ 为 $f(x)$ 在区间 $[a,b]$ 上的一个原函数,那么

$$\int_a^b f(x)\,\mathrm{d}x = F(b) - F(a)$$

证明：已知函数 $F(x)$ 是连续函数 $f(x)$ 的一个原函数，根据定理 5-4，则积分上限的函数 $\Phi(x) = \int_a^x f(t)\,\mathrm{d}t$ 也是 $f(x)$ 的一个原函数．由于两个原函数之间的关系为

$$\Phi(x) = F(x) + C \,(a \leq x \leq b),$$

即

$$\int_a^x f(t)\,\mathrm{d}t = F(x) + C \,(a \leq x \leq b).$$

当 $x = a$ 时，

$$\int_a^a f(t)\,\mathrm{d}t = F(a) + C,$$

即

$$0 = F(a) + C, \quad C = -F(a).$$

从而

$$\int_a^x f(t)\,\mathrm{d}t = F(x) - F(a)$$

在上式中取 $x = b$，则得

$$\int_a^b f(t)\,\mathrm{d}t = F(b) - F(a).$$

又因为定积分值与积分变量的符号无关，因此将积分变量的符号 t 改为 x，得到公式

$$\int_a^b f(x)\,\mathrm{d}t = F(b) - F(a)$$

为了方便起见，以后把 $F(b) - F(a)$ 记成 $\left[F(x)\right]_a^b$，于是上式又可写成

$$\int_a^b f(x)\,\mathrm{d}x = \left[F(x)\right]_a^b.$$

公式 $\int_a^b f(x)\,\mathrm{d}x = F(b) - F(a)$ 称为牛顿–莱布尼茨公式，也叫做微积分基本公式．这个公式进一步揭示了定积分与被积函数的原函数或不定积分之间的联系．它表示一个连续函数在区间 $[a, b]$ 上的定积分等于它的任一个原函数在区间 $[a, b]$ 上的增量．这就给定积分提供了一个有效而简便的计算方法，大大简化了定积分的计算步骤．

用牛顿–莱布尼茨公式求定积分的步骤如下：

(1) 用不定积分方法求出一个原函数 $F(x)$；

(2) 计算函数 $F(x)$ 在 a, b 两点函数值的差 $F(b) - F(a)$．

例 5-10 计算 $\int_{-2}^{-1} \dfrac{\mathrm{d}x}{x}$．

解：当 $x < 0$ 时，$\dfrac{1}{x}$ 的一个原函数是 $\ln|x|$，现在积分区间是 $[-2, -1]$，所以按牛顿–莱布尼茨公式，有

$$\int_{-2}^{-1} \dfrac{\mathrm{d}x}{x} = \left[\ln|x|\right]_{-2}^{-1} = \ln 1 - \ln 2 = -\ln 2.$$

通过本例,我们要特别注意:牛顿-莱布尼茨公式中的函数 $F(x)$ 必须是 $f(x)$ 在该积分区间 $[a,b]$ 上的原函数,并且 $f(x)$ 在此区间内连续.

例 5-11 计算 $\int_{-1}^{2}(9x^2+4x)dx$.

解: $\int_{-1}^{2}(9x^2+4x)dx = (3x^3+2x^2)\Big|_{-1}^{2} = 32-(-1) = 33.$

例 5-12 计算 $\int_{0}^{\pi}\sin x dx$.

解: $\int_{0}^{\pi}\sin x dx = (-\cos x)\Big|_{0}^{\pi} = -(\cos\pi-\cos 0) = 2.$

其几何意义如图 5-10 所示阴影部分的面积,即由曲线 $y=\sin x$ 及 x 轴在区间 $[0,\pi]$ 上所围成的图形的面积恰好为 2.

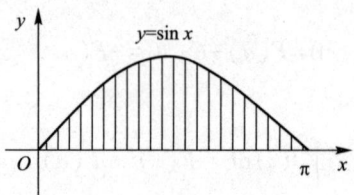

图 5-10

例 5-13 计算 $\int_{0}^{1}|2x-1|dx$.

解: 因为 $|2x-1| = \begin{cases} 1-2x, & x \leq \dfrac{1}{2}, \\ 2x-1, & x > \dfrac{1}{2}, \end{cases}$

由积分对区间的可加性及牛顿-莱布尼茨公式,可得

$$\int_{0}^{1}|2x-1|dx = \int_{0}^{\frac{1}{2}}(1-2x)dx + \int_{\frac{1}{2}}^{1}(2x-1)dx = (x-x^2)\Big|_{0}^{\frac{1}{2}} + (x^2-x)\Big|_{\frac{1}{2}}^{1} = \frac{1}{2}.$$

说明: 若被积函数中出现绝对值,首先必须去掉绝对值符号. 这就要注意正负号,有时需要分段进行积分.

例 5-14 计算 $\int_{0}^{1}e^x dx$.

解: 由于 $\int e^x dx = e^x + C$ 所以 $\int_{0}^{1}e^x dx = e^x\Big|_{0}^{1} = e - e^0 = e - 1.$

例 5-15 求定积分 $\int_{0}^{\sqrt{a}}xe^{x^2}dx$.

解: $\int_{0}^{\sqrt{a}}xe^{x^2}dx = \frac{1}{2}\int_{0}^{\sqrt{a}}e^{x^2}d(x^2) = \frac{1}{2}e^{x^2}\Big|_{0}^{\sqrt{a}} = \frac{1}{2}(e^a-1).$

例 5-16 求函数 $f(x) = \int_{0}^{x}(t-1)dt$ 的极值.

解: $f(x) = \int_{0}^{x}(t-1)dt = \frac{1}{2}x^2 - x,$

那么有 $f'(x)=x-1$, $f''(x)=1$.

令 $f'(x)=0$, 得 $x=1$, $f''(1)>0$.

所以 $x=1$ 是极小值点.

则 $f(1)=\int_0^1(t-1)\mathrm{d}t=-\dfrac{1}{2}$,

所以 $f(x)$ 在点 $x=1$ 处取得极小值 $f(1)=-\dfrac{1}{2}$.

说明：如果函数在所讨论的区间上不满足可积条件，则定理 5-5 不能使用．例如 $\int_{-1}^{1}\dfrac{1}{x^2}\mathrm{d}x$ 如按定理 5-5 计算，则有

$$\int_{-1}^{1}\dfrac{1}{x^2}\mathrm{d}x=-\dfrac{1}{x}\Big|_{-1}^{1}=-1-1=-2.$$

这一求解是错误的，因为在区间 $[-1,1]$ 上函数 $f(x)=\dfrac{1}{x^2}$ 在点 $x=0$ 处为无穷间断，导致积分无法正确计算．

牛顿-莱布尼茨公式在某钢铁企业节能减排中的应用

钢铁企业作为国民经济的重要支柱，其生产过程中的能源消耗和环境污染问题日益凸显．为了响应国家节能减排的号召，某钢铁企业决定进行技术改造，以降低能源消耗和减少环境污染．

钢铁企业在生产过程中，能源消耗主要来自于各种生产设备．为了降低能源消耗，该企业首先利用牛顿-莱布尼茨公式对生产过程中的能源消耗进行了数学建模．具体步骤如下：

确定能源消耗的关键因素：企业通过分析生产过程中的各个环节，确定了影响能源消耗的关键因素，如设备功率、运行时间、负载率等．

建立数学模型：根据关键因素，企业建立了能源消耗随时间变化的数学模型．该模型描述了能源消耗量与关键因素之间的函数关系．

运用牛顿-莱布尼茨公式求解：通过对模型进行求解，企业得到了能源消耗随时间变化的规律．利用这一规律，企业可以预测未来一段时间内的能源消耗情况．

优化能源消耗控制策略：根据求解结果，企业制定了最佳的能源消耗控制策略．通过调整设备的运行参数、优化生产流程等措施，企业成功降低了能源消耗成本．

除了能源消耗外，钢铁企业还面临着废水排放的问题．为了降低废水排放对环境的影响，该企业同样利用牛顿-莱布尼茨公式对废水排放过程进行数学建模和优化．

分析废水排放过程：企业首先对废水排放过程进行了深入分析，确定了影响废水排放的关键因素，如废水产生量、污染物浓度、处理设备性能等．

建立数学模型：基于关键因素，企业建立了废水排放随时间变化的数学模型．该模

型描述了废水排放量与关键因素之间的函数关系.

运用牛顿-莱布尼茨公式求解:通过对模型进行求解,企业得到了废水排放随时间变化的规律.利用这一规律,企业可以预测未来一段时间内的废水排放情况.

优化废水处理设备运行参数:根据求解结果,企业找到了最佳的废水处理设备运行参数.通过调整设备的运行参数、优化废水处理工艺等措施,企业成功实现了废水排放的达标排放.

经过引入牛顿-莱布尼茨公式进行节能减排改造后,该钢铁企业的能源消耗和环境污染均得到了有效控制.具体而言:

能源消耗成本显著降低:通过优化能源消耗控制策略,企业成功降低了能源消耗成本,提高了经济效益.

废水排放达标:通过优化废水处理设备运行参数,企业成功实现了废水排放的达标排放,为环境保护做出了积极贡献.

牛顿-莱布尼茨公式在这家钢铁企业节能减排领域的应用实践表明,该公式可以为钢铁企业提供一种有效的节能减排方法.通过运用牛顿-莱布尼茨公式进行数学建模和优化,企业可以降低能源消耗和减少环境污染,实现经济效益和环保效益的双赢.

课 堂 练 习

1. 计算下列各导数

(1) $\dfrac{\mathrm{d}}{\mathrm{d}x}\displaystyle\int_{x}^{-1} te^{-t}\mathrm{d}x$

(2) $\dfrac{\mathrm{d}}{\mathrm{d}x}\displaystyle\int_{0}^{x^2} \dfrac{1}{\sqrt{1+t^4}}\mathrm{d}t$

(3) $\dfrac{\mathrm{d}}{\mathrm{d}x}\displaystyle\int_{\sin x}^{\cos x} \cos(\pi t^2)\mathrm{d}t$

(4) $\dfrac{\mathrm{d}}{\mathrm{d}x}\displaystyle\int_{x^3}^{x^2} e^t \mathrm{d}t$

2. 计算下列各定积分

(1) $\displaystyle\int_{2}^{6}(x^2-1)\mathrm{d}x$

(2) $\displaystyle\int_{0}^{\frac{\pi}{2}}(2\cos x + e^x)\mathrm{d}x$

(3) $\displaystyle\int_{4}^{9}\sqrt{x}(1+\sqrt{x})\mathrm{d}x$

(4) $\displaystyle\int_{\frac{1}{\sqrt{3}}}^{\sqrt{3}}\dfrac{1}{1+x^2}\mathrm{d}x$

(5) $\displaystyle\int_{0}^{\sqrt{3}a}\dfrac{1}{a^2+x^2}\mathrm{d}x$

(6) $\displaystyle\int_{-e-1}^{-2}\dfrac{1}{1+x}\mathrm{d}x$

(7) $\displaystyle\int_{1}^{2}\dfrac{e^{\frac{1}{x}}}{x^2}\mathrm{d}x$

(8) $\displaystyle\int_{0}^{\frac{\pi}{4}}\tan^2\theta\,\mathrm{d}\theta$

(9) $\displaystyle\int_{0}^{2}f(x)\mathrm{d}x$,其中 $f(x)=\begin{cases} x+1, & x\leqslant 1 \\ \dfrac{1}{2}x^2, & x>1 \end{cases}$

3. 设 $f(x)=\begin{cases} \dfrac{1}{2}\sin x, & 0\leqslant x\leqslant \pi, \\ 0, & x<0 \text{ 或 } x>\pi. \end{cases}$,求 $\varPhi(x)=\displaystyle\int_{0}^{x}f(t)\mathrm{d}t$ 在 $(-\infty,+\infty)$ 内的表达式.

5.3 定积分的换元法和分部积分法

5.3.1 定积分的换元法

由牛顿-莱布尼茨公式可知,计算定积分的关键是先求被积函数的一个原函数,再求原函数在上、下限处的函数值的差值. 这是计算定积分的基本方法. 在不定积分的研究中,用换元积分法和分部积分法可以求出一些函数的原函数,因此,在一定条件下,也可以用换元积分法和分部积分法来计算定积分.

定理 5-6 如果函数 $f(x)$ 在区间 $[a,b]$ 上连续,函数 $x=\varphi(t)$ 满足条件

(1) 当 $t\in[\alpha,\beta]$(或 $[\beta,\alpha]$)时,$a\leqslant\varphi(t)\leqslant b$,

(2) $\varphi(t)$ 在区间 $[\alpha,\beta]$(或 $[\beta,\alpha]$)上有连续的导数,

(3) $\varphi(\alpha)=a$,$\varphi(\beta)=b$,

则有定积分换元公式

$$\int_a^b f(x)\mathrm{d}x = \int_\alpha^\beta f[\varphi(t)]\varphi'(t)\mathrm{d}t.$$

说明:

(1) 定理 5-6 中的公式从左往右相当于不定积分中的第二换元积分法,从右往左相当于不定积分中的第一换元积分法(此时可以不换元,而直接凑微分).

(2) 与不定积分的换元积分法不同,定积分在换元后不需要回代,只要把最终的数值计算出来即可.

(3) 采用换元积分法计算定积分时,如果换元,一定换限;不换元就不换限.

例 5-17 求积分 $\int_0^a \sqrt{a^2-x^2}\mathrm{d}x \,(a>0)$.

解: 令 $x=a\sin t(0\leqslant x\leqslant a)$,则 $\mathrm{d}x=a\cos t\mathrm{d}t$,当 x 从 0 变到 a 时,t 从 0 变到 $\frac{\pi}{2}$,所以

$$\int_0^a \sqrt{a^2-x^2}\mathrm{d}x = \int_0^{\frac{\pi}{2}} a\cos t \cdot a\cos t\mathrm{d}t = a^2\int_0^{\frac{\pi}{2}} \frac{1+\cos 2t}{2}\mathrm{d}t$$

$$= \frac{a^2}{2}\left(t+\frac{\sin 2t}{2}\right)\Big|_0^{\frac{\pi}{2}} = \frac{1}{4}\pi a^2$$

在区间 $[0,a]$ 上,曲线 $y=\sqrt{a^2-x^2}$ 是圆周 $x^2+y^2=a^2$ 的 $\frac{1}{4}$,如图 5-11 所示,所以半径为 a 的圆面积是所求定积分的 4 倍,即 $4\cdot\frac{\pi}{4}a^2=\pi a^2$.

例 5-18 求定积分 $\int_2^4 \frac{\mathrm{d}x}{x\sqrt{x-1}}$.

解: 设 $t=\sqrt{x-1}$,则 $x=1+t^2$,$\mathrm{d}x=2t\mathrm{d}t$. 当 $x=2$ 时,$t=1$;当 $x=4$ 时,$t=\sqrt{3}$.

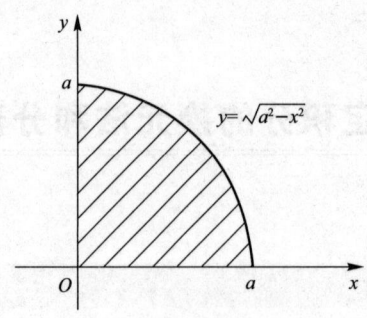

图 5-11

于是

$$\int_2^4 \frac{dx}{x\sqrt{x-1}} = \int_1^{\sqrt{3}} \frac{2t dt}{t(1+t^2)} = 2\int_1^{\sqrt{3}} \frac{1}{1+t^2} dt = 2\arctan t \Big|_1^{\sqrt{3}} = \frac{\pi}{6}.$$

例 5-19 证明：$\int_0^1 x^m(1-x)^n dx = \int_0^1 x^n(1-x)^m dx$.

证明：对等式左边 $\int_0^1 x^m(1-x)^n dx$ 中的变量 x 做替换 $x = 1-t$，则 $dx = -dt$. 当 $x = 0$ 时，$t = 1$；当 $x = 1$ 时，$t = 0$. 于是

$$\int_0^1 x^m(1-x)^n dx = \int_1^0 (1-t)^m t^n (-1) dt = \int_0^1 (1-t)^m t^n dt = \int_0^1 x^n(1-x)^m dx,$$

原式成立.

例 5-20 设 $f(x)$ 是连续的周期函数，周期为 T，证明：对任意的 $a \in R$，有 $\int_a^{a+T} f(x) dx = \int_0^T f(x) dx$.

证明：$\int_a^{a+T} f(x) dx = \int_a^0 f(x) dx + \int_0^T f(x) dx + \int_T^{a+T} f(x) dx$，

对于积分 $\int_T^{a+T} f(x) dx$，令 $x = T+u$，则 $dx = du$，且当 $x = T$ 时，$u = 0$，当 $x = a+T$ 时，$u = a$. 于是

$$\int_T^{a+T} f(x) dx = \int_0^a f(T+u) du = \int_0^a f(u) du = \int_0^a f(x) dx,$$

所以

$$\int_a^{a+T} f(x) dx = \int_a^0 f(x) dx + \int_0^T f(x) dx + \int_T^{a+T} f(x) dx$$
$$= \int_a^0 f(x) dx + \int_0^T f(x) dx + \int_0^a f(x) dx = \int_0^T f(x) dx.$$

例 5-21 求积分 $\int_0^8 \frac{dx}{1+\sqrt[3]{x}}$.

解：$x = t^3$，则 $dx = 3t^2 dt$，当 t 从 0 变到 2 时，x 从 0 变到 8，所以

$$\int_0^8 \frac{dx}{1+\sqrt[3]{x}} = \int_0^2 \frac{3t^2}{1+t} dt$$
$$= 3\int_0^2 \left(t - 1 + \frac{1}{1+t}\right) dt$$
$$= 3\left(\frac{t^2}{2} - t + \ln(1+t)\right)\Big|_0^2 = 3\ln 3.$$

例 5-22 求定积分 $\int_{-1}^{1}(x^2+2x-3)dx$.

解: $\int_{-1}^{1}(x^2+2x-3)dx = \int_{-1}^{1}(x^2-3)dx + \int_{-1}^{1}2xdx$

$= 2\int_{0}^{1}(x^2-3)dx + 0$

$= 2\left(\dfrac{x^3}{3} - 3x\right)\Big|_{0}^{1} = -\dfrac{16}{3}.$

5.3.2 定积分的分部积分法

定理 5-7 设 $u(x)$, $v(x)$ 在 $[a,b]$ 上具有连续的导数, 则

$$\int_a^b u(x)v'(x)dx = [u(x)v(x)]\Big|_a^b - \int_a^b u'(x)v(x)dx,$$

简记为

$$\int_a^b udv = (uv)\Big|_a^b - \int_a^b vdu.$$

这就是定积分的分部积分公式.

例 5-23 求定积分 $\int_0^1 xe^{2x}dx$.

解: $\int_0^1 xe^{2x}dx = \dfrac{1}{2}\int_0^1 xd(e^{2x}) = \dfrac{1}{2}(xe^{2x})\Big|_0^1 - \dfrac{1}{2}\int_0^1 e^{2x}dx$

$= \dfrac{e^2}{2} - \dfrac{e^{2x}}{4}\Big|_0^1 = \dfrac{e^2}{2} - \dfrac{e^2-1}{4} = \dfrac{1}{4}(e^2+1).$

例 5-24 求定积分 $\int_0^{\frac{1}{2}} \arcsin x dx$.

解: $\int_0^{\frac{1}{2}} \arcsin x dx = x\arcsin x\Big|_0^{\frac{1}{2}} - \int_0^{\frac{1}{2}} -\dfrac{x}{\sqrt{1-x^2}}dx$

$= \dfrac{1}{2}\cdot\dfrac{\pi}{6} + \sqrt{1-x^2}\Big|_0^{\frac{1}{2}} = \dfrac{\pi}{12} + \dfrac{\sqrt{3}}{2} - 1.$

例 5-25 求定积分 $\int_0^{\frac{\pi}{2}} x\sin x dx$.

解: $\int_0^{\frac{\pi}{2}} x\sin x dx = -x\cos x\Big|_0^{\frac{\pi}{2}} + \int_0^{\frac{\pi}{2}} \cos x dx = -x\cos x\Big|_0^{\frac{\pi}{2}} + \sin x\Big|_0^{\frac{\pi}{2}} = 1.$

例 5-26 设 $f(x) = \int_1^{x^2} \dfrac{\sin t}{t}dt$, 求 $\int_0^1 xf(x)dx$.

解: $\int_0^1 xf(x)dx = \dfrac{1}{2}\int_0^1 f(x)dx^2 = \dfrac{1}{2}\left[x^2 f(x)\Big|_0^1 - \int_0^1 x^2 f'(x)dx\right]$

$= \dfrac{1}{2}f(1) - \dfrac{1}{2}\int_0^1 x^2\cdot\dfrac{\sin x^2}{x^2}\cdot 2xdx$

$= \dfrac{1}{2}\int_0^1 \dfrac{\sin t}{t}dt - \dfrac{1}{2}\int_0^1 \sin x^2 dx^2$

$$= 0 + \frac{1}{2}\cos x^2 \Big|_0^1 = \frac{1}{2}(\cos 1 - 1).$$

例 5-27 求定积分 $\int_1^{e^2} \frac{1}{\sqrt{x}}(\ln x)^2 dx$.

解:
$$\int_1^{e^2} \frac{1}{\sqrt{x}}(\ln x)^2 dx = 2\int_1^{e^2}(\ln x)^2 d\sqrt{x}$$
$$= 2\left[\sqrt{x}(\ln x)^2\Big|_1^{e^2} - \int_1^{e^2}\frac{2}{\sqrt{x}}\ln x dx\right]$$
$$= 8e - 8\int_1^{e^2}\ln x d\sqrt{x}$$
$$= 8e - 8\left[\sqrt{x}\ln x\Big|_1^{e^2} - \int_1^{e^2}\frac{1}{\sqrt{x}}dx\right]$$
$$= 8e - 16e + 16\sqrt{x}\Big|_1^{e^2}$$
$$= 8e - 16 = 8(e-2).$$

例 5-28 某企业由于排放大量废气,造成了严重污染,于是企业不得不通过减产来控制废气的排放量,若该企业第 n 年废气的排放量为 $C(n) = \frac{20\ln(n+1)}{(n+1)^2}$,求该工厂在 $n=0$ 到 $n=5$ 这 5 年间排出的废气总量.

解: 该工厂在 $n=0$ 到 $n=5$ 这 5 年间排出的废气总量为
$$\int_0^5 \frac{20\ln(n+1)}{(n+1)^2}dt = 20\int_0^5 \ln(n+1)d\left(-\frac{1}{n+1}\right)$$
$$= 20\left\{\left[-\frac{1}{n+1}\ln(n+1)\right]\Big|_0^5 + \int_0^5 \frac{1}{n+1}d[\ln(n+1)]\right\}$$
$$= -\frac{20}{6}\ln 6 - 20\frac{1}{n+1}\Big|_0^5$$
$$= -\frac{20}{6}\ln 6 - \frac{20}{6} + 20 \approx 10.69.$$

课 堂 练 习

1. 计算下列定积分

(1) $\int_{-2}^1 \frac{1}{(11+5x)^3}dx$ 　　(2) $\int_0^\pi (1-\sin^3\theta)d\theta$

(3) $\int_{-\sqrt{2}}^{\sqrt{2}} \sqrt{8-2y^2}dy$ 　　(4) $\int_{\frac{3}{4}}^1 \frac{1}{\sqrt{1-x}-1}dx$

(5) $\int_{-2}^0 \frac{x+2}{x^2+2x+2}dx$ 　　(6) $\int_0^{\frac{\pi}{2}} \cos^3 x \sin x dx$

(7) $\int_{-1}^1 \frac{1}{\sqrt{5-4x}}dx$ 　　(8) $\int_0^4 \frac{1-\sqrt{x}}{\sqrt{x}}dx$

(9) $\int_{-\frac{1}{2}}^{\frac{1}{2}} \frac{(\arcsin x)^2}{\sqrt{1-x^2}} dx$ (10) $\int_0^{\ln 2} \sqrt{e^x - 1} \, dx$

(11) $\int_{\frac{1}{e}}^{e} |\ln x| \, dx$ (12) $\int_0^1 (1-x^2)^{\frac{m}{2}} dx (m \in N_+)$

(13) $\int_1^2 x \log_2 x \, dx$ (14) $J_m = \int_0^{\pi} x \sin^m x \, dx (m \in N_+)$

2. 证明：$\int_x^1 \frac{1}{1+t^2} dt = \int_1^{\frac{1}{x}} \frac{1}{1+t^2} dt (x > 0)$.

3. 证明：$\int_0^1 x^m (1-x^n) dx = \int_0^1 x^n (1-x)^m dx (m, n \in N)$.

5.4 反常积分

反常积分，又称为广义积分，是对普通定积分的推广．反常积分作为一种特殊的数学方法，其定义和性质为我们提供了一种处理在无限区间上定义的函数或有限区间上的无界函数的有效工具，并在各个领域中发挥着重要作用．

5.4.1 无穷限的反常积分

定义 5-2 设函数 $f(x)$ 在区间 $[a, +\infty)$ 上连续，任取 $b>a$，如果极限 $\lim\limits_{b \to +\infty} \int_a^b f(x) dx$ 存在，则称该极限值为函数 $f(x)$ 在无穷区间 $[a, +\infty)$ 上的反常积分，记作 $\int_a^{+\infty} f(x) dx$，即

$$\int_a^{+\infty} f(x) dx = \lim_{b \to +\infty} \int_a^b f(x) dx.$$

此时，也称反常积分 $\int_0^{+\infty} f(x) dx$ 收敛；若极限不存在，则称反常积分 $\int_0^{+\infty} f(x) dx$ 发散．

类似地，我们可以定义函数 $f(x)$ 在 $(-\infty, b]$ 上的反常积分 $\int_{-\infty}^b f(x) dx$，即

$$\int_{-\infty}^b f(x) dx = \lim_{a \to -\infty} \int_a^b f(x) dx.$$

若右端极限存在，则称反常积分 $\int_{-\infty}^b f(x) dx$ 收敛；否则，称反常积分 $\int_{-\infty}^b f(x) dx$ 发散．

最后，我们还可以定义函数 $f(x)$ 在 $(-\infty, +\infty)$ 上的反常积分 $\int_{-\infty}^{+\infty} f(x) dx$，即

$$\int_{-\infty}^{+\infty} f(x) dx = \int_{-\infty}^c f(x) dx + \int_c^{+\infty} f(x) dx$$
$$= \lim_{a \to -\infty} \int_a^c f(x) dx + \lim_{b \to +\infty} \int_c^b f(x) dx.$$

其中 c 是任意常数，a 是小于 c 的任意数，b 是大于 c 的任意数．此反常积分 $\int_{-\infty}^{+\infty} f(x) dx$ 只有当上

述等式右端两个极限同时存在时才是收敛的,如果有一个极限不存在,则称该反常积分是发散的.

上述积分统称为无穷限的反常积分.

在计算无穷限的反常积分时,为了书写简便,实际运算中常常略去极限符号,形式上接近于牛顿-莱布尼茨公式的格式(只是形式上的).

例如,设 $F(x)$ 是 $f(x)$ 的一个原函数,记 $F(+\infty) = \lim\limits_{x \to +\infty} F(x)$,$F(-\infty) = \lim\limits_{x \to -\infty} F(x)$,则上述无穷限的反常积分就可以表示成以下形式:

$$\int_a^{+\infty} f(x)dx = F(x) \Big|_a^{+\infty} = F(+\infty) - F(a),$$

$$\int_{-\infty}^b f(x)dx = F(x) \Big|_{-\infty}^b = F(b) - F(-\infty),$$

$$\int_{-\infty}^{+\infty} f(x)dx = F(x) \Big|_{-\infty}^{+\infty} = F(+\infty) - F(-\infty).$$

这时无穷限的反常积分的收敛与发散就取决于极限 $F(+\infty)$,$F(-\infty)$ 是否存在.

例 5-29 求反常积分 $\int_0^{+\infty} xe^{-x^2}dx$.

解: 按定义

$$\int_0^{+\infty} xe^{-x^2}dx = \lim_{b \to +\infty} \int_0^b xe^{-x^2}dx = \lim_{b \to +\infty} \left[-\frac{1}{2}\int_0^b e^{-x^2}d(-x^2)\right]$$

$$= -\frac{1}{2}\lim_{b \to +\infty}(e^{-x^2})\Big|_0^b$$

$$= -\frac{1}{2}\lim_{b \to +\infty}[e^{-b^2} - e^0]$$

$$= \frac{1}{2}.$$

例 5-30 计算 $\int_{-\infty}^{+\infty} \frac{dx}{1+x^2}$.

解:

$$\int_{-\infty}^{+\infty} \frac{dx}{1+x^2} = \int_{-\infty}^0 \frac{dx}{1+x^2} + \int_0^{+\infty} \frac{dx}{1+x^2}$$

$$= \lim_{a \to -\infty} \int_a^0 \frac{dx}{1+x^2} + \lim_{b \to +\infty} \int_0^b \frac{dx}{1+x^2}$$

$$= -\lim_{a \to -\infty} \arctan a + \lim_{b \to +\infty} \arctan b$$

$$= \frac{\pi}{2} + \frac{\pi}{2} = \pi.$$

例 5-31 讨论反常积分 $\int_a^{+\infty} \frac{1}{x^p}dx (a > 0)$ 的敛散性.

解: (1) 当 $p < 1$ 时,$\int_a^{+\infty} \frac{1}{x^p}dx = \left(\frac{1}{1-p}x^{1-p}\right)\Big|_a^{+\infty} = +\infty$,此时反常积分发散.

(2) 当 $p = 1$ 时,$\int_a^{+\infty} \frac{1}{x}dx = \ln x \Big|_a^{+\infty} = +\infty$,此时反常积分发散.

(3) 当 $p > 1$ 时,$\int_a^{+\infty} \frac{1}{x^p}dx = \left(\frac{1}{1-p}x^{1-p}\right)\Big|_a^{+\infty} = 0 - \frac{1}{1-p}a^{1-p} = \frac{1}{p-1}a^{1-p}$,此时反常积分收敛.

因此，当 $p>1$ 时，反常积分 $\int_a^{+\infty}\frac{1}{x^p}\mathrm{d}x$ 收敛，其值为 $\frac{a^{1-p}}{p-1}$；当 $p\leq 1$ 时，反常积分 $\int_a^{+\infty}\frac{1}{x^p}\mathrm{d}x$ 发散．

5.4.2 无界函数的反常积分

定义 5-3 如果函数 $f(x)$ 在点 a 的任一邻域内都无界，则称点 a 为函数 $f(x)$ 的瑕点．

定义 5-4 设函数 $f(x)$ 在区间 $(a,b]$ 上连续，点 a 为 $f(x)$ 的瑕点．取 $a<t<b$，如果极限 $\lim\limits_{t\to a^+}\int_t^b f(x)\mathrm{d}x$ 存在，则称此极限为函数 $f(x)$ 在区间 $(a,b]$ 的反常积分，记作

$$\int_a^b f(x)\mathrm{d}x = \lim_{t\to a^+}\int_t^b f(x)\mathrm{d}x.$$

这时称反常积分 $\int_a^b f(x)\mathrm{d}x$ 收敛．如果上述极限不存在，则称反常积分 $\int_a^b f(x)\mathrm{d}x$ 发散．

类似地，设函数 $f(x)$ 在区间 $[a,b)$ 上连续，点 b 为 $f(x)$ 的瑕点，取 $a<t<b$，如果极限 $\lim\limits_{t\to b^-}\int_a^t f(x)\mathrm{d}x$ 存在，则称此极限为函数 $f(x)$ 在区间 $[a,b)$ 上的反常积分，记作

$$\int_a^b f(x)\mathrm{d}x = \lim_{t\to b^-}\int_a^t f(x)\mathrm{d}x.$$

这时称反常积分 $\int_a^b f(x)\mathrm{d}x$ 收敛．如果上述极限不存在，则称反常积分 $\int_a^b f(x)\mathrm{d}x$ 发散．

设函数 $f(x)$ 在区间 $[a,b]$ 上除点 $c\,(a<c<b)$ 外连续，点 c 为 $f(x)$ 的瑕点，如果两个反常积分 $\int_a^c f(x)\mathrm{d}x$ 和 $\int_c^b f(x)\mathrm{d}x$ 都收敛，则定义

$$\int_a^b f(x)\mathrm{d}x = \int_a^c f(x)\mathrm{d}x + \int_c^b f(x)\mathrm{d}x = \lim_{t\to c^-}\int_a^t f(x)\mathrm{d}x + \lim_{t\to c^+}\int_t^b f(x)\mathrm{d}x.$$

这时称反常积分 $\int_a^b f(x)\mathrm{d}x$ 收敛．否则，称反常积分 $\int_a^b f(x)\mathrm{d}x$ 发散．无界函数的反常积分又称为瑕积分．

根据定义 5-4 和牛顿-莱布尼茨公式，可以得到以下简记形式．

如果 $F(x)$ 是 $f(x)$ 在 $(a,b]$ 上的原函数，a 是瑕点，则有

$$\int_a^b f(x)\mathrm{d}x = \lim_{t\to a^+}\int_t^b f(x)\mathrm{d}x = \lim_{t\to a^+}[F(b)-F(t)] = F(b) - \lim_{t\to a^+}F(t)$$

$$= F(b) - F(a+0) = F(x)\Big|_a^b.$$

类似地，若 b 是瑕点，则有

$$\int_a^b f(x)\mathrm{d}x = \lim_{t\to b^-}\int_a^t f(x)\mathrm{d}x = \lim_{t\to b^-}[F(t)-F(a)] = \lim_{t\to b^-}F(t) - F(a)$$

$$= F(b-0) - F(a) = F(x)\Big|_a^b.$$

例 5-32 计算反常积分 $\int_0^a \frac{\mathrm{d}x}{\sqrt{a^2-x^2}}\,(a>0)$．

解：因为 $\lim\limits_{x\to a^-}\frac{\mathrm{d}x}{\sqrt{a^2-x^2}}=+\infty$，所以 $x=a$ 为被积函数的瑕点，于是

$$\int_0^a \frac{\mathrm{d}x}{\sqrt{a^2-x^2}} = \left(\arcsin\frac{x}{a}\right)\Big|_0^a = \lim_{x\to a^-}\arcsin\frac{x}{a} - 0 = \frac{\pi}{2}.$$

例 5-33 讨论反常积分 $\int_{-1}^1 \frac{\mathrm{d}x}{x^2}$ 的收敛性.

解：被积函数 $f(x)=\frac{1}{x^2}$ 在积分区间 $[-1, 1]$ 上除 $x=0$ 外连续，且 $\lim\limits_{x\to 0}\frac{1}{x^2}=\infty$. 由于

$$\int_{-1}^0 \frac{\mathrm{d}x}{x^2} = \left[-\frac{1}{x}\right]_{-1}^0 = \lim_{x\to 0^-}\left(-\frac{1}{x}\right) - 1 = +\infty,$$

即反常积分 $\int_{-1}^0 \frac{\mathrm{d}x}{x^2}$ 发散，所以反常积分 $\int_{-1}^1 \frac{\mathrm{d}x}{x^2}$ 发散.

注意：如果疏忽了 $x=0$ 是被积函数的瑕点，就会得到以下的错误结果：

$$\int_{-1}^1 \frac{\mathrm{d}x}{x^2} = \left[-\frac{1}{x}\right]_{-1}^1 = -1 - 1 = -2.$$

例 5-34 证明：反常积分 $\int_0^1 \frac{1}{x^p}\mathrm{d}x$ 当 $0 < p < 1$ 时收敛；当 $p \geq 1$ 时发散.

证明：显然，$x=0$ 是被积函数的瑕点.

(1) 当 $0<p<1$ 时，

$$\int_0^1 \frac{1}{x^p}\mathrm{d}x = \left(\frac{1}{1-p}x^{1-p}\right)\Big|_0^1 = \frac{1}{1-p} - \frac{1}{1-p}\lim_{x\to 0^+}x^{1-p} = \frac{1}{1-p},$$

此时反常积分收敛.

(2) 当 $p=1$ 时，

$$\int_0^1 \frac{1}{x^p}\mathrm{d}x = \int_0^1 \frac{1}{x}\mathrm{d}x = \ln x\Big|_0^1 = 0 - \lim_{x\to 0^+}\ln x = +\infty,$$

此时反常积分发散.

(3) 当 $p>1$ 时，

$$\int_0^1 \frac{1}{x^p}\mathrm{d}x = \left(\frac{1}{1-p}x^{1-p}\right)\Big|_0^1 = \frac{1}{1-p} - \frac{1}{1-p}\lim_{x\to 0^+}x^{1-p} = +\infty,$$

此时反常积分发散.

综上所述，反常积分 $\int_0^1 \frac{1}{x^p}\mathrm{d}x$ 当 $0<p<1$ 时收敛，其值为 $\frac{1}{1-p}$；当 $p\geq 1$ 时发散.

数学与生活

节能灯泡设计与反常积分应用

一家照明公司正致力于研发一款新型的节能灯泡.这款灯泡不仅要有足够的亮度,还要在能耗上尽可能低.为了实现这一目标,工程师们决定设计一种高效的发光体结构,确保光线能在灯泡内部均匀分布,从而减少不必要的能量损失.

然而,在设计过程中,工程师们遇到了一个挑战:如何确定发光体表面的光源分布,使得光线能够均匀照射到灯泡的每个角落?这个问题实际上是一个数学问题:要找到一个函数 $f(x)$,它不仅能够满足灯泡的总亮度要求,还要确保在灯泡表面上的分布尽可能均匀.面对这一挑战,工程师们巧妙地运用了反常积分这一数学工具.

他们首先假设光源分布在发光体表面是一个连续的函数 $f(x)$,其中 x 代表发光体表面上的位置.接着,他们利用反常积分计算 $f(x)$ 在灯泡表面上的积分值,即灯泡的总亮度.为了找到最佳的 $f(x)$ 形式,工程师们采用了优化算法.他们不断迭代调整 $f(x)$ 的形状,每次迭代都使用反常积分来计算当前的总亮度和亮度分布情况.根据这些结果,他们不断微调 $f(x)$,直到满足特定的条件.

经过无数次的尝试和调整,工程师们终于设计出了理想的发光体结构.这款结构使得光线能够均匀地照射到灯泡的每个角落,大大降低了能耗.在实际测试中,这款新型节能灯泡的能耗比传统灯泡降低了 30% 以上,同时保持了相当的亮度水平.

1. 判断下列各反常积分的收敛性,如果收敛,计算反常积分的值.

(1) $\int_0^{+\infty} e^{-ax} dx (a > 0)$

(2) $\int_0^{+\infty} \frac{1}{(1+x)(1+x^2)} dx$

(3) $\int_{-\infty}^{+\infty} \frac{1}{x^2 + 2x + 2} dx$

(4) $\int_1^e \frac{1}{x\sqrt{1-(\ln x)^2}} dx$

2. 当 k 为何值时,反常积分 $\int_2^{+\infty} \frac{1}{x(\ln x)^k} dx$ 收敛?当 k 为何值时,该反常积分发散?又当 k 为何值时,该反常积分取得最小值?

5.5 定积分的应用

5.5.1 定积分的微元法

在 5.1 节曲边梯形面积的引例中,为了计算曲边梯形的面积 S,我们采用"分割、近似、求和、取极限"的步骤将曲边梯形的面积 S 表示成了积分和的极限,并给出了定积分. 这些步骤可以简化为以下过程:在区间 $[a,b]$ 内任取小区间 $[x,x+dx]$,则区间 $[x,x+dx]$ 上的小曲边梯形的面积 ΔS 可用以 x 处的函数值 $f(x)$ 为高、以 dx 为底的小矩形的面积 $f(x)dx$ 作为其近似值,即 $\Delta S \approx f(x)dx$,将该式右端记作 $dS=f(x)dx$,称为所求面积 S 的面积微元. 将面积微元在区间 $[a,b]$ 上求定积分,得曲边梯形的面积为 $S=\int_a^b f(x)dx$.

一般地,如果某一实际问题中的所求量 U 符合下列条件:

(1) U 是与一个变量 x 的变化区间 $[a,b]$ 有关的量;

(2) U 对于区间 $[a,b]$ 具有可加性,就是说,如果把区间 $[a,b]$ 分成许多部分区间,那么 U 相应地分成许多部分量,而 U 等于所有部分量之和;

(3) 部分量 ΔU_i 的近似值可表示为 $f(\xi_i)\Delta x_i$,那么就可考虑用定积分来表达这个量 U.

通常,将量 U 表示成定积分的步骤是:

(1) 根据实际问题建立适当的坐标系,选取一个变量例如 x 为积分变量,并确定它的变化区间 $[a,b]$;

(2) 设想把区间 $[a,b]$ 分成 n 个小区间,取其中任一小区间并记作 $[x,x+dx]$,求出相应于这个小区间的部分量 ΔU 的近似值. 如果 ΔU 能近似地表示为 $[a,b]$ 上的一个连续函数在 x 处的值 $f(x)$ 与 dx 的乘积,就把 $f(x)dx$ 称为量 U 的元素,记作 dU,即 $\Delta U \approx dU=f(x)dx$,$\Delta U$ 与 dU 相差一个比 dx 高阶的无穷小量($dx \to 0$)

(3) 以所求量 U 的元素 $f(x)dx$ 为被积表达式,在区间 $[a,b]$ 上作定积分,得

$$U=\int_a^b dU=\int_a^b f(x)dx.$$

这就是所求量 U 的积分表达式.

这种简化了的求定积分的方法称为微元法或元素法.

5.5.2 定积分在几何上的应用

1. 平面图形的面积

(1) 直角坐标系中平面图形的面积

在平面直角坐标系中,由曲线 $y=f(x)$ ($f(x) \geq 0$) 及直线 $x=a$, $x=b$ ($a<b$) 与 x 轴所围成的曲边梯形的面积 S 是定积分

$$S=\int_a^b f(x)dx.$$

其中被积表达式 $f(x)dx$ 就是直角坐标下的面积元素,它表示高为 $f(x)$、底为 dx 的一个矩形面积.

同样地,由曲线 $x=\psi_1(y)$,$x=\psi_2(y)$ 和直线 $y=c$,$y=d$ ($c \leq d$) 围成的图形(如图 5-12 所示)的面积为

$$S=\int_c^d [\psi_2(y)-\psi_1(y)]dy,\text{ 其中 } \psi_2(y) \geq \psi_1(y).$$

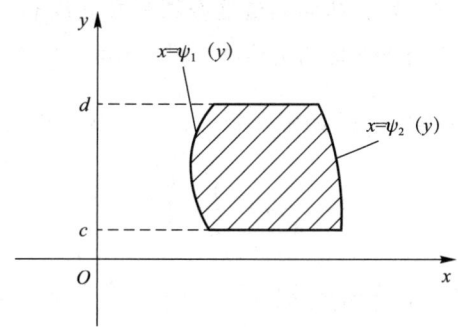

图 5-12

例 5-35 一个图形由两条抛物线：$y^2=x$，$y=x^2$ 围成，求此图形的面积.

解：由抛物线 $y^2=x$ 和 $y=x^2$ 所围成的图形如图 5-13 所示. 为了具体定出图形的所在范围，先求出这两条抛物线的交点.

解方程组

$$\begin{cases} y^2=x, \\ y=x^2, \end{cases}$$

得到两条抛物线的交点为 $(0, 0)$ 和 $(1, 1)$，从而知道这个图形在直线 $x=0$ 与 $x=1$ 之间.

取横坐标 x 为积分变量，它的变化区间为 $[0, 1]$. 相应于 $[0, 1]$ 上的任一小区间 $[x, x+\mathrm{d}x]$ 的窄条的面积近似于高为 $\sqrt{x}-x^2$、底为 $\mathrm{d}x$ 的窄矩形的面积，从而得到面积微元

$$\mathrm{d}S = (\sqrt{x}-x^2)\,\mathrm{d}x.$$

以 $(\sqrt{x}-x^2)\,\mathrm{d}x$ 为被积表达式，在闭区间 $[0, 1]$ 上作定积分，便得所求面积为

$$S = \int_0^1 (\sqrt{x} - x^2)\,\mathrm{d}x = \left[\frac{2}{3}x^{\frac{3}{2}} - \frac{x^3}{3}\right]_0^1 = \frac{1}{3}.$$

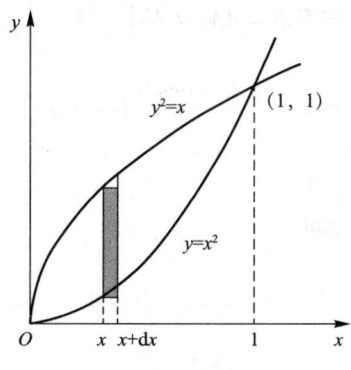

图 5-13

例 5-36 计算抛物线 $y^2=2x$ 与直线 $y=x-4$ 所围成的平面图形的面积.

解：抛物线 $y^2=2x$ 与直线 $y=x-4$ 所围成的图形如图 5-14 所示. 为了定出这个图形所在的范围，先求出所给抛物线和直线的交点.

解方程组

$$\begin{cases} y^2=2x, \\ y=x-4, \end{cases}$$

得到两条线的交点为(2，-2)和(8，4)，从而知道这个图形在直线 $y=-2$ 及 $y=4$ 之间.

选取纵坐标 y 为积分变量，它的变化区间为 $[-2,4]$. 相应于 $[-2,4]$ 上任一小区间 $[y,y+\mathrm{d}y]$ 的窄条面积近似于高为 $\mathrm{d}y$、底为 $(y+4)-\dfrac{1}{2}y^2$ 的窄矩形的面积，从而得到面积元微元

$$\mathrm{d}S = \left(y+4-\frac{1}{2}y^2\right)\mathrm{d}y.$$

以 $\left(y+4-\dfrac{1}{2}y^2\right)\mathrm{d}y$ 为被积表达式，在闭区间 $[-2,4]$ 上作定积分，便得所求的面积为

$$S = \int_{-2}^{4}\left(y+4-\frac{1}{2}y^2\right)\mathrm{d}y = \left[\frac{y^2}{2}+4y-\frac{y^3}{6}\right]_{-2}^{4} = 18.$$

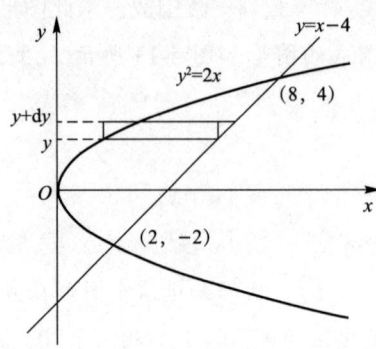

图 5-14

例 5-37 求椭圆 $\dfrac{x^2}{a^2}+\dfrac{y^2}{b^2}=1$ 所围成的图形的面积(如图 5-15 所示).

解：先画出椭圆的图形，如图 5-15 所示，因为椭圆是关于坐标轴对称的，所以整个椭圆的面积 S 是第一象限内的部分的面积的 4 倍，即有 $S = 4A_1 = 4b\int_{0}^{a}\sqrt{1-\dfrac{x^2}{a^2}}\mathrm{d}x$.

设 $x = a\sin t$，有 $S = 4ab\int_{0}^{\frac{\pi}{2}}\cos^2 t\,\mathrm{d}t = 4ab\int_{0}^{\frac{\pi}{2}}\dfrac{1+\cos 2t}{2}\mathrm{d}t = \pi ab$.

或将椭圆方程写成参数方程 $\begin{cases} x = a\cos t, \\ y = b\sin t. \end{cases}$

$$S = 4\int_{0}^{a} y\,\mathrm{d}x = 4\int_{0}^{\frac{\pi}{2}} b\sin t(a\cos t)\mathrm{d}t = 4ab\int_{0}^{\frac{\pi}{2}}\sin^2 t\,\mathrm{d}t = \pi ab.$$

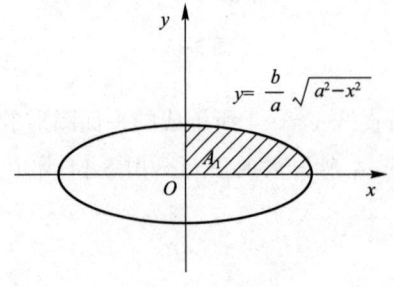

图 5-15

(2)极坐标系中平面图形的面积

极坐标是一个二维坐标系统,描述如下:

在平面内取一个定点 O,称为极点,引一条射线 Ox,称为极轴.对于平面内的任意一点 M,用 ρ(有时也用 r 表示)表示线段 OM 的长度,称为点 M 的极径;θ 表示从 Ox 到 OM 的角度,称为点 M 的极角,逆时针方向为正方向.有序数对(ρ, θ)称为点 M 的极坐标.当点 M 在极点时,它的极径为 0,而极角 θ 可以取任意值.

某些平面图形,用极坐标来计算它们的面积比较方便.

设曲线由 $\rho=\rho(\theta)$ 表示,求由曲线 $\rho=\rho(\theta)$ 和射线 $\theta=\alpha$,$\theta=\beta$ 所围成的图形的面积(此类图形称为曲边扇形),如图 5-16 所示.这里,$\rho(\theta)$ 在$[\alpha, \beta]$上连续,且 $\rho(\theta) \geq 0$,$0 < \beta - \alpha \leq 2\pi$.

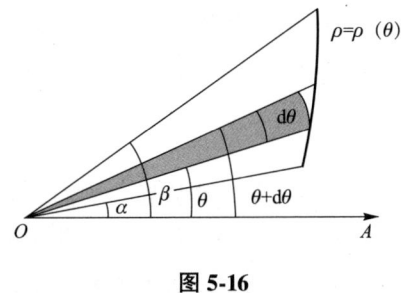

图 5-16

由于当 θ 在$[\alpha, \beta]$上变动时,极径 $\rho=\rho(\theta)$ 也随之变动,因此所求图形的面积不能直接利用扇形面积的公式 $A=\dfrac{1}{2}R^2\theta$ 来计算.

取极角 θ 为积分变量,它的变化区间为$[\alpha, \beta]$.相应于任一小区间$[\theta, \theta+d\theta]$的窄曲边扇形的面积可以用半径为 $\rho=\rho(\theta)$、中心角为 $d\theta$ 的扇形的面积来近似代替,从而得到这窄曲边扇形面积的近似值,即曲边扇形的面积微元为

$$dA = \frac{1}{2}[\rho(\theta)]^2 d\theta.$$

以 $\dfrac{1}{2}[\rho(\theta)]^2 d\theta$ 为被积表达式,在闭区间$[\alpha, \beta]$上作定积分,便得所求曲边扇形的面积为

$$A = \int_\alpha^\beta \frac{1}{2}[\rho(\theta)]^2 d\theta.$$

例 5-38 计算心形线 $\rho=a(1+\cos\theta)$($a>0$)所围成的图形的面积.

解:心形线所围成的图形如图 5-17 所示,这个图形关于极轴对称,因此,所求面积 A 是极轴以上部分图形面积 A_1 的 2 倍.任取一子区间$[\theta, \theta+d\theta] \subset [0, \pi]$,则

$$dA_1 = \frac{1}{2}\rho^2(\theta) d\theta = \frac{1}{2}a^2(1+\cos\theta)^2 d\theta,$$

所以

$$A = 2A_1 = \int_0^\pi a^2(1+\cos\theta)^2 d\theta = a^2 \int_0^\pi \left(\frac{3}{2} + 2\cos\theta + \frac{1}{2}\cos 2\theta\right) d\theta$$

$$= a^2 \left(\frac{3}{2}\theta + 2\sin\theta + \frac{1}{4}\sin 2\theta\right) \bigg|_0^\pi$$

$$= \frac{3}{2}\pi a^2.$$

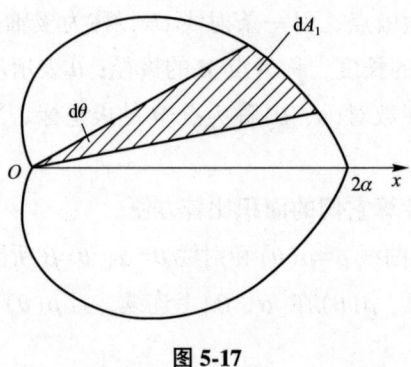

图 5-17

2. 体积

(1) 旋转体的体积

旋转体就是由一个平面图形绕这平面内一条直线旋转一周而成的立体. 这条直线叫做旋转轴. 圆柱、圆锥、圆台、球可以分别看成是由矩形绕它的一条边、直角三角形绕它的直角边、直角梯形绕它的直角腰、半圆绕它的直径旋转一周而成的立体，所以它们都是旋转体.

设一旋转体是由连续曲线 $y=f(x)$ 和直线 $x=a$，$x=b$ 及 x 轴所围成的曲边梯形绕 x 轴旋转一周而成的，如图 5-18 所示. 下面来求它的体积 V_x.

取 x 为积分变量，变化区间为 $[a,b]$，任取小区间 $[x, x+dx] \subset [a, b]$，相应于小区间 $[x, x+dx]$ 上的旋转体薄片的体积可近似地看作以 $f(x)$ 为底面半径、以 dx 为高的扁圆柱体的体积，即体积微元

$$dV_x = \pi [f(x)]^2 dx,$$

将体积微元作为被积表达式，就可以得到所求旋转体的体积

$$V_x = \int_a^b \pi [f(x)]^2 dx = \pi \int_a^b [f(x)]^2 dx.$$

类似地，如图 5-19 所示，由连续曲线 $x=\varphi(y)$ 和直线 $y=c$，$y=d$，y 轴所围成的曲边梯形绕 y 轴旋转一周而成的旋转体的体积为

$$V_y = \int_c^d \pi [\varphi(y)]^2 dy = \pi \int_c^d [\varphi(y)]^2 dy.$$

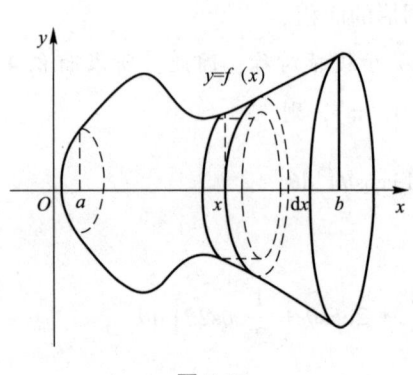

图 5-18

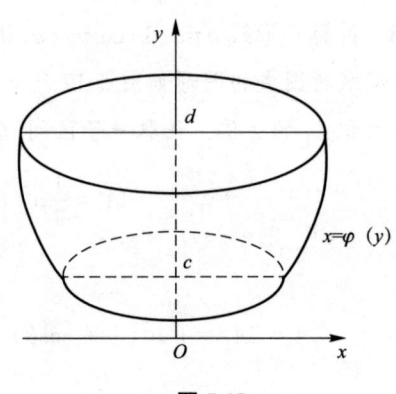

图 5-19

例 5-39 连接坐标原点 O 及点 $P(h, r)$ 的直线、直线 $x=h$ 及 x 轴围成一个直角三角形，如图 5-20 所示．将它绕 x 轴旋转一周形成一个底半径为 r、高为 h 的圆锥体．计算这个圆锥体的体积．

解：过坐标原点 O 及点 $P(h, r)$ 直线方程为 $y=\dfrac{r}{h}x$．取 x 为积分变量，变化区间为 $[0, h]$．任取小区间 $[x, x+\mathrm{d}x] \subseteq [0, h]$，相应于该小区间上的旋转体薄片的体积近似于底半径为 $\dfrac{r}{h}x$、高为 $\mathrm{d}x$ 的圆柱体的体积，即体积微元为

$$\mathrm{d}V = \pi\left(\dfrac{r}{h}x\right)^2 \mathrm{d}x,$$

故所求体积为

$$V = \int_0^h \pi\left(\dfrac{r}{h}x\right)^2 \mathrm{d}x = \dfrac{\pi r^2}{h^2}\left[\dfrac{x^3}{3}\right]_0^h = \dfrac{\pi r^2 h}{3}.$$

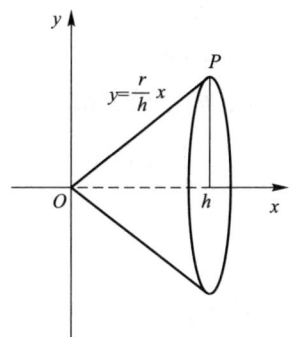

图 5-20

例 5-40 计算由椭圆 $\dfrac{x^2}{a^2}+\dfrac{y^2}{b^2}=1$ 所围成的图形分别绕 x 轴和 y 轴旋转一周而成的旋转体（叫做旋转椭球体）的体积．

解：当椭圆所围成的图形绕 x 轴旋转时，旋转椭球体可以看作由上半椭圆 $y=\dfrac{b}{a}\sqrt{a^2-x^2}$ 绕 x 轴旋转而成，如图 5-21 所示．取 x 为积分变量，根据公式 $V_x = \pi\int_a^b [f(x)]^2 \mathrm{d}x$，得

$$V_x = \int_{-a}^{a} \pi \dfrac{b^2}{a^2}(a^2-x^2)\mathrm{d}x = \dfrac{2\pi b^2}{a^2}\int_0^a (a^2-x^2)\mathrm{d}x = \dfrac{2\pi b^2}{a^2}\left(a^2 x - \dfrac{x^3}{3}\right)\bigg|_0^a = \dfrac{4}{3}\pi a b^2.$$

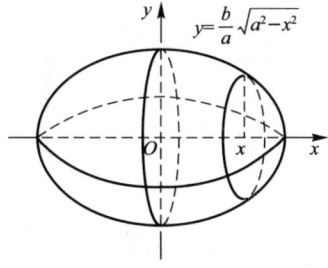

图 5-21

同理，当椭圆所围成的图形绕 y 轴旋转时，根据公式 $V_y = \pi \int_c^d [\varphi(y)]^2 dy$，得

$$V_y = \pi \int_{-b}^{b} \frac{a^2}{b^2}(b^2 - y^2) dy = \frac{2\pi a^2}{b^2} \int_0^b (b^2 - y^2) dy = \frac{2\pi a^2}{b^2}\left(b^2 y - \frac{y^3}{3}\right)\Big|_0^b = \frac{4}{3}\pi a^2 b.$$

特别地，当 $a=b=R$ 时，可得半径为 R 的球体的体积为 $V = \frac{4}{3}\pi R^3$.

(2) 平行截面面积为已知的立体的体积

如果一个立体不是旋转体，但知道该立体垂直于一定轴的各个截面面积，那么这个立体的体积也可用定积分来计算．

如图 5-22 所示，取定轴为 x 轴，并设该立体在过点 $x=a$，$x=b$ 且垂直于 x 轴的两个平面之间．以 $A(x)$ 表示过点 x 且垂直于 x 轴的截面面积，假定 $A(x)$ 为已知的 x 的连续函数，取 x 为积分变量，它的变化区间为 $[a, b]$，任取 $[x, x+dx] \subseteq [a, b]$，相应于该小区间的薄片可近似地看作一个小扁柱体，其底面积为 $A(x)$，高为 dx，则体积微元为

$$dV = A(x) dx.$$

以 $A(x) dx$ 为被积表达式，在闭区间 $[a, b]$ 上作定积分，便得所求立体的体积

$$V = \int_a^b A(x) dx.$$

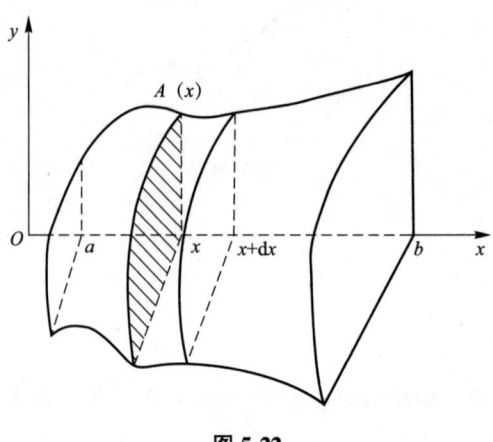

图 5-22

例 5-41 一平面经过底面半径为 R 的圆柱体的底圆中心并与底面交成角 α，如图 5-23 所示，计算这个平面截圆柱体所得立体的体积．

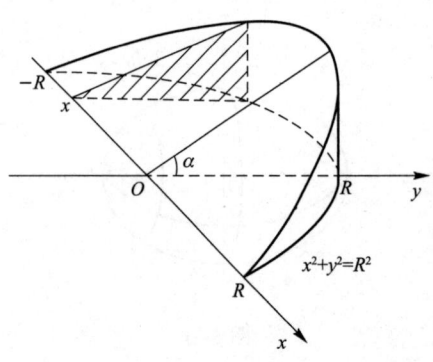

图 5-23

解：取这平面与圆柱体的底面的交线为 x 轴，底面上过圆中心、且垂直于 x 轴的直线为 y 轴，则底圆方程为 $x^2+y^2=R^2$.

取 x 为积分变量，变化区间为 $[-R, R]$，过区间上任一点 x 且垂直于 x 轴的截面是一个直角三角形，两条直角边的长分别为 $\sqrt{R^2-x^2}$ 及 $\sqrt{R^2-x^2}\tan\alpha$，因而截面面积为

$$A(x)=\frac{1}{2}(R^2-x^2)\tan\alpha,$$

于是所求立体的体积为

$$V=\frac{1}{2}\int_{-R}^{R}(R^2-x^2)\tan\alpha\,\mathrm{d}x=\tan\alpha\int_{0}^{R}(R^2-x^2)\,\mathrm{d}x=\tan\alpha\left[R^2x-\frac{1}{3}x^3\right]_0^R=\frac{2}{3}R^3\tan\alpha.$$

3. 平面曲线的弧长

圆的周长可以利用圆的内接正多边形的周长当边数无限增多时的极限来确定．计算平面曲线弧的长度问题，也可以用用类似的方法来解决．

设 A，B 是曲线弧的两个端点，在弧 $\overarc{AB}$ 上依次任取分点

$$A=M_0,M_1,M_2,\cdots,M_{i-1},M_i,\cdots,M_{n-1},M_n=B.$$

并依次连接相邻的分点得一折线，如图 5-24 所示．当分点的数目无限增加且每个小段 $\overline{M_{i-1}M_i}$ 都缩向一点时，如果此折线的长 $\sum_{i=1}^{n}|M_{i-1}M_i|$ 的极限存在，那么称此极限为曲线弧 $\overarc{AB}$ 的弧长，并称此曲线 $\overarc{AB}$ 是可求长的．

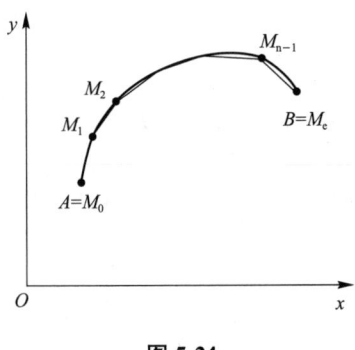

图 5-24

定理 5-8 光滑曲线弧是可求长的．(对这个定理，我们不加证明)

由于光滑曲线弧是可求长的，因此可以应用定积分来计算弧长．下面利用定积分的微元法来讨论平面光滑曲线弧长的计算公式．

设曲线弧由参数方程

$$\begin{cases}x=\varphi(t),\\y=\psi(t)\end{cases}(\alpha\leqslant t\leqslant\beta).$$

给出，其中 $\varphi(t)$，$\psi(t)$ 在 $[\alpha,\beta]$ 上具有连续导数且 $\varphi'(t)$，$\psi'(t)$ 不同时为零．取参数 t 为积分变量，它的变化区间为 $[\alpha,\beta]$．相应于 $[\alpha,\beta]$ 上任一小区间 $[t,t+\mathrm{d}t]$ 的小弧段的长度 Δs 近似等于对应的弦的长度 $\sqrt{(\Delta x)^2+(\Delta y)^2}$，因为

$$\Delta x = \varphi(t+dt) - \varphi(t) \approx dx = \varphi'(t)dt,$$
$$\Delta y = \psi(t+dt) - \psi(t) \approx dy = \psi'(t)dt,$$

所以，Δs 的近似值（弧微分）即弧长元素为

$$ds = \sqrt{(dx)^2 + (dy)^2} = \sqrt{\varphi'^2(t)(dt)^2 + \psi'^2(t)(dt)^2} = \sqrt{\varphi'^2(t) + \psi'^2(t)}\, dt.$$

于是所求弧长为

$$s = \int_{\alpha}^{\beta} \sqrt{\varphi'^2(t) + \psi'^2(t)}\, dt.$$

当曲线弧由直角坐标方程 $y=f(x)$ ($a \leq x \leq b$) 给出，其中 $f(x)$ 在 $[a, b]$ 上具有一阶连续导数，这时曲线弧有参数方程

$$\begin{cases} x = x, \\ y = f(x) \end{cases} (a \leq x \leq b),$$

从而所求的弧长为

$$s = \int_a^b \sqrt{1 + y'^2}\, dx.$$

当曲线弧由极坐标方程 $\rho = \rho(\theta)$ ($\alpha \leq \theta \leq \beta$) 给出，其中 $\rho(\theta)$ 在 $[\alpha, \beta]$ 上具有连续导数，则由直角坐标与极坐标的关系可得

$$\begin{cases} x = x(\theta) = \rho(\theta)\cos\theta, \\ y = y(\theta) = \rho(\theta)\sin\theta \end{cases} (\alpha \leq \theta \leq \beta),$$

这就是以极角 θ 为参数的曲线弧的参数方程．于是，弧长元素为

$$ds = \sqrt{x'^2(\theta) + y'^2(\theta)}\, d\theta = \sqrt{\rho^2(\theta) + \rho'^2(\theta)}\, d\theta,$$

从而所求弧长为

$$s = \int_{\alpha}^{\beta} \sqrt{\rho^2(\theta) + \rho'^2(\theta)}\, d\theta.$$

例 5-42 计算曲线 $y = \dfrac{2}{3}x^{\frac{3}{2}}$ 上相应于 x 从 a 到 b 的一段弧（如图 5-25 所示）的长度．

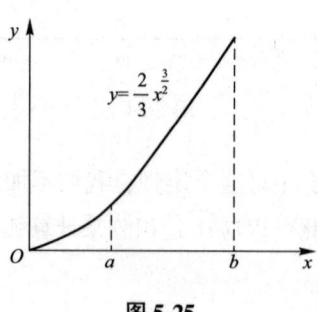

图 5-25

解：因为 $y' = x^{\frac{1}{2}}$，所以弧微分为

$$ds = \sqrt{1 + y'^2}\, dx = \sqrt{1+x}\, dx.$$

从而所求弧长为

$$s = \int_a^b \sqrt{1+x}\, dx = \frac{2}{3}\left[(1+b)^{\frac{3}{2}} - (1+a)^{\frac{3}{2}}\right].$$

例 5-43 计算摆线 $\begin{cases} x=a(\theta-\sin\theta), \\ y=a(1-\cos\theta) \end{cases}(a>0)$ 的一拱 $(0\leq\theta\leq2\pi)$ 的长度,如图 5-26 所示.

解:当 $0\leq\theta\leq2\pi$ 时,$0\leq\dfrac{\theta}{2}\leq\pi$,从而 $\sin\dfrac{\theta}{2}\geq0$. 弧微分为

$$ds=\sqrt{a^2(1-\cos\theta)^2+a^2\sin^2\theta}\,d\theta=a\sqrt{2(1-\cos\theta)}\,d\theta=2a\sin\dfrac{\theta}{2}d\theta$$

从而所求弧长为

$$s=\int_0^{2\pi}2a\sin\dfrac{\theta}{2}d\theta=2a\left(-2\cos\dfrac{\theta}{2}\right)\Big|_0^{2\pi}=8a.$$

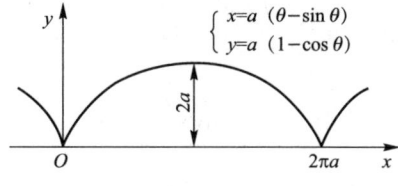

图 5-26

例 5-44 求阿基米德螺线 $\rho=a\theta(a>0)$ 相应于 θ 从 0 到 2π 的一段弧(如图 5-27)的弧长.

解:弧微分为

$$ds=\sqrt{a^2\theta^2+a^2}\,d\theta=a\sqrt{1+\theta^2}\,d\theta,$$

于是所求弧长为

$$s=a\int_0^{2\pi}\sqrt{1+\theta^2}\,d\theta=\dfrac{a}{2}\left[2\pi\sqrt{1+4\pi^2}+\ln(2\pi+\sqrt{1+4\pi^2})\right].$$

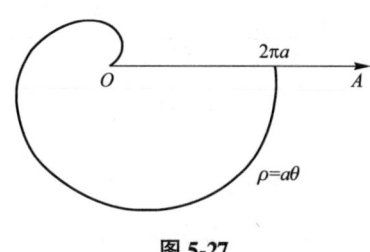

图 5-27

5.5.3 定积分在物理上的应用

1. 变力沿直线所做的功

在物理学中,当一个物体在直线运动中受到一个恒定的力 F 作用,且这个力的方向与物体的运动方向相同,那么,当物体移动了距离 s 后,力 F 对物体所做的功可以用一个简单的数学表达式来表示:$W=F\cdot s$.

如果物体在运动过程中所受到的力是变化的,这就涉及到了变力对物体做功的问题. 下面依然以上面提到的直线运动的物体为例来说明如何计算变力所做的功.

设一物体在变力 F 的作用下沿直线运动,变力 F 是位移 x 的连续函数 $F=F(x)$,方向始终保持不变且与物体的位移方向相同,求物体由点 a 移到点 b 时,变力 F 所做的功.

在区间$[a,b]$上任取区间$[x,x+\mathrm{d}x]$，由于$\mathrm{d}x$比较小，所以在该区间上可以近似看成恒力做功，于是该区间上的功微元为
$$\mathrm{d}W=F(x)\mathrm{d}x,$$
从而得到在$[a,b]$上变力F所做的功为
$$W=\int_a^b F(x)\mathrm{d}x.$$

例 5-45 设在x轴的原点处放置了一个电量为$+q_1$的点电荷，将另一带电量为$+q_2$的点电荷放入由$+q_1$形成的电场中，求电场力将$+q_2$从$x=a$排斥到$x=b$时所做的功．

解：在区间$[a,b]$上任取一区间$[x,x+\mathrm{d}x]$，在该区间上可看作恒力做功，由库仑定律可知与原点相距为x的正电荷所受电场力的大小是$F=\dfrac{kq_1q_2}{x}$，则功微元为
$$\mathrm{d}W=F(x)\mathrm{d}x=\dfrac{kq_1q_2}{x^2}\mathrm{d}x,$$
从而得电场力对$+q_2$所做的功为
$$W=\int_a^b \dfrac{kq_1q_2}{x^2}\mathrm{d}x=kq_1q_2\left(-\dfrac{1}{x}\right)\bigg|_a^b=kq_1q_2\left(\dfrac{1}{a}-\dfrac{1}{b}\right).$$

例 5-46 在底面积为S的圆柱形容器中存有一定量的气体．在等温条件下，由于气体的膨胀，把容器中的一个活塞（面积为S）从点a处推移到点b处，如图5-28所示．计算在移动过程中，气体压力所做的功．

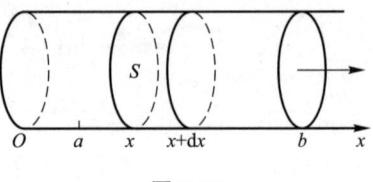

图 5-28

解：建立坐标系，如图5-28所示，活塞的位置可以用坐标x来表示．根据物理学知识，一定量的气体在等温条件下，压强p与体积V的乘积是常数k，即
$$pV=k \text{ 或 } p=\dfrac{k}{V}.$$
因为$V=xS$，所以
$$p=\dfrac{k}{xS}.$$
于是，作用在活塞上的力
$$F=p\cdot S=\dfrac{k}{xS}\cdot S=\dfrac{k}{x}.$$

在气体膨胀过程中，体积V是变化的，因而x也是变化的，所以作用在活塞上的力也是变化的．

取x为积分变量，它的变化区间为$[a,b]$，设$[x,x+\mathrm{d}x]$为$[a,b]$上任一小区间，当活塞从x移动到$x+\mathrm{d}x$时，变力F所做的功近似于$\dfrac{k}{x}\mathrm{d}x$，即功微元为

$$dW = \frac{k}{x}dx,$$

于是所求的功为

$$W = \int_a^b \frac{k}{x}dx = k[\ln x]_a^b = k\ln\frac{b}{a}.$$

2. 液体静压力

从物理学知道，在水深为 h 处的压强为 $p=\rho g h$，这里 ρ 是水的密度，g 是重力加速度. 如果有一面积为 A 的平板水平地放置在水深为 h 处，则平板一侧所受的水压力为 $P = p \cdot A$.

如果平板铅直或倾斜放置在水中，那么，由于水深不同的点处压强 p 不相等，平板一侧所受的水压力就不能用上述方法计算.

例 5-47 设半径为 R 的圆形水闸门，水面与闸顶齐平，求闸门一侧所受的总压力.

解：建立坐标系，如图 5-29 所示. 在 $[0, 2R]$ 上任取一小区间 $[y, y+dy]$，对应这一小区间的窄条闸门所受的水压力可近似看作深度为 y 处的压强与窄条闸门面积的乘积，即压力微元为

$$dF = \rho g y \cdot 2x dy.$$

从而闸门一侧所受的总压力为

$$F = \rho g \int_0^{2R} 2xy dy.$$

由于 $x^2 + (y-R)^2 = R^2$，即 $x = \sqrt{R^2 - (y-R)^2}$，则

$$\begin{aligned}
F &= 2\rho g \int_0^{2R} y\sqrt{R^2 - (y-R)^2}\,dy \\
&= 2\rho g \int_0^{2R} (y - R + R)\sqrt{R^2 - (y-R)^2}\,dy \\
&= 2\rho g \int_0^{2R} (y-R)\sqrt{R^2 - (y-R)^2}\,dy + 2R\rho g \int_0^{2R}\sqrt{R^2 - (y-R)^2}\,dy \\
&= -\frac{2}{3}\rho g [R^2 - (y-R)^2]^{\frac{3}{2}}\bigg|_0^{2R} + 2R\rho g \cdot \frac{1}{2}\pi R^2 = \pi \rho g R^3.
\end{aligned}$$

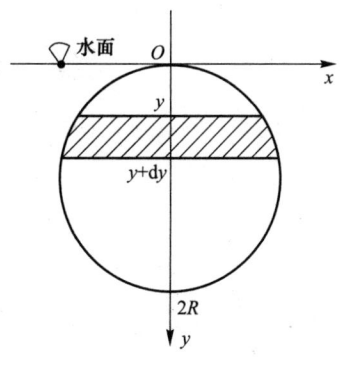

图 5-29

3. 引力

从物理学知道，质量分别为 m_1，m_2 且相距为 r 的两个质点间的引力大小为

$$F = G \cdot \frac{m_1 m_2}{r^2},$$

其中 G 为万有引力常数. 引力的方向沿着两质点间的连线方向.

例 5-48 一个水平放置的线密度为 μ、长度为 l 的均匀细直棒,在其中垂线上距棒 a 单位处放置一个质量为 m 的质点 M,计算该棒对质点 M 的引力.

解:建立坐标系,如图 5-30 所示. 使棒位于 y 轴上,质点 M 位于 x 轴上,棒的中点为原点 O. 取 y 为积分变量,它的变化区间为 $\left[-\frac{l}{2}, \frac{l}{2}\right]$. 设 $[y, y+\mathrm{d}y]$ 为 $\left[-\frac{l}{2}, \frac{l}{2}\right]$ 上任一小区间,把细直棒上相应于 $[y, y+\mathrm{d}y]$ 的一小段近似地看成质点,其质量为 $\mu \mathrm{d}y$,与 M 相距 $r = \sqrt{a^2 + y^2}$. 因此可以按照两质点间的引力计算公式求出这小段细直棒对质点 M 的引力 ΔF 的大小为

$$\Delta F \approx G \frac{m\mu \mathrm{d}y}{a^2 + y^2},$$

从而求出 ΔF 在水平方向分力 ΔF_x 的近似值,即细直棒对质点 M 的引力在水平方向分力 F_x 的微元为

$$\mathrm{d}F_x = -G \frac{am\mu \mathrm{d}y}{\left(a^2 + y^2\right)^{\frac{3}{2}}}.$$

于是得引力在水平方向分力为

$$F_x = -\int_{-\frac{l}{2}}^{\frac{l}{2}} \frac{Gam\mu}{\left(a^2 + y^2\right)^{\frac{3}{2}}} \mathrm{d}y = -\frac{2Gm\mu l}{a} \cdot \frac{1}{\sqrt{4a^2 + l^2}}.$$

由对称性知,引力在铅直方向分力为 $F_y = 0$.

当细直棒的长度 l 很大时,可视 l 趋于无穷. 此时,引力的大小为 $\frac{2Gm\mu}{a}$,方向与细直棒垂直且由 M 指向细直棒.

4. 函数的平均值

在实际问题中,常常用一组数据的算术平均值来描述这组数据的概貌. 例如,对某一零件的长度进行 n 次测量,测得的值为 $y_1, y_2, \cdots, y_n$,这时,可以用 $y_1, y_2, \cdots, y_n$ 的算术平均值

$$\bar{y} = \frac{y_1 + y_2 + \cdots + y_n}{n}$$

来作为这一零件长度的近似值.

对于区间 $[a, b]$ 上的连续函数 $f(x)$,可这样定义其平均值:

把区间 $[a, b]$ n 等分,设分点为

$$a = x_0 < x_1 < \cdots < x_{n-1} < x_n = b,$$

每个小区间的长度为 $\Delta x_i = \frac{b-a}{n} (i = 1, 2, \cdots, n)$,可以用 n 个小区间右端点处的函数值 $f(x_i) (i = 1, 2, \cdots, n)$ 的平均值

$$\frac{f(x_1) + f(x_2) + \cdots + f(x_n)}{n}$$

来近似表达 $f(x)$ 在 $[a, b]$ 上的平均值. 显然,n 越大,分点越多,上述平均值反映平均状态的近

似程度越好，因此，我们定义

$$\bar{y} = \lim_{x \to \infty} \frac{f(x_1) + f(x_2) + \cdots + f(x_n)}{n} = \lim_{x \to \infty} \frac{1}{n} \sum_{i=1}^{n} f(x_i).$$

为 $f(x)$ 在 $[a, b]$ 上的平均值.

因为 $f(x)$ 在 $[a, b]$ 上连续，故 $f(x)$ 在 $[a, b]$ 上可积，于是

$$\bar{y} = \lim_{x \to \infty} \frac{1}{n} \sum_{i=1}^{n} f(x_i) = \frac{1}{b-a} \lim_{x \to \infty} \sum_{i=1}^{n} f(x_i) \frac{b-a}{n} = \frac{1}{b-a} \lim_{x \to \infty} \sum_{i=1}^{n} f(\xi_i) \Delta x_i = \frac{1}{b-a} \int_a^b f(x) \, dx.$$

可见，$f(x)$ 在 $[a, b]$ 上的平均值

$$\bar{y} = \frac{1}{b-a} \int_a^b f(x) \, dx$$

恰好是定积分中值定理中的 $f(\xi)$.

例 5-49 计算 $0 \sim T(s)$ 这段时间内自由落体的平均速度.

解：平均速度

$$\bar{v} = \frac{1}{T-0} \int_0^T v(t) \, dt = \frac{1}{T} \int_0^T gt \, dt = \frac{1}{T} \left(\frac{g}{2} t^2 \right) \Big|_0^T = \frac{gT}{2} (m/s).$$

例 5-50（交流电路的平均值问题） 正弦交流电的电流为 $I = I_0 \sin\omega t$，I_0 是电流的极大值，称为峰值，ω 是角频率，周期为 $T = \frac{2\pi}{\omega}$，求正弦交流电的平均功率.

解：在一个周期内，电流是变化的，因此在区间 $\left[0, \frac{2\pi}{\omega}\right]$ 上任取一小区间 $[t, t+dt]$，由于 dt 很小，电流可近似看作恒定的，即 $I \approx I_0 \sin\omega t$. 根据功率的计算公式和欧姆定律知道，$P = UI$，$U = IR$（其中 R 为电阻），则从 t 到 $t+dt$ 这段时间内功率微元为

$$dP = I_0^2 R \sin^2 \omega t \, dt,$$

所以在一个周期内电流做的功为

$$P = \int_0^{\frac{2\pi}{\omega}} I_0^2 R \sin^2 \omega t \, dt,$$

于是平均功率为

$$\bar{P} = \frac{1}{\frac{2\pi}{\omega}} \int_0^{\frac{2\pi}{\omega}} I_0^2 R \sin^2 \omega t \, dt I = \frac{I_0^2 R}{2\pi} \int_0^{\frac{2\pi}{\omega}} \sin^2 \omega t \, d(\omega t)$$

$$= \frac{I_0^2 R}{4\pi} \left(\omega t - \frac{\sin 2\omega t}{2} \right) \Big|_0^{\frac{2\pi}{\omega}} = \frac{1}{2} I_0^2 R$$

$$= \frac{I_0 U_0}{2} \approx (0.707 I_0)^2 R.$$

从上例可以看出，纯电阻电路中正弦交流电的平均功率是电流与电压峰值乘积的一半. $0.707 I_0$ 称为正弦交流电的电流的有效值.

通常交流电器上标明的功率就是平均功率.

课堂练习

1. 求由曲线 $y=1-x^2$ 与 x 轴所围成的图形的面积.
2. 求由抛物线 $y=x^2-2x-3$ 与直线 $y=x+1$ 所围成的图形的面积.
3. 求在区间 $\left[0, \dfrac{\pi}{2}\right]$ 上，曲线 $y=\sin x$ 与直线 $x=1$，$y=1$ 所围成的图形的面积.
4. 求介于抛物线 $y^2=2x$ 与圆 $y^2=4x-x^2$ 之间的三个图形的面积.
5. 求由下列各曲线所围成图形的公共部分的面积：

（1）$\rho=3\cos\theta$ 及 $\rho=1+\cos\theta$　　（2）$\rho=\sqrt{2}\sin\theta$ 及 $\rho^2=\cos 2\theta$

6. 求下列平面图形分别绕 x 轴和 y 轴旋转产生的旋转体的体积：

（1）曲线 $y=\sqrt{x}$ 与直线 $x=1$，$x=4$，$y=0$ 所围成的图形；

（2）曲线 $y=x^3$ 与直线 $x=2$，$y=0$ 所围成的图形；

（3）在区间 $\left[0, \dfrac{\pi}{2}\right]$ 上，曲线 $y=\sin x$ 与直线 $x=\dfrac{\pi}{2}$，$y=0$ 所围成的图形；

（4）曲线 $x^2+y^2=1$ 与直线 $y^2=\dfrac{3}{2}x$ 所围成的两个图形中较小的一个.

7. 求圆盘 $x^2+y^2\leqslant a^2$ 绕 $x=-b(b>a>0)$ 旋转所成旋转体的体积.

8. 计算底面是半径为 R 的圆，而垂直于底面上一条固定直径的所有截面都是等边三角形的立体体积，如图 5-30 所示.

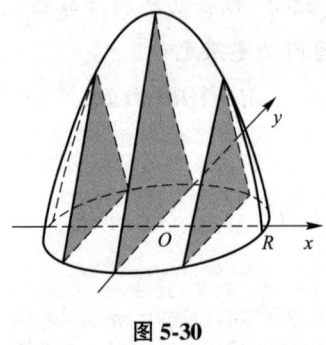

图 5-30

5.6 数字化应用——利用 MATLAB 求定积分

1. int 指令求解定积分调用格式

在 MATLAB 中，同不定积分一样，仍然用 int 指令来求解定积分，其调用格式如下：

int(f, a, b)：求表达式 f 关于变量 z(或最接近 x 的字母)在区间[a, b]上的定积分；

int(f, t, a, b)：求表达式 f 关于变量 t 在区间[a, b]上的定积分；

int(f, a, inf)：求表达式 f 关于变量 z(或最接近 x 的字母)在区间[a, +∞)上的无穷积分；

int(f, t, a, inf)：求表达式 f 关于变量 t 在区间 [a, +∞) 上的无穷积分.

2. 利用 MATLAB 求定积分示例

例 5-51 计算 $\int_0^1 \dfrac{2x}{2+x^2}dx$.

解：在 MATLAB 命令行窗口输入以下代码并运行，如图 5-31 所示：

syms x

f=2*x/(2+x^2)

int(f, 0, 1)

图 5-31

由运行结果可知，$\int_0^1 \dfrac{2x}{2+x^2}dx = \log\dfrac{3}{2}$.

例 5-52 计算 $\int_1^{+\infty} \dfrac{1}{x}dx$.

解：在 MATLAB 命令行窗口输入以下代码并运行，如图 5-32 所示.

syms x

f=1/x

Int(f, 1, inf)

图 5-32

由运行结果可知，反常积分 $\int_1^{+\infty} \dfrac{1}{x}dx$ 发散.

课堂练习

利用 MATLAB 计算下列定积分

(1) $\dfrac{1}{\sqrt{2\pi}}\displaystyle\int_{-\infty}^{+\infty} e^{\frac{-x^2}{2}} dx$

(2) $\displaystyle\int_{0}^{\pi} \sqrt{1+\cos 2x}\, dx$

(3) $\displaystyle\int_{1}^{e} x\ln x\, dx$

(4) $\displaystyle\int_{1}^{+\infty} \dfrac{1}{\sqrt{x}}\, dx$

思政小课堂

以直代曲

"以直代曲"是微积分学中的一个核心思想．简单来说，就是用直线(或直线段)去近似代替曲线，以实现对曲线的深入研究和计算．这种方法的数学基础在于，当直线段足够短时，它可以非常接近曲线在该点的切线，从而可以近似地代表曲线在该点的局部形态．

微积分学中的许多概念和方法都建立在"以直代曲"的基础之上．例如，在求曲线的长度、面积或体积时，我们通常会将曲线分割成许多微小的直线段，然后对这些直线段进行求和，最后通过取极限的方式得到精确的结果．这种方法不仅大大简化了计算过程，而且使得对曲线的研究更加深入和精确．

"以直代曲"的思想不仅在数学领域有着广泛的应用，而且在自然界中也随处可见．事实上，许多自然现象都可以用"以直代曲"的原理来解释和理解．

在物理学中，"以直代曲"的思想被广泛应用于描述物体的运动轨迹．我们知道，物体在自由落体或匀速圆周运动等情况下，其运动轨迹都是曲线．但是，通过"以直代曲"方法，我们可以将曲线分割成许多微小的直线段，然后分别研究物体在这些直线段上的运动情况．这样，我们就可以更加精确地描述和理解物体的运动规律．

在工程学中，"以直代曲"的思想同样发挥着重要作用．例如，在建筑设计或桥梁设计中，我们经常会遇到需要计算曲线形状的结构物的受力情况．这时，我们可以利用"以直代曲"的原理，将曲线分割成许多微小的直线段，然后分别计算这些直线段上的受力情况．通过这种方法，我们可以得到更加精确的计算结果，从而保证建筑或桥梁的稳定性和安全性．

"以直代曲"不仅是一种数学方法或物理原理，它还蕴含着深刻的哲学意义．它告诉我们，在复杂多变的世界中，我们可以通过简化和近似的方法来理解和解决问题．这种方法不仅可以让我们更加高效地处理问题，而且还可以让我们更加深入地理解事物的本质和规律．

另外，"以直代曲"也体现了人类对自然界的认识和探索的精神．它告诉我们，尽管自然界是复杂而神秘的，但是只要我们用心去探索和理解，就一定能够发现其中的规律和奥秘．这种精神不仅推动了数学和自然科学的发展，也推动了人类文明的进步．

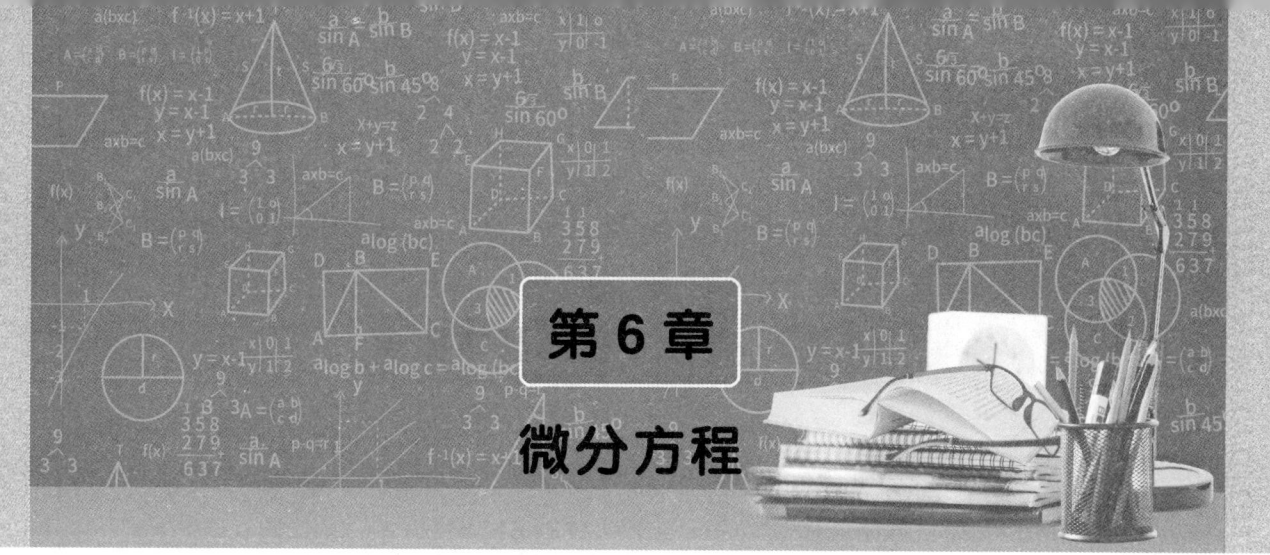

第 6 章 微分方程

学习目标

1. 理解微分方程的概念，了解微分方程的阶、解、通解、初始条件和特解等概念.
2. 掌握可分离变量的一阶微分方程和一阶线性微分方程的解法.
3. 掌握二阶常系数齐次线性微分方程的解法.
4. 会建立微分方程模型解决简单的实际问题.

案例导入

经济学模型与微分方程

人口增长模型：人口增长可以用微分方程描述，最简单的模型是人口增长速率与人口数量成正比，即 $\dfrac{dP}{dt}=kP$，其中 P 是人口数量，t 是时间，k 是一个常数这个模型可以体现人口增长速度与人口数量的关系，可以用来预测未来的人口增长趋势.

供求模型：供求模型是经济学中常用的模型，可以用微分方程描述设商品的需求函数为 $Qd=f(p)$（商品需求量与价格的关系），供给函数为 $Qs=g(p)$（商品供给量与价格的关系）则供求平衡点满足 P 和 Qs、Qd 的交点，即 $f(p)=g(p)$ 通过求解这个方程组，可以得到经济体中的均衡价格和交易量.

微分方程，作为现代数学领域中不可或缺的一环，其历史可回溯至 17 世纪末，自那时起，它便逐步发展为探索自然规律和社会现象的重要工具. 如今，微分方程不仅在数学理论研究中占据核心地位，更在技术应用、生产管理等多个领域展现出其广泛的应用价值.

在科学研究和实际生产的广阔天地中，众多问题可以归纳为用微分方程表述的数学模型. 这些模型不仅有助于我们深入理解问题的本质，还能提供解决问题的有效方法. 因此，微分方程成为了我们手中的一把利器，帮助我们在复杂多变的现实世界中寻找规律、预测未来.

本章将深入介绍微分方程的基本概念，包括其定义、分类以及性质等. 同时，我们将探讨一些常见的微分方程的解法，如分离变量法、积分因子法、常数变易法等，并通过具体的例题展示这些解法的应用. 此外，我们还将给出微分方程在实际问题中的应用举例，如物理学中的运动问题、生物学中的人口增长问题、经济学中的市场供需问题等，旨在帮助读者更好地理解和掌握微分方程的理论知识及其在实际问题中的应用.

6.1 微分方程的基本概念

6.1.1 引例

1. 几何问题

例 6-1 设一曲线通过点 $(0, 1)$，且在该曲线上任一点 (x, y) 处的切线斜率为 $3x^2$，求该曲线方程.

解：设所求曲线方程为 $y=f(x)$，根据导数的几何意义，得

$$\frac{dy}{dx}=3x^2.$$

曲线通过点 $(0, 1)$，即 $y|_{x=0}=1$.

为了求曲线方程，对 $\frac{dy}{dx}=3x^2$ 两边积分，得

$$y=\int 3x^2 dx = x^3 + C,$$

其中 C 为任意常数.

由曲线通过点 $(0, 1)$ 可得 $C=1$，故所求曲线方程为

$$y=x^3+1.$$

2. 放射性元素的半衰期

例 6-2 已知零时刻某物质中含有某放射性元素的原子核数目为 y_0，求该物质中所含放射性元素的半衰期.

分析 假设 t 时刻该物质中所含放射性元素的原子核数目为 $y=y(t)$，由放射性元素衰减的速率近似地正比于现存放射性原子核的数目，可建立关系式 $\frac{dy}{dt}=-ky(k>0)$，求该放射性元素的半衰期即求解满足 $y=\frac{1}{2}y_0$ 的 t 值.

解：依题意知

$$\begin{cases} \frac{dy}{dt}=-ky(k>0), \\ y|_{t=0}=y_0. \end{cases}$$

将 $\frac{dy}{dt}=-ky$ 改写为 $\frac{dy}{y}=-kdt$，再两边积分，得 $\int \frac{dy}{y} = \int -kdt$，即 $\ln|y|=-kt+C_1$，也即 $|y|=e^{-kt+C_1}=e^{C_1}e^{-kt}$，从而 $y=\pm e^{C_1}e^{-kt}$.

注意到 $y=0$ 也是 $\frac{dy}{dt}=-ky$ 的解，为 $y=Ce^{-kt}$（C 为任意常数）.

将 $y|x=0=y_0$ 代入解中,得 $C=y_0$,即原方程的解为 $y=y_0e^{-kt}$. 再将 $y=y_0e^{-kt}$ 代入方程 $y=\frac{1}{2}y_0$,得 $e^{-kt}=\frac{1}{2}$,也即 $-kt=\ln\frac{1}{2}$. 从而可得该放射性元素的半衰期为

$$t=-\frac{1}{k}\ln\frac{1}{2}=\frac{\ln 2}{k}.$$

方程 $y'=-ky(k>0)$ 称为放射性元素的衰减方程,数 k 称为放射性元素的衰减常数. 特别注意,这里用 $-k(k>0)$ 而不用 $k(k<0)$ 是为了强调 y 是随时间而逐渐减小的.

例6-2指出了一个事实,即放射性元素的半衰期是一个仅与放射性物质的衰减常数 k 有关的量. 许多放射性物质的半衰期已被测定,如 Ra^{226} 的半衰期为1 600年,C^{14} 的半衰期为5 568年,U^{238} 的半衰期为45亿年. k 和 y 是可以测定或算出的,因此,只要知道 y_0 就可以计算出年代. 例如,考古专家经常利用 C^{14} 的衰变规律来测算出土文物的历史年代.

长沙马王堆一号墓葬年代的推测

1972年8月,湖南长沙出土了马王堆一号墓,出土时因墓中的女尸历经几千年而未腐烂轰动世界,但这座墓葬到底出自哪个年代? 至今有多少年? 科学家经过测算和进一步考证,确定马王堆一号墓的主人是汉代长沙国丞相利仓的夫人辛追. 那么,科学家们是用什么方法来测定的呢?

分析:大气层在宇宙射线不断作用下所产生的中子与氧气作用生成了 ^{14}C(^{12}C 同位素),^{14}C 具有放射性,并且遵循放射性元素的衰变规律(放射性元素任意时刻的衰变速度与该时刻放射性元素的质量成正比). ^{14}C 进一步被氧化成二氧化碳,二氧化碳被植物所吸收,而动物又以植物为食物,于是放射性 ^{14}C 就被带到了各种动植物体内. 对于放射性 ^{14}C 来说,不论是存在于空气中还是生物体内,都在不断地衰变. 由于活着的生物通过新陈代谢不断地摄取 ^{14}C,使生物体内的 ^{14}C 与空气中的 ^{14}C 有相同的含量;一旦生物死亡,随着新陈代谢的停止,尸体中的 ^{14}C 就会因衰变而逐渐减少,因此根据 ^{14}C 衰变减少的变化情况就可以断定生物死亡的时间. 经测定,出土的木炭标本中的平均原子衰变速度为37.37次/min,^{14}C 的半衰期为5730年.

设 m_0 表示该墓下葬时木炭标本中 ^{14}C 的含量,$m(t)$ 表示该墓出土时木炭标本中 ^{14}C 的含量,T 表示 ^{14}C 的半衰期. 根据衰变规律,有

$$\frac{dm}{dt}=-km$$

其中,$k>0$ 为比例常数. 式前的负号表示放射性元素的质量随时间的推移是递减的. 其通解为 $m(t)=Ce^{-kt}$.

由于放射性元素的半衰期一般为已知的,于是可以利用半衰期确定上式中的比例常数 k,即 $\frac{m_0}{2}=m_0e^{-kT}$,解得 $k=\frac{\ln 2}{T}$. 因此可得

$$t = \frac{T}{\ln 2} \ln \frac{m_0}{m(t)}$$

将 $\dfrac{\mathrm{d}m}{\mathrm{d}t} = -km$ 改写为 $m'(t) = -km(t)$，则令 $t=0$，得

$$m'(0) = -km(0) = -km_0$$

上面两式相除，得 $\dfrac{m'(0)}{m'(t)} = \dfrac{m_0}{m(t)}$，故

$$t = \frac{T}{\ln 2} \ln \frac{m'(0)}{m'(t)}$$

$m'(0)$ 虽然表示的是下葬时木炭标本中 ^{14}C 的衰变速度，但考虑到宇宙射线的强度在数千年变化不会很大，因此可以认为现代生物体内 ^{14}C 的衰变速度与马王堆墓葬时代生物体内 ^{14}C 的衰变速度相等，即可以用新砍伐烧成的木炭中 ^{14}C 的平均原子衰变速度 37.37 次/min 代替 $m'(0)$。再将 $m(t) = 29.78$ 次/min，$T = 5\,730$ 代入原式，求得 $t \approx 2\,036$，从而推断出马王堆一号墓迄今有 2 036 年左右。

6.1.2 微分方程的定义

上面两个例题中所建立的方程都是含有未知函数导数的方程，且未知函数只含有一个自变量，像这样的方程还有很多，例如：

(1) $y^{(4)} + xy'' - 3x^5 y' = e^{2x}$；　　　(2) $y' - 2xy = 0$；　　　(3) $y'' - 3xy + 5 = 0$；

(4) $y'' + 2xy^4 = 3$；　　　(5) $(y')^2 + 3xy = 4\sin x$；　　　(6) $3s'' = 4t - 1$。

一般地，我们有以下定义。

定义 6-1　凡是含自变量、未知函数及其导数或微分的方程称为微分方程。

未知函数为一元函数的微分方程称为常微分方程，未知函数含有两个或两个以上的自变量的微分方程称为偏微分方程。本章只讨论一些常微分方程及其解法，为方便起见，本章中常微分方程简称为微分方程（或方程）。

定义 6-2　微分方程中未知函数导数或微分的最高阶数称为微分方程的阶。

二阶及二阶以上的微分方程统称为高阶微分方程

一般地，n 阶微分方程的一般形式为

$$F[x, y, y', \cdots, y^{(n)}] = 0. \tag{6-1}$$

例如，上述所列举方程中的(2)和(5)为一阶微分方程，(3)、(4)、(6)为二阶微分方程，(1)为四阶微分方程。

定义 6-3　微分方程中所含未知函数及其各阶导数均为一次幂时，称该方程为线性微分方程。n 阶线性微分方程的一般形式为

$$y^{(n)} + a_1(x) y^{(n-1)} + \cdots + a_{n-1}(x) y' + a_n(x) y = f(x).$$

在线性微分方程中，若未知函数及其各阶导数的系数均为常数，则称该微分方程为常系数线性微分方程。不是线性方程的微分方程统称为非线性微分方程。

例如，上述所列举方程中的(6)为常系数线性微分方程，(4)和(5)为非线性微分方程。

定义 6-4 设函数 $y=\varphi(x)$ 具有直到 n 阶的导数，若把 $y=\varphi(x)$ 代入微分方程(6-1)中使其成为恒等式，即

$$F[x,\varphi(x),\varphi'(x),\cdots,\varphi^{(n)}(x)]\equiv 0,$$

则称函数 $y=\varphi(x)$ 为微分方程(6-1)的一个解，如 $y=x^2+1$，$y=x^2+C$ 都是 $y'=2x$ 的解。若微分方程的解中含有相互独立的任意常数的个数与微分方程的阶数相同，则这样的解称为该微分方程的通解，如 $y=x^2+C$（C 为任意常数）是 $y'=2x$ 的通解。一般地，微分方程不含有任意常数的解称为微分方程的特解，如 $y=x^2+1$ 是 $y'=2x$ 满足 $y|_{x=1}=2$ 的一个特解，这种条件我们称之为初值条件，n 阶微分方程的初值条件通常记作

$$y|_{x=x_0}=y_0,\ y'|_{x=x_0}=y_1,\ \cdots,\ y^{(n-1)}|_{x=x_0}=y_{n-1},$$

其中 x_0，y_0，y_1，$\cdots$，y_{n-1} 是 $n+1$ 个常数。带有初值条件的微分方程求解问题称为初值问题，引例 1、引例 2 均为初值问题，求微分方程的解的过程称为解微分方程。

为了判断一个函数是否为某微分方程的通解，首先需要验证其是否是解，若确定其是解，则要进一步验证其中相互独立的任意常数的个数是否与微分方程的阶数一致。如何判定多个任意常数是否相互独立？为了能准确地描述这一问题，我们引入线性无关的定义。

定义 6-5 设 $y_1(x)$，$y_2(x)$，$\cdots$，$y_n(x)$ 是区间 I 上的 n 个函数，如果存在 n 个不全为零的常数 k_1，k_2，$\cdots$，k_n，使

$$k_1y_1(x)+k_2y_2(x)+\cdots+k_ny_n(x)=0,$$

则称 $y_1(x)$，$y_2(x)$，$\cdots$，$y_n(x)$ 在 I 上线性相关，否则称为线性无关。

特别地，当 $n=2$ 时，若 y_1，$y_2(y_2\neq 0)$ 满足 $\dfrac{y_1}{y_2}\neq k$（k 为常数），则称 y_1，y_2 线性无关；若 $\dfrac{y_1}{y_2}=k$，则称 y_1，y_2 线性相关。设 $y=C_1y_1+C_2y_2$（C_1，C_2，为任意常数）为某二阶微分方程的解，当 y_1，y_2 线性无关时，该解一定是通解；当 y_1，y_2 线性相关，即 $\dfrac{y_1}{y_2}=k$ 时，由于 $y=C_1y_1+C_2y_2=C_1(k\cdot y_2)+C_2y_2=(C_1k+C_2)y_2=Cy_2$，解中的两个任意常数 C_1 与 C_2 最终被合并为一个任意常数 $C=C_1k+C_2$，这时我们称 C_1 与 C_2，不是相互独立的，所以 $y=C_1y_1+C_2y_2$，不是该二阶微分方程的通解。

例 6-6 判断函数 $y=C_1e^x+3C_2e^x$（C_1，C_2 为任意常数）是否为微分方程 $y''-3y'+2y=0$ 的通解，并求满足初值条件 $y|_{x=0}=2$ 的特解。

解：将 $y=C_1e^x+3C_2e^x$ 代入 $y''-3y'+2y=0$ 得

$$y''-3y'+2y=(C_1e^x+3C_2e^x)''(C_1e^x+3C_2e^x)'(C_1e^x+3C_2e^x)$$
$$=(C_1e^x+3C_2e^x)-3(C_1e^x+3C_2e^x)+2(C_1e^x+3C_2e^x)=0,$$

所以 $y=C_1e^x+3C_2e^x$，是方程 $y''-3y'+2y=0$ 的解。但

$$\frac{e^x}{3e^x}=\frac{1}{3},\ 或\ y=C_1e^x+3C_2e^x=(C_1+3C_2)e^x=Ce^x,$$

而方程 $y''-3y'+2y=0$ 是二阶微分方程，解 $y=C_1e^x+3C_2e^x$ 中两个常数 C_1，C_2 不是相互独立的，所以它虽是原方程的解但非通解。

将 $y|_{x=0}=2$ 代入解 $y=Ce^x$ 中得 $C=2$，故所求特解为 $y=2e^x$。

课堂练习

1. 指出下列方程中，哪些是一阶线性微分方程？哪些是二阶常系数线性微分方程？

   (1) $x'(t)+2x(t)=0$；
   (2) $(y')^2+3xy=4\sin x$；
   (3) $2y\mathrm{d}x+(100+x)\mathrm{d}y=0$；
   (4) $y''-2y'+3x^2=0$.

2. 指出下列微分方程的阶.

   (1) $x(y')^2-5xy'+y=0$；
   (2) $\dfrac{\mathrm{d}y}{\mathrm{d}x}=x^2y^2$；
   (3) $x^2\mathrm{d}y-y\mathrm{d}x=0$；
   (4) $y'+(y'')^2=x+y^2$.

3. 已知函数 $y_1=e^x$ 和 $y_2=xe^x$ 均为二阶微分方程的 $y''-2y'+y=0$ 解，判断 $y_3=C_1y_1+C_2y_2=C_1e^x+C_2xe^x$（$C_1$，$C_2$ 为任意常数）是否为 $y''-2y'+y=0$ 的通解.

数学与生活

请问司机酒驾了吗？

相关部门规定司机驾车时血液中的酒精含量不能超过 80%(mg/mL). 现有一起交通事故，在事故发生三小时后，测得司机血液中的酒精含量是 56%(mg/mL)；又过了两个小时，测得司机血液中的酒精含量为 40%(mg/mL). 试判断事故发生时，司机是否违反了相关的规定.

解：设 $x(t)$ 为时刻 t 的血液中酒精的浓度，则依平衡原理时间间隔 $[t, t+\Delta t]$ 内，酒精浓度的改变量 $\Delta x=x(t)\cdot\Delta t$，即

$$x(t+\Delta t)-x(t)=-kx(t)\Delta t$$

其中，$k>0$ 为比例常数，式前负号表示浓度随时间的推移是递减的，两边除以 Δt，并令 $\Delta t\to 0$，则得到

$$\frac{\mathrm{d}x}{\mathrm{d}t}=-kx$$

且满足 $x(3)=56$，$x(5)=40$ 及 $x(0)=x_0$.

容易求得通解为 $x(t)=ce^{-kt}$，代入 $x(0)=x_0$，得到

$$x(t)=x_0e^{-kt}$$

则 $x_0=x(0)$ 为所求. 又由 $x(3)=56$，$x(5)=40$，代入 $x(0)=x_0$，可得

$$\begin{cases} x_0e^{-3k}=56 \\ x_0e^{-5k}=40 \end{cases} \Rightarrow e^{2k}=\frac{56}{40} \Rightarrow k=0.17$$

将 $k=0.17$ 代入得 $x_0e^{-3\times0.17}=56\Rightarrow x_0=56\cdot e^{3\times0.17}\approx 93.25>80$.

所以事故发生时，司机血液中的酒精浓度已超出规定.

6.2 一阶微分方程

一阶微分方程的一般形式是

$$F(x, y, y') = 0$$

其中，x 为自变量，y 为未知函数，y' 为 y 的一阶导数.

一阶微分方程的通解含有一个任意常数，为了确定这个任意常数，必须给出一个初始条件. 通常都是给出 $x=x_0$ 时未知函数对应的值 $y=y_0$，记作

$$y(x_0)=y_0 \text{ 或 } y|_{x=x_0}=y_0$$

6.2.1 可分离变量的一阶微分方程

形如

$$f(x)\mathrm{d}x = g(y)\mathrm{d}y \tag{6-2}$$

的一阶微分方程，称为变量已分离的微分方程. 将方程(6-2)两边同时积分，得

$$\int f(x)\mathrm{d}x = \int g(y)\mathrm{d}y \tag{6-3}$$

其中 C 是任意常数，式(6-3)就是方程(6-2)的通解表达式，注意，后文为了明显起见，将不定积分 $\int f(x)\mathrm{d}x$ 看成 $f(x)$ 的一个原函数，而将积分常数 C（为任意常数）单独写出来.

形如

$$\frac{\mathrm{d}y}{\mathrm{d}x}=f(x)g(y) \tag{6-4}$$

或

$$M_1(x)M_2(y)\mathrm{d}x = N_1(x)N_2(y)\mathrm{d}y \tag{6-5}$$

的微分方程，称为可分离变量的微分方程. 因为经过简单的代数运算，方程(6-4)或方程(6-5)可化为方程(6-2)的形式：

$$\frac{\mathrm{d}y}{g(y)}=f(x)\mathrm{d}x \text{ 或 } \frac{M_1(x)}{N_1(x)}\mathrm{d}x = \frac{N_2(y)}{M_2(y)}\mathrm{d}y$$

两边积分即可求出它们的通解.

特别地，在方程(6-4)中，当 $g(y)=1$ 或 $f(x)=1$ 时，得

$$\frac{\mathrm{d}y}{\mathrm{d}x}=f(x) \text{ 的通解为 } y=\int f(x)\mathrm{d}x + C (C \text{ 为任意常数})$$

$$\frac{\mathrm{d}y}{\mathrm{d}x}=g(y) \text{ 的通解为 } \int \frac{\mathrm{d}y}{g(y)} = x + C (C \text{ 为任意常数})$$

例 6-7 求微分方程 $\dfrac{\mathrm{d}y}{\mathrm{d}x} = -\dfrac{y}{x}$ 的通解.

解：分离变量，得

$$\frac{dy}{y} = -\frac{dx}{x}$$

两边积分，得

$$\ln|y| = -\ln|x| + C_1 (C_1 \text{ 为任意常数})$$

即

$$|xy| = e^{C_1} \text{ 或 } xy = \pm e^{C_1}$$

其中 e^{C_1} 为任意正常数．去掉绝对值号，将正、负号转移到常数上，可记 $C = \pm e^{C_1}$，因此方程的通解为

$$xy = C (C \text{ 为任意常数})$$

为了简便，以后在遇到类似情形时，不再详细写出处理绝对值号的过程，例如，本例可直接把求解过程写成：

分离变量，得

$$\frac{dy}{y} = -\frac{dx}{x}$$

两边积分，得

$$\ln y = -\ln x + \ln C$$

即

$$xy = C \text{ 或 } y = \frac{C}{x} (C \text{ 为任意常数})$$

即这就是所给微分方程的通解．将 $xy = C$ 代入原方程，不难验证，的确使原方程成为恒等式．

例 6-8 求微分方程 $\dfrac{dy}{dx} = -\dfrac{x}{y}$ 的通解．

解：分离变量，得

$$y dy = -x dx$$

两边积分，得

$$\frac{1}{2}y^2 = -\frac{1}{2}x^2 + \frac{1}{2}r^2 (r \text{ 为任意常数})$$

即 $x^2 + y^2 = r^2$ 为所给微分方程的通解．

例 6-9 求微分方程 $dP = kP(N-P)dt (N, k > 0$，为常数$)$ 的解．此处假设 $0 < P < N$．

解：将该微分方程改写为

$$\frac{dP}{P(N-P)} = k dt$$

等式两边的积分分别为

$$\int \frac{dP}{P(N-P)} = \frac{1}{N} \int \left(\frac{1}{P} + \frac{1}{N-P} \right) dP = \frac{1}{N} \ln \frac{P}{N-P}$$

$$\int k dt = kt$$

得到

$$\frac{1}{N} \ln \frac{P}{N-P} = kt + C$$

或
$$\frac{P}{N-P} = e^{N(kt+C)} = Ae^{at} \quad (C \text{ 为任意常数})$$

其中，$A = e^{NC}$，$a = Nk$，由上式解出 P，得

$$P = \frac{NAe^{at}}{Ae^{at}+1} = \frac{N}{1+Be^{-at}}$$

其中 $B = \frac{1}{A} = e^{-NC}$. 这个方程称为逻辑斯蒂曲线方程.

在现实世界中，常遇到这类变量：变量的增长率 $\frac{dP}{dt}$ 与其现时值 P、饱和值与现时值之差 $N-P$ 都成正比，这种变量是按逻辑斯蒂曲线方程变化的. 在生物学、经济学等学科中可见到这种模型.

数学与生活

他是嫌疑犯吗？

一受害者的尸体于晚上19：30被发现，法医于晚上20：20赶到凶案现场. 测得尸体温度为32.6 ℃；一小时后，当尸体即将被抬走时，测得尸体温度为31.4 ℃，室温在几小时内始终保持在21.1 ℃. 此案最大的嫌疑人是赵某，但赵某声称自己是无罪的，并有证人说："下午赵某一直在办公室上班，17：00时打了一个电话打完电话后就离开了办公室."从赵某的办公室到受害者的家(凶案现场)步行需7分钟，需要解决的问题是：赵某不在现场的证言能否使他被排除在嫌疑犯之外？

解： 设 $T(t)$ 表示 t 时刻尸体的温度，并记晚20：20为 $t=0$.

即

$$T(0) = 32.6 \text{ ℃}, \quad T(1) = 31.4 \text{ ℃}.$$

假设

1) 受害者死亡时体温是正常的，即 $T = 37$ ℃.
2) 尸体温度的变化率服从牛顿冷却定律，即尸体温度的变化率正比于尸体温度与室温的差.

故

$$\frac{dT}{dt} = -k(T-21.1) \quad (\text{其中 } k \text{ 为常数})$$

将该微分方程改写为

$$\frac{dT}{T-21.1} = -k\,dt$$

等式两边的积分分别为

$$\int \frac{dT}{T-21.1} = -k \int dt$$

得到

$$T = 21.1 + Ce^{-kt} \quad (C \text{ 为任意常数})$$

由 $T(0)=32.6\,°C$,$T(1)=31.4\,°C$,可求出 $C=11.5$,$k\approx 0.11$.

将 $C=11.5$,$k\approx 0.11$ 代入 $T=21.1+Ce^{-kt}$,可得
$$T=21.1+11.5e^{-0.11t}$$

当 $T=37\,°C$ 时,则有 $21.1+11.5e^{-0.11t}=37$.

解得 $t\approx -2.95$ 小时 ≈ -2 小时 57 分.

故受害者死亡时间为 20 时 20 分 -2 小时 57 分 $=17$ 时 23 分,因此赵某不能排除在嫌疑犯之外.

6.2.2 齐次微分方程

形如
$$\frac{dy}{dx}=f\left(\frac{y}{x}\right) \tag{6-6}$$
的微分方程,称为齐次微分方程.

例 6-10 $\dfrac{dy}{dx}=\dfrac{y^2}{xy-x^2}$ 可化为 $\dfrac{dy}{dx}=\dfrac{\left(\dfrac{y}{x}\right)^2}{\dfrac{y}{x}-1}$

例 6-11 $(xy-y^2)dx-(x^2-2xy)dy=0$ 可化为 $\dfrac{dy}{dx}=\dfrac{xy-y^2}{x^2-2xy}=\dfrac{\left(\dfrac{y}{x}\right)-\left(\dfrac{y}{x}\right)^2}{1-2\left(\dfrac{y}{x}\right)}$

以上都是齐次微分方程.

对齐次微分方程(6-6)作变量变换
$$v=\frac{y}{x} \tag{6-7}$$
即
$$y=xv$$
得
$$\frac{dy}{dx}=x\frac{dv}{dx}+v \tag{6-8}$$

将式(6-7)与式(6-8)代入方程(6-6),得可分离变量的微分方程
$$x\frac{dv}{dx}=f(v)-v$$
即
$$\frac{dv}{f(v)-v}=\frac{dx}{x}$$

它的通解为
$$\int\frac{dv}{f(v)-v}=\ln x-\ln C$$

或

$$x = Ce^{\int \frac{dv}{f(v)-v}} (C 为任意常数) \tag{6-9}$$

求出积分 $\int \frac{dv}{f(v)-v}$ 后，将 v 还原为 $\frac{y}{x}$ 并代入式(6-9)就可得到微分方程(6-6)的通解．

例 6-12 求微分方程 $\frac{dy}{dx} = \frac{y^2}{xy-x^2}$ 的通解．

解：原方程可写为

$$\frac{dy}{dx} = \frac{\left(\frac{y}{x}\right)^2}{\left(\frac{y}{x}\right)-1}$$

它是齐次微分方程．令 $v = \frac{y}{x}$，得

$$x\frac{dv}{dx} = \frac{v^2}{v-1} - v = \frac{v}{v-1}$$

分离变量后，得

$$\frac{v-1}{v}dv = \frac{dx}{x}$$

两边积分，得

$$v - \ln v = \ln x + C_1$$
$$v = \ln(xv) + C_1$$

即

$$xv = e^{v-C_1} = Ce^v (C = e^{-C_1})$$

将 $v = \frac{y}{x}$ 代入上式，得

$$y = Ce^{\frac{y}{x}} (C 为任意常数)$$

这就是所给微分方程的通解．

例 6-13 求微分方程 $(xe^{\frac{y}{x}} + y)dx = xdy$ 在初始条件 $y|_{x=1} = 0$ 下的特解．

解：原方程可写为

$$\frac{dy}{dx} = e^{\frac{y}{x}} + \frac{y}{x}$$

这是齐次微分方程，令 $v = \frac{y}{x}$，则原方程可化为

$$x\frac{dv}{dx} + v = e^v + v$$

分离变量后，得

$$e^{-v}dv = \frac{1}{x}dx$$

两边积分，得
$$-e^{-v} = \ln x + C$$
即
$$v = -\ln(-\ln x - C)$$

将 $v = \dfrac{y}{x}$ 代入上式，得
$$y = -x\ln(-\ln x - C)$$

由初始条件 $y|_{x=1} = 0$，可得 $C = -1$，故所求特解为 $y = -x\ln(1-\ln x)$ 或 $e^{-\frac{y}{x}} + \ln x = 1$.

数学与生活

微分方程与飞机阻力伞

飞机在降落时，需要足够长的跑到来完成减速滑行过程．那么当跑到长度不够或需要紧急迫降时，就会用到阻力伞(如图 6-1 所示)作为飞机的减速装置．阻力伞也叫做减速伞，通常由主伞、引导伞和伞带等部分组成，置于飞机尾部．在需要用到阻力伞时，由飞行员操纵打开．阻力伞张开后，利用空气对伞的阻力，减少飞机的滑行距离，保障飞机在较短的跑道安全着陆．

图 6-1　飞机的阻力伞

问题　一架 4.5 吨的歼击机以每小时 600 千米的航速开始着落，在阻力伞的作用下滑跑 500 米后速度减为每小时 100 千米．设阻力伞的阻力与飞机的速度成正比，并且忽略飞机所受的其他外力．试计算阻力伞的阻力系数．

解：设飞机的质量为 m，着陆速度为 v_0，若从飞机开始接触跑道时开始计时，飞机的滑跑距离为 $x(t)$，飞机的速度为 $v(t) = \dfrac{dx}{dt}$，阻力伞的阻力为 $-kv(t)$，其中 k 为阻力系数．根据牛顿第二定律 $F = ma$，可得出运动方程
$$m\frac{dv}{dt} = -kv(t).$$

为了确定 $x(t)$ 与 $v(t)$ 的关系，将 $\dfrac{dv}{dt}$ 写成

$$\frac{dv}{dt} = \frac{dv}{dx} \cdot \frac{dx}{dt} = v \cdot \frac{dv}{dx}.$$

代入 $m\dfrac{dv}{dt} = -kv(t)$ 中,可得分离变量方程

$$dv = -\frac{k}{m}dx.$$

对此分离变量方程进行积分,则

$$\int_{v_0}^{v(t)} dv = \int_0^{x(t)} \left(-\frac{k}{m}\right) dx,$$

$$v(t) - v_0 = -\frac{k}{m}x(t),$$

由此计算出

$$k = \frac{m[v_0 - v(t)]}{x(t)}.$$

将 $m = 4\,500$ kg,$v_0 = 600$ km/h,$x(t) = 0.5$ km,$v(t) = 100$ km/h 代入上式,可求出

$$k = 4.5 \times 10^6 \text{ kg/h}$$

得到阻力伞的阻力系数为 4.5×10^6 kg/h.

6.2.3 一阶线性微分方程

形如

$$y' + p(x)y = q(x) \tag{6-10}$$

的微分方程,称为一阶线性微分方程(因为它是 y 及 y' 的一次方程). 如果 $q(x) = 0$,则方程(6-10)变为

$$y' + p(x)y = 0 \tag{6-11}$$

称为一阶线性齐次微分方程;当 $q(x) \neq 0$ 时,方程(6-10)称为一阶线性非齐次微分方程.

(1) 一阶线性齐次微分方程的通解.

将方程(6-11)分离变量,得

$$\frac{dy}{y} = -p(x)dx$$

两边积分,得

$$\ln y = -\int p(x)dx + \ln C$$

即

$$y = Ce^{-\int p(x)dx} \quad (C \text{ 为任意常数}) \tag{6-12}$$

式(6-12)即为方程(6-11)的通解.

(2) 一阶线性非齐次微分方程的通解.

方程(6-10)的解可用"任意参数变易法"求得,将与方程(6-10)对应的齐次方程(6-11)的通解(6-12)中的任意常数 C 换为待定的函数 $u = u(x)$,即设

$$y = u(x)e^{-\int p(x)dx} \tag{6-13}$$

式(6-13)就是方程(6-10)的解. 因为

$$y' = u'(x)e^{-\int p(x)dx} + u(x)(e^{-\int p(x)dx})' = u'(x)e^{-\int p(x)dx} - u(x)p(x)e^{-\int p(x)dx} \tag{6-14}$$

将式(6-13)与式(6-14)代入方程(6-10),得

$$u'(x)e^{-\int p(x)dx} - u(x)p(x)e^{-\int p(x)dx} + p(x)u(x)e^{-\int p(x)dx} = q(x)$$

即

$$u'(x) = q(x)e^{\int p(x)dx}$$

积分,得

$$u(x) = \int q(x)e^{\int p(x)dx}dx + C$$

其中 C 是任意常数,代入式(6-13),得

$$y = e^{-\int p(x)dx}\left(\int q(x)e^{\int p(x)dx}dx + C\right)\ (C\ \text{为任意常数}) \tag{6-15}$$

不难验证式(6-15)就是方程(6-10)的通解.

概括起来,一阶线性非齐次微分方程(6-10)的求解步骤如下:

(Ⅰ)求对应于方程(6-10)的齐次方程(6-11)的通解

$$y = Ce^{-\int p(x)dx}$$

(Ⅱ)设 $y = u(x)e^{-\int p(x)dx}$,并求出 y'.

(Ⅲ)将(Ⅱ)中的 y 及 y' 代入方程(6-10),解出

$$u(x) = \int q(x)e^{\int p(x)dx}dx + C$$

(Ⅳ)将(Ⅲ)中求出的 $u(x)$ 代入(Ⅱ)中 y 的表达式,得到

$$y = e^{-\int p(x)dx}\left(\int q(x)e^{\int p(x)dx}dx + C\right)\ (C\ \text{为任意常数})$$

即为方程(6-10)的通解.

例 6-14 求一阶线性微分方程 $y' - \dfrac{2}{x+1}y = (x+1)^3$ 的通解.

解:(Ⅰ)由 $y' - \dfrac{2}{x+1}y = 0$ 分离变量得 $\dfrac{dy}{y} = \dfrac{2dx}{x+1}$,积分,得

$$y = C(x+1)^2$$

(Ⅱ)令 $y = u(x)(x+1)^2$,则

$$y' = u'(x)(x+1)^2 + 2u(x)(x+1)$$

(Ⅲ)将(Ⅱ)中两式代入原方程,得

$$u' = x+1$$

积分,得

$$u = \frac{1}{2}(x+1)^2 + C$$

(Ⅳ) 将 u 代入(Ⅱ)中的 y，最后求得原方程的通解为

$$y=(x+1)^2\left[\frac{1}{2}(x+1)^2+C\right]=\frac{1}{2}(x+1)^4+C(x+1)^2 \quad (C\text{ 为任意常数})$$

当然，我们也可以直接应用公式(6-15)求得方程的通解．实际上，由 $p(x)=-\dfrac{2}{x+1}$，$q(x)=(x+1)^3$ 有

$$\int p(x)\mathrm{d}x=\int -\frac{2}{x+1}\mathrm{d}x=-2\ln(x+1) \quad (\text{只取一个原函数})$$

$$\int q(x)e^{\int p(x)\mathrm{d}x}\mathrm{d}x=\int(x+1)^3 e^{-2\ln(x+1)}\mathrm{d}x=\int(x+1)\mathrm{d}x=\frac{1}{2}(x+1)^2$$

于是，由公式(6-15)直接可得方程的通解为

$$y=e^{-\int p(x)\mathrm{d}x}\left(\int q(x)e^{\int p(x)\mathrm{d}x}\mathrm{d}x+C\right)=(x+1)^2\left[\frac{1}{2}(x+1)^2+C\right]$$

$$=\frac{1}{2}(x+1)^4+C(x+1)^2 \quad (C\text{ 为任意常数})$$

由于公式(6-15)不易记忆，在求解这类线性微分方程时，一般仍要求读者使用参数变易法．

例 6-15 求微分方程 $y\mathrm{d}x+(x-y^3)\mathrm{d}y=0\ (y>0)$ 的通解．

解： 如果将上式改写为

$$y'+\frac{y}{x-y^3}=0$$

则显然不是线性微分方程．

如果将原方程改写为

$$\frac{\mathrm{d}x}{\mathrm{d}y}+\frac{x-y^3}{y}=0$$

即

$$\frac{\mathrm{d}x}{\mathrm{d}y}+\frac{1}{y}x=y^2 \quad ①$$

将 x 看作 y 的函数，则它是形如

$$x'+p(y)x=q(y)$$

的线性微分方程．先解对应的齐次方程

$$\frac{\mathrm{d}x}{\mathrm{d}y}+\frac{1}{y}x=0$$

其通解为 $x=\dfrac{C}{y}$．

利用参数变易法，令 $x=u(y)\cdot\dfrac{1}{y}$，则

$$\frac{\mathrm{d}x}{\mathrm{d}y}=\frac{1}{y}\cdot\frac{\mathrm{d}u}{\mathrm{d}y}-\frac{1}{y^2}u \quad ②$$

将 $x=\dfrac{1}{y}u$ 和式②代入式①，得

$$\frac{du}{dy} \cdot \frac{1}{y} = y^2$$

即 $du = y^3 dy$. 两边积分，得 $u = \frac{1}{4}y^4 + C_1$，所以，所求通解为

$$x = \frac{1}{y}\left(\frac{1}{4}y^4 + C_1\right)$$

或

$$4xy = y^4 + C(C \text{ 为任意常数}, C = 4C_1)$$

例 6-16 设某种商品的供给量 Q_S 与需求量 Q_D 是只依赖于价格 P 的线性函数，它们分别为

$$Q_S = -a + bP \tag{6-16}$$
$$Q_D = c - dP \tag{6-17}$$

其中，a，b，c，d 都是已知的正常数. 式(6-16)表明供给量 Q_S 是价格 P 的递增函数；式(6-17)表明需求量 Q_D 是价格 P 的递减函数. 当供求量相等时，由式(6-16)与式(6-17)求得均衡价格 $\overline{P} = \frac{a+c}{b+d}$. 不难理解，当供给量超过需求量，即 $Q_S > Q_D$ 时，价格将下降；当供给量小于需求量，即 $Q_S < Q_D$ 时，价格将上涨. 这样，市场价格就随时间的变化而围绕着均衡价格 $\overline{P}$ 上下波动. 因而，我们可以设想价格 P 是时间 t 的函数：$P = P(t)$. 假定在时间 t 时的价格 $P(t)$ 的变化率与这时的过剩需求量 $Q_D - Q_S$ 成正比，即有

$$\frac{dP}{dt} = a(Q_D - Q_S)$$

其中，a 是正的常数，将式(6-16)与式(6-17)代入上式，得

$$\frac{dP}{dt} + kP = h \tag{6-18}$$

其中，$k = a(b+d)$，$h = a(a+c)$ 都是正的常数，利用式(6-15)，不难求得方程(6-18)的通解为

$$P = Ce^{-kt} + \frac{h}{k} = Ce^{-kt} + \overline{P}(C \text{ 为任意常数})$$

如果已知初始价格 $P(0) = P_0$，则方程(6-18)的特解为

$$\widetilde{P} = (P_0 - \overline{P})e^{-kt} + \overline{P}$$

1. 求下列微分方程的通解：

（1）$xy' - y\ln y = 0$；

（2）$\sqrt{1-x^2}\, y' = \sqrt{1-y^2}$；

（3）$(e^{x+y} - e^x)dx + (e^{x+y} + e^y)dy = 0$；

（4）$(y+1)^2 \frac{dy}{dx} + x^3 = 0$；

（5）$\sec^2 x \tan y\, dx + \sec^2 y \tan x\, dy = 0$.

2. 求下列齐次方程的通解.

（1）$(1 + 2e^{\frac{x}{y}})dx + 2e^{\frac{x}{y}}\left(1 - \frac{x}{y}\right)dy = 0$；

（2）$xy' - y - \sqrt{y^2 - x^2} = 0$；

(3) $x\dfrac{\mathrm{d}y}{\mathrm{d}x}=y\ln\dfrac{y}{x}$;　　　　　　　　　　(4) $\left(2x\sin\dfrac{y}{x}+3y\cos\dfrac{y}{x}\right)\mathrm{d}x-3x\cos\dfrac{y}{x}\mathrm{d}y=0$;

(5) $(x^3+y^3)\mathrm{d}x-3xy^2\mathrm{d}y=0$.

3. 求下列微分方程满足所给初值条件的特解：

(1) $\dfrac{\mathrm{d}y}{\mathrm{d}x}+\dfrac{2-3x^2}{x^3}y=1$，$y|_{x=1}=0$;　　　　(2) $\dfrac{\mathrm{d}y}{\mathrm{d}x}-y\tan x=\sec x$，$y|_{x=0}=0$;

(3) $\dfrac{\mathrm{d}y}{\mathrm{d}x}+y\cot x=5e^{\cos x}$，$y|_{x=\frac{\pi}{2}}=-4$;　　(4) $\dfrac{\mathrm{d}y}{\mathrm{d}x}+3y=8$，$y|_{x=0}=2$;

(5) $x(1+x^2)y'+y=1+x^2$，$y|_{x=1}=0$.

6.3 可降阶的高阶微分方程

高阶微分方程是指二阶及二阶以上的微分方程．一般而言，高阶微分方程求解更为困难，我们可以通过变量代换将它化成较低阶的方程．本节将介绍3种可用降阶法求解的微分方程．

1. $y^{(n)}=f(x)$ 型的微分方程

形如 $y^{(n)}=f(x)$ 的微分方程，其特点是方程右边仅含自变量 x，只需将 $y^{(n-1)}$ 作为新的未知函数，则原来的 n 阶微分方程就化为了新的未知函数 $y^{(n-1)}$ 的一阶微分方程．两边积分得

$$y^{(n-1)}=\int f(x)\mathrm{d}x+C_1,$$

上式两边再积分得

$$y^{(n-2)}=\int\left[\int f(x)\mathrm{d}x+C_1\right]\mathrm{d}x+C_2.$$

依次继续进行下去，接连积分 n 次，就得到原来的 n 阶微分方程的含有 n 个独立任意常数的通解．

例 6-17 求微分方程 $y'''=e^{2x}+x$ 的通解．

解：对所给微分方程接连积分3次，得

$$y''=\int(e^{2x}+x)\mathrm{d}x=\dfrac{1}{2}e^{2x}+\dfrac{1}{2}x^2+C,$$

$$y'=\int\left(\dfrac{1}{2}e^{2x}+\dfrac{1}{2}x^2+C\right)\mathrm{d}x=\dfrac{1}{4}e^{2x}+\dfrac{1}{3!}x^3+Cx+C_2,$$

$$y=\int\left(\dfrac{1}{4}e^{2x}+\dfrac{1}{3!}x^3+Cx+C_2\right)\mathrm{d}x=\dfrac{1}{8}e^{2x}+\dfrac{1}{4!}x^4+C_1x^2+C_2x+C_3\left(C_1=\dfrac{C}{2}\right),$$

这就是所求微分方程的通解．

2. $y''=f(x, y')$ 型的微分方程

方程 $y''=f(x, y')$ 的特点是其右边不显含未知函数 y．

令 $y'=p(x)$，则 $y''=p'(x)$，代入方程得关于 $p(x)$ 的一阶微分方程

$$p'(x)=f[x, p(x)],$$

设其通解为
$$p(x) = \varphi(x, C_1),$$
即得可分离变量的一阶微分方程
$$\frac{dx}{dy} = \varphi(x, C_1),$$
两边积分就能得到原方程的通解为
$$y = \int \varphi(x, C_1) dx + C_2.$$

例 6-18 求微分方程 $y'' = \dfrac{1}{x} y' + x$ 的通解.

解：令 $y' = p(x)$，则 $y'' = p'$，代入原方程有
$$p' - \frac{1}{x} p = x,$$
这是一阶线性微分方程，其通解为
$$p = e^{-\int \left(-\frac{1}{x}\right) dx} \left[\int x e^{\int \left(-\frac{1}{x}\right) dx} dx + C_1 \right] = x \left(\int dx + C_1 \right) = x(x + C_1) = x^2 + C_1 x,$$
即
$$y' = x^2 + C_1 x,$$
再次积分得到原方程的通解为
$$y = \frac{1}{3} x^3 + \frac{C_1}{2} x^2 + C_2.$$

3. $y'' = f(y, y')$ 型的微分方程

方程 $y'' = f(y, y')$ 的特点是其右边不显含自变量 x.

令 $\dfrac{dy}{dx} = p(y)$，利用复合函数的求导法则把 y'' 化为对 y 的导数，则有
$$y'' = \frac{dy'}{dx} \frac{dp}{dy} \frac{dy}{dx} \frac{dp}{dy},$$
于是方程 $y'' = f(y, y')$ 可化为
$$p \frac{dp}{dy} = f(y, p),$$
这是关于 y 和 p 的一阶微分方程，设其通解为
$$p = \varphi(y, C_1),$$
即
$$\frac{dy}{dx} = \varphi(y, C_1).$$
解这个可分离变量的微分方程，可求出原方程的通解为
$$\int \frac{dy}{\varphi(y, C_1)} = x + C_2.$$

例 6-19 求微分方程 $y'' + \dfrac{1}{y^2} e^{y^2} y' - 2y(y')^2 = 0$ 满足初值条件 $y \big|_{x=-\frac{1}{2e}} = 1$，$y' \big|_{x=-\frac{1}{2e}} = e$ 的特解.

解：令 $y'=p(y)$，则 $y''=p\dfrac{\mathrm{d}p}{\mathrm{d}y}$，代入原方程，将方程化为

$$p\left(\dfrac{\mathrm{d}p}{\mathrm{d}y}+\dfrac{1}{y^2}e^{y^2}-2yp\right)=0,$$

于是有

$$p=0 \text{ 或 } \dfrac{\mathrm{d}p}{\mathrm{d}y}-2yp+\dfrac{1}{y^2}e^{y^2}=0,$$

由初值条件 $y'\big|_{x=-\frac{1}{2e}}=e$ 知，$p\neq 0$，所以

$$\dfrac{\mathrm{d}p}{\mathrm{d}y}-2yp=-\dfrac{1}{y^2}e^{y^2}.$$

这是一阶线性微分方程. 将 $P(y)=-2y$，$Q(y)=-\dfrac{1}{y^2}e^{y^2}$ 代入通解公式 (6-15) 中得

$$p=e^{-\int(-2y)\mathrm{d}y}\left[-\int\dfrac{1}{y^2}e^{y^2}e^{\int(-2y)\mathrm{d}y}\mathrm{d}y+C_1\right],$$

从而

$$p=e^{y^2}\left(\dfrac{1}{y}+C_1\right),$$

即

$$\dfrac{\mathrm{d}y}{\mathrm{d}x}=e^{y^2}\left(\dfrac{1}{y}+C_1\right).$$

将初值条件 $y'\big|_{x=-\frac{1}{2e}}=e$，$y\big|_{x=-\frac{1}{2e}}=1$ 代入上式，得 $C_1=0$，所以

$$\dfrac{\mathrm{d}y}{\mathrm{d}x}=\dfrac{1}{y}e^{y^2},$$

即

$$ye^{-y^2}\mathrm{d}y=\mathrm{d}x.$$

两边积分得

$$-\dfrac{1}{2}e^{-y^2}=x+C_2,$$

将初值条件，$y\big|_{x=-\frac{1}{2e}}=1$ 代入，得 $C_2=0$. 于是，可得所求方程的特解为

$$x=-\dfrac{1}{2}e^{-y^2}.$$

课堂练习

1. 求下列微分方程的通解：

(1) $yy''+2y'^2=0$； (2) $y''=y'+x$；

(3) $y''+\dfrac{1}{\sqrt{y}}$； (4) $y''=\dfrac{1}{1+x^2}$；

(5) $y''=x+\sin x$.

2. 求下列微分方程满足初值条件的特解：

(1) $y''-e^{2y}y'=(0)$，$y(0)=\dfrac{1}{2}$；

(2) $y''+y'^2=1$，$y|_{x=0}=0$，$y'|_{x=0}=0$；

(3) $y'''=e^{\alpha x}$，$y|_{x=1}=y'|_{x=1}=y''|_{x=1}=0$.

生活中的悬链线

悬链线是一种特殊的曲线形状，主要描述了两端固定、质量分布均匀且柔软的链条在重力作用下的自然下垂状态．

悬链线原理的应用领域极为广泛，它不仅在建筑和桥梁工程中发挥着关键作用，如悬索桥和斜拉桥的稳定支撑结构，还在航空航天领域中帮助优化飞行器的悬挂布局以提升飞行性能．此外，悬链线原理也被运动器材设计师用于提高高尔夫球杆、网球拍等运动器材的稳定性和控制性能．在电力工程中，悬链线被用于输电线路，确保电线杆和电缆的稳定支撑，减少电线下垂和电损耗．同时，在海洋工程领域，悬链线原理同样重要，它用于海底气开采和海底电缆的敷设，为海底工程设施提供稳定和安全的支撑．这些应用充分体现了悬链线原理在多个领域的重要性和实用性．

问题 设有一均匀柔软的绳索，将其两端固定，绳索仅受重力作用下垂，试问该绳索在平衡状态下是什么曲线？

解：设（如图 6-2 所示）曲线方程为 $y=y(x)$，曲线的最低点为 $A(0, a)$，曲线上任意一点 $M(x, y)$，$|\overline{AM}|=s$，绳索的线密度为 ρ．

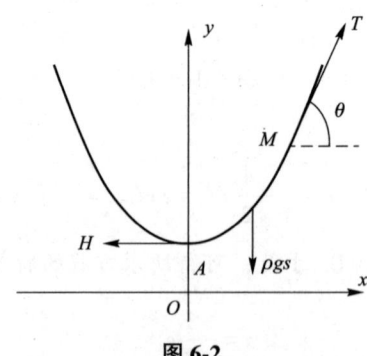

图 6-2

则方程为：垂直方向 $T\sin\theta=\rho g s$，水平方向 $T\cos\theta=H$．

得到

$$\operatorname{tg}\theta=\dfrac{\rho g s}{H}=\dfrac{s}{a},\quad \left(a=\dfrac{H}{\rho g}\right).$$

因设曲线方程为 $y=y(x)$，则 $\operatorname{tg}\theta=y'=\dfrac{s}{a}$．

由于绳索 $\overline{AM}$ 的弧长 $s=\displaystyle\int_0^x \sqrt{1+(y')^2}\,\mathrm{d}x$，

得到
$$y' = \frac{1}{a}\int_0^x \sqrt{1+(y')^2}\,\mathrm{d}x.$$

将上式左右两边同时关于 x 求导得到
$$y'' = \frac{1}{a}\sqrt{1+(y')^2}$$

令 $\dfrac{\mathrm{d}y}{\mathrm{d}x}=p(x)$，则 $\dfrac{\mathrm{d}^2y}{\mathrm{d}x^2}=\dfrac{\mathrm{d}p}{\mathrm{d}x}$，代入上式为
$$\frac{\mathrm{d}p}{\mathrm{d}x} = \frac{1}{a}\sqrt{1+(p)^2},$$

即
$$\frac{\mathrm{d}p}{\sqrt{1+(p)^2}} = \frac{1}{a}\mathrm{d}x.$$

两边积分得
$$\ln\left(p+\sqrt{1+(p)^2}\right) = \frac{x}{a}+C,$$

将 $p(0)=0$ 代入，得 $C=0$. 则
$$\ln\left(p+\sqrt{1+(p)^2}\right) = \frac{x}{a},$$

解得
$$p(x) = \frac{1}{2}\left(\mathrm{e}^{\frac{x}{a}}-\mathrm{e}^{-\frac{x}{a}}\right).$$

即
$$\frac{\mathrm{d}p}{\mathrm{d}x} = \frac{1}{2}\left(\mathrm{e}^{\frac{x}{a}}-\mathrm{e}^{-\frac{x}{a}}\right),$$

解得
$$y = \frac{a}{2}\left(\mathrm{e}^{\frac{x}{a}}+\mathrm{e}^{-\frac{x}{a}}\right)+C.$$

将初值条件，$y|_{x=0}=a$ 代入，得 $C=0$. 于是，可得所求方程的特解为
$$y = \frac{a}{2}\left(\mathrm{e}^{\frac{x}{a}}+\mathrm{e}^{-\frac{x}{a}}\right) = \frac{a}{2}\cosh\left(\frac{x}{a}\right)\text{（双曲余弦函数）}.$$

6.4 二阶微分方程

6.4.1 二阶常系数线性微分方程解的结构

线性微分方程作为常微分方程的一个重要分支，在自然科学和工程技术领域中展现出广泛的应用

价值，其重要性不言而喻．这类方程通过简洁的数学形式，能够精确地描述众多实际问题的动态变化过程，为科学研究和工程实践提供了强有力的数学工具．

在上一节中已经介绍了一阶线性微分方程，得到其通解公式．在实际应用中，高阶线性微分方程经常出现，其中二阶线性微分方程因其简洁性和广泛应用性而备受关注．尽管高阶方程具有更复杂的性质，但它们的求解和性质与二阶方程有许多相似之处．因此，为了简明起见，我们主要讨论二阶线性微分方程，其结论和性质可推广至其他高阶方程．

1. 二阶常系数线性微分方程的概念

定义 6-6 形如

$$y''+py'+qy=f(x)$$

的微分方程，称为二阶常系数线性微分方程．其中，p，q 为实常数，$f(x)$ 为 x 的已知函数．当 $f(x)\neq 0$ 时，称为二阶常系数非齐次线性微分方程；当 $f(x)=0$ 时，称为二阶常系数齐次线性微分方程．

2. 二阶常系数线性微分方程解的性质

定义 6-7 如果函数 $y_1(x)$，$y_2(x)$ 是二阶齐次线性微分方程的两个解，则 $C_1 y_1(x)+C_2 y_2(x)$ 也是该方程的解．其中 C_1，C_2 是任意常数．

首先给出线性相关与线性无关的定义．设 $y_1(x)$，$y_2(x)$ 是定义在区间 I 上的两个函数，如果存在两个不全为零的常数 k_1，k_2，使当 $x\in I$ 时有恒等式 $k_1 y_1(x)+k_2 y_2(x)=0$ 成立，那么称 $y_1(x)$，$y_2(x)$ 在区间 I 上线性相关，否则称为线性无关．这个定义很容易推广到多个函数的情形．

例 6-20 1，x 在实数集 R 上线性无关；x，$2x$ 在区间 $[-1,1]$ 上线性相关．

定理 6-1 如果函数 $y_1(x)$，$y_2(x)$ 是二阶齐次线性微分方程的两个线性无关的特解，那么 $\bar{y}(x)=C_1 y_1(x)+C_2 y_2(x)$（$C_1$，$C_2$ 是任意常数）是该方程的通解．

定理 6-2 如果 $y^*(x)$ 是非齐次线性微分方程的一个特解，$\bar{y}(x)$ 是其对应的齐次线性微分方程的通解，那么非齐次线性微分方程的通解可表示为 $y(x)=\bar{y}(x)+y^*(x)$．

6.4.2 二阶常系数齐次线性微分方程的解法

根据定理 6-1，只要求出二阶常系数齐次线性微分方程的两个线性无关的特解，即可求出该方程的通解．那么，如何求这两个线性无关的特解呢？注意到方程 $y''+py'+qy=0$ 左端的系数 p，q 为实常数，即 y' 和 y'' 均为 y 的常数倍，自然可以想到，能充当特解的函数应该是这种类型的函数：$y=\mathrm{e}^{rx}$（r 为常数）．

定义 6-8 称 $r^2+pr+q=0$ 为二阶常系数齐次线性微分方程 $y''+py'+qy=0$ 的特征方程，它的根称为特征根．

由于特征方程是一元二次方程，根据特征根的特点，可分为以下三种情形．

1. 有两个不等实根（$\Delta>0$）

若有两个不等实根 r_1，r_2，此时方程的特解可以表示为 $y_1=\mathrm{e}^{r_1 x}$，$y_2=\mathrm{e}^{r_2 x}$．

而

$$\frac{y_1}{y_2}=\mathrm{e}^{(r_1-r_2)x}\neq 常数$$

故 $y_1 = e^{r_1 x}$，$y_2 = e^{r_2 x}$ 是方程 y''' 的两个线性无关的解，则通解是

$$y = C_1 e^{r_1 x} + C_2 e^{r_2 x} \quad (C_1, C_2 \text{ 为任意常数})$$

例 6-21 求 $y'' + y' - 2y = 0$ 的通解．

解：它的特征方程是

$$r^2 - r - 2 = 0$$

解得其两个特征根为 $r_1 = -1$，$r_2 = 2$．

所以其通解是 $y = C_1 e^{-x} + C_2 e^{2x}$（其中 C_1，C_2 为任意常数）．

2. 有两个相等实根（$\Delta = 0$）

若有两个相等实根 $r = r_1 = r_2$，此时方程有一个特解 $y_1 = e^{rx}$，容易知道 $y_2 = xe^{rx}$ 也是方程的一个特解．而

$$\frac{y_1}{y_2} = \frac{1}{x} \neq \text{常数}$$

故 $y_1 = e^{rx}$，$y_2 = xe^{rx}$ 是方程 $y'' + py' + qy = 0$ 的两个线性无关的解，则通解是

$$y = (C_1 + C_2 x) e^{r_1 x} \quad (C_1, C_2 \text{ 为任意常数})$$

例 6-22 求 $y'' + 2y' + y = 0$ 的通解．

解：它的特征方程是

$$r^2 + 2r + 1 = 0$$

解得其两个特征根为 $r_1 = r_2 = -1$．

所以其通解是 $y = (C_1 + C_2 x) e^{-x}$（其中 C_1，C_2 为任意常数）．

3. 有两个虚根（$\Delta < 0$）

若有两个虚根 $r_{1,2} = \alpha \pm \beta i$，此时 $e^{\alpha x} \cos \beta x$，$e^{\alpha x} \sin \beta x$ 是方程 y''' 的两线性无关的解，则通解是

$$y = e^{\alpha x}(C_1 \cos \beta x + C_2 \sin \beta x) \quad (C_1, C_2 \text{ 为任意常数})$$

综上所述，求齐次方程的通解的步骤如下．

第一步，写出特征方程 $r^2 + pr + q = 0$．

第二步，求出两个特征根 r_1，r_2．

第三步，根据特征根的不同特点，写出方程的通解．

例 6-23 求 $y'' - 2y' + 10y = 0$ 的通解．

解：它的特征方程是

$$r^2 - 2r + 10 = 0$$

解得其两个特征根为 $r_1 = 1 + 3i$，$r_2 = 1 - 3i$．

所以其通解是 $y = e^x(C_1 \cos 3x + C_2 \sin 3x)$（其中 C_1，C_2 为任意常数）．

6.4.3 二阶常系数非齐次线性微分方程的解法

由定理 6-2 可知，求二阶常系数非齐次线性微分方程 $y'' + py' + qy = f(x)$ 的通解，归结为求它的一个特解 $f^*(x)$ 及对应的齐次线性微分方程 $y'' + py' + qy = 0$ 的通解 $\bar{y}(x)$，然后取和式 $y(x) = \bar{y}(x) + y^*(x)$ 即得非齐次线性微分方程的通解．前面已讲过求齐次线性微分方程的通解，现在剩下的问题是如何求非

齐次线性微分方程的一个特解.

求非齐次线性微分方程 $y''+py'+qy=f(x)$ 的一个特解的一个常用的有效方法是"待定系数法". 其基本思想是,用与方程 $y''+py'+qy=f(x)$ 的非齐次项(也称自由项) $f(x)$ 形式相同但含有待定系数的函数作为该方程的特解,称为试解函数. 然后将试解函数代入方程 $y''+py'+qy=f(x)$,确定试解函数中的待定系数,从而求出该方程的一个特解.

自由项 $f(x)$ 的常见形式有以下两类:

(1) $f(x)=e^{\mu x}P_m(x)$;

(2) $f(x)=e^{\mu x}(A\cos\omega x+B\sin\omega x)$.

其中 μ, ω, A, B 为常数,$P_m(x)$ 为 x 的 m 次多项式,即

$$P_m(x)=a_0x^m+a_1x^{m-1}+\cdots+a_{m-1}x+a_m(a_0\neq 0)$$

当自由项 $f(x)$ 为上述两类函数时,设试解函数的原则见表 6-1 所示.

表 6-1

$f(x)$ 的类型	取试解函数条件	试解函数 y^* 的形式
$f(x)=e^{\mu x}P_m(x)$	μ 不是特征根	$y^*=e^{\mu x}Q_m(x)$
	μ 是单特征根	$y^*=xe^{\mu x}Q_m(x)$
	μ 是重特征根	$y^*=x^2e^{\mu x}Q_m(x)$
$f(x)=e^{\mu x}(A\cos\omega x+B\sin\omega x)$	$\mu\pm i\omega$ 不是特征根	$y^*=e^{\mu x}(A_1\cos\omega x+A_2\sin\omega x)$
	$\mu\pm i\omega$ 是特征根	$y^*=xe^{\mu x}(A_1\cos\omega x+A_2\sin\omega x)$

注:$P_m(x)=a_0x^m+a_1x^{m-1}+\cdots+a_{m-1}x+a_m$ 为已知 m 次多项式;

$Q_m(x)=b_0x^m+b_1x^{m-1}+\cdots+b_{m-1}x+b_m$ 为已知 m 次多项式.

例 6-24 求微分方程 $y''+5y'+6y=xe^{2x}$ 的通解.

解:该方程所对应的齐次方程为

$$y''+5y'+6y=0$$

它的特征方程为

$$r^2-5r+6=0$$

其两个特征根为 $r_1=2$,$r_2=3$,于是所给方程对应的齐次方程的通解为 $y=C_1e^{2x}+C_2e^{3x}$(其中 C_1,C_2 为任意常数).

于是 $r_1=2$ 是特征方程的单根,所以设原方程的一个特解为

$$y^*=x(b_0x+b_1)e^{2x}$$

把它代入原方程,消去 e^{2x},化简后可得

$$-2b_0x+2b_0-b_1=x$$

比较上式两端同次幂的系数得

$$\begin{cases}-2b_0=1\\2b_0-b_1=0\end{cases}$$

从而求出 $b_0=-\dfrac{1}{2}$,$b_1=-1$. 于是求得原方程的一个特解为

$$y^* = x\left(-\frac{1}{2}x - 1\right)e^{2x}$$

因此原方程的通解是

$$y = C_1 e^{2x} + C_2 e^{3x} - \frac{1}{2}(x^2 + 2x)e^{2x}$$

―――――― 课 堂 练 习 ――――――

1. 求下列微分方程的通解：

(1) $y'' - 3y' - 4y = 0$；　　　　(2) $y'' + y = 0$；

(3) $y'' + y' - 2y = 0$；　　　　(4) $y'' - 4y' + 5y = 0$；

(5) $y^{(4)} - 5y'' - 36y = 0$.

2. 求下列微分方程满足所给初值条件的特解．

(1) $y'' + y' = 2e^x$，$y|_{x=0} = 0$，$y'|_{x=0} = 0$；

(2) $y'' + 25y = 0$，$y|_{x=0} = 2$，$y'|_{x=0} = 5$；

(3) $4y'' + 4y' + y = 0$，$y|_{x=0} = 2$，$y'|_{x=0} = 0$；

(4) $y'' + 4y' + 29y = 0$，$y|_{x=0} = 0$，$y'|_{x=0} = 15$.

6.5 数字化应用——利用 MATLAB 求解微分方程(组)

1. dsolve 指令简介

MATLAB 中，用于求解微分方程的指令是 dsolve，其基本调用格式如下．

dsolve('eqn1, eqn2, ⋯', 'cond1, cond2, ⋯', 'v')："eqn"指的是微分方程，即"equation"；"cond"指的是微分方程所满足的初值条件(定解条件)，即"condition"；"v"指的是自变量，即"variable"．

在建立方程时，一般需要指明自变量，如果省略，则 MATLAB 默认以 t 为自变量．

在表示微分方程时，用字母"D"表示导数，如"Dy""D2y""Dny"分别表示一阶导数、二阶导数、n 阶导数．

2. 利用 MATLAB 求解微分方程(组)示例

例 6-25　求微分方程 $\dfrac{dy}{dx} = 3x^2 y$ 的通解．

解：在命令行窗口输入以下相关代码并运行，如图 6-3 所示．

syms x

y = dsolve('Dy = 3 * x^2 * y', 'x')

从运行结果可知，原方程的通解为 $y = C_1 e^{x^3}$.

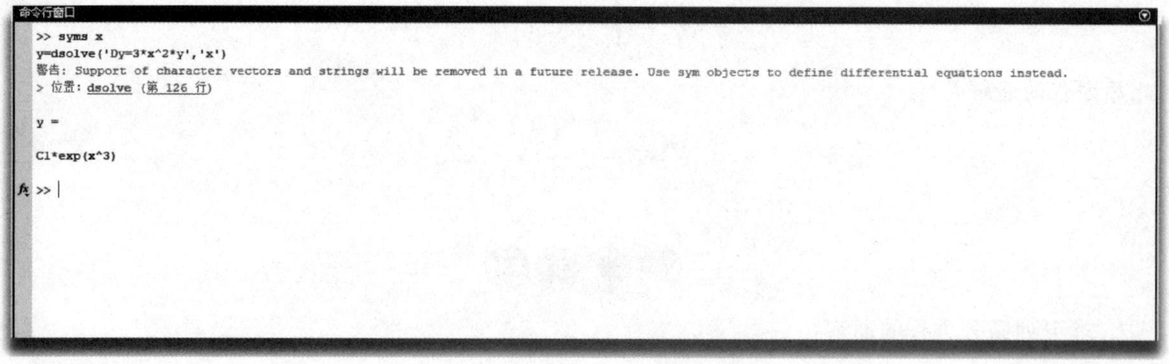

图 6-3

例 6-26 求微分方程 $y' = \dfrac{2xy}{x^2+1}$ 满足初值条件 $y|_{x=0} = 1$ 的特解.

解：在命令行窗口输入以下相关代码并运行，如图 6-4 所示.

syms x

y = dsolve('Dy=2*x*y/(x^2+1)', 'y(0)=1', 'x')

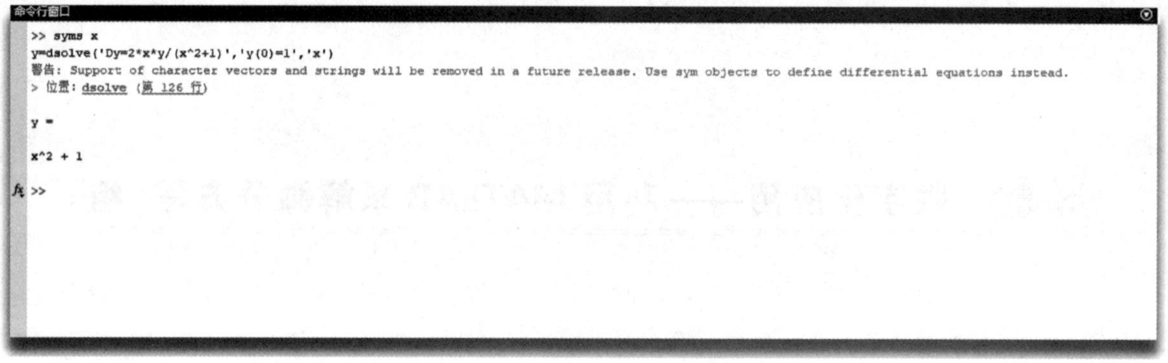

图 6-4

从运行结果可知，原方程的特解为 $y = x^2 + 1$.

例 6-27 求微分方程 $(1+x^2)y'' = 2xy'$ 满足初值条件 $y|_{x=0}=1$，$y'|_{x=0}=3$ 的特解.

解：在命令行窗口输入以下相关代码并运行，如图 6-5 所示.

syms x

y = dsolve('(1+x^2)*D2y=2*x*Dy', 'y(0)=1, Dy(0)=3', 'x')

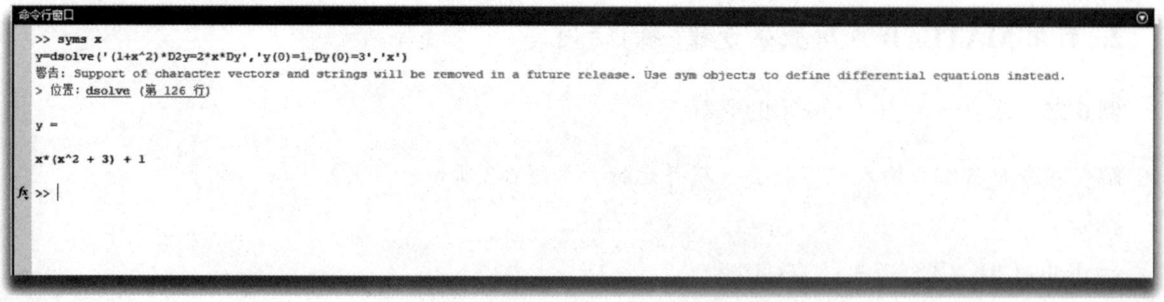

图 6-5

从运行结果可知，原方程的特解为 $y=x(x^2+3)+1$.

例 6-28 解微分方程组

$$\begin{cases} \dfrac{\mathrm{d}y}{\mathrm{d}x}=3y-2z, \\ \dfrac{\mathrm{d}z}{\mathrm{d}x}=2y-z. \end{cases}$$

解：在命令行窗口输入以下相关代码并运行，如图 6-6 所示.

syms x

[y，z]=dsolve(´Dy=3*y-2*z，Dz=2*y-z´，´x´)

图 6-6

从运行结果可知，原方程组的通解为

$$\begin{cases} y=2C_1\mathrm{e}^x+C_2(\mathrm{e}^x+2x\mathrm{e}^x), \\ z=2C_1\mathrm{e}^x+2C_2 x\mathrm{e}^x. \end{cases}$$

课 堂 练 习
---

1. 利用 MATLAB 求一阶微分方程 $y'+y+xy^2=0$ 的通解.

2. 利用 MATLAB 求微分方程 $y'=\mathrm{e}^{x-y}$ 满足初始条件 $y\big|_{x=0}=0$ 的特解.

思政小课堂

苏步青：数学之路上的赤子之心与爱国情怀

在浩渺无垠的宇宙星空之中，有一颗独特的小行星，名为"苏步青星"，它宛如一颗璀璨的明灯，静静照耀着后来者探索数学世界的道路．这颗星不仅是对一位伟大数学家的纪念，更是对一位忠诚于祖国、执着于科学和教育事业的伟大灵魂的致敬，他的名字，就是苏步青．

20 世纪 30 年代，当苏步青的名字在日本数学界崭露头角，被誉为"东方数学新星"时，他做出了一个震撼的决定——放弃国外的优厚待遇和学术环境，毅然回国，投身于祖国的数学科研和教育事业．他深知，作为一名中国人，他的根在中国，他的梦想也应该在中国实现．

苏步青，这位才华横溢的数学家，始终坚持着自己的信念和追求．他将自己定位为"党员专家"，将对祖国的热爱和对科学的执着融入到了每一个研究项目中．他说："爱祖国，为祖国的前途而奋斗，是时代赋予我们的神圣职责．"这句话，不仅是他个人的信念，更是他一生行动的指南．

1919年，年仅17岁的苏步青，在中学校长的支持下，踏上了赴日留学的道路．在东北帝国大学，他潜心研究，取得了巨大的学术成就．他发现了四次（三阶）代数锥面，这一成果在国际上引起了广泛关注，被誉为"苏锥面"．他的研究成果不仅在日本数学界产生了深远的影响，更使他成为了国际数学界的一颗璀璨明星．

然而，当苏步青站在学术的巅峰时，他却选择了回国．1931年，他以优异的成绩获得了日本东北帝国大学理学博士学位．面对国外的诱惑和挽留，他坚定地履行了数年前的承诺，回到了祖国．回国后，他先后担任浙江大学数学系副教授、教授、系主任，与陈建功等数学家共同开启了中国现代数学发展的新篇章．

在浙江大学，苏步青将主攻方向从仿射微分几何转向射影微分几何，并取得了系统性的研究成果．尽管当时国内的教学条件艰苦，但他却以建设祖国为乐，毫无怨言．即使在面临困境和挑战时，他也始终坚守着自己的信念和追求．

20世纪六七十年代，国内科研环境遭受重创，但苏步青并未放弃．他来到江南造船厂，将数学理论知识与造船工业实践相结合，成功解决了船体放样问题．在70多岁高龄时，他创立了"计算几何"新学科，为我国计算机辅助几何设计的发展作出了重要贡献．他的研究成果在全国科学大会上获得了奖项，为中国数学界赢得了荣誉．

除了在数学领域的卓越成就外，苏步青还是一位感情细腻的诗人．他一生创作了500余首诗词作品，将个人命运与家国忧患、民族大义紧密相连．他的诗词作品充满了对祖国的热爱和对人民的关怀之情．他曾经说过："数学和旧体诗都十分重视想象和推理．"他认为文学和数学知识是相辅相成的，可以互相促进和启发．

作为一位杰出的教育家，苏步青始终坚持教学和科研相结合的理念．他在浙江大学任教期间，不仅传授学生数学知识，更注重培养学生的创新思维和实践能力．他鼓励学生超越自己，实现自我价值．在他的悉心培养下，一批批优秀的数学家脱颖而出，为中国数学事业的发展做出了重要贡献．

2019年11月8日，"苏步青星"的命名，不仅是对苏步青个人成就的肯定，更是对他一生忠诚于祖国、执着于科学和教育事业的最高赞誉．这颗星将永远闪耀在宇宙星空之中，指引着后来者不断前行．

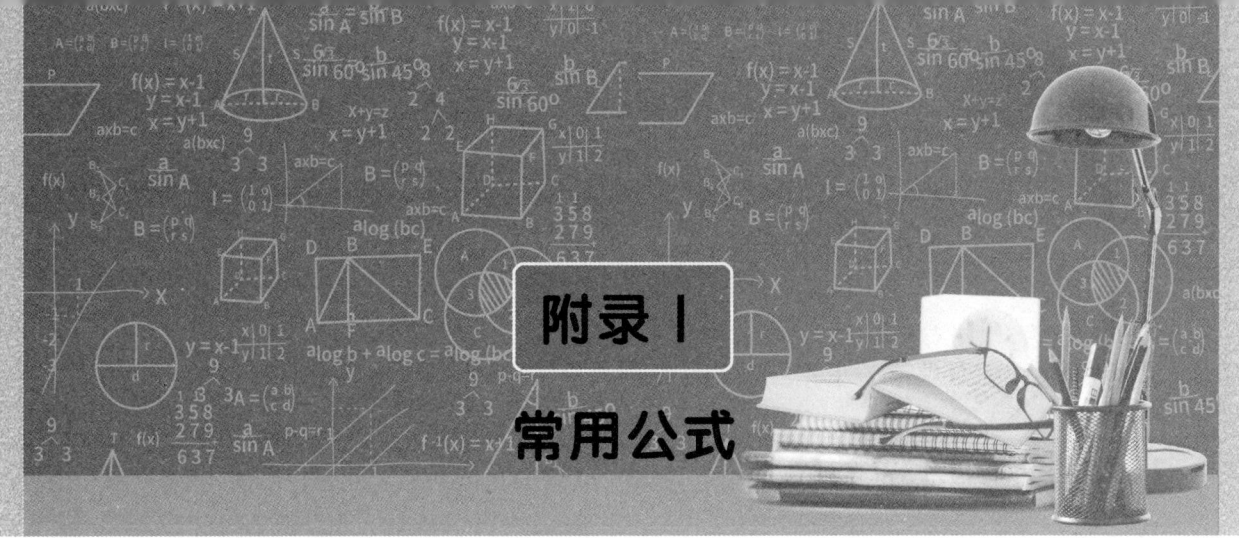

附录 I 常用公式

一、初等数学常用公式

1. 代数公式

(1) 绝对值

$$|a| = \begin{cases} a, & \text{当 } a>0 \text{ 时,} \\ 0, & \text{当 } a=0 \text{ 时,} \\ -a, & \text{当 } a<0 \text{ 时,} \end{cases}$$

(2) 排列组合

1) $A_n^m = n(n-1)\cdots[n-(m-1)] = \dfrac{n!}{(n-m)!}$,约定 $0! = 1$.

2) $C_n^m = C_n^{n-m}$.

3) $C_n^m + C_n^{m-1} = C_{n+1}^m$.

4) $C_n^m = \dfrac{A_n^m}{m!} = \dfrac{n!}{m!(n-m)!}$.

5) $C_n^0 + C_n^1 + C_n^2 + \cdots + C_n^n = 2^n$.

(3) 二项式定理

$(a+b)^n = C_n^0 a^n + C_n^1 a^{n-1}b + C_n^2 a^{n-2}b^2 + \cdots + C_n^k a^{n-k}b^k + \cdots + C_n^{n-1}ab^{n-1} + C_n^n b^n$.

(4) 因式分解

1) $a^2 - b^2 = (a+b)(a-b)$.

2) $a^3 + b^3 = (a+b)(a^2 - ab + b^2)$.

3) $a^3 - b^3 = (a-b)(a^2 + ab + b^2)$.

4) $a^n - b^n = (a-b)(a^{n-1} + a^{n-2}b + \cdots + ab^{n-2} + b^{n-1})$.

(5) 数列的前 n 项和

1) $a + aq + aq^2 + \cdots + aq^{n-1} = \dfrac{a(1-q^n)}{1-q}$,$|q| \neq 1$.

2) $a_1 + (a_1+d) + (a_1+2d) + \cdots + [a_1+(n-1)d] = na_1 + \dfrac{n(n-1)d}{2}$.

3) $1 + 2 + 3 + \cdots + n = \dfrac{n(n+1)}{2}$.

4) $1^2 + 2^2 + 3^2 + \cdots + n^2 = \dfrac{1}{6}n(n+1)(2n+1)$.

· 251 ·

5) $1^3+2^3+3^3+\cdots+n^3=\left[\dfrac{n(n+1)}{2}\right]^2$.

(6) 指数

设 $a\neq 0$，$b\neq 0$，且设 m，$n\in Z$，则

1) $a^0=1$.

2) $a^m \cdot a^n = a^{m+n}$.

3) $\dfrac{a^m}{a^n}=a^{m-n}$.

4) $(a^m)^n = a^{mn}$.

5) $(ab)^n = a^n b^n$.

6) $a^{-n}=\dfrac{1}{a^n}$.

7) $a^{\frac{m}{n}}=\sqrt[n]{a^m}$ ($a>0$，$n\neq 0$).

(7) 对数

设 $a>0$，$a\neq 1$，$m>0$，$m\neq 1$，$x>0$，$x>0$，则

1) $\log_a xy = \log_a x + \log_a y$.

2) $\log_a \dfrac{x}{y} = \log_a x - \log_a y$.

3) $\log_a x^b = b\log_a x$.

4) $\log_a x = \dfrac{\log_m x}{\log_m a}$.

5) $a^{\log_a x}=x$，$\log_a 1=0$，$\log_a a=1$.

2. 三角函数公式

(1) 度与弧度

1) $1°=\dfrac{\pi}{180}\mathrm{rad}\approx 0.017453\ \mathrm{rad}$.

2) $1\mathrm{rad}=\left(\dfrac{180}{\pi}\right)°\approx 57°17'44.8''$

(2) 两角的和差

1) $\sin(x\pm y)=\sin x\cos y\pm\cos x\sin y$.

2) $\cos(x\pm y)=\cos x\cos y\mp\sin x\sin y$.

3) $\tan(x\pm y)=\dfrac{\tan x\pm\tan y}{1\mp\tan x\tan y}$.

(3) 平方关系

1) $\sin^2 x+\cos^2 x=1$.

2) $\tan^2 x+1=\sec^2 x$.

3) $\cot^2 x+1=\csc^2 x$.

(4) 和差化积

1) $\sin x + \sin y = 2\sin\dfrac{x+y}{2}\cos\dfrac{x-y}{2}$.

2) $\sin x - \sin y = 2\sin\dfrac{x-y}{2}\cos\dfrac{x+y}{2}$.

3) $\cos x + \cos y = 2\cos\dfrac{x+y}{2}\cos\dfrac{x-y}{2}$.

4) $\cos x - \cos y = -2\sin\dfrac{x+y}{2}\sin\dfrac{x-y}{2}$.

(5) 积化和差

1) $\sin x \cos y = \dfrac{1}{2}[\sin(x+y) + \sin(x-y)]$.

2) $\cos x \sin y = \dfrac{1}{2}[\sin(x+y) - \sin(x-y)]$.

3) $\cos x \cos y = \dfrac{1}{2}[\cos(x+y) + \cos(x-y)]$.

4) $\sin x \sin y = -\dfrac{1}{2}[\cos(x+y) - \cos(x-y)]$.

(6) 倍角和半角

1) $\sin 2x = 2\sin x \cos x$.

2) $\cos 2x = \cos^2 x - \sin^2 x = 2\cos^2 x - 1 = 1 - 2\sin^2 x$.

3) $\sin^2\dfrac{x}{2} = \dfrac{1-\cos x}{2}$.

4) $\cos^2\dfrac{x}{2} = \dfrac{1+\cos x}{2}$.

5) $\tan 2x = \dfrac{2\tan x}{1-\tan^2 x}$.

6) $\cos^2\dfrac{x}{2} = \dfrac{1+\cos x}{2}$.

(7) 万能公式

1) $\sin x = \dfrac{2\tan\dfrac{x}{2}}{1+\tan^2\dfrac{x}{2}}$.

2) $\cos x = \dfrac{1-\tan^2\dfrac{x}{2}}{1+\tan^2\dfrac{x}{2}}$.

3) $\tan x = \dfrac{2\tan\dfrac{x}{2}}{1-\tan^2\dfrac{x}{2}}$.

(8) 正弦余弦定理

1) $\dfrac{a}{\sin A} = \dfrac{b}{\sin B} = \dfrac{c}{\sin C}$.

2) $a^2 = b^2 + c^2 - 2bc\cos A$.

3) $b^2 = a^2 + c^2 - 2ac\cos B$.

4) $c^2 = a^2 + b^2 - 2ab\cos C$.

3. 几何公式

(1) 面积和体积

1) 三角形面积 $S = \dfrac{1}{2}ab\sin C = \dfrac{1}{2}ac\sin B = \dfrac{1}{2}bc\sin A$.

2) 梯形面积 $S = \dfrac{1}{2}(a+b)h$, 其中 a, b 为上下底, h 为梯形的高.

3) 圆周长 $l = 2\pi r$, 圆弧长 $l = \theta r$, 其中为圆 r 半径, θ 为圆心角. 圆面积 $S = \pi r^2$.

扇形面积 $S = \dfrac{1}{2}lr = \dfrac{1}{2}r^2\theta$, 其中 r 为圆半径, θ 为圆心角, l 为圆弧长.

4) 圆柱体体积 $V = \pi r^2 h$, 侧面积 $S = 2\pi rh$, 全面积 $S = 2\pi r(h+r)$, 其中 r 为圆柱底面半径, h 为圆柱的高.

5) 圆锥体体积 $V = \dfrac{1}{3}\pi r^2 h$, 侧面积 $S = \pi rl$, 其中 r 为圆锥的底面半径, l 为母线的长.

6) 球体积 $V = \dfrac{4}{3}\pi r^3$, 表面积 $S = 4\pi r^2$ 其中 r 为球的半径.

(2) 距离与斜率

1) 两点 $P_1(x_1, y_1)$ 与 $P_2(x_2, y_2)$ 之间的距离 $d = \sqrt{(x_2-x_1)^2 + (y_2-y_1)^2}$.

2) 直线 $P_1 P_2$ 的斜率 $k = \dfrac{y_2 - y_1}{x_2 - x_1}$.

(3) 直线的方程

1) 点斜式: $y - y_1 = k(y - y_2)$.

2) 斜截式: $y = kx + b$.

3) 两点式: $\dfrac{y - y_1}{y_2 - y_1} = \dfrac{x - x_1}{x_2 - x_1}$.

4) 截距式: $\dfrac{x}{a} + \dfrac{y}{b} = 1 (ab \neq 0)$.

5) 一般式: $Ax + By + C = 0$, 其中 A, B 不同时为零.

(4) 两直线的夹角

设两直线的斜率分别为 k_1 和 k_2, 夹角为 θ, 则 $\tan\theta = \left|\dfrac{k_1 - k_2}{1 + k_1 k_2}\right|$.

(5) 点到直线的距离

点 $P_1(x_1, y_1)$ 到直线 $Ax + By + C = 0$ 的距离 $d = \dfrac{|Ax_1 + By_1 + C|}{\sqrt{A^2 + B^2}}$.

(6) 二次曲线

1) 圆：方程为 $(x-a)^2+(y-b)^2=r^2$，圆心为 (a, b)，半径为 r.

2) 抛物线：当方程为 $y^2=2px$ 时，焦点为 $\left(\dfrac{p}{2}, 0\right)$，准线 $x=-\dfrac{p}{2}$；

当方程为 $x^2=2py$ 时，焦点为 $\left(0, \dfrac{p}{2}\right)$，准线为 $y=-\dfrac{p}{2}$；

当方程为 $y=ax^2+bx+c(a\neq 0)$ 时，顶点为 $\left(-\dfrac{b}{2a}, \dfrac{4ac-b^2}{4a}\right)$，对称轴为 $x=-\dfrac{b}{2a}$.

3) 椭圆：方程为 $\dfrac{x^2}{a^2}+\dfrac{y^2}{b^2}=1(a>0, b>0)$.

4) 双曲线：方程为 $\dfrac{x^2}{a^2}-\dfrac{y^2}{b^2}=1$ 或 $\dfrac{y^2}{a^2}-\dfrac{x^2}{b^2}=1(a>0, b>0)$.

二、高等数学常用公式

1. 导数公式

(1) $(C)'=0$.

(2) $(x^\mu)'=\mu x^{\mu-1}$.

(3) $(a^x)'=a^x\ln a$.

(4) $(e^x)'=e^x$.

(5) $(\log_a x)'=\dfrac{1}{x\ln a}$.

(6) $(\ln x)'=\dfrac{1}{x}$.

(7) $(\sin x)'=\cos x$.

(8) $(\cos x)'=-\sin x$.

(9) $(\tan x)'=\sec^2 x$.

(10) $(\cot x)'=-\csc^2 x$.

(11) $(\sec x)'=\sec x\tan x$.

(12) $(\csc x)'=-\csc x\cot x$.

(13) $(\arcsin x)'=\dfrac{1}{\sqrt{1-x^2}}$.

(14) $(\arccos x)'=-\dfrac{1}{\sqrt{1-x^2}}$.

(15) $(\arctan x)'=\dfrac{1}{1+x^2}$.

(16) $(\text{arccos})'=-\dfrac{1}{1+x^2}$.

2. 不定积分公式

(1) $\int 0\mathrm{d}x=C$.

(2) $\int x^n dx = \dfrac{1}{n+1} x^{n+1} + C \,(n \neq -1)$.

(3) $\int \dfrac{1}{x} dx = \ln|x| + C$.

(4) $\int a^x dx = \dfrac{1}{\ln a} a^x + C \,(a > 0,\ a \neq 1)$.

(5) $\int e^x dx = e^x + C$.

(6) $\int \cos x\, dx = \sin x + C$.

(7) $\int \sin x\, dx = -\cos x + C$.

(8) $\int \sec^2 x\, dx = -\tan x + C$.

(9) $\int \csc^2 x\, dx = -\cot x + C$.

(10) $\int \tan x \sec x\, dx = \sec x + C$.

(11) $\int \cot x \csc x\, dx = -\csc x + C$.

(12) $\int \dfrac{1}{1+x^2} dx = \arctan x + C$.

(13) $\int \dfrac{1}{1-x^2} dx = \arcsin x + C$.

(14) $\int \tan x\, dx = -\ln|\cos x| + C$.

(15) $\int \cot x\, dx = -\ln|\sin x| + C$.

(16) $\int \sec x\, dx = -\ln|\tan x + \sec x| + C$.

(17) $\int \csc x\, dx = -\ln|\cot x + \csc x| + C$.

(18) $\int \dfrac{1}{a^2 + x^2} dx = \dfrac{1}{a} \arctan \dfrac{x}{a} + C \,(a > 0)$.

(19) $\int \dfrac{1}{a^2 + x^2} dx = \dfrac{1}{2a} \ln\left|\dfrac{x-a}{x+a}\right| + C \,(a > 0)$.

(20) $\int \dfrac{1}{\sqrt{a^2 - x^2}} dx = \arcsin \dfrac{x}{a} + C \,(a > 0)$.

3. 简易积分公式

(1) 含有 $a + bx\,(b \neq 0)$ 的积分

1) $\int \dfrac{dx}{a+bx} = \dfrac{1}{b} \ln|a+bx| + C$.

2) $\int (a+bx)^u dx = \dfrac{1}{b(u+1)} (a+bx)^{u+1} + C \,(u \neq -1)$.

3) $\int \frac{x}{a+bx}dx = \frac{1}{b^2}(a+bx-a\ln|a+bx|)+C.$

(2)含有$\sqrt{a+bx}$($b\neq 0$)的积分

1) $\int \sqrt{a+bx}\,dx = \frac{2}{3b}\sqrt{(a+bx)^3}+C.$

2) $\int x\sqrt{a+bx}\,dx = \frac{2}{15b^2}(3bx-2a)\sqrt{(a+bx)^3}+C.$

3) $\int x\sqrt{a+bx}\,dx = \frac{2}{105b^3}(8a^2-12abx+15b^2x^2)\sqrt{(a+bx)^3}+C.$

4) $\int x\sqrt{a+bx}\,dx = \frac{2}{3b^2}(bx-2a)\sqrt{(a+bx)}+C.$

(3)含有$x^2 \pm a^2$($a>0$)的积分

1) $\int \frac{dx}{a^2+x^2}dx = \frac{1}{a}\arctan\frac{x}{a}+C.$

2) $\int \frac{dx}{(x^2+a^2)^n} = \frac{x}{2(n-1)a^2(x^2+a^2)^{n-1}}+\frac{2n-3}{2(n-1)a^2}\int\frac{dx}{(x^2+a^2)^{n-1}}$

3) $\int \frac{dx}{x^2-a^2} = \frac{1}{2a}\ln\left|\frac{x-a}{x+a}\right|+C$

(4)含有$\sqrt{x^2+a^2}$($a>0$)的积分

1) $\int \sqrt{x^2+a^2}\,dx = \frac{x}{a}\sqrt{x^2+a^2}+\frac{a^2}{2}\ln\left(x+\sqrt{x^2+a^2}\right)+C.$

2) $\int \sqrt{(x^2+a^2)^3}\,dx = \frac{x}{8}(2x^2+5a^2)\sqrt{x^2+a^2}+\frac{3}{8}a^4\ln\left(x+\sqrt{x^2+a^2}\right)+C.$

3) $\int x\sqrt{x^2+a^2}\,dx = \frac{1}{3}\sqrt{(x^2+a^2)^3}+C.$

4) $\int \frac{1}{\sqrt{x^2+a^2}}dx = \ln\left(x+\sqrt{x^2+a^2}\right)+C.$

(5)含有$\sqrt{x^2-a^2}$($a>0$)的积分

1) $\int \sqrt{x^2-a^2}\,dx = \frac{x}{2}\sqrt{x^2-a^2}-\frac{a^2}{2}\ln\left|x+\sqrt{x^2-a^2}\right|+C.$

2) $\int \sqrt{(x^2-a^2)^3}\,dx = \frac{x}{8}(2x^2-5a^2)\sqrt{x^2-a^2}+\frac{3}{8}a^4\ln\left|x+\sqrt{x^2-a^2}\right|+C.$

3) $\int x\sqrt{x^2-a^2}\,dx = \frac{1}{3}\sqrt{(x^2-a^2)^3}+C.$

4) $\int \frac{1}{\sqrt{x^2-a^2}}dx = \ln\left|x+\sqrt{x^2-a^2}\right|+C.$

(6)含有$\sqrt{a^2-x^2}$($a>0$)的积分

1) $\int \sqrt{a^2-x^2}\,dx = \frac{x}{2}\sqrt{a^2-x^2}+\frac{a^2}{2}\arcsin\frac{x}{a}+C.$

2) $\int \sqrt{(a^2-x^2)^3}dx = \frac{x}{8}(5a^2-2x^2)\sqrt{a^2-x^2} + \frac{3}{8}a^4\arcsin\frac{x}{a} + C.$

3) $\int x\sqrt{a^2-x^2}dx = -\frac{1}{3}\sqrt{(a^2-x^2)^3} + C.$

(7) 含有三角函数的积分 ($ab \neq 0$)

1) $\int \sin x dx = -\cos x + C.$

2) $\int \cos x dx = \sin + C.$

3) $\int \tan x dx = -\ln|\cos x| + C = \ln|\sec x| + C.$

4) $\int \cot x dx = -\ln|\sin x| + C = -\ln|\csc x| + C.$

5) $\int \sec x dx = \ln|\sec x + \tan x| + C = \ln\left|\tan\left(\frac{\pi}{4} + \frac{x}{2}\right)\right| + C.$

6) $\int \csc x dx = \ln|\csc x - \cot x| + C = \ln\left|\tan\frac{x}{2}\right| + C.$

7) $\int \sec^2 x dx = \tan x + C.$

8) $\int \csc^2 x dx = -\cot x + C.$

9) $\int \sec x \tan x dx = \sec x + C.$

10) $\int \csc x \cot x dx = -\csc x + C.$

11) $\int \sin^2 x dx = \frac{x}{2} - \frac{1}{4}\sin 2x + C.$

12) $\int \cos^2 x dx = \frac{x}{2} + \frac{1}{4}\sin 2x + C.$

(8) 定积分

设 $m、n \in N^+$,则

1) $\int_{-\pi}^{\pi} \cos nx dx = \int_{-\pi}^{\pi} \sin nx dx = 0.$

2) $\int_{-\pi}^{\pi} \cos mx \sin nx dx = 0.$

3) $\int_{-\pi}^{\pi} \cos mx \cos nx dx = \begin{cases} 0, & m \neq n, \\ \pi, & m = n. \end{cases}$

4) $\int_{-\pi}^{\pi} \sin mx \sin nx dx = \begin{cases} 0, & m \neq n, \\ \pi, & m = n. \end{cases}$

5) $\int_{0}^{\pi} \sin mx \sin nx dx = \int_{0}^{\pi} \cos mx \cos nx dx = \begin{cases} 0, & m \neq n, \\ \frac{\pi}{2}, & m = n. \end{cases}$

6) $I_n = \int_0^{\frac{\pi}{2}} \sin^n x \mathrm{d}x = \int_0^{\frac{\pi}{2}} \cos^n x \mathrm{d}x.$

7) $I_n = \dfrac{n-1}{n} I_{n-2} = \begin{cases} \dfrac{n-1}{n} \times \dfrac{n-3}{n-2} \times \cdots \times \dfrac{3}{4} \times \dfrac{1}{2} & (n\text{ 为大于 1 的正奇数}, I_1 = 1) \\ \dfrac{n-1}{n} \times \dfrac{n-3}{n-2} \times \cdots \times \dfrac{3}{4} \times \dfrac{1}{2} \times \dfrac{\pi}{2} & \left(n\text{ 为正偶数}, I_0 = \dfrac{\pi}{2}\right) \end{cases}$

附录 II

几种常用的曲线及其方程

(1) 三次抛物线：$y = ax^3 (a>0)$.

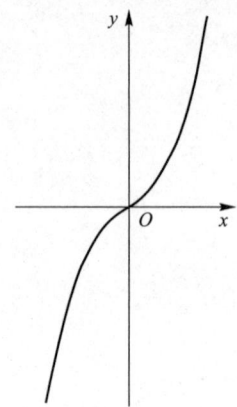

(2) 半立方抛物线：$y^2 = ax^3 (a>0)$.

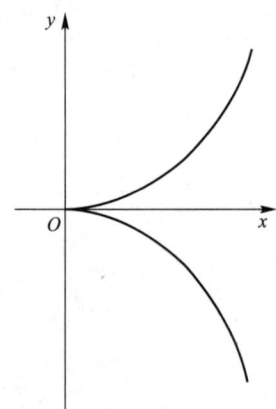

(3) 概率曲线：$y = e^{-x^2} (a>0)$.

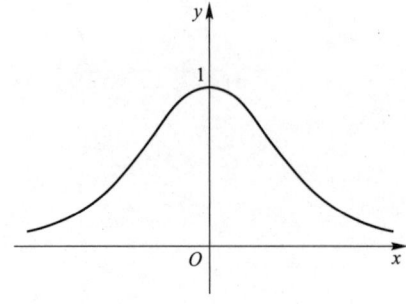

(4) 箕舌线：$y = \dfrac{8a^3}{x^2 + 4a^2}$ ($a>0$).

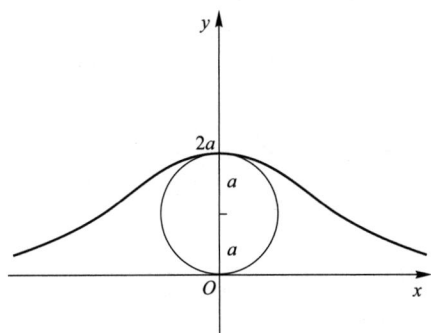

(5) 蔓叶线：$y^2(2a-x) = x^3$ ($a>0$).

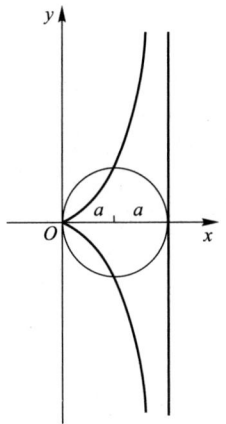

(6) 笛卡尔叶形线：$x^3 + y^3 - 3axy = 0$，$\begin{cases} x = \dfrac{3at}{1+t^3}, \\ y = \dfrac{3at^2}{1+t^3}. \end{cases}$

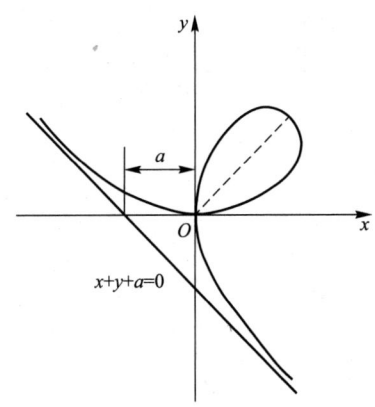

(7) 星形线(内摆线的一种)：$x^{\frac{2}{3}}+y^{\frac{2}{3}}=a^{\frac{2}{3}}(a>0)$，$\begin{cases}x=a\cos^3 t,\\y=a\sin^3 t.\end{cases}$

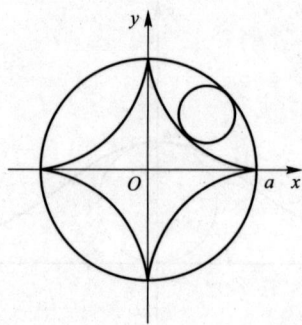

(8) 摆线(旋轮线)：$\begin{cases}x=a(t-\sin t),\\y=a(1-\cos t).\end{cases}$

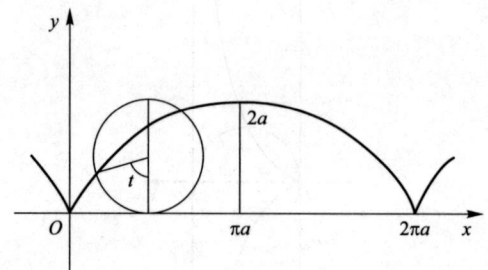

(9) 心形线(外摆线的一种)：$r=a(1+\cos\theta)(a>0)$.

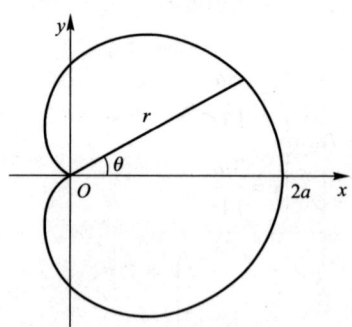

(10) 阿基米德螺线：$r=a\theta(x\geqslant 0)$.

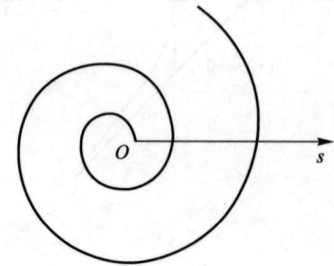

(11) 双曲螺线：$r=\dfrac{a}{\theta}(a>0)$.

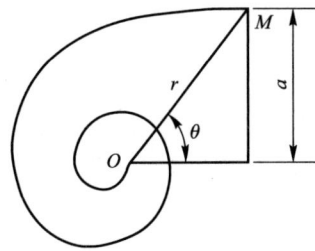

(12) 伯努利双纽线：$(x^2+y^2)^2=a^2(x^2-y^2)$，$r^2=a^2\cos2\theta$.

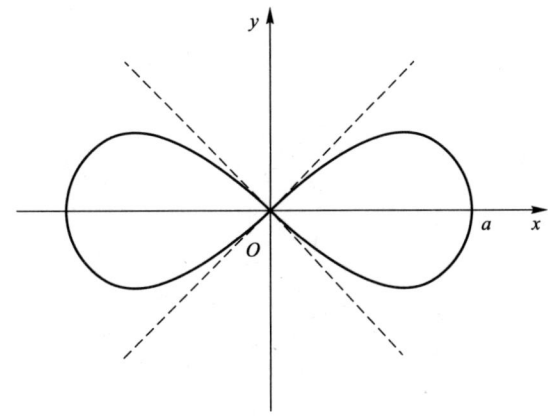

(13) 圆的渐伸线（渐开线）：$\begin{cases}x=a(\cos t+t\sin t),\\ y=a(\sin-t\cos t).\end{cases}$

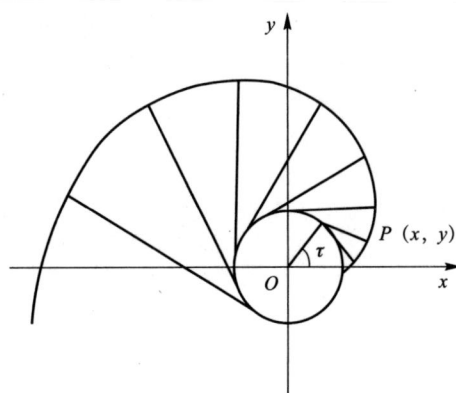

(14)三叶玫瑰线:$r=a\sin3\theta$.

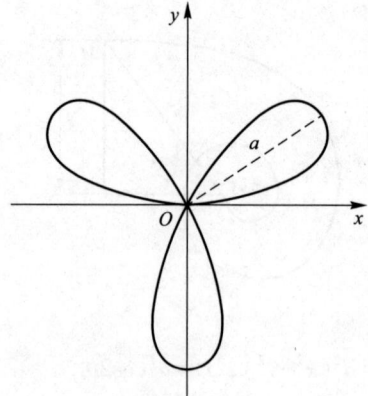

(15)四叶玫瑰线:$r=a\cos2\theta$.

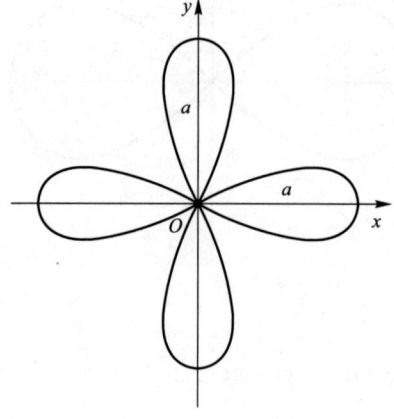

参考文献

[1] 同济大学数学科学学院. 高等数学·上册(8 版)[M]. 北京：高等教育出版社，2023.

[2] 张天德，王鹏辉，王玮. 高等数学·上册·慕课版(2 版)[M]. 北京：人民邮电出版社，2024.

[3] 王妍，斯日古冷. 高等数学[M]. 北京：清华大学出版社，2023.

[4] 汪丽，罗姣姣. 实用经济数学[M]. 北京：中国经济出版社，2022.

[5] 康军凤，武惠丽. 应用高等数学[M]. 北京：中国经济出版社，2022.

[6] 赵树嫄. 微积分(5 版)[M]. 北京：中国人民大学出版社，2021.

[7] 张从文，卢松林. 数学与生活[M]. 北京：北京理工大学出版社，2021.

[8] (日)远山启. 数学与生活 4：函数是什么[M]. 北京：人民邮电出版社，2023.